Mineralogisches Taschenbuch

der

Wiener Mineralogischen Gesellschaft

Zweite, vermehrte Auflage

Unter Mitwirkung von

**A. Himmelbauer, R. Koechlin, A. Marchet,
H. Michel** und **O. Rotky**

redigiert von

J. E. Hibsch

Mit 1 Titelbild

Wien
Verlag von Julius Springer
1928

ISBN 978-3-7091-9548-2   ISBN 978-3-7091-9795-0 (eBook)
DOI 10.1007/978-3-7091-9795-0

Alle Rechte, insbesondere das der Übersetzung
in fremde Sprachen, vorbehalten
Softcover reprint of the hardcover 2nd edition 1928

Vorrede zur ersten Auflage

Vor 104 Jahren erschien, herausgegeben von A. Stütz, dessen Wirken Prof. F. Berwerth vor kurzem in den Mitteilungen der Wiener Mineralogischen Gesellschaft gewürdigt hat, das Wiener „Mineralogische Taschenbuch". Ihm folgt hier ein zweites, das die Wiener Mineralogische Gesellschaft aus Anlaß ihres zehnjährigen Bestandes herausgibt.

Wie die Wiener Mineralogische Gesellschaft ihre Entstehung und den besten Teil ihrer Wirksamkeit dem Zusammenarbeiten der Sammler und Liebhaber mit den gelehrten Kreisen des Faches verdankt, so ist auch das vorliegende Mineralogische Taschenbuch aus der gemeinsamen Arbeit dieser beiden Gruppen hervorgegangen. Die Anregung hiezu kam aus dem Kreise der Sammler: Hofrat A. v. Loehr, der bei der Begründung der Gesellschaft eines der treibenden Elemente gewesen ist, gab die Anregung, die Wiener Mineralogische Gesellschaft möge ihre durch sparsame Wirtschaft in den ersten zehn Jahren ihres Bestandes gesammelten bescheidenen Mittel dazu verwenden, ein Denkmal ihrer Tätigkeit zu errichten, indem sie eine kurze Übersicht der in Wien vorhandenen öffentlichen und privaten Mineraliensammlungen herausgäbe und so gleichsam in einer Momentaufnahme den derzeitigen Stand der Mineralkunde in Wien darlege. Dieser Grundplan wurde vom Vorstand der Gesellschaft aufgenommen. Durch verschiedene Beigaben, die dem Bedürfnis des Sammlers in erster Linie angepaßt werden, aber auch dem wissenschaftlichen Forscher gelegentlich von Nutzen sein werden, wurde der Inhalt erweitert. Das Buch enthält daher zunächst eine Übersicht der gegenwärtig bekannten zirka 6000 Mineralnamen; dazu eine kurze tabellarische Charakteristik von etwa 1000 der wichtigsten, gut definierten Mineralgattungen.

Diese mühevolle Zusammenstellung verdankt das Taschenbuch dem Kustos der mineralogisch-petrographischen Abteilung des k. k. Naturhistorischen Hofmuseums Dr. R. Koechlin, der als vortrefflicher Mineralkenner und als Beamter einer der größten Mineralsammlungen der Welt für diese Arbeit prädestiniert erschien. Dann folgt eine Bestimmungstabelle der zumeist vorkommenden Edelsteine, von Hofrat A. v. Loehr, dessen erlesene Edelsteinsammlung bekannt ist und der seine langjährigen Erfahrungen als Sammler geschliffener Steine hier niedergelegt hat. Das moderne und interessante Kapitel der Radioaktivität der Minerale behandelt ein Artikel des ausgezeichneten Kenners dieses Gebietes Prof. Dr. C. Doelter. Bergrat O. Rotky gibt eine Übersicht der österreichischen Erzbergbaue, wozu ihm seine amtliche Stellung ein reiches Material zur Verfügung darbot. Prof. F. Becke skizzierte die Geschichte der Gründung und Tätigkeit der Wiener

Mineralogischen Gesellschaft in den ersten zehn Jahren ihres Bestandes und gibt eine Übersicht der wenig zahlreichen wissenschaftlichen Gesellschaften, die die Pflege der Mineralogie auf ihre Fahne geschrieben haben. Hofrat A. v. Loehr redigierte den Teil des Taschenbuches, der die kurze Beschreibung der Wiener Mineraliensammlungen enthält und am besten zeigt, wie die Freude an den schönen Naturobjekten, den krystallisierten Mineralien, in Wien weite Verbreitung hat, wie groß die Zahl der Kenner ist, die dies durch Anlegung von Sammlungen betätigen, wie reich der Stoff ist, der für wissenschaftliche Untersuchungen hier zur Verfügung steht. Den Beschluß machen Adreßlisten von mineralkundigen Führern, Sammlern, von Bezugsquellen für den Bedarf des Mineralogen u. dgl.

Die Redaktion und die Geschäftsführung besorgte Hofrat A. v. Loehr; ihm stand ein Redaktionskomitee zur Seite, bestehend aus den Herren Prof. Dr. F. Becke, Kustos Dr. R. Koechlin, Bergrat O. Rotky.

Die Kosten der Unternehmung wurden zustandegebracht durch eine Widmung der Wiener Mineralogischen Gesellschaft, durch eine Subvention des k. k. Ministeriums für öffentliche Arbeiten, durch eine Spende des Herrn Kommerzialrates J. Weinberger und durch die Einnahmen aus dem Inseratenteil des Taschenbuches.

Allen, die, sei es durch Zuwendungen, sei es durch ihre Arbeit, das Zustandekommen des Taschenbuches gefördert haben, sei hier der ergebene Dank des Redaktionskomitees ausgesprochen.

Möge das Wiener Mineralogische Taschenbuch den Zweck erfüllen, der bei seiner Herstellung angestrebt wurde: Eine Übersicht des Standes der Mineralkunde in Wien zu geben, ein Bindeglied zu sein zwischen Wissenschaft und Praxis, zwischen dem Gelehrten und dem Sammler, ein sichtbares Zeichen jenes fruchtbaren Ideenkreises, der zur Entstehung der Wiener Mineralogischen Gesellschaft geführt hat.

Wien, 1911

F. Becke

Vorrede zur zweiten Auflage

Nach zehnjährigem Bestande der Wiener Mineralogischen Gesellschaft wurde 1911 die erste Auflage des Mineralogischen Taschenbuches herausgegeben, nach 25jähriger ersprießlicher Tätigkeit folgt die zweite Auflage. Während den Verfassern der ersten Auflage in erster Reihe daran gelegen war, den damaligen Stand der in Wien vorhandenen öffentlichen und privaten Mineraliensammlungen darzustellen, soll in der zweiten Auflage vorzugsweise ein möglichst vollständiges Verzeichnis aller bis Ende 1927 bekannt gewordenen Minerale geboten werden, das in mühevoller langjähriger Arbeit von dem vorzüglichen Mineralkenner Hofrat Dr. R. Koechlin, em. Direktor der mineralogischen Abteilung des Naturhistorischen Museums in Wien, zusammengestellt worden ist. Daran schließt sich eine Tabelle für die Bestimmung der Edelsteine von Direktor Dr. H. Michel, fußend auf seinen vieljährigen Arbeiten in diesem Gebiete. Aus der Feder des erfahrenen Bergmannes Sektionschefs Ing. O. Rotky stammt die übersichtliche Darstellung der österreichischen Bergbaue. Die kurze Beschreibung der Wiener Sammlungen durch Prof. Dr. A. Himmelbauer zeigt die großen Schätze an Mineralen auf, die in den öffentlichen und privaten Sammlungen Wiens aufgespeichert sind. Am Schlusse bringt das Taschenbuch eine auch von Prof. Dr. A. Himmelbauer zusammengestellte Anzahl von verläßlichen Bezugsquellen für die Bedarfsgegenstände des Mineralogen.

Durch ergänzende Nachträge, die sich besonders auf das Namenverzeichnis und auf die tabellarische Übersicht der Minerale, auf die Beschreibung weiterer Sammlungen und Anführung von Sammlern beziehen, soll von Zeit zu Zeit der Inhalt des Taschenbuchs vervollständigt werden.

Allen Mitarbeitern sei an dieser Stelle für ihre Mühewaltung seitens der Redaktion wärmstens gedankt. Auch dem Verlage soll hier für die schöne Ausstattung des Taschenbuches Anerkennung und Dank ausgesprochen werden.

Wien, Jänner 1928

J. E. Hibsch

Friedrich Becke

Ehrenmitglied der Wiener Mineralogischen Gesellschaft

Friedrich Becke, dessen Bild dieses Buch ziert, wurde am 31. Dezember 1855 in Prag aus deutscher, dem Egerlande entstammender Familie geboren. Sein Vater war Buchhändler. Die Gymnasialstudien schloß er am Schotten-Gymnasium zu Wien ab.

Seine wissenschaftliche Ausbildung erwarb er sich an der Wiener Universität in erster Reihe bei G. Tschermak, E. Suess und E. Ludwig. Im Jahre 1880 (19. Juni 1880) wurde Becke zum Doktor der Philosophie promoviert, 1881 habilitierte er sich als Privatdozent für Petrographie. Durch hervorragende Arbeiten früh bewährt, wurde er schon 1882 als Nachfolger des Mineralogen Vrba an die Universität in Czernowitz berufen, 1890 folgte er einer Berufung auf den Lehrstuhl für Mineralogie an der deutschen Universität in Prag, 1898 kam Becke an die Wiener Universität, wo er bis 1906 das Mineralogische und von da an bis zu seinem Rücktritt vom Lehramte, Oktober 1927, das Mineralogisch-petrographische Institut als Nachfolger seines Lehrers G. Tschermak leitete.

Kurz vor seiner Rückkehr nach Wien (1898) wurde Becke von der Akademie der Wissenschaften zum wirklichen Mitgliede gewählt und 1911 übernahm er die administrativen Arbeiten der Akademie als ihr Generalsekretär.

Wien und die Wiener Universität sind Becke zu besonderem Danke verpflichtet dafür, daß er 1909 einen ehrenvollen Ruf nach Berlin abgelehnt hat.

F. Becke hat von frühester Jugend an bis zum heutigen Tage eine große Reihe wissenschaftlicher Arbeiten veröffentlicht, darunter zahlreiche, die für die Mineral- und Gesteinskunde grundlegende Bedeutung haben und auch den Methoden der Untersuchung neue Bahnen wiesen.

Auch gibt F. Becke die von G. Tschermak begründeten „Mineralogisch-petrographischen Mitteilungen und die neuen Auflagen von Tschermaks Lehrbuch der Mineralogie heraus.

Alle Arbeiten F. Beckes sind durchdrungen von strengem Wirklichkeitssinn; sie gründen sich auf scharfe Naturbeobachtung, deren Ergebnisse dann in klarster Weise ihre wahrheitsgetreue Darstellung finden.

Becke wurde deshalb der überragende Führer in seinen Forschungsgebieten, er war aber auch das Vorbild des akademischen Lehrers.

In seinem Idealismus begnügte sich F. Becke aber nicht mit seiner Wirksamkeit als Lehrer. Er beteiligte sich auch in hervorragender

Weise an den Volksbildungsbestrebungen in der Kommission für volkstümliche Universitätskurse, ferner im Wiener Volksbildungsvereine und im „Volksheime", dessen langjähriger Obmann er ist. Als die Gründung der Wiener Mineralogischen Gesellschaft angeregt wurde, stellte er sich sofort in den Dienst dieser Idee und leitete nach der Konstituierung die Geschäfte des jungen Vereines mit sicherer Hand. In seinem Institute fand auch der Verein Unterkunft für seine Versammlungen und sonstigen Veranstaltungen. Becke gehört seit dem Bestande der Gesellschaft ununterbrochen dem Vorstande an, durch viele Wahlperioden stand er der Gesellschaft als Präsident vor. Zahlreiche inhaltsreiche Vorträge wurden von ihm in den Monatsversammlungen der Gesellschaft gehalten. Als Ausdruck der Dankbarkeit erwählte ihn die Gesellschaft anläßlich seines 70. Geburtstages zum Ehrenmitgliede.

Inhaltsverzeichnis

Seite

Namenverzeichnis und Tabellarische Übersicht der Minerale von R. Koechlin 1

Bemerkungen zum Namenverzeichnis 2
Bemerkungen zur Tabelle S. 2, Abkürzungen 4
Übersicht der Krystallklassen 5
Namenverzeichnis 6
Nachtrag zum Namenverzeichnis 187
Tabellarische Übersicht 69
Organische Verbindungen 126

Praktische Atomgewichte. Molekulargewichte der petrographisch wichtigen Oxyde und ihre Logarithmen. Zusammengestellt von A. Marchet 128

Bestimmungstabellen für Edelsteine von H. Michel 130

Die Bergbaue Österreichs, ihre Besitzer und Verwalter, Erzeugung (1926) von O. Rotky 147

Gold- und Silberbergbaue 147
Quecksilberbergbaue 147
Kupfer- und Schwefelkiesbergbaue 147
Eisenerz-, Manganerz- und Bauxitbergbaue 150
Nickel-, Kobalt- und Chromerzbergbaue 152
Blei-, Zink- und Molybdänerzbergbaue 153
Antimon- und Arsenbergbaue 155
Graphitbergbaue 155
Erdöl- und Ölschieferbergbaue 156
Steinkohlenbergbaue 157
Braunkohlenbergbaue 158
Salzbergbaue 164
Magnesitbergbaue 164
Talkbergbaue 165
Gypsbergbaue 165

Die Wiener Mineralogische Gesellschaft von F. Becke und J. E. Hibsch 166

Satzungen der Wiener Mineralogischen Gesellschaft 169

Inhaltsverzeichnis

Seite

Mineraliensammlungen in Wien von A. Himmelbauer 172

A. Öffentliche Sammlungen:
   I. Naturhistorisches Museum. Mineralogische Abteilung 173
  II. Ehemalige kaiserliche Schatzkammer 177
 III. Sammlungen an der Universität 177
     a) Mineralogisch-petrographisches Institut 177
     b) Mineralogisches Institut 179
     c) Geologisches Institut 180
 IV. Sammlungen an der Technischen Hochschule ... 180
     a) Lehrkanzel für technische Geologie 180
     b) Institut für Mineralogie und Baustoffkunde II 180
  V. Sammlung an der Hochschule für Bodenkultur .. 181
 VI. Sammlung an der geologischen Bundesanstalt in Wien 181
VII. Sammlung des Niederösterreichischen Landesmuseums 182
VIII. Sammlungen an Mittelschulen 182

B. Privatsammlungen. 183
   F. Distler, C. Hlawatsch, H. Karabacek, A. Lechner, H. Mitscha-Märheim, H. Miller-Aichholz, H. Rebel, K. Wessely ... 183

Empfohlene Bezugsquellen für Mineralogen 185
 1. Minerale, Gesteine, Fossilien 185
 2. Mineralogische und petrographische Präparate, Instrumente zur Herstellung derselben 185
 3. Krystallographische und optische Instrumente 185
 4. Chemisch-physikalische Apparate. Chemische Reagentien .. 186
 5. Geologische Instrumente (Hämmer, Kompasse usw.) ... 186

Nachtrag zum Namenverzeichnis 187

Namenverzeichnis und tabellarische Übersicht der Mineralien

Von R. Koechlin

Mit der folgenden Zusammenstellung soll in erster Linie dem Sammler ein handliches Hilfsmittel geboten werden, das imstande ist, über jedes benannte Mineral kurze Auskunft zu geben und das für die wichtigeren Mineralien auch die Eigenschaften anführt, die sich ohne besondere Vorrichtungen und Fachkenntnisse bestimmen lassen.

Die ausführliche Darstellung der Zusammensetzung durch die chemische Formel, der in manchen Fällen der Metallgehalt in Prozenten beigegeben ist, die Angabe der Symmetrieklasse, der Spaltbarkeit nach Richtung und Grad und die des spezifischen Gewichtes sollen das „Hilfsmittel" auch für den Fachmann verwendbar machen.

Für die genannten Zwecke schien ein alphabetisches Namenverzeichnis mit kurzen Erklärungen und eine tabellarische Übersicht der Eigenschaften am geeignetsten zu sein. Da der Rahmen eines „Taschenbuches" nicht überschritten werden sollte, mußte der Raum möglichst gut ausgenützt werden. Deshalb wurden in die Tabelle nur die Mineralien aufgenommen, von denen genügend viele Eigenschaften bekannt sind. Die übrigen Mineralien sind mit ihren wichtigsten Eigenschaften nur in dem Namenverzeichnis angeführt, das außer den gebräuchlichen Mineralnamen auch deren Synonyme enthält.

Die Angaben in der ersten Auflage dieser Zusammenstellungen waren hauptsächlich dem Werke „A System of Mineralogy" von Dana[1]) entnommen. In manchen Fällen waren auch die Hand- und Lehrbücher von Bauer, Hintze, Naumann-Zirkel und Tschermak-Becke sowie Chesters Dictionary of the Names of Minerals u. a. m. zu Rate gezogen worden. Dazu kamen jetzt die Mineralogischen Tabellen von Groth und Mieleitner (1921), das Lehrbuch der Mineralogie von Klockmann (1922) und der „Third Appendix" zu Danas System (1915).

Fehler in der ersten Auflage dieser Zusammenstellungen sind, soweit sie mir bekannt wurden, richtiggestellt worden. Zahlreiche Änderungen waren durch den Fortschritt der Forschung und Erkenntnis notwendig geworden.

Die Angaben über neubeschriebene Mineralien aus den Jahren 1911 bis 1927 wurden den Originalarbeiten entnommen, soweit diese zugänglich waren; vielfach konnten allerdings nur Referate benützt werden.

Im Hinblick auf die Schwierigkeiten der Literaturbeschaffung, die aus den Verhältnissen der Kriegs- und Nachkriegszeit erwachsen mußten, bitte ich etwaige Unvollständigkeit der Zusammenstellungen entschuldigen und sonstige Fehler nachsichtig beurteilen zu wollen.

---

[1]) Sechste Auflage vom Jahre 1892 mit zwei Nachträgen aus den Jahren 1899 und 1909.

Bemerkungen zum Namenverzeichnis

Das Verzeichnis gibt eine Zusammenstellung der Mineralnamen ungefähr in dem Umfange wie das zugrunde gelegte Werk Danas, ergänzt durch die seit 1911 neu eingeführten Namen. Ausgeschlossen blieben die Namen aller Mineralien, die bisher nur in Meteoriten gefunden wurden, und die meisten fremdsprachigen Bezeichnungen, die im Deutschen nicht gebraucht werden. Von künstlichen Verbindungen und Gesteinen sind nur die aufgenommen, die Beziehungen zur Edelsteinkunde haben.

Als Hauptname jedes Minerals wurde nach dem Beispiele Danas der internationale genommen.

Die Anordnung ist alphabetisch; dabei ist ö unter o, ü unter u eingereiht. Wo der Gebrauch zwischen C und K schwankt, wurde die deutsche Schreibweise mit K vorgezogen. Die Namen der Mineralien, die in der Tabelle behandelt sind, wurden hier fett gedruckt. Bei Mineralien, die nur an einem Orte oder höchstens an zwei oder drei Orten vorkommen, sind die Fundorts- oder wenigstens die Ländernamen beigesetzt. Wo derselbe Name für mehrere Mineralien verwendet erscheint, sind die Namen der Autoren in Klammern beigefügt.

Wegen des beschränkten Raumes mußten viele Abkürzungen angewendet werden. Sie sind am Schlusse der Bemerkungen angeführt.

Bemerkungen zur Tabelle

Die Tabelle enthält elf Spalten mit folgenden Überschriften:

1. Name. Die Anordnung ist alphabetisch. In manchen Fällen schien es jedoch angezeigt, natürliche Gruppen von Mineralien als solche zu behandeln, weil dadurch die nahe Verwandtschaft der einzelnen Glieder besonders betont, zum Teil auch die Darstellung der chemischen Verhältnisse erleichtert wurde. Um das alphabetische Prinzip nicht zu oft zu durchbrechen, wurde diese Anordnung mit wenigen Ausnahmen auf die wichtigsten Gruppen der Silicate beschränkt. Die Gruppen sind unter dem Gruppennamen eingereiht; z. B. Feldspatgruppe unter F.

2. Chemische Zusammensetzung. Außer der chemischen Formel oder wenigstens einer erklärenden Angabe in Fällen, wo eine Formel nicht gegeben werden kann, ist für die bergmännisch wichtigen Substanzen der Metallgehalt in Prozenten angegeben. Das Zeichen $^0/_0$ ist weggelassen worden. Die Schreibweise der chemischen Formeln konnte nicht gleichmäßig durchgeführt werden. Bei den neubeschriebenen Mineralien wurde im allgemeinen die Schreibweise der Autoren angewendet. Sonst wurde meist die einfachste, empirische Schreibweise gewählt, weil sie für den Laien die verständlichste sein dürfte. Oft wurde die gruppierende Schreibweise vorgezogen, so bei den Sulfosalzen.

3. Krystallsystem. Hier bedeutet: trik. = triklin, mon. = monoklin, rhom. = rhombisch, hex. = hexagonal, trig. = trigonal, tet. = tetragonal, tess. = tesseral, ps. = pseudo-, mim. = mimetisch.

Die Krystallklassen sind durch Angabe der Symmetriestufen in römischen Ziffern bezeichnet, deren Bedeutung aus der folgenden „Übersicht der Krystallklassen", S. 5, zu entnehmen ist. In den Fällen der Holoedrie sind keine Ziffern beigesetzt worden.

4. **Spaltbarkeit.** Die Richtung der Spaltbarkeit ist in Millerschen Symbolen, der Grad in Buchstaben angegeben. Es bedeutet a. = ausgezeichnet, v. = vollkommen, g. = gut, uv. = unvollkommen, d. = deutlich, ud. = undeutlich[1]).

5. **Tenazität.** Hier bedeutet s. = sehr, z. = ziemlich; die andern Kürzungen sind ohneweiters verständlich.

6. **Härte.** Die Angaben beziehen sich auf die Skala von Mohs[2]).

7. **Spezifisches Gewicht.** Die Angaben sind meist auf zwei Dezimalen abgerundet.

8. **Glanz.** Hier ist gesetzt: met., metall. = metallglänzend; diam. = diamantglänzend; glas. = glasglänzend; fett. = fettglänzend; perl., perlm. = perlmutterglänzend; seid. = seidenglänzend. Die im Englischen übliche Bezeichnung „harzglänzend" ist in der deutschen Terminologie nicht gebräuchlich; dafür ist glas. oder nur fett. gesetzt. — fett. = fettglänzend.

9. **Farbe.** Wegen des beschränkten Raumes sind jeweils nur die wichtigeren Farben angeführt. Hier bedeutet: l. = licht, d. = dunkel, farbl. = farblos, grünl. = grünlich usw.

10. **Durchsichtigkeit.** Hier bedeutet: dsi. = durchsichtig, hdsi. = halbdurchsichtig, dsch. = durchscheinend, hdsch. = halbdurchscheinend, ud. = undurchsichtig. Die Angaben beziehen sich auf größere Stücke, nicht auf dünne Splitter. Substanzen, von denen man weiß oder von denen angenommen werden kann, daß sie auch in dünnen Schichten kein Licht durchlassen, sind als opak bezeichnet.

11. **Strich.** Hier gilt das bei der Farbe Angegebene.

Ursprünglich war auch eine Spalte „Bruch" vorgesehen. Wegen Mangel an Raum wurde sie weggelassen. Der Bruch ist wenig charakteristisch und bei sehr vielen Mineralien in der Literatur nicht angegeben.

---

[1]) Zur Erklärung der „Millerschen Symbole" diene folgendes:
Wenn die relativen Längen, die die Grundpyramide auf den drei Krystallaxen abschneidet, in der Reihenfolge vorn, rechts, oben mit a, b, c bezeichnet werden, so wird im allgemeinsten Falle eine andere Fläche die Längen ma, nb, rc abschneiden, wobei m, n, r (die Koeffizienten) rationale Zahlen oder ∞ sind.

Das Millersche Symbol besteht aus drei Ziffern (Indices), die gleich den reziproken Werten dieser Koeffizienten sind. Eine Fläche mit den Abschnitten 1 a, 2 b, 3 c erhält die Indices $\frac{1}{1}, \frac{1}{2}, \frac{1}{3}$ = (632); 1 a, ∞ b, 1 c erhält die Indices $\frac{1}{1}, \frac{1}{\infty}, \frac{1}{1}$ = (101). Danach sind (100), (010), (001) Pinakoide, (110), (120) usw. Prismen, (101), (021) usw. Domen, (111), (331), (112) usw. Pyramiden.

Die Richtungen nach vorne, rechts, oben gelten als +, die entgegengesetzten als —. Eine Fläche mit den Abschnitten 1 a, — 1 b, 1 c erhält das Symbol (1$\bar{1}$1). Im hexagonalen und trigonalen System sind drei horizontale Axen vorhanden; das Symbol enthält deshalb vier Indices. Die zwei ersten beziehen sich auf zwei um 120° voneinander abstehende Halbaxen, der dritte auf die dazwischenliegende, die entgegengesetztes Zeichen erhält. Die Summe der beiden ersten Indices ist, negativ genommen, stets gleich dem dritten Index; z. B. (11$\bar{2}$1).

[2]) Talk = 1, Steinsalz = 2, Calcit = 3, Fluorit = 4, Apatit = 5, Orthoklas = 6, Quarz = 7, Topas = 8, Korund = 9, Diamant = 10.

Namenverzeichnis und tabellarische Übersicht der Mineralien (Bemerkungen)

In dem Anhange „Organische Verbindungen" ist gesetzt: l. = löslich, ll. = leichtlöslich, schl. = schwerlöslich, wl. = wenig löslich, ul. = unlöslich, Ae. = Aether, Al. = Alkohol, B. = Benzol, CS_2 = Schwefelkohlenstoff, T. = Terpentinöl.

Im Namenverzeichnis sind folgende Abkürzungen verwendet worden:

ähnl.	= ähnlich.	opt. Var.	= Varietät auf Grund optischer Eigentümlichkeiten.
angbl.	= angeblich.		
bas.	= basisch.		
bes.	= besonders.	Org. Verbdg.	= Organische Verbindungen.
d.	= der, die, das, durch.		
enth.	= enthaltend.	Ps.	= Pseudomorphose.
entst.	= entstanden.	ps.	= pseudomorph.
foss.	= fossil.	pt.	= partim.
FN.	= Name nach dem Fundorte gebildet.	s.	= sehr, siehe.
		sog.	= sogenannt.
Gem.	= Gemenge.	u.	= und.
gem.	= gemengt.	unbest.	= unbestimmt.
gr.	= groß.	unr.	= unrein.
h.	= hältig.	V.	= Varietät.
HN.	= Handelsname.	v.	= von.
hyp.	= hypothetisch.	veränd.	= verändert.
kl.	= klein.	viell.	= vielleicht.
Kohlw.	= Kohlenwasserstoff.	wassh.	= wasserhältig.
koll.	= kolloidal.	whrsch.	= wahrscheinlich.
Kr.	= Krystall.	zers.	= zersetzt.
kryst.	= krystallisiert.	Zerspr.	= Zersetzungsprodukt.
LN.	= Lokalname.	z. T.	= zum Teil.
m.	= mit.	Zusstzg.	= Zusammensetzung.
Min.	= Mineral.	zw.	= zwischen.
n.	= nach.	zwflh.	= zweifelhaft.

Bei Fundorten ist oft gesetzt:

Cal.	= Californien.	N. C.	= Nord-Carolina.
Col.	= Colorado.	N. J.	= New Jersey.
Conn.	= Connecticut.	N. Y.	= New York.
Ind.	= Indiana.	Penn.	= Pennsylvanien.
Mad.	= Madagaskar.	R. I.	= Rhode Island.
Md.	= Maryland.	Wisc.	= Wisconsin.

Die Abkürzungen der Tabelle sind gegebenenfalls auch im Namenverzeichnis verwendet worden.

Bei der Benützung der Zusammenstellungen ist folgender Vorgang gedacht: Man sucht im „Namenverzeichnis" das Mineral und sieht die Daten nach. Ist der Name fettgedruckt, so findet man das Weitere dann in der „Tabelle".

Übersicht der Krystallklassen
(Nach Tschermak)

Krystallsystem	triklin, monoklin	rhombisch	trigonal	tetragonal	hexagonal	tesseral
I	asymmetrisch pedial	—	trig. tetartoedrisch trig. pyramidal	tetr. hemimorph-hemiedrisch tetr. pyramidal	hex. hemimorph-hemiedrisch hex. pyramidal	tess. tetartoedrisch tetraedr.-pentagon-dodekaedrisch
II	trikl. holoedrisch pinakoidal	—	trig. hemiedrisch rhomboedrisch	tetr. pyramidal-hemiedrisch tetr. bipyramidal	hex. pyramidal-hemiedrisch hex. bipyramidal	pentagonal-hemiedrisch dyakis-dodekaedrisch
III	mon. hemimorph mon. sphenoidisch	rhomb. hemiedrisch rhomb. bisphenoidisch	trig. trapezoedrisch	tetr. trapezoedrisch	hex. trapezoedrisch	plagiedrisch oder gyroidal pentagon-ikositetraedrisch
IV	mon. hemiedrisch mon. domatisch	rhomb. hemimorph rhomb. pyramidal	trig. hemimorph ditrig. pyramidal	tetr. hemimorph ditetr. pyramidal	hex. hemimorph dihex. pyramidal	tetraedrisch-hemiedrisch hexakistetraedrisch
V	mon. holoedrisch mon. prismatisch	rhomb. holoedrisch rhomb. bipyramidal	trig. holoedrisch ditrig. skalenoedrisch	tetr. holoedrisch ditetr. bipyramidal	hex. holoedrisch dihex. bipyramidal	tess. holoedrisch hexakisoktaedrisch
I. a	—	—		sphenoidisch-tetartoedrisch bisphenoidisch	trigonotyp-tetartoedrisch trig. bipyramidal	—
IV. a	—	—		tetr. sphenoidisch tetr. skalenoedrisch	trigonotyp-hemiedrisch ditrig. bipyramidal	—

Stufen der Symmetrie

In jedem Felde steht in der oberen Zelle die ältere Bezeichnung der betreffenden Krystallklasse, in der unteren Zelle die von Groth eingeführte Bezeichnung.

Namenverzeichnis

Aarit = Arit.
Abichit = Klinoklas.
Abrazit = Gismondin.
Abrachanit, Fe-reicher Glaukophan, opt. Var. FN.
Acadialith, V. Chabasit, rötl.; Nova Scotia.
Acarbodavyn, V. Davyn CO_2-frei.
Achat, meist lagenweises Gem. v. Chalcedon, Quarz usw.
Achatjaspis = Jaspachat.
Achiardit = Dachiardit.
Achirit = Dioptas.
Achlusit, Steatit ähnl. Zerspr. v.Topas,Zusstzg. nahe Na-Glimmer; Tasmanien.
Achmatit = Epidot.
Achrematit, Molybdoarsenat v. Pb., gelb — rot, Gem.?; Mexiko.
Achroit, s. Turmalingruppe.
Achromait, farblose Hornblende im Weigelith; Weigelsberg.
Achtaragdit, tonige Ps. n. tetraedr. Kr.; FN.
Aciculit = Aikinit.
Adamas, pt. = Diamant, pt. = Korund.
Adamin.
Adamsit, V. Muscovit; Derby, Vermont.
Adelaide Rubin = Almandin.
Adelit; Schweden.
Adelpholith, pt. Columbat v. Fe, Mn, tet. braun bis schwarz; Tammela. pt. zers. Zirkon; Finnland.
Adinol, V. Albit, kompakt; Sala.
Adipilt, V. Chabasit, gelatinös; Lausanne.
Adipocerit = Hatchettin.
Adlerstein = hohle Eisenniere.
Adular, V. Orthoklas, durchsichtig.

Adularalbit, Albitkern mit seitl. Fortwachsungen v. Adular; Untersulzbach.
Aedelforsit = Edelforsit.
Aedelit = Edelit.
Aegerit, Bitumen ähnl. Elaterit; HN.
Aegirin, V. Akmit i. D.-schliff grün.
Aegirinaugit, V. Augit m. kl. Na-Gehalt.
Aegirin-Diopsid = Aegirinaugit.
Aegirin-Hedenbergit, V. Pyroxen zw. Ae. u. H.
Aegirin-Jadeit = Jadeitaegirin.
Aegyptischer Türkis = T. v. Sinai.
Aehrenstein. V. Baryt, blumenblättrig in Mergel.
Aenigmatit, s. Amphibolgruppe.
Aeonit, Bitumen ähnl. Elaterit; HN.
Aërinit, ein Leptochlorit, erdig, blau; Pyrenäen.
Aerugit, zwflh. Arsenat v. Ni, d. grasgrün; Johanngeorgenstadt.
Aeschynit.
Afterschörl = Axinit.
Afwillit; Kimberley.
Agalit = Talk ps. n. Enstatit; Edwards, N. Y.
Agalmatolith, pt. = dichter Pyrophyllit.
Agalmatolith, pt. = Pinit oder Steatit.
Agat = Achat.
Aglait, V. Cymatolith; Goshen.
Aglaurit, V. Orthoklas, farbenspielend; Teplitz.
Agnesit, steatitähnl. (irrtümlich als Bi-Carbonat bezeichnet); Cornwall.
Agnolith = Inesit (im sog. Manganocalcit).
Agricolit, $Bi_4Si_3O_{12}$, mon., kugelig, gelb—braun; Johanngeorgenstadt.

Agstein, Agtstein = Bernstein.
Aguilarit; Guanajuato.
Aikinit; Beresowsk.
Ainalith, V. Kassiterit, Ta-h.; Finnland.
Aithalith = Asbolan.
Ajkit, bernsteinähnliches Harz; Ajka.
Akaba = schwarze Koralle.
Akalidavyn = Natrodavyn.
Akanthikon = Epidot.
Akanthit.
Åkermanit, $Ca_2MgSi_2O_7$, tet., farbl.; in Schlacken.
Akmit, s. Pyroxengruppe.
Akmitaugit = Aegirinaugit, braun.
Akontit = Glaukodot.
Akori = blaue Koralle.
Akrochordit; Långban.
Aktinolith, s. Amphibolgruppe.
Alabandin.
Alabaster, V. Gyps, weiß, feinkörnig.
Alaït, V_2O_5 . H_2O, blutrot, seidengl.; Alaigebirge.
Alalith = Diopsid.
Alamosit; FN., Mexiko; s. Pyroxengruppe.
Alaskait, V. Galenobismutit, Ag-h.; Colorado.
Alaun, s. bei Kalialaun, Natronalaun usw.
Alaunspat = Alunit.
Alaunstein (Werner) = Alunit.
Alaunstein (Römer) = Löwigit.
Albanit, bituminöse Masse; FN.
Albertit, V. Asphalt; Nova Scotia.
Albin, veränd. Apophyllit, weiß, $CaCO_3$-h.; Marienberg.
Albit, s. Feldspatgruppe.
Albitmondstein, V. Albit, schillernd.
Alexandrinentürkis = T. v. Sinai.

Alexandrit, V. Chrysoberyll, stark dichroit., grün u. rot.
Alexandrit, sog. künstl. = künstl. Saphir, dichroit.
Alexandritkatzenauge = Alexandrit m. Lichtschein.
Alexandrolith, wassh. Silicat v. Al, Cr, grün; Avala.
Alexjejevit, V. Ozokerit; Kaluga, Rußland.
Algerit, veränd. Skapolith gelbl., grau; Franklin.
Algodonit; Chile; L. superior.
Alipit, ähnl. Pimelit, fast Al-frei; Schlesien.
Alisonit, 3 Cu_2S . PbS, derb, blau; (Gem.?); Chile.
Alkalifeldspat umfaßt Orthoklas, Mikroklin, Anorthoklas, Albit.
Alkalispinell, V. Spinell Na- u. K-h., d.-grün; Mansjö.
Allagit, V. Rhodonit, unr., grün—schwärzl.; Elbingerode.
Allaktit; Nordmarken, Långban.
Allanit, s. Epidotgruppe.
Allcharit, Zusstzg. unbest. rhomb. antimonitähnl.; FN.
Allemontit.
Allingit, bernsteinähnl. Harz; Schweiz.
Allochroit, V. Andradit, fast dicht, z. T. Mn-h.
Allogonit = Herderit.
Alloklas; Oravicza.
Allomorphit, V. Baryt m. Anhydritform, Ps.? Unterwirbach.
Allopalladium = hex.? Palladium, viell. Pd-Amalgam; Tilkerode.
Allophan.
Allophanoide, Tone d. Allophan—Halloysit—Montmorillonitgruppe.
Allophit, Silicat v. Al, Mg, pseudophitähnl.; Schlesien.
Alluaudit (Bernhardi) = Dufrenit.
Alluaudit (Damour) Zerspr. v. Triplit; Chanteloube.
Almagrerit = Zinkosit.

Almandin, s. Granatgruppe.
Almandinspinell, V. Spinell d.-rotviolett.
Almerait, KCl . NaCl . $MgCl_2$. H_2O, rötl., körnig; Barcelona.
Almerlit, $Al_2[SO_4]_3$. Na_2SO_4 . 5 Al[OH]$_3$. H_2O, weiß, halloysitähnl.; FN.
Almerinit = Almerait.
Aloisiit, wassh. Silicat v. Fe, Ca, Mg, Na, braun bis violett; Uganda.
Alomit = blauer Sodalith; Bancroft. HN.
Alshedit, V. Titanit, Y-h.; Småland.
Alstonit.
Altait.
Alumian, Al_2O_3 . 2 SO_3? trig.? weiß; Spanien.
Aluminit.
Alumocalcit, V. Opal, s. weich; Eibenstock.
Alumogel = Kliachit.
Alumotrichit = Kalialaun?
Alumyt = ,,Bauxit" v. Antrim.
Alunit.
Alunogen.
Alurgit,6(H,K)$_2$O. 2 MgO. 3 Al_2O_3 . 12 SiO_2, roter Glimmer v. St. Marcel.
Aluschtit, nahe Kaolin mit 13·7% H_2O; FN.
Alvit, Zirkonmineral, Be, Hf, Y, Ce, H_2O-h.
Amalgam.
Amarantit; Sierra Gorda.
Amargosit, V. Bentonit, MgO . Al_2O_3 . 5 SiO_2 . 7 H_2O; FN. Cal.
Amatrix = Wardit od. Utahlith in Chalcedon; HN.
Amause = Strass (Glas).
Amazonenstein = Amazonit.
Amazonit, V. Mikroklin, grün.
Ambatoarinit, viell. Sr_4Ce_7 $[CeO]_3$ $[CO_3]_{17}$, rhomb., coelestinähnl.; Madagaskar.
Amber = Bernstein.
Amberin, gelbgrüner Chalcedon; Cal. HN.
Amblygonit.
Amblystegit, V. Hypersthen v. Laachersee.

Ambre antique = Bernsteinfälschung (Celluloid).
Ambrit, nahe Bernstein; Neuseeland.
Ambroid = Preßbernstein.
Ambrosin, gelbbraunes Harz v. Charleston; foss.?
Amesit, s. Chloritgruppe.
Amethyst, V. Quarz, violett.
Amethyst, gebrannt = A. d. Brennen gelb, grün, braun.
Amethyst, occidental. = Amethyst.
Amethyst, orientalisch = violetter Saphir.
Amethystsaphir = Violettrubin.
Amiant, V. Amphibolasbest, seidig, weich.
Amiantinit = Aktinolith.
Amiantoid, V. Amiant, spröd.
Amiatit = Hyalit.
Ammiolith, zwflh. Cu-Antimonat, erdig, rot; Chile.
Ammoniakalaun = Tschermigit.
Amolbit, V. Gersdorffit v. Lichtenberg.
Amosit, mon. Amphibolasbest, Fe-reich; Transvaal.
Ampangabeit; FN. Mad.
Amphibol-Anthophyllit, nahe Cummingtonit.
Amphibolgruppe.
Amphigen = Leucit.
Amphilogit = Didymit.
Amphithalit, wassh. Phosphat v. Al, Ca, milchweiß; Horrsjöberg.
Amphodelit, V. Anorthit, rötl.; Finnland.
Anagenit =. Chromocker.
Analcidit = Analcim.
Analcim.
Anapait, Anapit; FN.
Anatas.
Anauxit, m. Cimolit Zerspr. v. Basalt u. ps. n. Augit. Bilin.
Ancudit, V. Kaolin, unr.; Ancud.
Andalusit.
Anderbergit, V. Malakon, Y-h.; Ytterby.
Andesin, s. Feldspatgruppe.
Andorit; Felsöbánya.

Andradit, s. Granatgruppe.
Andreasbergolith = Harmotom.
Andreolith = Harmotom.
Andrewsit, 5 Fe$_2$O$_3$.P$_2$O$_5$
. 5 H$_2$O, blaugrün, kugelig; Cornwall.
Anemolith, V. Calcitstalaktit.
Anemousit, Feldspat v. Linosa, Glied e. Plagioklasreihe m. Carnegieitgehalt.
Angaralith, 2 (Ca, Mg) O.5 (Al,Fe)$_2$O$_3$.6 SiO$_2$, hex? schwarz; FN.
Angelardit, nahe Ludlamit; FN.
Anglarit (Kobell), (angelb. = Vivianit) = Angelardit.
Anglarit (Nordenskjöld) = Berthierit.
Anglesit.
Anglesobaryt = Hokutolith.
Angolith = Agnolith.
Anhydrit.
Anhydrokainit, KCl . MgSO$_4$, durch Basalt entwässert.
Animikit, Gem. v. Ag, PbS, NiAs, grauweiß; L. superior.
Ankerit.
Ankylit; Narsarsuk.
Annabergit.
Annerödit, orientiert. Verwachs. v. Columbit u. Samarskit.
Annit, V. Lepidomelan v. Cape Ann.
Annivit, V. Tennantit, Bi- u. Sb-h.; FN.
Anomalit, Ps. n. Jeffersonit, enth. Mn, Co, Ni usw.
Anomit, V. Biotit, ist Glimmer I. Art.
Anophorit, V; Amphibol zw. Barkevikit u. Arfvedsonit.
Anorthit, s. Feldspatgruppe.
Anortholt wahrsch. = Skapolith; Sillböle.
Anorthoklas, s. Feldspatgruppe.
Ansilit = Ankylit.
Anthochroit = Violan (?).
Anthogrammit = Anthophyllit.
Antholith (Breithaupt) = Anthophyllit.

Antholith (Dana) = Cummingtonit.
Anthophyllit, s. Amphibolgruppe.
Anthophyllit, wasserhältiger = Hydroanthophyllit.
Anthosiderit, Gem. v. Quarz u. Goethit ps. n. Cummingtonit, gelbbraun, faserig; Min. Geraes.
Anthracit, s. Org. Verbdg.
Anthrakonit, V. Calcit, d. kohlige Subst. schwarz.
Anthrakoxen, foss. Harz v. Brandeisl.
Anthrakoxenit, Bestandteil d. Anthrakoxens.
Anthrax = Rubin.
Anthraxolith, kohlenähnl. Substanz v. Canada.
Antiedrit = Edingtonit.
Antigorit, V. Serpentin, schiefrig, blättrig.
Antillit, nahe Deweylith, d.-grünbraun; FN.
Antimon.
Antimonarsen = Allemontit.
Antimonarsennickel = Arit.
Antimonbleiblende = Boulangerit.
Antimonbleikupferblende = Bournonit.
Antimonbleispat = Bindheimit.
Antimonblende = Kermesit.
Antimonblüte = Valentinit.
Antimonfahlerz = Tetraedrit.
Antimonglanz = Antimonit.
Antimonit.
Antimonkupferglanz = Bournonit.
Antimon-Luzonit, V. zw. Famatinit u. Luzonit; Peru, Otavi.
Antimonnickel = Breithauptit.
Antimonnickelglanz = Ullmannit.
Antimonocker = Cervantit, Stibiconit, Volgerit usw.
Antimonoxyd = Valentinit.
Antimonrotgülden = Pyrargyrit.

Antimonsilber = Dyskrasit.
Antimonsilberblende = Pyrargyrit.
Antimonsilberglanz = Stephanit.
Antimonspat = Valentinit.
Antiperthit = Plagioklas v. Orthoklaslamellen durchwachsen.
Antlerit, Arizona.
Antozonit, V. Fluorit, d.-violett; Wölsendorf.
Antrimolith, V. Mesolith, faserig. Stalaktiten; FN.
Apatelit, wahrsch. = Karphosiderit, gelb, erdig; Meudon usw.
Apatit.
Aphanesit = Klinoklas.
Aphrit, V. Aragonit ps. n. Gyps, schuppig bis blättrig, perlm.
Aphrizit, V. Turmalin, schwarz; Kragerö.
Aphrodit, Mg-Silicat, nahe Meerschaum; Långban.
Aphrosiderit, nahe od. = Thuringit v. Wellburg usw.
Aphrowad = Schaumwad.
Aphthalose = Aphthitalit.
Aphthitalit = Glaserit.
Aphthonit, V. Tetraedrit, Ag-h.; Gårdsjö.
Apjohnit; Südafrika.
Aplom, V. Andradit, d.-braun, grün, gestreifte Dodekaeder.
Apophyllit.
Apotom, V. Coelestin v. Montmartre.
Apricotin, gelbrote Quarzgerölle; Cape May, N. Jersey; HN.
Aprikosenstein, V. Puddingstein.
Apyrit, V. Achroit, pfirsichblührot.
Aquacreptit, wassh. Silicat v. Mg, Fe, Al, braun; Penn.
Aquamarin, V. Beryll, bläul.-grün.
Aquamarin, orientalisch = Saphir, bläul.-grün.
Aquamarinchrysolith = Beryll, gelb.
Arabische Steine = Türkise minderer Qualität.
Arakawait = Veszelyit v. Rhodesia.

Aräoxen, V. Descloizit, As-h.; Dahn.
Aragonit.
Aragotit, nahe Idrialin; Californien.
Aramayoit; Chocaya, Bolivien.
Arcanit = K_2SO_4, rhom. (nur künstl.).
Ardennit; Salm Château.
Arduinit, roter, radialfas. Zeolith; Val del Zuccanti.
Arendalit = Epidot.
Arequipit, Silico-Antimonat v. Pb, honiggelb; Peru.
Arfvedsonit, s. Amphibolgruppe.
Argentin, V. Calcit, blättrig, perlm.
Argentit.
Argentobismutit = Matildit.
Argentojarosit, $Ag_2[Fe(OH)_2]_6[SO_4]_4$, hex. gelbbraun; Utah.
Argentopercylith = Boleit.
Argentopyrit.
Argyrit = Argentit.
Argyroceratit = Kerargyrit.
Argyrodit; Freiberg; Bolivien.
Argyropyrit, V. Silberkies, $Ag_3Fe_7S_{11}$; Freiberg.
Argyropyrrhotin = Sternbergit.
Aricit = Gismondin.
Arlt, zw. Nickelin u. Breithauptit.
Arizona-Rubin = Pyrop.
Arizonit; Hackberry.
Arkansas Diamant = Bergkrystall.
Arkansit, V. Brookit, dicke, dunkle Krystalle.
Arksutit = Chiolith.
Arkticit = Skapolith.
Arktolith (Ca, Mg)O . Al_2O_3 . $3 SiO_2$. H_2O, gelbl., grünl.; Hvitholm.
Armangit; Långban.
Armenischer Stein = Lasurstein.
Arnimit (Arminit) = $2 CuSO_4$. $3 Cu[OH]_2$. $3 H_2O$ grün; auf Porzellanjaspis; Planitz.
Aromit,$6 MgSO_4$.$Al_2[SO_4]_3$. $54 H_2O$, epsomitähnl.; Chile.
Arquerit, V. Amalgam $(Ag_{12}Hg)$.

Arrhenit, wasserh. Silicat u. Tantalat v. Y. usw.; Ytterby.
Arrojadit, $4 (Na, K)_3PO_4$. $9 (Fe, Mn, Ca)_3 P_2O_8$, mon. d-grün, Serra Branca, Bras.
Arsen.
Arsenantimon = Allemontit.
Arsenantimonfahlerz, zw. Tetraedrit u. Tennantit.
Arsenantimonnickelglanz = Ullmannit.
Arsenargentit, zwfln. Ag_3As, rhom.
Arsenblende, gelb = Auripigment.
Arsenblende, rot = Realgar.
Arseneisen, pt. = Löllingit.
Arseneisensinter = Pittlcit.
Arsenfahlerz, s. Fahlerzgruppe.
Arsenglanz = Arsenolamprit.
Arsenicit = Pharmakolith.
Arsenige Säure = Arsenolith.
Arsenikalkies = Löllingit.
Arsenikblüte (Werner) = Pharmakolith.
Arsenikblüte (Karsten) = Arsenolith.
Arsenikglanz = Arsenolamprit.
Arsenikkies = Arsenopyrit.
Arsenikkobalt = Safflorit.
Arsenikkobaltkies = Skutterudit.
Arsenikkupfer = Domeykit.
Arsenikmangan = Kaneit.
Arseniknickel, pt. = Nickelin.
Arseniknickel, pt. = Chloanthit.
Arseniknickel, pt. = Rammelsbergit.
Arseniksilber, Gem. v. Arsenopyrit u. Dyskrasit? Andreasberg.
Arseniksilberblende = Proustit.
Arseniksinter = Skorodit.
Arsenikwismut pt. = Arsenolamprit, pt. = Agricolit.
Arsenioardennit, As-Endglied d. Ardennit-Reihe.

Arseniopleit, wassh. Arsenat, v. Mn, Pb usw.; Sjögrube.
Arseniosiderit; Romanêche.
Arsenit = Arsenolith.
Arsenkies = Arsenopyrit.
Arsenkupfer = Domeykit.
Arsenmangan = Kaneit.
Arsennickel = Arseniknickel.
Arsennickeleisen, zw. Löllingit u. Rammelsbergit.
Arsennickelglanz = Gersdorffit.
Arsennickelkies = Chloanthit.
Arsenobismit, $2 Bi_2O_3$. As_2O_5 . $2 H_2O$? gelbgrün, krystallin; Tintic.
Arsenoferrit, $FeAs_2$, isom. m. Pyrit; Binnental.
Arsenokrokit = Arseniosiderit.
Arsenolamprit, V. Arsen (allotrop).
Arsenolith.
Arsenomelan = Sartorit.
Arsenomiargyrit = Smithit.
Arsenopyrit.
Arsenosiderit = Löllingit.
Arsenotellurit, zwfln. Sulfarsenid v. Te.
Arsenphyllit = Claudetit.
Arsenpolybasit = Pearceit.
Arsenrotgülden = Proustit.
Arsenschwefel = As_2S_3 H_2O, grau; Pozzuoli.
Arsensilber = Arseniksilber.
Arsensilberblende = Proustit.
Arsensulfurit, nat. amorph. S., As-h.; Java.
Arsenwismutkupfererz = Epigenit.
Artinit; Val Malenco usw.
Arzrunit, $Cu_4Pb_2Cl_6SO_6$. $4 H_2O$, rhom., blau; Chile.
Asbeferrit, Fe-Mn-Amphibol nahe Dannemorit.
Asbest, feinfaserige Form v. Hornblende od. Serpentin.
Asbestin = Agalit.
Asbestoid, V. Asbest, spröd.
Asbolan, Co-h., welcher Psilomelan.

Ascharit, 2 MgO . B_2O_3 $\frac{2}{3}$ — 1 H_2O, grauweiß, erdig; Aschersleben.
Aschenzieher = Turmalin.
Aspasiolith, zers. Cordierit v. Kragerö.
Asperolith, V. Chrysokolla v. Tagilsk, $CuSiO_3$. 3 H_2O.
Asphalt, s. Orig. Verbdg.
Asphaltit, pt. = Quisqueit, pt. = Asphalt.
Aspidelith, V. Titanit, lanzettf.; Arendal.
Aspidolith, V. Phlogopit, olivgrün; Zillertal.
Asterie = Sternstein.
Asteroit, V. Pyroxen, nahe Hedenbergit; Nordmarken.
Astochit, V. Richterit, Na-r., blau; Långban.
Astrakanit = Bloedit.
Astrolith; Neumark, Sachsen.
Astrophyllit; Langesund; Grönland.
Atakamit.
Atelestit; Schneeberg, S.
Atelit, 2 CuO . $CuCl_2$. 3 H_2O, grün, ps. n. Tenorit; Vesuv.
Atheriastit, veränd. Skapolith; Arendal.
Atlaserz, V. Malachit, faserig.
Atlasit, Gem. v. Atakamit u. Azurit? Chañarcillo.
Atlasspat. V. Calcit, Aragonit, Gyps, faserig.
Atopit; Långban.
Attacolith, Phosphat v. Al, Ca, Mn, Fe, blaßrot; Westanå.
Auerbachit, V. Zirkon, veränd.; Alexandrowsk.
Auerlith, wassh. Phosphosilicat v. Th. (veränd. Thorit); N. Car.
Augelith; Westanå.
Augenachat = Kreisachat mit dunklen Zentren.
Augit, s. Pyroxengruppe.
Augitstrahlstein = Diopsid.
Auralith = zers. Cordierit, Åbo.
Aurichalcit.
Auripigment.
Aurobismuthinit, (Bi, Au, $Ag_2)_5 S_6$, körnig—dicht, l. grau.
Automolit.

Autunit.
Auxit = Lucianit.
Avait = Iridium v. Ava.
Avalit, V. Muscovit, Cr-h., erdig; Avala.
Avanturin, V. Quarz, dicht m. punktweisem Metallschiller.
Avanturinfeldspat = Sonnenstein.
Avasit, 5 Fe_2O_3 . 2 SiO_2 9 H_2O, Gem.?, derb, schwarz; Ungarn.
Avogadrit, natürl. KBF_4; Vesuv.
Awaruit, $FeNi_2$, tess.? Neu-Seeland.
Axinit.
Azorit = Zirkon.
Azorpyrrhit, nahe Pyrochlor; Azoren.
Azurchalcedon, V. blau d. Chrysokolla; Arizona.
Azurit (Beudant).
Azurit (Jameson) = Lazulith.
Azurlith = Azurchalcedon.
Azurmalachit = Gem. v. Azurit u. Malachit; Arizona.

Bababudanit, V. Na-Amphibol, nahe Riebeckit; FN.
Babelquarz, V. treppenförmig; auf Fluorit.
Babingtonit, s. Pyroxengruppe.
Babylonquarz = Babelquarz.
Bacchusstein = Amethyst.
Backkohle, V. Schwarzkohle, in der Hitze backend.
Bäckströmit, rhomb. Modifikation v. Mn[OH]$_2$, nur verändert bekannt; Långban.
Baddeckit, Gem. v. Haematitschuppen m. einem Ton (?), kupferrot; FN.
Baddeleyit; Ceylon; Brasilien.
Badenit, (Co, Ni, Fe)$_2$ (As, Bi)$_3$, derb, stahlgrau; FN.
Badenschwefel = Absatz v. Schwefelquellen.
Baeumlerit = Chlorocalcit.
Bagotit = Lintonit.
Bagrationit (Kokscharow), V. Allanit v. Achmatowsk, kurze Kr.

Bagrationit (Hermann), nahe Bucklandit (Hermann).
Baierin = Columbit.
Baikalit, V. Salit, kryst., d.-grün; FN.
Baikerinit, teerähnl. Bestandteil d. Baikerits.
Baikerit, wachsähnl. Gem. v. Kohlw.; Baikalsee.
Bakerit; Bernardino Co., Cal.
Balasrubin, V. Spinell, rosa.
Baldaufit, (Fe, Mn, Ca, Mg)$_3$[PO$_4$]$_2$. 3 H_2O, mon., fleischrot; Hagendorf.
Ballesterosit = Sn-h. Pyrit; Spanien.
Baltimorit (Thomson) = Pikrolith v. Bare Hills.
Balvraidit, H_3(Ca, Mg) Al$_3$ Si$_5$ O$_{19}$, Zerspr. Übergang zu Serpentin; FN.
Bamlit, V. Fibrolith v. Bamle.
Bandachat, V. gleichmäßig (meist eben) gebändert.
Bandjaspis, V. gebändert.
Barbierit = Na-Orthoklas, mon.
Barcenit, zwflh. Antimonat v. Hg; Huitzuco.
Bardiglione = Anhydrit.
Bardolith, (H, K)$_3$ (Fe, Al)$_3$Si$_2$O$_{12}$. 3 H_2Mg SiO$_4$. 6½ H_2O, chloritähnl. FN.
Barettit, CO$_2$-h. Silicat v. Ca, Mg usw.; Traversella.
Baricalcit, V. Ba-h.
Bariohitchcockit = Gorceixit.
Bariumanorthit = Celsian.
Bariumhamlinit, 2 BaO . 4 Al$_2$O$_3$. 3 P$_2$O$_5$. 11 H_2O, eine Favaart v. Bras.
Bariumheulandit, V. Ba-h.; Sardinien.
Bariumorthoklas = Barytorthoklas.
Bariumparisit = Kordylit.
Bariumplagioklas, pt. = Celsian, pt. = Ba-r. Oligoklas.
Bariumuranit = Uranocircit.
Barkevikit, V. Amphibol zw. Hornblende u. Arfvedsonit; FN.

Barklyit, V. Rubin v. Victoria, trüb, fuchsinrot.
Barnhardit, 2 Cu₂S . Fe₂S₃, ähnl. Bornit, derb; N. C., Cal.
Barolith = Witherit.
Baroselenit = Baryt.
Barracanit, CuS . Fe₂S₃, tess. spcis—messinggelb; FN. Cuba.
Barrandit; Cerhovic.
Barroisit, V. blauer Amphibol.
Barsowit, nahe Anorthit; FN, Ural.
Barthit; Otavi, Südwestafrika.
Bartholomit, nahe Ferronatrit; Zerspr. v. Pyrit; Westindien.
Barylith; Långban.
Barysilit; Pajsberg.
Baryt.
Barytbiotit, V. Ba-h.; Schelingen.
Baryterde, V. Baryt, erdig.
Barytfeldspat, pt. = Hyalophan.
Barytflußspat = Fluobaryt.
Barytglimmer = Oellacherit.
Barytharmotom = Harmotom.
Barythedyphan, V. Ba-h.
Barytheulandit = Bariumheulandit.
Barytkreuzstein = Harmotom.
Barytocalcit (Brooke); Alston-Moor.
Barytocalcit (Johnston) = Alstonit.
Barytocoelestin, pt. V. Ba-h.
Barytocoelestin, pt. = Celestobaryt.
Barytophyllit = Chloritoid.
Barytorthoklas, V. zw. Orthoklas u. Hyalophan.
Barytplagioklas, V. Oligoklas m. gr. Ba-Gehalt.
Barytsalpeter = Nitrobaryt.
Barytstrontianit = Stromnit.
Baryturanit = Uranocircit.
Basalteisenstein = Limonit.
Basaltin = Augit.

Basaltjaspis = natürlich gefritteter Ton (durch Basalt).
Basaltkainit = Anhydrokainit.
Basaltspeckstein, nahe Neolith.
Basanit = Lydit.
Basanomelan = Eisenrose.
Basicerin = Bastnäsit.
Basiliit, 11 (Mn₂O₃,Fe₂O₃) . Sb₂O₃ . 21 H₂O, stahlblau; Sjögrube.
Basobismutit, 2 Bi₂O₃ . CO₂ . H₂O, derb, grau, Aduntschilon.
Bassanit, CaSO₄, hex.? heteromorph zu Anhydrit; Vesuv.
Bassetit, mon. Modifikation d. Autunit, FN. Cornwall.
Bastit, veränd. wassh. Bronzit, grün; FN.
Bastkohle, V. Braunkohle, bastförmig.
Bastnäsit.
Bastonit, veränd. Biotit v. Bastogne.
Batavit, 4 H₂O . 4 MgO . Al₂O₃ . 4 SiO₂, glimmerähnl.; Passau.
Batchelorit, alkalifreier Muscovit, grün; Mt. Lyell Mine.
Bathvillit, foss. Harz, matt, braun in Bituminit.
Batrachit = Monticellit, derb; Monzoni.
Baudisserit, Gem. v. Hydromagnesit, Magnesit u. Opal, dicht; FN.
Bauerit, wesentl. SiO₂ + aq, Endzerspr. v. Biotit.
Baulit = Krablit.
Baumhauerit; Binnental.
Baumstein = Mokkastein.
Bauxit = Beauxit.
Bavalit = Chamosit.
Bavenit; Baveno.
Bayat, brauner, Fe-h. Jaspis; LN. Cuba.
Bayldonit; Cornwall; Otavi.
Bazzit; Baveno.
Beaconit, V. Talk, faserig, ps.; Michigan.
Beaumontit, V. Stilbit, gelbl.; Baltimore.
Beauxit.

Beaverit, CuO . PbO . (Fe, Al)₂O₃ . 2 SO₃ . 4 H₂O, gelb, erdig; FN. Utah.
Beccarit, V. Zirkon, olivgrün; Ceylon
Bechilith, CaB₄O₇ . 4 H₂O, Gem. Lagunenabsatz; Toscana.
Beckelith; Mariupol.
Beckerit, foss. Harz, braun; Ostsee.
Beckit = Beekit.
Becquerelit, UO₃ . 2 H₂O, rhomb. gelb-orange, Kryst. braungelb; Kasolo.
Beegerit; Colorado.
Beekit, Chalcedon ps. n. Muschelschalen usw.; Devon.
Befanamit, Sc-Endglied d. Thortveitit-Reihe.
Beffanit, V. Anorthit = Cyclopit.
Beidellit, (Al,Fe)₂O₃ . 3 SiO₂ . 4 H₂O, Lehmmineral; FN, Cal.
Beilstein = Nephrit.
Beintürkis = foss. Knochen, Zähne, natürl. blaugefärbt.
Beinwelle, V. Kalktuff, zellig..
Beldongrit, angebl. 6M₂O₅ . Fe₂O₃ . 8 H₂O, viell. ein Psilomelan, schwarz; Indien.
Belgit = Willemit.
Bellit, Chromoarsenat v. Pb, hex., hochrot; Tasmanien.
Belmontit, Bleisilicat? gelb auf Stetefeldtit; Nevada.
Belonesit = Sellait.
Belonit = Aikinit.
Bementit (König); Franklin (viell. = Karyopilit.)
Bementit (Sammelname) = Danburit v. Scopi.
Benitoit; S. Benito, Cal.
Benjaminit, Pb₂(Ag, Cu)₂Bi₄S₉,grau; Nevada.
Bentonit,Ton v.Wyoming.
Beraunit; S. Benigna.
Berengelit, nahe Asphalt; Peru.
Beresofit, Beresovit = Beresowit.
Beresowit (Samollow), 6 PbO . 3 CrO₃ . CO₂, tiefrot; FN.

Beresowit (Simpson), V. Chromit m. MgO u. Al_2O_3 bis etwa 10%.
Bergamaskit, V. Hornblende, fast Mg-frei; FN.
Bergbalsam = Petroleum.
Bergbutter, nahe Halotrichit.
Berggold = G. auf Gestein.
Bergguhr, V. Calcit, erdig. sind entw.
Bergflachs ⎫ Amphibol-
Bergfleisch ⎬ asbeste od.
Berghaut ⎪ meist Glieder
Bergholz ⎬ d. Paly-
Bergkork ⎪ gorskit-
Bergleder ⎬ gruppe o.
Bergwolle ⎭ talkartige Substanzen.
Bergkrystall, V. Quarz, farblos.
Bergmahagony = Obsidian.
Bergmannit = Spreustein.
Bergmehl, pt. V. Kalksinter, pulvrig.
Bergmehl, pt. = Kieselguhr.
Bergmilch, V. Kalksinter, pulvrig.
Bergöl = Petroleum.
Bergpech = Asphalt.
Bergseife = Oroplon.
Bergteer = Pittasphalt.
Bergwachs = Ozokerit.
Berlauit, chloritart. Zerspr. aus Serpentin v. Kremze.
Berlinit, $2Al_2O_3 . 2P_2O_5 . H_2O$, quarzähnl.; Westanå.
Bernardinit, kein Mineral, organisches Gebilde.
Bernonit, zwflh., Al-Ca-Hydrat.
Bernstein, s. Org. Verbdg.
Berthierin, V. Chamosit v. Hayanges.
Berthierit.
Berthonit, $2(Pb, Cu_2)S . Sb_2S_3$, körnig, bleigrau; Tunis.
Bertrandit.
Beryll.
Berylliumhumit, V. Humit m. 1% BeO.
Beryllonit; Stoneham.
Berzelianit, Cu_2Se, schwärzl. in Calcit; Skrikerum.

Berzeliit (Kühn); Långban.
Berzeliit (Clarke) = Petalit.
Berzeline (Beudant) = Berzelianit.
Berzeline (Necker) = Hauyn.
Berzelit (Haidinger) = Berzeliit (Kühn).
Berzelite (Lévy) = Mendipit.
Betafit, $2RO . 3Nb_2O_5 . 3H_2O$, R wesentl. U, Ti, gr. gelbe Oktaeder; FN. Mad.
Beudantit (Lévy); Dernbach usw.
Beudantit (Covelli) = Nephelin.
Beustit, V. Epidot, grau; Predazzo.
Beyrichit; Lammerichskaule.
Bhreckit, wassh Silicat v. Ca, Fe, Al, apfelgrün, a. Quarz; FN.
Bieberit.
Bieirosit = Beudantit.
Bielzit, foss. Kohlw. braunschwarz; Siebenbürgen.
Biharit, agalmatolithähnl., gelbl. in Kalk; Biharberg.
Bildstein = Agalmatolith.
Billnit, Fe-Analogon d. Halotrichts, gelbl. faserig; FN.
Binarit = Markasit.
Bindheimit, wassh. Antimonat v. Pb., nierig. (Gem. ?).
Binnit (Heusser), pt. = Sartorit.
Binnit (Desclolzeaux) = Tennantit v. Binnental.
Biotin = Anorthit v. Vesuv.
Biotit, s. Glimmergruppe.
Biphosphammit = NH_4-Biphosphat (aus Guano).
Birmit = Burmit.
Bisbeeit, H_2CuSiO_4, rhomb. faserig, blaßblau, FN.
Bischofit; Leopoldshall.
Bischofstein = Amethyst.
Bismit.
Bismuthaurit, nahe Maldonit?
Bismuthine = Bismuthinit.
Bismuthinit.
Bismutit, pt.

Bismutit, pt. = Bismuthinit.
Bismutoferrit, Bi-Fe-Silicat? Schneeberg, S.
Bismutolamprit = Bismuthinit.
Bismutoplaglonit; Montana.
Bismutosmaltit, V. Skutterudit, Bi-h.; Zschorlau.
Bismutosphärit; Schneeberg, S. usw.
Bistagit = Diopsid v. d. Zus.: $CaSiO_3 . MgSiO_3$.
Bitterkalk = Dolomit.
Bittersalz = Epsomit.
Bitterspat = Dolomit.
Bituminit, s. Org. Verbdg.
Bityit; Madagaskar.
Bixbit, stachelbeerroter Beryll; Utah.
Bixbyit; Utah.
Bjelkit = Cosalit.
Blackband = Kohleneisenstein.
Blackeit = Coquimbit.
Blackmorit, V. Opal, gelb; Montana.
Blanfordit, mon. Pyroxen, Na- u. Mn-h; rot bis braun; Indien.
Blätterblende = Sphalerit, bes. spätig.
Blättererz = Nagyagit.
Blättern = Nagyagit.
Blätterkohle, pt. V. Schwarzkohle, pt. V. Braunkohle, dünngeschichtet.
Blätterserpentin = Antigorit.
Blättertellur = Nagyagit.
Blätterzeolith = Stilbit.
Blaublelerz = Galenit ps. n. Pyromorphit.
Blauelsenerde = Vivianit.
Blauelsenstein = Krokydolith.
Blauerz = veränd. Siderit.
Blaugrund i. Kimberlittuff.
Blauquarz = Saphirquarz.
Blauspat = Lazulith.
Blei; Långban usw.
Bleiluminat = Plumbogummit.
Bleiantimonglanz = Zinkenit.
Bleiantimonit = Jamesonit.
Bleiarsenglanz = Sartorit.

Namenverzeichnis

Blelarsenit = Dufrenoysit (Damour).
Bleibismutit = Cosalit.
Bleicarbonat = Cerussit.
Bleichromat = Krokoit.
Blelerde, V. Cerussit, feinkörnig-erdig.
Bleigelb = Wulfenit.
Bleiglanz = Galenit.
Bleiglas = Anglesit.
Bleiglätte = Massicot.
Bleiglimmer = Cerussit.
Bleigummi = Plumbogummit.
Bleihornerz = Phosgenit.
Bleikupfervanadat = Cuprodescloizit.
Bleilasur = Linarit.
Bleimalachit, 2 $CuCO_3$. $PbCO_3$. $Cu[OH]_2$, mon., Altai.
Bleimolybdat = Wulfenit.
Bleimulm, V. Galenit, erdig.
Bleiniere = Bindheimit.
Bleioxyd = Massicot.
Bleischeelat = Stolzit.
Bleischimmer = Jamesonit.
Bleischwärze, V. Cerussit, schwarz, kohlig.
Bleischweif, V. Galenit, fast dicht, schimmernd.
Bleiselenit = Kerstenit.
Bleisilberantimonit = Brongniardit.
Bleispat = Cerussit.
Bleivitriol = Anglesit.
Bleiwismutglanz = Galenobismutit.
Blende = Sphalerit.
Bliabergit, nahe Ottrelith; FN. Wermland.
Blitzröhre = Fulgurit.
Bloedit.
Blomstrandin; Arendal; Hitterö.
Blomstrandit, wassh. Tantal-Niobat v. U. usw.; Nohl.
Blueground = Blaugrund.
Blueit, V. Pyrit, Ni-h.; Sudbury.
Blue John, V. Fluorit, d.-blau; England.
Blumenbachit = Alabandin.
Blumit (Fischer) = Bindheimit.
Blumit (Liebe) = Megabasit.
Blutjaspis, V. Jaspis, rot.
Blutstein, pt. = Haematit.

Blutstein, pt. = Heliotrop.
Blythit, $Mn_3Mn_2[SiO_4]_3$
V. Granat; Indien.
Bobierrit, $Mg_3P_2O_8$. 8 H_2O, mon. weiß; in Guano, Chile.
Bobrowka Granat = Demantoid.
Bobrowkit, Ni_5Fe_2, wahrsch. = Josephinit; FN.
Bodenit, V. Allanit v. Boden.
Bodenstein = Bernstein.
Bogheadkohle = Bituminit.
Bogoslovskit = Kupferblau; FN.
Böhmischer Diamant = Bergkrystall.
Böhmischer Granat = Pyrop.
Böhmischer Rubin = Rosenquarz.
Böhmischer Topas = Citrin.
Bohnerz, V. Limonit m. Ton gem., z. T. pisolithisch.
Bol, Tonerdesilicatgel, steinmarkähnl. m. adsorb. Eisenhydroxyd, meist braun.
Boleit; FN., Cal.
Bolivarit; Pontevedra, Spanien.
Bolivian, viell. Ag_2S . 6 Sb_2S_3, antimonähnl.; FN.
Bolivianit, wahrsch. = Stannin.
Bolivit, Gem. v. Bismuthinit u. Bismit.; Tazna.
Bologneser Spat, V. Baryt, in strahligen Klumpen.
Bolopherit = Hedenbergit.
Boloretin, nahe Fichtelit.
Boltonit, V. Forsterit, in Kalk; FN.
Bombiccit = Hartit; Arnotal.
Bonamit = Smithsonit, grün; Neu-Mexiko.
Bonsdorffit = Fahlunit v. Åbo.
Boort = Bort.
Boothit; Californien.
Boracit.
Borax.
Bordit, V. Okenit v. Bordö.

Bordosit (Bertrand), zwflh. Chlorid v. Ag u. Hg; FN.
Bordosit (Domeyko) = Amalgam; FN., Chile.
Borgströmit, Fe_2O_3 . SO_3 . 3 H_2O, gelb, erdig; Otravaara, Finnl.
Bořickit, richtig Bořickyit, Leoben, Nenacovic.
Bornin = Tetradymit.
Bornit.
Börnstein = Bernstein.
Borocalcit = Bechilith.
Boromagnesit = Szajbélyit.
Boronatrocalcit = Ulexit.
Borsäure = Sassolin.
Bort, V. Diamant in unregelm.Kr.-Gruppen od. Kugeln.
Bosjemanit, V. Apjohnit, Mg-h.; Südafrika.
Bosphorit, 3Fe_2O_3 . 2P_2O_5. 17H_2O, gelbe Krusten; Kertsch.
Bostonit = Chrysotil v. Canada.
Botallackit, V. Atakamit, m. mehr H_2O; FN.
Botesit = Hessit.
Botryogen.
Botryolith, V. Datolith, traubig; Arendal.
Botryt = Botryogen.
Bouglisit, Gem. v. Anglesit m. Gyps; Boléo.
Boulangerit.
Bourbolit, unr. Melanterit; Puy de Dome.
Bourgeoisit, angebl. tetr. $CaSiO_3$; künstl.?
Bourguignonperlen = Perlenimitation.
Bournonit (Jameson).
Bournonit (Lucas) = Fibrolith.
Boussingaultit, $(NH_4, H)_2SO_4$. $MgSO_4$. 6 H_2O; mon. Fumarolen v. Cerboli.
Boutellenstein = Moldawit.
Bowenit, V. Serpentin, nephritähnl. Smithfield, R. I.
Bowlingit, V. Saponit v. Bowling.
Bowmanit = Hamlinit v. Binnental.
Brackebuschit, (Pb, Mn, Fe)$_3V_2O_8$. H_2O ? mon.? schwarz; Argentinien.

Bragit, V. Fergusonit; Helle usw., Norwegen.
Branchit, nahe Hartit; Toscana.
Branderz = Idrialith.
Brandisit, s. Sprödglimmergruppe.
Brandtit; Harstigen.
Brannerit, wesentl. $(UO, TiO, UO_2)TiO_3$, schwarze Prismen; Idaho.
Brasilianischer Chrysolith = grüner Turmalin aus Br.
Brasilianischer Rubin = roter Topas aus Br.
Brasilianischer Saphir = blauer Topas aus Br.
Brasilianischer Smaragd = grüner Turmalin aus Br.
Brasilianischer Topas = goldgelber Topas aus Br.
Brasilian Topas = brauner Quarz aus Br.
Braunbleierz, V. Pyromorphit, braun.
Brauneisenstein = Limonit.
Brauner Topas = Brasilian Topas.
Braunit.
Braunkohle, s. Org. Verbdg.
Braunkupfererz = Bornit.
Braunmangan = Manganit.
Braunmenakerz = Titanit.
Braunsalz = Tekticit.
Braunspat = Dolomit.
Braunstein, grauer = Pyrolusit.
Braunstein, piemontesischer = Piemontit.
Braunstein, roter = Rhodonit.
Braunstein, roter (Werner) = Rhodochrosit.
Braunstein, schwarzer = Hausmannit.
Braunsteinblende = Alabandin.
Braunsteinkies = Alabandin.
Braunsteinkiesel, pt. = Spessartin.
Braunsteinkiesel, pt. = Rhodonit.
Bravaisit, $2 (Al, Fe)_2O_3$. $9 SiO_2$. $8 H_2O$, derb, grau-grünl., in Kohle v. Noyant.

Bravoit, V. Pyrit, Ni-r.; Minasragra.
Brazilit = Baddeleyit v. Brasilien.
Breadalbanit, V. Hornblende; Perthshire, Schottland.
Bredbergit, V. Andradit, Mg-r.; Sala.
Breislakit, V. Lievrit? wolleartig, braun; Vesuv usw.
Breithauptit (Haidinger); Andreasberg usw.
Breithauptit (Chapman) = Covellin.
Breunnerit, Carbonate zw. Magnesit u. Siderit.
Brevicit, V. Natrolith, gr. Kr. v. Brevig.
Brewsterit.
Brewsterlinit, Flüssigkeit in manchen Kr.
Britholith; Grönland.
Brocchit = Chondrodit.
Brochantit.
Bröggerit, V. Ulrichit. in gr. Kr.; m. bis $12\% ThO_2$.
Bromargyrit = Bromyrit.
Bromellit; Långban.
Bromit = Bromyrit.
Bromlit = Alstonit.
Bromsilber = Bromyrit.
Bromyrit.
Brongnartin = Brochantit v. Mexiko.
Brongniardit, (Damour), $PbS . Ag_2S . Sb_2S_3$, derb, grau; Mexiko.
Brongniardit, sog. krystallisierter = V. Argyrodit, Sn-h.; Freiberg, Bolivien.
Brongniartin = Glauberit.
Brongniartit = Brongniardit.
Bronzit (Karsten), s. Pyroxengruppe.
Bronzit (Finch) = Seybertit.
Bronzitaugit, s. Enstatitaugit.
Brookit.
Brossit, V. Dolomit, säulig; Traversella.
Brostenit, viell. Fe-reicher, weicher Psilomelan; FN. Rumänien.
Brucit (Beudant).
Brucit (Gibbs) = Chondrodit.
Brücknerellit, organ. Säure, Begleiter d. Leukopetrits.

Brugnatellit, $MgCO_3$. $5 Mg[OH]_2 . Fe[OH]_3$. $4 H_2O$, hex. fleischrot, blättrig; Malencotal.
Brulachit, V. Fluorit (Krusten a. Baryt); Schottland.
Brunnerit = Prunnerit.
Brunswigit, s. Chloritgruppe.
Brushit; Sombrero.
Bucaramangit, nahe Walchowit; FN.
Bucholzit, V. Fibrolith v. Fassa.
Bückingit = Römerit.
Bucklandit (Lévy), V. Alanit v. Arendal.
Bucklandit (Hermann), V. Epidot, flache Pyramiden; Achmatowsk.
Bunsenin = Krennerit.
Bunsenit; Johanngeorgenstadt.
Bunsit = Parisit.
Buntbleierz, pt. = Pyromorphit, pt. = Mimetesit.
Buntkupfererz = Bornit.
Buratit = Aurichalcit.
Burmit, bernsteinähnl. Harz; Ober-Birma.
Bushmanit = Bosjemanit.
Bustamit, s. Pyroxengruppe.
Bütschliit, V. $CaCO_3$, amorph.
Buttermilcherz = Kerargyrit (kolloidal), s. unrein.
Buttgenbachit, $2 CuCl_2$. $Cu[NO_3]_2 . 15 Cu[OH]_2$. $4 H_2O$, azurblau; Likasi, Belg. Kongo.
Butyrellit ist tierische Butter.
Butyrit = Butyrellit.
Byerit, albertitähnl. Kohle v. Colorado.
Byon, edelsteinführende Schicht in Birma.
Byssolith, V. Amphibolasbest, feinfaser., spröd.
Bytownit, s. Feldspatgruppe.

Cabreran = Cabrerit.
Cabrerit; Sierra Cabrera; Laurion.
Cacheutalit, V. Clausthalit Ag-h.; Cacheuta.
Cacholong = Kascholong.
Cadmiumblende = Greenockit.

Cadmiumoxyd, CdO, tess. schwarz; Monte Poni.
Caenit (Cenit) = Kainit.
Caeruleofibrit = Ceruleofibrit.
Caesiumberyll, V. Cs-h.; Maine.
Cahnit; Franklin.
Cairngormstone = Rauchquarz.
Cajuelit = Rutil.
Calafatit, angbl. $Al_2[SO_4]_3$. K_2SO_4 . 5 $Al[OH]_3$. H_2O, derb, weiß; Almeria.
Calamin, pt. = Hemimorphit.
Calamin, pt. = Smithsonit.
Calamin (Smithson) = Hydrozinkit.
Calaverit.
Calcareobaryt, V. Ca-h; Strontian.
Calchihuitl = Chalchihuitl.
Calcimangit = Spartait.
Calcioankylit, V. Ca- u. Ba-h. Kola.
Calciobiotit, V. Ca-reich, licht; Campania.
Calciocancrinit = Kalkcancrinit.
Calciocarnotit = Tyuyamunit.
Calciocelestit, V. Coelestin, Ca-h.
Calciodialogit = Calciorhodochrosit.
Calcioferrit; Battenberg.
Calciopalygorskit, V. Careich; Bergleder v. Strontian.
Calciorhodochrosit, gem. Mn- u. Ca-Carbonate; Rumänien.
Calcioscheelit = Scheelit.
Calciostrontianit = Emmonit.
Calciothomsonit, V. mit CaO : Na_2O = 5:1; Franklin.
Calciothorit, 5 $ThSiO_4$ 2 Ca_2SiO_4 . 10 H_2O,derb, tiefrot; Langesund.
Calciovolborthit = Kalkvolborthit.
Calcistrontit, Gem. v. Calcit u. Strontianit.
Calcit.
Calcitachat, V. m. Calcit.
Calcitbiotit, V. m. 14·33% CaO.

Calciumlazulith, V. bis 3% CaO-h; Graves Mt. usw.
Calciumnitrat = Nitrocalcit.
Calciumoxyd, CaO soll i. d. Natur vorkommen.
Calciumpekolith = Eakleit.
Calcoferrit = Calcioferrit.
Calcozinkit, Gem. v. Calcit u. Zinkit; Sterling Hill.
Calderit, $\overset{II}{Mn_3}\overset{III}{Fe_2}[SiO_4]_3$, V. Granat; Indien.
Caledonit.
Caliche = Natronsalpeter, gem. m. anderen Salzen.
Californit, V. Vesuvian, dicht, grün; FN.
Callaina = Callainit.
Callainit, 2$AlPO_4$. 5 H_2O, grün, aus Keltengrab.
Callais = Callainit.
Calstronbaryt. V. gem. m. Calcit u. Strontianit; Schoharie.
Calvonigrit = Psilomelan kryst. v. Kalteborn.
Caliptolith, veränd. Zirkon v. Haddam.
Camsellit, 2(MgO,FeO)(B_2O_3,SiO_2) . H_2O, weiß, asbestähnl.; Canada, Cal.
Canaanit, V. Diopsid v. Canaan, Conn.
Canbyit, $H_4Fe_2Si_2O_9$. 2 H_2O, soll d. Krystalloid d. Hisingerits sein; Wilmington, Delaware.
Cancrinit.
Candit = Ceylonit.
Canfieldit (II); Bolivia; Freiberg.
Canfieldit (I) = Argyrodit.
Cannelkohle = Kännelkohle.
Cannizzarit; Vulcano.
Cantonit = Covellin ps. n. Harrisit; Georgia.
Caporcianit, V. Laumontit v. Toscana.
Cappelenit; Lille Arö.
Caprubin = Pyrop.
Captivos = Paramorphose v. Rutil n. Anatas; Brasilien.
Caracolit; Sierra Gorda.
Carbapatit = Podolit.
Carbocerin = Lanthanit.

Carbodavyn, V. Davyn, CO_2-h.
Carbonado, V. Diamant, cokeartig.
Carbonat = Carbonado.
Carbonatapatit = Carbapatit.
Carbonatmarialith, Na_2CO_3 . 3 $NaAlSi_3O_8$, hypothet. Molekül i. d. Skapolithgr.
Carbonatmejonit, $CaCO_3$. 3 $CaAl_2Si_2O_8$, hypothet. Molekül i. d. Skapolithgr.
Carbonit = Mineralcoke.
Carbonyttrin = Tengerit.
Carbunculus = feuerroter Stein (Rubin, Spinell, Granat usw.).
Carbunculus alabandicus = Almandin.
Carlosit = Neptunit v. S. Benito.
Carmenit = Gem. v. Chalkocit u. Covellin.
Carminit; Horhausen.
Carminspat = Carminit.
Carnallit.
Carnat, V. Steinmark. fleischrot, Fe-h.; Rochlitz.
Carnatit, V. Labradorit v. Carnatic.
Carnegieit, hypothet. Na-Anorthit = $Na_2Al_2Si_2O_8$.
Carneol = Karneol.
Carnotit, K_2O . 2 U_2O_3 . V_2O_5 . xH_2O, rhom. gelb, pulvrig; Colorado.
Carolathin, V. Allophan, gelb; Zabrze.
Carrollit; Maryland.
Cascalho, diamantführ. Quarzkonglomerat; Brasilien.
Cassinit, V. Orthoklas, Ba-h; Penn.
Castanit; Sierra Gorda.
Castellit, V. Titanit, gelb, in Phonolith.
Castelnaudit, nahe Xenotim; Bahia.
Castillit (Rammelsberg), unr. Bornit? Mexiko.
Castillit (Domeyko)=Guanajuatit.
Caswellit, zers. Biotit v. Franklin.
Catalinit, Strandgerölle als Schmucksteine gebraucht; Cal. LN.
Cathkinit = Saponit.

Catlinit, roter Ton v. Minnesota.
Cavolinit, V. Davyn, kl., seidengl. Kr.; M. Somma.
Cebollit, faserig; FN. Col.
Cedarit, nahe Chemawinit; Canada.
Cegamit = Hydrozinkit.
Celestobaryt, V. Baryt, Sr-h.
Celsian; Jakobsberg; s. Feldspatgruppe.
Cenosit = Kainosit.
Centrallassit, 4 CaO . 7 SiO$_2$. 5 H$_2$O; Fundybai; Crestmore.
Cerachat, V. Chalcedon, wachsähnl.
Cerasin = Kerasit.
Cerasit, V. Cordierit v. Japan m. regelm. Einschlüssen.
Cerbolit = Boussingaultit.
Cerepidot = Allanit.
Cererit = Cerit.
Cergadolinit, V. m. 23% Ce$_2$O$_3$; Fyrrisdal, Norw.
Cerhomilit, V. veränd. u. Ce-h. = Erdmannit u.
Cerin = Allanit.
Cerinit, wassh. Silicat v. Al, Ca usw., Begleiter d. Centrallassits.
Cerinstein = Cerit.
Cerit; Riddarhyttan.
Cerkonier, V. Zirkon, farblos.
Cerulene, durch Cu gefärbt. Ca-Carbonat, als Schmuckstein gebr.; HN. Südaustralien.
Ceruleofibrit = Connellit v. Bisbee.
Cerussit.
Cervantit.
Cesàrolith, PbO . 3 MnO$_2$. H$_2$O, viell. ein Wad; Tunis.
Ceylonesischer Chrysolith = Turmalin.
Ceylonesisches Katzenauge = Chrysoberyll.
Ceylonesischer Peridot = Turmalin.
Ceylonesischer Rubin = Almandin.
Ceylonesischer Zirkon = Zirkon, feuerrot, trüb.
Ceylonesischer Opal = Mondstein.
Ceylonit (Ceylanit) = Pleonast.

Ceyssatit = Randannit; FN.
Chabasit.
Chalcedon.
Chalcedon, occidentalisch = trüber Ch.
Chalcedon, orientalisch = durchscheinender Ch.
Chalcedonachat, V. Chalcedon, gestreift.
Chalcedonit, V. Chalcedon in Sphärolithen.
Chalcedonyx = weißgrauer Bandachat.
Chal-che-we-te = Türkis (?).
Chalchihuitl = Türkis od. Jadeit od. Smaragd (?).
Chalchuit = Türkis.
Chalcoalumit, CuSO$_4$. 4 Al[OH]$_2$. 3 H$_2$O, trik?, faserig, türkisgrün; Bisbee.
Chalcosin = Chalkocit.
Chalilith, V. Thomsonit, dicht, rotbraun; Antrim.
Chalkanthit.
Chalkocit.
Chalkodit, V. Stilpnomelan, bronzefarb.; Antwerp, N. Y.
Chalkolamprit; Narsarsuk.
Chalkolith = Torbernit.
Chalkomenit; Cacheuta.
Chalkomiclin = Bornit.
Chalkomorphit, teilw. zers. Ettringit, weiß; Laach.
Chalkophacit = Lirokonit.
Chalkophanit; Sterling Hill, N. J.
Chalkophyllit.
Chalkopissit = Kupferpecherz.
Chalkopyrit.
Chalkopyrrhotin = Cubanit gem. m. Chalkopyrit, Pyrrhotin usw.; Nya Kopparberg.
Chalkosiderit; Cornwall; Sayn.
Chalkosin = Chalkocit.
Chalkostaktit = Chrysokolla.
Chalkostibit; Wolfsberg, Harz.
Chalkotrichit = Cuprit, haarförmig.
Chalmersit = Cubàn; Morro Velho
Chalybit = Siderit.
Chamosit (Chamoisit), s. Chloritgruppe.

Chanarcillit, Ag$_3$(As, Sb)$_3$, silberweiß, FN.
Changeant = Labradorit.
Chapmanit, 5 FeO . 5 SiO$_2$. Sb$_2$O$_3$. 2 H$_2$O,.rhom.? olivgrün, pulvrig; Keeley Mine, Ontario.
Chathamit, V. Chloanthit, Fe-r.; FN.
Chazellit, V. Berthierit m. 3 FeS . 2 Sb$_2$S$_3$.
Cheleutit, V. Skutterudit, Bi-h., feingestrickt; Schneeberg, S.
Chelmsfordit, V. Skapolith v. Chelmsford, Mass.
Chemawinit, bernsteinähnl. Harz; Cedarsee, Canada.
Chenevixit.
Chenocoprolith = Ganomatit.
Cherokin, V. Pyromorphit, milchweiß; Georgia.
Chessylith = Azurit.
Chesterlith, V. Orthoklas; Chester Co., Penn.
Cheveux de Venus = haarf. Rutil in Bergkrystall.
Chevkinit = Tschewkinit.
Chiastolith, V. Andalusit m. kreuzförm. Zeichnung.
Childrenit.
Chileit (Breithaupt) = Goethit.
Chileit (Kenngott), Vanadat v. Cu u. Pb, d.-braun, erdig.
Chilenit, Ag$_6$Bi? silberweiß; Copiapo.
Chilisalpeter = Natronsalpeter.
Chillagit, FN. Queensland
Chiltonit = Prehnit.
Chimborazit = Aragonit.
Chinkolobwit = Sklodowskit.
Chiolith; Miask; Ivigtut.
Chiviatit, 2 PbS . 3 Bi$_2$S$_3$, bleigrau, blättrig; FN., Peru.
Chizeuilit = Andalusit v. Chizeuil.
Chloanthit.
Chloraluminit, AlCl$_3$. 6 H$_2$O, trig. (Vesuv 1872).
Chlorammonium = Salmiak.
Chlorapatit, V. Apatit m. Cl>F.

Chlorargyrit = Kerargyrit.
Chlorastrolith, l.-grüne Gerölle v. unr. Prehnit? Isle Royale.
Chlorblei = Cotunnit.
Chlorbleispat = Phosgenit.
Chlorbromsilber = Embolit.
Chlorcalcium = Hydrophilit.
Chlorid-Marialith, NaCl . 3 NaAlSi$_3$O$_8$, hypoth. Molekül i. d. Skapolithgr.
Chloritgruppe.
Chloritit = hypoth. Chloritsäure H$_2$Al$_2$SiO$_6$.
Chloritoid; s. Sprödglimmergruppe.
Chloritspat = Chloritoid.
Chlorkalium = Sylvin.
Chlormanganokalit; Vesuv 1906.
Chlormerkur — Kalomel.
Chlornatrium = Steinsalz.
Chlornatronkalit, Gem. v. NaCl u. KCl; Vesuv.
Chloroarsenian, zwflh. Mn-Arsenat, gelbgrün; Sjögrube.
Chlorocalcit = KCl . CaCl$_2$, ps. tess.; Vesuv.
Chloromagnesit, MgCl$_2$, zerfließlich; Vesuv.
Chloromelan = Cronstedtit.
Chloromelanit, V. Jadeit, d.-grün.
Chloropal, zeisigrüner Nontronit m. Opal gem; Unghvár.
Chlorophaeit, Leptochlorit nahe Delessit, Schottland usw.
Chlorophan, V. Fluorit, erhitzt grün phosphoresz.
Chlorophanerit, V. Glaukonit, erdig, in Eruptivgestein.
Chlorophoenicit, (Mn, Zn)$_3$As$_2$O$_8$. 7 (Mn, Zn) [OH]$_2$, mon. blaßgrün, ähnl. Willemit; Franklin.
Chlorophyllit, veränd. Cordierit; Haddam usw.
Chloropit, chlorit. Bestandt. manch. Diabase.
Chlorosaphir, V. tiefgrün.
Chlorospinell, V. grasgrün; Ural.

Chlorothionit, K$_2$SO$_4$. CuCl$_2$, hellblaue Krusten; Vesuv.
Chlorothorit = Thorogummit.
Chlorotil, Cu$_3$As$_2$O$_8$. 6 H$_2$O, rhom., grün, faserig; Schneeberg usw.
Chloroxiphit; Higher Pitts, Mendip Hills.
Chlorquecksilber = Kalomel.
Chlorsilber = Kerargyrit.
Chlorspat = Mendipit.
Chlorutahlith = Utahlith.
Chocolit, braunes Hydrosilicat v. Fe, Ni, Mg; Neu-Caledonien.
Chodneffit, nahe Chiolith; Miask.
Chondroarsenit = Sarkinit.
Chondrodit.
Chondrostibian, zwflh. Mn-Fe-Antimonat, d.-braun; Sjögrube.
Chonikrit, zers. Feldspat gem. m. Diallag; Elba.
Chrismatin, butterähnl. Kohlw.; Wettin.
Christianit (Descloizeaux) = Phillipsit.
Christianit (Monticelli) = Anorthit v. Vesuv.
Christobalit = Cristobalit.
Christophit, V. Sphalerit, schwarz, Fe-h; Breitenbrunn.
Chrombleispat = Krokoit.
Chrombrugnatellit = Stichtit.
Chromchlorit = Kämmererit.
Chromdiopsid, V. Augit, Cr-h., smaragdgrün.
Chromeisenstein = Chromit.
Chromepidot = Tawmawit.
Chromglimmer, pt. = Fuchsit.
Chromglimmer, pt. V. Biotit.
Chromgranat = Uwarowit.
Chromidokras, V. smaragdgrün, Cr-h; Montreal u. Ural.
Chromit.
Chromitit, FeCrO$_3$, Oktaeder in Sand; Serbien.
Chromoaugit, angbl. Cr-h. V.; Frugård.

Chromocker, nahe Razumowskyn, Cr-h., l.-grün.
Chromocyclit = Apophyllit (opt. Var.).
Chromoferrit = Chromit.
Chromohercynit, isom. Mischung v. Chromit u. Hercynit zu gleichen Teilen; Mad.
Chromophosphat v. Blei u. Kupfer = Gem. v. Vauquelinit u. Pyromorphit.
Chromophyllit = Prochlorit.
Chromopicotit = Chrompicotit.
Chromowulfenit, V. Wulfenit, Cr-h. (unr. ?).
Chromphosphorkupferbleispat, Gem. v. Vauquelinit u. Pyromorphit.
Chrompicotit, Mischung v. Pikrochromit u. Hercynit; in Dunit.
Chromtalk, V, Cr-h; Herrajoki, Finnland.
Chromturmalin, V. Cr-h. tiefgrün; Ural.
Chromvesuvian = Chromidokras.
Chrysitin = Massicot.
Chrysoberyll.
Chrysoberyllkatzenauge, V. Chrysoberyll mit Lichtschein.
Chrysokolla.
Chrysokolla (Agricola) = Borax.
Chrysolith.
Chrysolith d. Juweliere, pt. = Beryll.
pt. = Chrysoberyll.
pt. = Demantoid.
pt. = Vesuvian.
Chrysolith, brasilianischer = Turmalin.
Chrysolith, ceylonesischer = Turmalin.
Chrysolith, falscher = Moldawit.
Chrysolith, orientalischer = Saphir od. Chrysoberyll.
Chrysolith, sächsischer = Topas.
Chrysolith vom Kap = Prehnit.
Chrysopal, V. Opal, chrysoprasähnlich.
Chrysophan = Clintonit.
Chrysopras, V. Chalcedon, od. dichter Quarz, apfelgrün.

Mineralogisches Taschenbuch 2. Aufl.

Chrysopraserde von Kosemütz = Pimelit.
Chrysopraserde v. Gläserndorf = Schuchardit.
Chrysotil = Serpentinasbest.
Chubutit (viell. = Lorettoit); FN. Argentinien.
Churchit; Cornwall.
Chusit, Zerspr. v. Olivin? Limburg.
Ciempozuelit, $3 Na_2SO_4 . CaSO_4$ (Gem.?); Madrid.
Cimolit, $2 Al_2O_3 . 9 SiO_2 . 6 H_2O$, weiß, erdig; mit Anauxit ps. n. Augit, Bilin; Argentiera usw.
Cinnabarit = Zinnober.
Ciplyt, $4 CaO . 2 P_2O_5 . SiO_2$? im Kalk v. Ciply.
Citrin, V. Quarz, gelb (auch geglühter Rauchquarz od. Amethyst).
Clarit, Cu_3AsS_4, mon.? (wahrscheinl. = Enargit); Schapbach.
Claudetit; Portugal usw.
Claussenit = Hydrargillit.
Clausthalit.
Clayit (Taylor), wahrsch. unr. Fahlerz; Peru.
Clayit (Mellor), d. wesentl. Bestandteil d. wenig plastischen, primären Tone.
Cleavelandit, V. Albit, blättr.
Cleiophan, V. Sphalerit, reinweiß; Franklin.
Cleveit, pt. Ulrichit, pt. Uranpecherz, veränd. u. Y-h.; Arendal.
Clingmanit = Margarit.
Clinoedrit = Tetraedrit.
Clinohedrit = Klinoedrit.
Clintonit = Seybertit.
Cloustonit, V. Asphalt v. Orkney.
Cluthalit, V. Analcim, fleischrot; Kilpatrick.
Cobaltoadamit, V. Adamin, Co-h., rosa-karmin; Cape Garonne.
Cobaltocalcit, V. Co-h., rot; Elba.
Cobaltomenit, ein Co-Selenid?, rosa; Cacheuta.
Coccinit = Jodquecksilber?

Cocinerit, Cu_4AgS, derb, silbergrau, metallgl.; FN; Mexiko.
Coelestin.
Coeruleit, $CuO . 2 Al_2O_3 . As_2O_5$, blau, tonartig; Huanaco.
Coeruleofibrit = Conneilit.
Coeruleolactin, $3 Al_2O_3 . 2 P_2O_5 . 10 H_2O$, weiß bis blau, derb; Nassau.
Coke, natürlicher = Mineralcoke.
Cokeit = Mineralcoke.
Colemanit; S. Bernardino Co., Cal.
Colerainit, (ein weißer Chlorit); FN; Quebec.
Collbranit = Ludwigit; Korea.
Colomit = Roscoelith.
Coloradoit.
Colorado-Rubin = Pyrop.
Columbit.
Comarit = Konarit.
Comptonit = Thomsonit.
Comuccit, $18 PbS . 7 FeS . 15 Sb_2S_3$; Sardinien.
Conchit, angebl. bes. Modif. v. $CaCO_3$, in Muschelschalen; ist Aragonit.
Condurrit, V. Domeykit, erdig, schwärzl.; Redruth.
Confolensit, V. Montmorillonit, blaßrot; Confolens.
Conistonit, künstl. Ca-Oxalat, als Mineral beschrieben.
Conit = Konit.
Connarit = Konarit.
Connellit; Cornwall; Südafrika.
Cookeit, pt. Li $[Al(OH)_2]_2[SiO_3]_2$, vermiculitartig; Maine usw.
Cookeit, pt. = Cuccheit.
Coolgardit, Gem. v. Coloradoit m. Calaverit, Sylvanit usw.
Coorongit, V. Elaterit v. Südaustralien.
Copal, recentes Harz, bernsteinähnl.
Copalit, foss. Harz, ähnl. Copal.
Coperit = Cuprein.
Copiapit (Haidinger); Copiapo usw.
Copiapit (Smith) = Fibroferrit.

Copperasin, zwflh. Sulfat v. Cu, Fe; N. Haven.
Coppit = Tetraedrit.
Coquimbit; Copiapo usw.
Coracit, V. Uraninit, Übergang zu Gummit; L. superior.
Corallinerz = Korallenerz.
Cordierit.
Cordieritpinit, Pinit ps. n. Cordierit.
Corindon = Korund.
Corkit d. Beudantit entsprech. P-Verbindg.
Cornetit; Katanga u. Rhodesia.
Cornuit (Rogers), kolloid. Chrysokolla, glasig, grün, blau.
Cornuit (Hahn), proteinart. Min. aus Kieselguhr, goldgelb, gallertig; Neu-Ohe.
Cornwallit; Cornwall.
Coronadit; Morenci, Arizona.
Coronguit, zwflh. Antimonat v. Pb, Ag; Peru.
Coronit = Mg-Turmalin.
Corundellit = Margarit.
Cosalit.
Cossait = Paragonit.
Cossyrit = Aenigmatit.
Cottait, V. Orthoklas (Elbogener Zwillinge).
Cotterit, V. Quarz, perlm., Irland.
Cotunnit; Vesuv; Chile.
Courtzilit = Uintahit.
Couzeranit, veränd. Dipyr; Pyrenäen.
Covellin.
Craigtonit, Dendriten auf Granit (keine Species).
Craitonit = Crichtonit.
Cramerit = Cleiophan.
Crandallit, $CaO . 2 Al_2O_3 . P_2O_5 . 5 H_2O$, derb, faserig, weiß, lichtgrau, gelbl.; Tintic.
Craquelées, Bergkrystall (usw.), geglüht u. in färb. Flüssigkeit gekühlt.
Crednerit; Friedrichsroda.
Creedit, FN; Colorado.
Crenit, V. Kalktropfstein.
Crestmorit, $H_3Ca_4[SiO_4]_4 . 3 H_2O$, dicht, weiß, Zerspr. v. Wilkeit?, FN., Cal.
Crichtonit, V. Ilmenit in spitz. Rhomboedern.
Crispit = Sagenit.

Cristianit = Anorthit.
Cristobalit; FN., Mexiko.
Cristograhamit, V. v. Cristo Mine.
Cromfordit = Phosgenit.
Cronstedtit, s. Chloritgruppe.
Crookesit, (Cu,Tl,Ag)₂Se, bleigrau; Skrikerum.
Crossit, V. Amphibol, blau, zw. Glaukophan u. Riebeckit.
Crucilith = Crucit.
Crucit (Thomson), Ps. n. Arsenopyritdrillingen.
Crucit (Delameth.) = Chiastolith.
Cubait = Quarz.
Cuban = Cubanit.
Cubanit; Cuba, Tunaberg.
Cubosilicit, Chalcedon in Würfeln (ps. ?) v. Tresztyan.
Cuccheit = Foresit.
Culebrit, zwflh. Sulfoselenid v. Hg; FN.
Culsageeit = Jefferisit.
Cumengeit; Boléo.
Cumengit, pt. = Cumengeit.
Cumengit (Kenngott) = Volgerit.
Cummingtonit (Dewey), s. Amphibolgruppe.
Cummingtonit (Rammelsberg), V. Rhodonit.
Cuprein = Chalkocit, angebl. hex.
Cuprit.
Cuproadamin, V. Cu-h. seegrün; Cape Garonne.
Cuproapatit, V. blau, Cu-h.; Coquimbo.
Cuproarquerit, V. Cu-h; Chile.
Cuprobinnit = Binnit.
Cuprobismutit, 3 Cu₂S . 4 Bi₂S₃ (viell. = Emplektit), blauschwarz; Colorado.
Cuprocalcit, Gem. v. Cuprit u. Calcit; Peru.
Cuprocuprit, Cu gem. m. Cu₂O.
Cuprodescloizit, V. Cu-h.
Cuproferrit = Pisanit.
Cuprogroslarit, V. Cu-h.; Kansas.
Cuprojodargyrit, CuJ . AgJ, schwefelgelb Chile.
Cuprokassiterit, Gem. v. Sn-, Cu- u. Fe-Oxyden

u. Hydroxyden. Zerspr. v. Stannit; Dakota.
Cupromagnesit, (Cu, Mg)SO₄ . 7 H₂O (Gem. ?), blaugrün; Vesuv.
Cuproplumbit, (Breithaupt), Gem. v. Cu₂S u. PbS; Chile.
Cuproplumbit (Biehl), nahe Bayldonit, grüne Krusten; Tsumeb.
Curopyrit = Barracanit.
Cuproscheelit, V. Cuprotungstit, Ca-r.; Chile.
Cuprotungstit; Chile.
Cuprouranit = Torbernit.
Cuprovanadit = Chileit.
Cuprozinkit, (Cu, Zn)CO₃ . (Cu, Zn)[OH]₂; Tsumeb.
Curit, Kasolo.
Curtisit, C₆₀H₄₀O, grünl.-gelb, rhom. ?; Skaggs Springs, Cal.
Cuspidin; Vesuv.
Custerit, FN. Idaho.
Cyanit.
Cyanochalcit, V. Chrysokolla, P₂O₅-h.; N. Tagilsk.
Cyanochroit, CuSO₄.K₂SO₄ . 6H₂O, blau; Vesuv.
Cyanoferrit = Pisanit.
Cyanolith, zwflh. wassh. Silicat v. Ca, Begleiter d. Centrallassits.
Cyanosit = Chalkanthit.
Cyanotrichit.
Cyclopiet = Breislakit.
Cyclopit, V. Anorthit, glasige tafl. Kr.; Cyclopen.
Cymatolith, Gem. v. Muscovit u. Albit ps. n. Spodumen.
Cymophan = Chrysoberyll-Katzenauge.
Cyprin, V. Vesuvian, blau; Tellemarken.
Cyprit = Chalkocit.
Cyprusit, wahrsch. = Karphosiderit; Cypern.
Cyrtolith, V. Zirkon, nahe Malakon; Rockport usw.

Dachiardit; Elba.
Dahlit; Oedegaarden.
Daiton-sulphur, rhomb. α-Schwefel; FN. Formosa.
Dalarnit = Arsenopyrit.

Daleminzit, Ag₂S, rhom., ps. ? Freiberg.
Dammstein = Bernstein.
Damourit, V. Muscovit, s. feinschuppig, fast dicht.
Danait, V. Arsenopyrit, Co-h.
Danalith; Rockport; El Paso.
Danburit.
Dannemorit, s. Amphibolgruppe.
Daourit = Rubellit.
Daphnit, Leptochlorit v. Penzance.
Daphyllit = Tetradymit.
Darapskit; Chile.
Darlingit, V. Lydit v. Victoria.
Darwinit = Whitneyit.
Datolith.
Dauberit = Zippeit.
2 Bi₂O₃ . BiCl₃ . 3 H₂O ? gelbl.-weiß, erdig; Bolivien.
Dauphinit = Anatas.
Davidit, Gem. v. Ilmenit, Magnetit, Rutil, Tscheffkinit usw.; Südaustralien.
Davidsonit = Beryll.
Daviesit, Oxychlorid v. Pb, rhom., farbl., v. Sierra Gorda.
Davit = Alunogen.
Davreuxit, Mn-h. Vermiculit, asbestähnl.; Ottré.
Davyn = Vesuv.
Davynocavolinit, V. Davyn; Vesuv.
Dawsonit; Montreal; Siena.
Dechenit, angbl. PbV₂O₆, rotbraun, viell. =, Descloizit; Nied.-Schlettenbach usw.
Deeckeit, nahe Ptilolit, Zerspr. v. Melilith; Kaiserstuhl.
Degeroit, V. Hisingerit v. Degerö.
Degeröspat, braunroter Pyroxen v. Stansvik b. Helsingfors.
Delafossit, Jekaterinburg, Bisbee.
Delanoit, rötl. Ton, ähnl. Montmorillonit; Millac.
Delanovit = Delanouit.
Delatynit, nahe Bernstein.
Delawarit = V. Orthoklas, perlm.; Delaware Co. Penn.

2*

Delessit, s. Chloritgruppe.
Delislit = Freieslebenit.
Delorenzenit = Delorenzit.
Delorenzit, polykrasähnl.; Craveggia.
Delphinit = Epidot.
Delvauxen, pt. = Delvauxit.
Delvauxen, pt. = Bořickit.
Delvauxit, $2Fe_2O_3.P_2O_5$. $24 H_2O$, gelbbraun bis braunschwarz, amorph.
Demant = Diamant.
Demantoid, V. Andradit, gras- bis smaragdgrün; Bobrowka.
Demantspat = Korund, gemein.
Demidoffit, V. Chrysokolla, P_2O_5-h.; Tagilsk.
Demion = Karneol.
Denderastein = Imatrastein.
Dendrachat, V. Achat m. Dendriten.
Dendriten, baumähnl. Zeichnungen auf verschied. Steinen.
Denhardtit, Kohlw. ähnl. Pyropissit.
Derbylith; Tripuhy.
Dermatin, nahe Deweylith; grüne Krusten a. Serpentin; Waldheim.
Dernbachit = Beudantit.
Desaulesit, wassh. Silicat v. Ni, Zn; grüne Krusten a. Fluorit; Franklin.
Descloizit.
Desmin.
Destinezit; v. Argenteau usw.
Deutscher Jaspis = gemeiner Jaspis.
Deutscher Lapis Lazuli = blau gefärbt. Jaspis.
Deutscher Lasurstein = blau gefärbt. Jaspis.
Devillin, V. Langit, gem. m. Gyps.
Devonit = Wavellit.
Dewalquit = Ardennit.
Deweylith.
Dewindtit, $3PbO.5UO_3$. $2 P_2O_5 . 12 H_2O$, rhomb. kanarien-orange-gelb, pulvrig; Kasolo.
Diabantachronnyn = Diabantit.
Diabantit, Leptochlorit, nahe Delessit.

Diaboleit, Higher Pitts, Mendip Hills.
Diadelphit = Haematolith.
Diadochit, Gelform d. Destinezit.
Diagonit = Brewsterit.
Diaklasit, nahe Bastit; Baste.
Diallag, grüner, pt. Salit, pt. Fassait, schalig nach (100).
Diallag, metalloidischer = Hypersthen.
Diallag, talkartiger = Bastit.
Dialogit = Rhodochrosit.
Diamant.
Dianit = Columbit.
Diaphorit (Jasche) = Allagit.
Diaphorit (Zepharovich).
Diaspor.
Diasporogelit = Sporogelit.
Diastatit, V. schwarze Hornblende; Nordmarken.
Diatomit = Kieselguhr.
Dichroit = Cordierit.
Dickinsonit; Branchville.
Dicksbergit = Rutil; Dicksberg.
Didrimit = Didymit.
Didymit, V. Muscovit, talkähnl.; Zillertal.
Didymolith, Tatarka, Sibirien.
Dienerit, Ni_3As, tess; Radstadt.
Diestit = Vandiestit.
Dietrichit, Fe-Zn-Mn-Alaun, weißl.-bräunl.; Felsöbánya.
Dietzeit; Atakama.
Digenit, Gem. v. Chalkocit u. Covellin.
Dihydrit; Ehl; Tagilsk usw.
Dihydrothenardit = Bloedit, gem. m. Thenardit; Tiflis.
Dillenburgit, V. Chrysokolla, gem. m. Cu-Carbonat; FN.
Dillnit, Gem. v. Diaspor u. Kaolin; Dilln.
Dimagnetit = Magnetit ps. n. Lievrit? Monroe, N. Y.
Dimorphin, angbl. As_4S_3, rhom.; Neapel.
Dinit, foss. Kohlw., kryst., v. Toscana.

Diopsid, s. Pyroxengruppe.
Diopsidjadeit, Pyroxen zw. Diopsid u. Jadeit.
Dioptas.
Dioxylith = Lanarkit.
Dioxynit, V. Coelestin v. Meudon.
Diphanit = Margarit.
Diploit = Latrobit.
Dipyr, V. Skapolith zw. Mizzonit u. Marialith; Pyrenäen.
Dipyrit (Readwin) = Pyrrhotin.
Dipyrit (Winchell) = Dipyr.
Diskrasit = Dyskrasit.
Disterrit = Brandisit.
Disthen = Cyanit.
Dittmarit, $Mg_4[NH_4]H_3 . 8 H_2O$, rhom. (im Guano v. Skipton).
Dixenit, Långban.
Dobschauit, V. Gersdorffit v. Dobschau.
Doelterit, hypoth. $TiO_2 . H_2O$ od. $TiO_2 . 2 H_2O$ i. Lateriten v. Guinea.
Dognacskait, $Cu_2S . 2 Bi_2S_3$, l.-grau, bunt anlaufend; FN.
Dolerophanit, $2 CuO . SO_3$ mon. braun; Vesuv.
Dolianit, zwflh. Zeolith; Knock Station, Schottland.
Dolomit.
Domeykit.
Domingit = Warrenit.
Donacargyrit = Freieslebenit.
Doppelspat, V. Calcit, wasserklar; Island.
Dopplerit; Aussee; Schweiz, s. Org.Verbdg.
Doranit, veränd. Chabasit? Antrim.
Doughtyit = Winebergit, Quellenabsatz; FN.Col.
Douglasit, $2KCl.FeCl_2 . 2 H_2O$, mon. m. Carnallit; Staßfurt.
Dragomiten = Marmaroser Diamanten.
Dravit, s. Turmalingruppe.
Dreelith, Dreeit, V. Baryt v. Beaujeu.
Droogmansit, orangegelbe Kügelchen a. Sklodowskit, Katanga.
Dubuissonit, rötl. Ton, ähnl. Montmorillonit; Nantes.

Ducktownit, Gem. v. Pyrit u. Chalkocit; FN.
Dudgeonit = Annabergit, Ca-h.
Dudleyit, veränd. Margarit; Alabama usw.
Dufrenlberaunit, Fe-, Mn-Phosphat zw. Dufrenit u. Beraunit; Hellertown.
Dufrenit.
Dufrenoysit (Damour); Binnental.
Dufrenoysit (Desclolzeaux), pt. = Sartorit.
Dufrenoysit (Waltershausen) = Binnit.
Duftit; Tsumeb.
Dumasit, ein Chlorit in manchen Melaphyren.
Dumontit, 2 PbO . 3 UO_3 . P_2O_5 . 5 H_2O, rhom. ockergelb; Kasolo (Chinkolobwe).
Dumortierit.
Dumreicherit, 4 $MgSO_4$. $Al_2[SO_4]_3$. 36 H_2O; Kap-Verde-Inseln.
Dundasit, PbO . Al_2O_3 . 2 CO_2 . 4 H_2O, weiß, seidengl.; FN.
Duporthit, H (Mg, Fe)$_2$Al$_3$Si$_4$O$_{15}$, grün-braungrau, asbestähnl. in Serpentin; FN., Cornwall.
Durangit; FN., Mexiko.
Durdenit, Fe$_2$[TeO$_3$]$_3$. 4 H_2O, grünl.-gelb; Honduras.
Dürfeldtit, Sulfantimonid v. Pb, Ag, Mn usw., l.-grau, faserig; Peru.
Dussertit, $Ca_3Fe_2[OH]_9[AsO_4]_3$, trig. od. hex., gelbgrün; Djebel Debar, Constantine.
Duxit, nahe Walchowit, d.-braun; FN.
Dysanalyt, wesentl. V. Perowskit, Nb-h.; Kaiserstuhl; Magnet Cove.
Dysklasit = Okenit.
Dyskolit = Saussurit.
Dyskrasit.
Dysluit, V. Automolit, Fe- u. Mg-h.; Sterling Hill; N. J.
Dysodil, foss. Harz, Imprägnation eines Diatomeenschiefers.
Dyssnit, veränd. Fowlerit, eisenschwarz; Franklin.

Dyssyntribit = Gieseckit v. Diana.
Dystomglanz = Bournonit.
Dystommalachit = Brochantit.
Dystomspat = Datolith.

Eakinsit soll 5 PbS . 2 Sb_2S_3 sein (= Boulangerit?).
Eakleit = Xonotlit.
Eastonit (Gordon), nahe Vermiculit, silberweiß; Easton, Penn.
Eastonit (Winchell), Biotit m. $H_4K_2Mg_6Al_4Si_6O_{24}$; Easton, Penn.
Ebelmenit, V. Psilomelan, Ba + K-h.
Echellit, (Ca, Na$_2$)O . 2 Al$_2$O$_3$. 3 SiO$_2$. 4 H$_2$O, faserig, weiß; N.Ontario.
Eckebergit = Ekebergit.
Eckmannit = Ekmanit.
Edelforsit (Beudant) = unreiner Wollastonit v. Aedelfors.
Edelforsit (Retzius) = Laumontit v. Aedelfors.
Edelit (Kirwan), V. Natrolith, rot, erdig, v. Aedelfors.
Edelit (Walmstedt) = Prehnit v. Aedelfors.
Edelopal, V. farbenspielend.
Edelturmalin, s. Turmalingruppe.
Edenit, s. Amphibol-gruppe.
Edingtonit; Kilpatrick.
Edisonit, V.Rutil, scheinb. rhom.; N. Carolina.
Edwardsit = Monazit.
Egeran, V. Vesuvian, stenglig; Haslau.
Eggonit, irrtümlich aufgestellt; keine Species.
Eglestonit; Terlingua.
Egueiit, 6 Fe$_2$O$_3$. CaO . 5½ P$_2$O$_5$. 23 H$_2$O, amorph., gelbbraun; FN. Sudan.
Ehlit; Ehl, Libethen usw.
Ehrenbergit, hellrosa Ton; Siebengebirge.
Ehrenwerthit, kolloidale Form d. Goethits.
Eichbergit, (Cu, Fe)$_2$S . 3 (Bi,Sb)$_2$S$_3$, derb, eisengrau; FN. Semmering.
Eichwaldit, angebl.rhom. Kern im hex. Jeremejewit.

Eisen.
Eisenalaun = Halotrichit.
Eisenanthophyllit,FeSiO$_3$, rhom.; Rockport, Mass; Tunaberg.
Eisenantimonglanz = Berthierit.
Eisenapatit = Triplit.
Eisenblau = Vivianit.
Eisenblüte, V. Aragonit, staudenförmig.
Eisenbrucit, angebl. V. Fe-h., viell. nahe Brugnatellit; Freiberg.
Eisenchlorid = Molysit.
Eisenchlorit = Delessit.
Eisenchlorür = Lawrencit.
Eisenchrom = Chromit.
Eisencordierit, V. Fe-h.
Eisenerz, oolithisch, meist unreines Roteisenerz.
Eisengedrit, V. Gedrit, Fe-reich.
Eisenganz = Haematit.
Eisenglas = Fayalit.
Eisenglimmer, pt. = Haematit.
Eisenglimmer, pt. = Lepidokrokit.
Eisenglimmer (Mohs) = Vivianit.
Eisengymnit (Hatle), V. Deweylith, Fe-h., rot; Kraubat.
Eisengymnit, pt. = Hydrophit.
Eisenkies, pt. = Pyrit.
Eisenkies, pt. = Markasit.
Eisenkiesel, V. Quarz, kryst., rot od. gelb, jaspisähnl.
Eisenknebelit, V. mit Fe > Mn; Silfberg.
Eisenkobalterz } = Saffloritkies } florit.
Eisenmulm (-mohr) = ockriger Magnetit.
Eisennatrolith, V. d.-grün, derb, unr.; Brevig.
Eisennickelkies = Pentlandit.
Eisenniere, pt. = Haematit, pt. = Limonit, konkretionär, tonig.
Eisenoolith, pt. V. Haematit, pt. V. Limonit, tonig, rogensteinähnl.
Eisenopal = Jaspopal.
Eisenoxyd = Haematit.
Eisenoxydhydrat = Limonit.

Eisenoxyduloxyd = **Magnetit.**
Eisenpalygorskit, s. Palygorskitgruppe.
Eisenpecherz (Werner) = Triplit.
Eisenpecherz (Karsten) = Pitticit.
Eisenpecherz, pt. = Stilpnosiderit.
Eisenpecherz, pt. = Avasit.
Eisenphyllit = Vivianit.
Eisenplatin, V. m. 11 bis 12% Fe.
Eisenpyrochroit, V. Fe-h.; Långban.
Eisenrahm, roter, V. Haematit, s. feinschuppig.
Eisenrahm, brauner = Wad.
Eisenresin = Humboldtin.
Eisenrhodonit, V. m. viel Fe; Vester Silfberg.
Eisenrömerit = Römerit.
Eisenrose, pt. = Haematit.
Eisenrose, pt. = Ilmenit.
Eisenrutil = Goethit.
Eisensammeterz = Sammtblende.
Eisenschefferit, V. m. 15% FeO; Pajsberg.
Eisensinter, pt. = Skorodit.
Eisensinter, pt. = Pitticit.
Eisenspat = Siderit.
Eisenspinell = Hercynit.
Eisenstassfurtit, V. Boracit m. viel Fe; FN.
Eisensteinmark = Teratolith.
Eisentantalit = Tantalit.
Eisentongranat = Almandin.
Eisenvitriol = Melanterit.
Eisenwolframit = Wolframit.
Eisenzinkspat = Monheimit.
Eisspat = Rhyakolith.
Eisstein = Kryolith.
Ekdemit, Långban; Harstigen.
Ekebergit = Skapolith v. Hesselkulla.
Ekmanit, Leptochlorit nahe Diabantit; Grythyttan.
Ekmannit = Ekmanit.
Ektropit; Långban; viell. = Bementit.
Elaeolith, V. Nephelin, derb.

Elainspat = Skapolith.
Elasmosin, pt. = Nagyagit.
Elasmosin, pt. = Altait.
Elaterit, s. Org. Verbdg.
Elatolith, primäres, magmatisch. $CaCO_3$ = a-Calcit (Boeke).
Elbait = Lievrit.
Eldoradoit, pt. blaue V. v. Quarz, HN; pt. irisierender Quarz.
Elefantenjaspis, V. braun, schwarz gefleckt.
Elektrum, pt. = Bernstein.
Elektrum, pt. = Gold, Ag-h.
Elementarstein = Pyrit.
Elementstein = Edelopal.
Eleonorit, wahrsch. = Beraunit.
Elfstorpit, fragl. wassh. Arsenat v. MnO; Sjögrube.
Elhuyarit = Allophan v. Friesdorf.
Eliasit, V. Gummit; Eliaszeche.
Ellagit, V. Skolezit, Fe-h. (?), gelbbraun; Åland.
Ellonit, unr. wassh. Mg-Silicat, pulvrig; Ellon.
Ellsworthit; Hybia, Ontario.
Elpasolith, zwflh. K-Kryolith; Pikes Peak.
Elpidit; Südgrönland.
Elrequit, unr. wassh. Silicat v. Al, Fe, grüngrau; FN.
Ely Rubin = Pyrop.
Embolit.
Embrithit, nahe Plumbostib, körnig; Nertschinsk.
Emeraude reconstituée, soudée = künstl. Smaragd (Glas).
Emerylith = Margarit.
Emmonit, V. Strontianit, Ca-h.; Mass.; Brixlegg.
Emmonsit, Fe-Tellurit, mon., gelbgrün; Arizona.
Empholit = Diaspor.
Emplektit.
Empressit, Au-freier Muthmannit; FN. Col.
Enargit.
Encelladit, V. Warwickit in gr. Kr.
Endelolith; Narsarsuk.
Endellionit = Bournonit.

Endlichit, V. Vanadinit m. gr. As-Gehalt.
Engelhardit, V. Zirkon v. Rußland.
Enhydros, V. Chalcedon, Mandeln m. Wasser gefüllt.
Enophit, V. Serpentin, chloritartig.
Enstatit, s. Pyroxengruppe.
Enstatitaugit, mon. Pyroxene, opt. u. chem. zw. Enstatitgr. u. d. mon. Pyroxenen.
Enstatitdiopsid, s. Enstatitaugit.
Enstenit = Enstatithypersthen.
Enysit, Cu-Al-Sulfat (Gem.), blaugrün; St. Agnes.
Eolide = Selenschwefel.
Eosit, zwflh. Vanadomolybdat v. Pb.; tet. rot; Leadhills.
Eosphorit; Branchville.
Ephesit, Gem. v. Damourit u. Schmirgel. FN.
Epiboulangerit, $Pb_5Sb_2S_8$, wahrsch. Gem. v. Boulangerit u. Galenit; Altenberg, Schles.
Epichlorit, Leptochlorit v. Neustadt, Harz.
Epidesmin; Schwarzenberg, Sa.
Epididymit; Narsarsuk.
Epidotgruppe.
Epidotorthit, Mischung v. Orthit u. Fe-r. Epidot.
Epigenit (Sandberger); Wittichen.
Epigenit (Igelström), $(Mn, Mg)SiO_4 \cdot H_2O$, braunrot, Sjögrube.
Epiglaubit = Metabrushit?
Epimillerit = Morenosit.
Epinatrolith, V. metamer? entst. aus Hauyn, Nosean, Sodalith; in Phonolithen.
Epiphanit, chloritähnlich. Mineral im Glimmerschiefer v. Tväran.
Epiphosphorit, V. Phosphorit?, lauchgrün.
Episphärit, unbest. Zeolith, weiß; Kaiserstuhl.
Epistilbit.
Epistolit; Grönland.
Epsomit.

Erbsenstein, pt. V. Aragonit — pt. V. Calcitsinter, Aggregat schaliger Kugeln.
Ercinit = Harmotom.
Erdharz = Euosmin.
Erdharz, elastisch = Elaterit.
Erdige Braunkohle, V. zerreibl., braun.
Erdkobalt, gelb = Gem. v. Pitticit u. Erythrin.
Erdkobalt, braun, ähnl. Gem. wie gelber E.
Erdkobalt, schwarz = Asbolan.
Erdmannit, verschiedene zwflh. Silicate v. Ce, Al usw. (Gem.); Langesund.
Erdöl = Petroleum.
Erdpech = Asphalt.
Erdpech, elastisch = Elaterit.
Erdwachs = Ozokerit.
Eremeyevit = Jeremejewit.
Eremit = Monazit.
Erikit; Grönland.
Erilith, unbest., wolliger Einschluß i. Quarz v. Herkimer Co.
Erinit (Haidinger); Cornwall; Utah.
Erinit (Thomson), V. Montmorillonit, gelbrot; Island.
Erinit (Beudant) = Chalkophyllit.
Eriocalco = Eriochalcit.
Eriochalcit, $CuCl_2$. $2 H_2O$, mon.?, blau, wollig; Vesuv.
Erionit, $H_2(K_2, Na_2, Ca)Al_2Si_6O_{17}$. $5 H_2O$, weiß, wollhaarähnl.; Oregon.
Errit, V. v. Parsettensit.
Ersbyit, pt. V. Mikroklin, rötl.; Ersby.
Ersbyit pt. V. Skapolith, fast Na-frei; Pargas.
Erubescit = Bornit.
Erusibit, zwflh. Fe-Sulfat; New Haven.
Erythrin (Beudant).
Erythrit (Thomson), Orthoklas, fleischrot; Kilpatrick.
Erythrocalcit = Eriochalcit.
Erythroconit = Kupferblende.

Erythrosiderit, $2 KCl$. $FeCl_3$. H_2O, rhom. rot; Vesuv.
Erythrozinkit, Mn-h. Wurtzit?, rot, im Lasurstein.
Erzbergit, sprudelsteinähnl. Gem. v. Aragonit u. Calcit; FN.
Escherit = Epidot.
Eschwegeit, $2 Ta_2O_5$. $4 Nb_2O_5$. $10 TiO_2$. $5 Y_2O_3$. $7 H_2O$, rutilähnl. Gerölle; Rio Doce, Bras.
Eschwegit, unr. Haematit v. Brasilien.
Esmarkit (Erdmann), wenig veränd. Cordierit; Brevig.
Esmarkit (Erdmann), V. Anorthit, graugrün, blättrig; Bråkke.
Esmarkit (Hausmann) = Datolith.
Esmeraldit; Californien.
Essigspinell, V. gelbrot.
Estramadurit, derbe V. v. Apatit; FN.
Ethiopsit, künstl. schwarzes Hg_2S.
Ettringit; FN., Laach.
Euban = Quarz v. Euba.
Euchlorin (Scacchi), Sulfat v. Cu, K, Na, rhom. smaragdgrün; Vesuv.
Euchlorit (Shepard), V. Biotit; Chester, Mass.
Euchlormalachit = Chalkophyllit.
Euchroit; Libethen.
Eudialyt.
Eudidymit; Langesund.
Eudnophit = Analcim.
Eugenesit = Allopalladium.
Euglenglanz = Polybasit.
Eukairit.
Eukamptit, zers. Biotit v. Preßburg.
Euklas.
Eukolit, V. Eudialyt, braun; Langesund.
Eukolit-Titanit, V. Titanit, Ce, Y-h.; Langesund.
Eukrasit, Zerspr. v. Thorit, Ce, La, Y-h.; Barkevik.
Eukryptit; Branchville.
Eulytin; Schneeberg; Johanngeorgenstadt.

Eumanit = Brookit? Chesterfield, Mass.
Euosmin, foss. Harz, braungelb; Baierhof.
Euphyllit = Gem. ähnl. Margarodit; Unionville.
Eupyrchroit, V. Phosphorit; Crown Point, N. Y.
Euralith, Leptochlorit v. Eura, Finnland.
Eusynchit, nahe Descloizit; Hofsgrund.
Euthalit = Analcim.
Eutomglanz = Molybdänit.
Euxenit, s. Blomstandingruppe.
Euzeolith = Stilbit.
Evansit.
Evigtokit = Gearksutit.
Exanthalit, pt. = Mirabilit, pt. = Exanthalose.
Exanthalose, Na_2SO_4. $2 H_2O$, weiße Ausblühung; Vesuv.
Exitelit = Valentinit.
Eytlandit = Samarskit.

Facellit = Phacelit.
Fächerstein = Prochlorit (Ripidolith).
Fahlerzgruppe.
Fairfieldit; Branchville; Rabenstein.
Falkenauge, Quarz, ps.-n., Krokydolith, blau.
Falkenhaynit, $3 Cu_2S$. Sb_2S_3, wahrsch. nahe Stylotypit; Joachimsthal.
Falsonephrit, nephritähnl. Quarze, Achate, Serpentin usw.
Falunit, veränd. Cordierit v. Falun.
Famatinit; Argentinien, Peru.
Fancy stones = Phantasiesteine.
Faratsihit, Fe-h. Kaolin, zäh, kanariengelb; FN. Mad.
Fargit, V. Galaktit, rot; Glen Farg.
Faröelith, V. Thomsonit, kuglig; Faröer.
Faschoda Granat = Pyrop.
Fasciculit = Hornblende, büschlig.
Faserbaryt, V. faserig.
Faserblende = Wurtzit.

Faserdatolith = Botryolith.
Fasergyps, V. faserig. seidengl.
Faserkalk, pt. V. Calcit. pt. V. Aragonit, faserig, seidengl.
Faserkiesel, pt. = Fibrolith.
Faserkiesel, pt. V. Quarz, faserig.
Faserkohle, V. Schwarzkohle, grauschwarz, abfärbend.
Fasernephrit = Nephritoid.
Faserquarz, V. parallelfaserig, in Platten.
Faserresin = Humboldtin.
Faserserpentin = Chrysotil.
Faserzeolith = Natrolith.
Fassait, s. Pyroxengruppe.
Faujasit; Sasbach; Stempel usw.
Fauserit; Herrengrund.
Favas = Gerölle von Gorceixit, Harttit, Goyazit, TiO_2, ZrO_2 usw. in Diamantsanden v. Brasilien.
Fayalit.
Federalaun = Halotrichit.
Federchalcedon, V. in feinen Stalaktiten.
Federerz, spröd = Jamesonit.
Federerz, biegsam = Plumosit od. ein anderes haarf. Bleisulfantimonit.
Fedorowit, V. Pyroxen, zw. Aegirinaugit u. Aegirin.
Feldspatgruppe.
Feldspat, gemeiner = Orthoklas.
Feldspat, glasiger = Sanidin.
Felsenrubin = roter Granat.
Felsit (Breithaupt) = Feldspat.
Felsöbanyit; FN.
Ferberit, $FeWO_4$ mit bis 20% $MnWO_4$; Spanien.
Ferganit, Ferghanit; FN., Turkistan.
Fergusonit.
Fermorit; Indien.

Fernandinit, CaO . V_2O_4 . 5 V_2O_5 . 14 H_2O, derb, d.-grün; Minasragra.
Ferracit = Ferrazit.
Ferrazit, 3(Ba,Pb)O . 2 P_2O_5 . 8 H_2O, gelbl.-weiß, Favasart; Bras.
Ferriallophan, (Al, $Fe)_2O_3$ SiO_2 . 5 H_2O, koll. braun; Podolsk.
Ferrierit; Britisch Columbien.
Ferrimolybdit = Molybdit.
Ferrinatrit = Ferronatrit.
Ferripurpurit, V. Fe-reich.
Ferrisymplesit, 3 Fe_2O_3 . 2 As_2O_5 . 16 H_2O, faserig, braun; Ontario.
Ferrit (Young), Zerspr. v. Olivin in Dolerit v. Glasgow.
Ferrit (Vogelsang), amorph. Fe-Hydroxyd in Gesteinen.
Ferrit (Vernadsky) = natürl. Eisen.
Ferritungstit, Fe_2O_3 . WO_3 . 6 H_2O, hex.?, bräunlichgelb; Washington.
Ferroanthophyllit, faserig = Eisenanthophyllit v. Custer Mine, Idaho.
Ferrobrucit = Eisenbrucit.
Ferrocalcit, V. Fe-h.
Ferrochromit = Chromit.
Ferrocobaltit, V. m. viel Fe; Siegen (viell. = Glaukodot).
Ferrocolumbit = Tantalit.
Ferroferrit = Magnetit.
Ferrogoslarit, V. Fe-h.; Webb City.
Ferroilmenit, V. Columbit; Haddam, Conn.
Ferroludwigit = Ludwigit.
Ferronatrit; Sierra Gorda.
Ferronemalith, V. m. 5% FeO; Kaukasus.
Ferropallidit, $FeSO_4.H_2O$ m. Roemerit; Copiapo.
Ferropicotit, V. Spinell; (Fe, Mg) O . (Al, $Fe)_2O_3$; Mad.
Ferroplatin = Eisenplatin.
Ferroprehnit, V. m. 6·58% Fe_2O_3; Baffins-Insel.
Ferroroemerit = Roemerit.

Ferrostibian, wassh. Antimonat v. Fe, Mn, mon.? schwarz; Sjögrube.
Ferrotantalit = Tantalit.
Ferrotellurit, zwflh. $FeTeO_4$, gelb; Keystone Mine.
Ferrotitanit = Schorlomit.
Ferrotriplit = Zwieselit.
Ferrotungstin = Tammit.
Ferrowolframit = Ferberit.
Ferrozinkit = Franklinit.
Festungsachat, V. m. Ecken u. Knicken i. d. Bänderung.
Fettbol, V. Al-arm, weich; Freiberg.
Fettkohle, V. Schwarzkohle, bitumenreich.
Fettquarz, V. trüb, fettglänzend.
Fettstein = Elaeolith.
Feuerblende = Pyrostilpnit.
Feueropal, V. rot, z. T. farbenspielend.
Feuerstein, V. Chalcedon, scheinbar amorph., m. Opal gem.
Fibroferrit; Copiapo; Paillières.
Fibrolith, V. Sillimanit, kompakt, filzig.
Fichtelit; Redwitz, s. Org. Verbdg.
Ficinit (Kenngott) = Hypersthen v. Bodenmais.
Ficinit (Bernhardi), nahe Diadochit? Bodenmais.
Fiedlerit; Laurion.
Fieldit, V. Tetraedrit; Altar Mine, Chile.
Fillowit; Branchville.
Finbotantalit = Ixiolith.
Finnemanit; Långban.
Fiorit, V. Opalsinter, weiß, traubig, perlm.
Firmamentstein = Edelopal.
Firuzeh = Türkis, persischer.
Fischauge = Mondstein.
Fischaugenstein = Apophyllit.
Fischerit, wahrsch. = Wavellit; Tagilsk; Roman-Gladna.
Fizelyit, 5 PbS . Ag_2S . 4 Sb_2S_3, mon. nadlig, d.-grau; Kisbánya.

Flagstaffit, $C_{12}H_{24}O_3$, rhom. Vorkommen wie b. Fichtelit; FN. Arizona.
Flajolotit, $Fe_2O_3 \cdot Sb_2O_5 \cdot 1\frac{1}{2} H_2O$, amorph, gelb; Constantine.
Flammenopal = Edelopal m. großen Farbflecken.
Flêches d'amour = Bergkrystall mit Goethiteinschlüssen.
Fliegenstein = Arsen.
Flimmeropal = Edelopal m. kleinen Farbflecken.
Flinkit; Harstigen.
Flint = Feuerstein.
Flintkalk = Konit.
Flockenerz = Mimetesit.
Flockit = Ptilolith v. Island.
Florencit; Brasilien.
Floridin, HN. f. Walkererde v. Florida.
Floridit = Kollophan (Rogers).
Florstein = Obsidian.
Fluellit; Stenna gwyn.
Fluobaryt, dicht. Gem. v. Baryt u. Fluorit; Derbyshire.
Fluoborit, Mg-Borat m. viel F, H_2O, hex. farblos; Norberg.
Fluocerit; Österby.
Fluochlor, V. Pyrochlor, F-h.
Fluocollophanit = Kollophan (Rogers), F-h.
Fluoradelit = Tilasit.
Fluorapatit, V. Apatit m. $F > Cl$.
Fluordiopsid = Mansjöit.
Fluorherderit, reines $Ca[BeF]PO_4$; i. d. Natur nicht bekannt.
Fluorit.
Fluormanganapatit, V. m. 4·9% MnO, ohne Cl.
Fluormeionit, hyp. Molekül in Skapolith v. Trumbull.
Fluortamarit = Fluotaramit.
Fluosiderit, Silicat v. Ca, Mg, Al, Fe, Mn, rhom.; rote Krusten m. Nocerin.
Fluotaramit, V. F-reich.
Flußbaryt, Gem. v. Baryt u. Fluorit.
Flußspat = Fluorit.
Flußyttrocalcit = Yttrocerit.

Flußyttrocerit, V. Yttrocerit, wahrsch. unrein.
Flutherit = Uranothallit.
Folgerit = Pentlandit.
Folidolith = Pholidolith.
Fontainebleaustein = „Krystall. Sandstein".
Footeit = Connellit; Bisbee.
Forbesit, $H_2(Ni,Co)_2As_2O_8 \cdot 8 H_2O$, faserig, grauweiß; Atakama.
Forcherit, V. Opal, AsS -h.; Knittelfeld.
Forchhammerit, $FeSiO_3 \cdot 6 H_2O$, dunkelgrün.
Foresit, nahe Desmin, kl. Nädelchen; San Piero.
Fornacit, bas. Chromoarseniat v. Cu, Pb, mon. olivgrün; Kongo.
Forsterit; Vesuv.
Fortifikationsachat = Festungsachat.
Foshagit; Crestmore, Cal.
Foucherit, $Ca_3(Fe,Al)_4[PO_4]_6 \cdot 8(Fe,Al)[OH]_3 \cdot 22H_2O$, amorph, rotbraun, viell. = Boříckyit.
Fouqueit, wahrsch. = Klinozoisit; Ceylon.
Fourmarierit; Chinkolobwe.
Fournetit, angebl. V. Tetraedrit (Gem.).
Fowlerit, s. Pyroxengruppe; Stirling, N. J.
Framesit, V. v. schwarzem Diamant (Bort); Südafrika.
Franckeit; Bolivien.
Francolith = $Ca_5[CaF]_2[PO_4]_6 \cdot CaCO_3 \cdot H_2O$, traubigdrusig; Tavistock.
Franklandit, nahe Ulexit (Gem.); Tarapaca.
Franklinit.
Fraueneis, V. Gyps, wasserhell.
Frauenglas = Fraueneis.
Fredricit, V. Tennantit, Ag, Pb-h; Falun.
Freibergit, s. Fahlerzgruppe.
Freieslebenit.
Freirinit, FN. Chile.
Fremontit; Canon City, Col.
Frenzelit = Guanajuatit.
Freyalith, wassh. Silicat v. Th, Ce, thoritähnl.; Barkevik.

Friedelit; Pyrenäen; Harstigen.
Frieseit; Joachimsthal.
Frigidit, V. Tetraedrit, Ni-h.; Grube Frigido.
Fritzscheit, roter Mn-Autunit; Neuhammer.
Frugardit, V. Vesuvian; Frugård.
Fuchsit, V. Muscovit, Cr-h.
Fuggerit, nahe Gehlenit; Monzoni.
Fulgurit, d. Blitz gefritteter Quarzsand, röhrenförmig.
Fullonit = Onegit.
Funkit = Kokkolith v. Boksäter.
Furnacit = Fornacit.
Fuscit = Skapolith v. Arendal.

Gabbronit, pt. = Skapolith.
Gabbronit, pt. = Elaeolith.
Gabronit = Gabbronit.
Gadolinit.
Gaebhardit = Fuchsit.
Gagat, V. Braunkohle, kompakt, muschelig.
Gagelt = Leukophoenicit.
Gahnit (Moll) = Automolit.
Gahnit (Silveira) = Vesuvian v. Gökum.
Gajit, schneeweiß, dicht, Zusstzg. ähnl. Hydrodolomit, angebl. homogen; Gorski Kotar.
Galafatit = Calafatit.
Galaktit, V. Natrolith, Ca-h.; Südschottland.
Galanit = Bernsteinimitation aus Kasein.
Galapektit = Halloysit v. Anglar.
Galenit.
Galenobismutit; Nordmarken, Gladhammar.
Galenoceratit = Phosgenit.
Gallitzenstein = Goslarit.
Gallitzinit (Lenz) = Rutil.
Gallizinit = Goslarit.
Galmei, pt. = Smithsonit.
Galmei, pt. = Hemimorphit.
Gamsigradit, V. Hornblende, Mn-h., schwarz; Gamsigrad.

Ganomalith; Långban; Jakobsberg.
Ganomatit, Ag- u. Sb_2O_3-h. Pittizit; Andreasberg usw.
Ganophyllit; Harstigen.
Gänsekötigerz = Ganomatit.
Gapit = Morenosit.
Garbyit = Enargit.
Garnierit; Neu-Caledonien.
Garnsdorffit = Pissophan.
Gastaldit, sehr nahe Glaukophan; Piemont.
Gavit, V. Talk; FN. Prov. Genua.
Gaylussit; Venezuela; Nevada.
Gearksutit, $CaF_2 \cdot Al(F, OH)_3 \cdot H_2O$, weiß, kaolinähnl.; Grönland; Pikes Peak.
Gedanit, foss. Harz, bernsteinähnl.; Ostsee.
Gedrit, s. Amphibolgruppe.
Gehlenit; Monzoni; Oravicza.
Geierit = Löllingit.
Geikielith; Ceylon.
Gekrösestein, V. Anhydrit, dicht, gefältelt.
Gelbantimonerz = Cervantit.
Gelbbleierz = Wulfenit.
Gelbeisenerz, pt. = Copiapit; pt. = Jarosit.
Gelbeisenstein = ockriger Limonit.
Gelberde, pt. = Gelbeisenstein; pt. = Melinit.
Gelberz = Müllerin.
Gelbkupfererz = Chalkopyrit.
Gelbmenakerz = Titanit.
Gelbnickelkies = Millerit.
Gel-Diadochit usw. ist die koll. Form d. entspr. Krystalloids.
Gelferz = Chalkopyrit.
Gellibäckit = Gillebäckit.
Genevit, viell. V. Vesuvian.
Genthit.
Geocerellit, organ. Säure, Begleiter d. Geocerits.
Geocerit, wachsähnl. Bestandteil d. Braunkohle v. Gesterwitz.
Geokronit.
Geomyricit, wachsähnl. Bestandteil d. Braunkohle v. Gesterwitz.

Georgiadesit; Laurion.
Geraesit, wahrsch. unreiner Gorceixit.
Gerhardtit; Arizona.
Germanit, wahrsch. $10 Cu_{26}S \cdot 4 GeS_2 \cdot As_2S_3$, derb, d-rötlichgrau; Tsumeb.
Germarit = Hypersthen, etwas verändert.
Gersbyit, nahe Lazulith; Dicksberg.
Gersdorffit.
Gesundstein = Pyrit.
Geyerit = Geierit.
Geyserit, V. Opalsinter, traubig, stalaktitisch, meist ud.
Gibbsit (Torrey) = Hydrargillit.
Gibbsit, pt. = Richmondit.
Gieseckit = dichter Muscovit, ps. n. Nephelin; Grönland.
Giftkies = Arsenopyrit.
Gigantolith, dichter Muscovit, ps. n. Cordierit; Tammela.
Gilbertit, pt. V. Muscovit, feinschuppig, lichtgelbl., grünl.; auf Zinnerzgängen.
Gilbertit, pt. V. Kaolin, Nakrit ähnl.
Gillebäckit, V. Wollastonit v. Gjellebäk.
Gillespit, dickschuppig; Alaska.
Gillingit, nahe Hisingerit; Gillinggrube, Westmannland.
Gilpinit = Johannit; FN. Col.
Gilsonit = Uintait.
Giltstein = Topfstein.
Ginilsit, viell. $H_4(Ca, Mg)_3(Fe, Al)_4 Si_7 O_{30}$, gelbgrau; Ginilsalpe.
Giobertit = koll. Magnesit.
Giojetto = schwarze Koralle.
Giorgiosit, $4 MgCO_3 \cdot Mg[OH]_2 \cdot 4 H_2O$ in Salzkrusten v. Santorin.
Gips = Gyps.
Girasol, V. Opal, fast dsl., mit bläulichen Reflexen, auch Feueropal, Mondstein, Glassorte f. künstl. Perlen.
Girasol, orientalisch = Saphirkatzenauge mit rundl. Lichtschein.

Gismondin.
Giufit = Milarit.
Gjellebeckit = Gillebäckit.
Glacialith, weißer Ton, als Walkererde gebraucht; HN. Oklahoma.
Gladit, $2 PbS \cdot Cu_2S \cdot 5 Bi_2S_3$, grau-zinnweiß, kryst.; Gladhammar. Schwed.
Glagerit, V. Halloysit, weiß; Bergnersreut.
Glanzarsenikkies, pt. = Löllingit, pt. = Arsenopyrit.
Glanzbraunstein = Hausmannit.
Glanzeisenerz = Haematit.
Glanzerz = Glaserz.
Glanzkobalt = Kobaltit.
Glanzkohle, pt. = Anthracit, pt. = Schwarzkohle.
Glanzspat, nahe Sillimanit; Siebengebirge.
Glas, Müllersches = Hyalit.
Glasachat = Obsidian.
Glasbachit = Zorgit od. = Kerstenit?
Glaserit.
Glaserz, pt. = Argentit.
Glaserz, pt. = Kerargyrit.
Glaskopf, braun, V. Limonit, faserig, nierig.
Glaskopf, rot, V. Haematit, faserig, nierig.
Glaskopf, schwarz = Psilomelan.
Glaslava, schwarze = Obsidian.
Glasopal = Hyalit.
Glasschörl = Axinit.
Glasspat = Fluorit.
Glasstein = Axinit.
Glasurerz = Galenit.
Glasurit, wassh. Silicat v. Fe, Al, Mg, braungelb; Sasbach.
Glaubapatit V. Kollophan.
Glauberit.
Glaubersalz = Mirabilit.
Glaucodotit = Glaukodot.
Glaukämphibol, Gruppenname f. Alkaliamphibole, dynamometam. Ursprungs.
Glaukochroit; Franklin.
Glaukodot; Håkansboda; Huasco.

Glaukolith (Fischer), V. Skapolith, blau, grün; Baikalsee.
Glaukolith (Weibye) = Sodalith.
Glaukonit.
Glaukophan, s. Amphibolgruppe.
Glaukopyrit, V. Löllingit, Co, S, Sb-h.; Andalusien.
Glaukosiderit = Vivianit.
Glendonit, Calcit ps. n. Glauberit; FN., N. S. Wales.
Glessit, foss. Harz, bernsteinähnl.; Ostsee.
Gletschersalz = Epsomit.
Glimmergruppe.
Glinkit, V. Chrysolith, blaßgrün, Fe-reich; Ural.
Globosit, nahe Beraunit, gelbgrau; Hirschberg; Schneeberg.
Glockerit, koll. Eisenhydroxyd m. adsorb. H_2SO_4, gelb, braun, stalaktitisch.
Glossekollit, V. Halloysit, milchweiß; Georgia.
Glottalith, zwflh. Ca-Zeolith; Schottland.
Glucinit = Herderit.
Gmelinit.
Goethit.
Gökumit = Vesuvian v. Gökum.
Gold.
Goldamalgam = Gold m. Hg (bis 60%).
Goldberyll, V. Edelberyll, goldgelb.
Goldfieldit, 5 Cu_2S . $(Sb, Bi, As)_2 (S, Te)_3$, derb, dunkelgrau, viell. Gem.; FN. Nevada.
Goldfluß = Avanturinglas.
Goldopal, V. Edelopal, gelblich.
Goldquarz = Quarz m. Goldeinschluß.
Goldschmidtit = Sylvanit, Ag-arm; Cripple Creek.
Goldtellur = Sylvanit.
Goldtopas = Citrin.
Gongylit, pinitartig, gelb bis braun; Finnland.
Gonnardit, Zeolith nahe Mesolith; Auvergne.
Gonsogolit = Pektolith?

Goongarrit = Warthait; Westaustralien.
Gorceixit; Brasilien.
Gordait = Ferronatrit.
Gorlandit = Mimetesit.
Goshenit, V. Beryll, farbl. bis weiß; Goshen.
Goslarit.
Gotthardit = Dufrenoysit.
Goutte d'eau = Gerölle v. farblosem Topas.
Goutte de sang, V. Spinell, blutrot.
Goyazit, nahe, viell. = Hamlinit; eine Art Fava; Minas Geraes.
Grabstein = Bernstein.
Graftonit; FN., New Hampshire.
Grahamit, V. Asphalt v. Virginien.
Gramenit, V. Choropal grasgrün; Siebengebirge.
Grammatit = Tremolit.
Grammit = Wollastonit.
Granat, edler, pt. = Almandin, pt. = Pyrop.
Granat, gemeiner, pt. = Andradit, pt. = Almandin.
Granat, schwarzer, pt. = Melanit, pt. = Pyrop.
Granat, weißer = Leukogranat.
Granatblende, V. Sphalerit, rot.
Granatgruppe.
Granatit = Staurolith.
Grandidierit; Madagaskar.
Grandit, Mn-h. Granat zw. Grossular u. Andradit; Indien.
Grängesit = Grengesit.
Granulin = Opal, pulverig, auf Vesuvlava.
Gränzerit = Sanidin v. Eulenberg, HN.
Graphit.
Graphitit = Graphit.
Graphitoid, V. Graphit, brennbar.
Grastit, grasgrüner Chlorit v. Texas.
Graubraunstein = Pyrolusit.
Graueisenkies = Markasit.
Grauerz = Galenit.
Graugültigerz = Tetraedrit.
Graukobalterz = Jaipurit.

Graukupfererz = Tennantit.
Graulit = Tekticit.
Graumanganerz, pt. = Polianit; pt. = Pyrolusit; pt. = Manganit.
Graunickelkies = Gersdorffit.
Grausilber = Selbit.
Grauspießglanzerz = Antimonit.
Grauspießglanzerz, haarf. = Plumosit.
Greenalit, ähnl. Glaukonit, aber K-frei; Minnesota.
Greenit = Chlorit.
Greenlandit = Columbit.
Greenockit.
Greenovit,V.Titanit, rosa; St. Marcel.
Gregorit (Allan) = Menaccanit.
Gregorit (Adam) = Agnesit.
Grenatit (Saussure) = Staurolith.
Grenatit (Daubenton) = Leucit.
Grengesit, nahe Delessit, graugrün, radialfaserig; Grangesberg usw.
Griffithit, V. Chlorit,reich an Fe_2O_3 u. SiO_2; FN. Cal.
Griphit, zwflh. Phosphat v. Mn, Al, Fe, Ca, Na, braun; Riverton lode.
Griquait = Verwachsung v. Augit u. Granat in Blaugrund.
Griqualandit, nahe Anthosderit, ps. n. Krokydolith.
Grobkohle, V. Schwarzkohle m. verworrener Lagerung.
Grochauit, Prochlorit, Fearm; Grochau.
Groddeckit, V. Gmelinit, wasserhell; Andreasberg.
Grodnolith, 2 $Ca_3[PO_4]_2$. $CaCO_3$. $Ca[OH]_2$. $^1/_4 H_4Al_2Si_2O_9$, koll., FN.
Groppit, veränd., Cordierit, rötl.; Gropptorp.
Groroilith, V. Wad; v. Groroi usw. Frankr.
Grossouvreit, Ersatz f. d. Namen Vierzonit(Grossouvre).

Grossular, s. Granatgruppe.
Grothin, Silicat v. Al, Ca, Mn, rhom. farbl. dsl. in Kalk; Nocera.
Grothit, V. Titanit im Syenit v. Plauen.
Grünauit, Polydymit m. Bismuthinit gem.
Grünbleierz = Pyromorphit.
Grüneisenerde = Dufrenit.
Grüneisenstein = Dufrenit.
Grünerde, pt. = Seladonit.
Grünerde, pt. = Glaukonit.
Grünerit, Fe-r. Cummingtonit, Dep. du Var.
Grünlingit; Cumberland.
Grünmanganerz = Allagit.
Grünsand = Glaukonit.
Guadalcazarit = Metacinnabarit, Zn-h.; FN.
Guadarramit, V. Ilmenit, radioaktiv; FN. Spanien.
Guanabacoit = Guanabaquit.
Guanabaquit = Cubait.
Guanajuatit; FN., Mexiko.
Guanapit (Raimondi) = Oxammit.
Guanapit (Shepard), Sulfat v. K, NH_4, rötl.; in Guano.
Guanit = Struvit.
Guano, unr. Ca-Phosphat.
Guanovulith, wassh. Sulfat v. K, NH_4; i. Eiern i. Guano.
Guanoxalat, zwflh. Sulfat v. K. u. Oxalat v. NH_4; ps. n. Vogeleiern.
Guarinit = Hiortdahlit v. M. Somma.
Guayacanit = Enargit.
Guayaquillit = Guayaquillit.
Guejarit = Chalkostibit.
Guitermanit; Zuny Mine, Col.
Gümbelit, unr. Pyrophyllit (?), weißl. auf Tonschiefer.
Gummibleispat = Plumbogummit.
Gummierz = Gummit.
Gummistein = Hyalit.
Gummit (Dana).

Gummit (Breithaupt), V, Halloysit v. Anglar.
Gunnarit = Pentlandit? Skedevi, Ostgotland.
Gunnisonit, unr. Fluorit, tiefpurp.; Gunnison, Col.
Gurhofian, V. Dolomit, koll., porzellanartig.
Gurolith = Gyrolith.
Guyaquillit, foss. Harz v. Guyaquil, blaßgelb.
Gymnit = Deweylith.
Gyps.
Gyrolith.

Haaramethyst, V. m. haarförmig. Einschlüssen.
Haarkies, pt. = Millerit.
Haarkies, pt. = Markasit.
Haarsalz, pt. Alunogen.
Haarsalz, pt. = Epsomit.
Haarsalz, pt. Halotrichit.
Haarsalz, pt., V. Steinsalz, haarf.
Haarstein, V. Bergkrystall m. haarf. Einschlüssen.
Haarzeolith = Natrolith.
Hackmanit, Sodalith, etwas S-h.; Kola, Lappland.
Haddamit, nahe Mikrolith? FN.
Haematibrit; Mossgrube.
Haematit.
Haematitogelit, Gelform v. Fe_2O_3.
Haematoconit, V. Kalkstein, blutrot.
Haematogelit, koll. Fe_2O_3, als färbend. Bestandteil im Beauxit.
Haematolith; Mossgrube.
Haematostibiit = Manganostibiit v. Grythyttan.
Hafnefjordit, V. Labradorit; Hafnefjord, Island.
Hagatalith, V. v. Zirkon m. seltenen Erden; FN.
Hagemannit, unr. Thomsenolith?, gelbe Lagen in Kryolith.
Hahnenkammspat, V. Baryt.
Haidingerit (Turner); Joachimsthal.
Haidingerit (Berthier) = Berthierit.
Hainit; Mildenau, Böhm.
Halbazurblei = Caledonit.
Halbkarneol, V. Karneol, gelb.

Halbopal, V. wenig dsch., zieml. matt.
Halbvitriolblei = Lanarkit.
Halit = Steinsalz.
Halitkainit = Thanit.
Hallerit, V. Paragonit, Li-h.; Mesvres.
Hallit (Leeds), Vermiculit v. East Nottingham, Mass.
Hallit (Delametherie) = Aluminit.
Halloylith = Halloysit.
Halloysit.
Halochalzit = Atakamit.
Halotrichit (Glocker).
Halotrichit (Hausmann) = Alunogen.
Hamartit = Bastnäsit.
Hambergit; Langesund; Madagaskar.
Hamelit, zwflh. wassh. Silicat v. Al, Fe, Mg; Neu-Braunschweig.
Hamlinit; Stoneham; Binnental.
Hammarit, 5PbS. 3Bi_2S_3, mon.?´stahlgrau; Gladhammar.
Hampdenit, V. Serpentin; Chester, Mass.
Hampshirit, Serpentin ps. n. Olivin, i. Hampdenit.
Hancockit; Franklin, s. Epidotgruppe.
Hanksit; Borax Lake, Cal.
Hannayit; Skipton, Viktoria.
Haplotypit = Haematit, Ti-h.
Hardystonit; Franklin.
Harlekinopal, V. Edelopal m. kleinen Farbenflecken.
Harmophan = Korund.
Harmotom.
Harringtonit = Faröelith, weiß; Antrim.
Harrisit = Chalkocit, ps. n. Galenit; Georgia.
Harstigit; FN.
Hartbraunstein = Braunit.
Hartin, Bestandteil e. foss. Harzes v. Oberhart.
Hartit; Oberhart; Köflach usw., s. Org. Verbdg.
Hartkobalterz = Skutterudit.
Hartleyit = Wollongongit v. Hartley, Tasmanien.
Hartmanganerz = Psilomelan.

Hartmannit = Breithauptit.
Hartsalz = Sylvinit.
Hartsalzkainit = Thanit.
Hartspat = Andalusit.
Harttantalerz = Tantalit.
Hartit; Brasilien.
Hastingsit, Amphibol zw. Riebeckit u. gem. Hornblende.
Hatchettin, s. Org. Verbdg.
Hatchettolith; Mitchell Co. N. Car.
Hatchit, trikl. wahrsch. ein Bleisulfarsenit; Binnental.
Hauchecornit; Hamm a. d. Sieg.
Hauerit; Kalinka; Raddusa.
Haughtonit, braunschwarzer Glimmer zw. Biotit u. Lepidomelan.
Hausmannit.
Hautefeuillit; Ödegaarden.
Hauyn.
Hawaiit, V. Chrysolith, lichtgrün; FN.
Haydenit, V. Chabasit, Ba-h., gelb; Baltimore, Md.
Hayesin = Ulexit.
Haytorit, Quarz ps. n. Datolith; FN.
Heazlewoodit, nahe Pentlandit (?); Tasmanien.
Hebetin = Willemit.
Hebronit, V. Amblygonit, Hebron.
Hecatolith = Mondstein.
Hectorit, veränd. Pyroxen; Neuseeland.
Hedenbergit, s. Pyroxengruppe.
Hedyphan; Langban; Pajsberg.
Heintzit; Leopoldshall.
Heldburgit, ähnl. Guarinit (Zusstzg. unbek.); FN.
Helenit, foss. Kautschuk, nahe Ozokerit.
Heliodor, edler Goldberyll v. Deutsch Südwestafrika.
Heliolith = Sonnenstein.
Heliophyllit, V. Ekdemit, blättrig; Pajsberg.
Heliotrop, V. Plasma m. roten Punkten.
Hellandit; Kragerö.
Helminth = Prochlorit.
Helvetan, veränd. Biotit, oft kupferrot.
Helvin.

Hemichalcit = Emplektit.
Hemimorphit.
Hemiopal = Halbopal.
Henglein; Müsen.
Henkelit = Argentit.
Henryit, Gem. v. Altait u. Pyrit.
Henwoodit, wassh. Phosphat v. Al, Cu, türkisblau; Cornwall.
Hepatinerz, pt. = Kupferpecherz; pt. = Lebererz (V. Cuprit).
Hepatit, V. Baryt, bitumenhältig.
Hepatopyrit, V. Markasit, knollig, dicht.
Hercynit; Ronsperg.
Hercynitchromit, Mischg. v. Chromit u. Hercynit.
Herderit.
Hermannit = Rhodonit.
Hermannolith = Columbit?
Hermesit, V. Sb-Fahlerz, Hg-h.
Herrengrundit; FN.
Herrerit, V. Smithsonit, Cu-h.
Herschelit, V. zw. Chabasit u. Gmelinit m. Prismenentwicklg.; Aci Castello.
Hessenbergit = Bertrandit.
Hessit.
Hessonit; s. Granatgruppe.
Hetaerolith; Sterling Hill., N. J.
Hetairit = Hetaerolith.
Hetepozit = Heterosit.
Heterobrochantit, $CuSO_4 \cdot 2 Cu[OH]_2$, rhom. IV; Chile?
Heterogenit, koll. Co-Hydroxyd, braunschwarz; Schneeberg, S.
Heteroklin = Marcelin.
Heteromerit, V. Vesuvian, ölgrün; Slatoust.
Heteromorphit, $7 PbS \cdot 4 Sb_2S_3$, mon. Kr. wie Plagionit, auch federerzartig.
Heterosit, zers. Triphylin, grüngrau, dunkelanlaufend; Limoges.
Heterotyp = Amphibol.
Heubachit, koll. Co-Hydroxyd, Ni- u. Fe-h., schwarz; Heubachtal.
Heulandit.
Hewettit, Minasragra, Peru.

Hexagonit, V. Tremolit, rosa; Edwards, N. Y.
Hexahydrit, $MgSO_4$. $6 H_2O$, säulig-faserig, grünlich-weiß; Br. Columbien.
Hibbenit, angebl. $2 Zn_3[PO_4]_2 \cdot Zn[OH]_2 \cdot 6\frac{1}{2} H_2O$, rhom., wahrscheinlich unr. Hopeit; Br. Columbien.
Hibbertit, wassh. Carbonat v. Ca., Mg (Gem.?), gelb, pulvrig; Unst.
Hibschit, Marienberg, Aussig.
Hiddenit, V. Spodumen, grün; N. Carolina.
Hieratit $2 KF \cdot SiF_4$, tess. grau; Lipari.
Higginsit; Bisbee.
Hillängsit = Dannemorit.
Hillebrandtit; Mexiko.
Himbeerspat = Rhodochrosit.
Hinsdalit; Hinsdale Co. Col.
Hintzeit = Heintzit.
Hiortdahlit; Arö, s. Pyroxengruppe.
Hircin, foss. asphaltartig. Harz, braun.
Hisingerit, Eisensilicatgel, nahe Nontronit, schwärzlich; Skandinavien.
Hislopit, V. Calcit, d. Glaukonit gefärbt; Indien.
Histrixit, $7 Bi_2S_3 \cdot 2 Sb_2S_3 \cdot 5 CuFeS_2$ (Gem.?); Tasmanien.
Hitchcockit, V. Plumbogummit, CO_2-h.; Canton Mine.
Hjelmit, Stannotantalat v. Y, Fe, Mn, Ca, rhom.; Kårarfvet.
Hodgkinsonit; Franklin Furnace.
Hoeferit, nahe Chloropal; Křitz.
Hoelit, $C_{14}H_8O_2$, feine Nadeln in e. brennend. Kohlenlage; Spitzbergen.
Hoepfnerit = Tremolit.
Hoernesit = Hörnesit.
Hoevelit = Sylvin.
Hofmannit = Hartit; Siena.
Högauit = Natrolith v. Högau.
Högbomit (verwandt m. d. Spinell- u. Korundgruppe); Lappland.

Högtveitit = Alvit.
Hohlspat = Chiastolith.
Hohmannit, V. Amarantit, etwas veränd.
Hokutolith; FN. Formosa.
Holdenit; Franklin.
Hollandit; Indien.
Holmesit = Clintonit.
Holmit (Thomson) = Holmesit.
Holmit (Clarke), kieseliges Ca-Carbonat.
Holmquistit, Li-h. Glaukophan; Utö.
Holzachat = Chalcedon, ps. n. Holz.
Holzasbest = Bergholz.
Holzkupfererz, V. Olivenit, faserig.
Holzopal, V. ps. n. Holz.
Holzstein = Hornstein, ps. n. Holz.
Holzzinnerz, V. Kassiterit, radialfaserig, braun.
Homichlin, z. T. veränd. Chalkopyrit.
Homilit; Langesund.
Honigstein = Mellit.
Hopeit; Moresnet; Rhodesia.
Horbachit, Ni-h. Pyrrhotin, Gem.; FN.
Hörnbergit, Arsenat v. U.
Hornblei = Phosgenit.
Hornblende, s. Amphibolgruppe.
Hornerz = Kerargyrit.
Hörnesit; Banat; Nagyág.
Hornmangan = Photicit.
Hornquecksilber = Kalomel.
Hornsilber = Kerargyrit.
Hornstein, V. Quarz, dicht, grau, gelbl., bräunl.
Horsfordit, Cu₆Sb, silberweiß, derb; Mytilene.
Hortonit, Steatit, ps. n. Pyroxen, Orange Co., N.Y.
Hortonolith; Monroe, N.Y.
Houghit, V. Hydrotalkit, ps. n. Spinell; Rossie.
Hövellit = Sylvin.
Hovit, Ca[HCO₃]₂, adsorb. in Allophan; Hove usw.
Howdenit, V. Chiastolith; Südaustralien.
Howlith; Nova Scotia.
Huantajayit, V. Steinsalz, Ag-h.; FN.

Huascolith, V. Galenit, Zn-h., körnig; FN.
Hübnerit.
Hudsonit, V. Amphibol, zw. Glaukophan u. Hornblende.
Huelvit, Gem. v. Mn-Min.; Huelva, Span.
Hügelit, wassh. Vanadat v. Pb u. Zn, orangebraun, mon. filzig; Reichenbach b. Lahr.
Hullit = schwarzer Leptochlorit; Irland.
Hulsit; Alaska.
Humboldtilith, V. Melilith, grau; Vesuv.
Humboldtin.
Humboldtit (Levy) = Datolith.
Humboldtit, pt. = Humboldtin.
Huminit, kohlenähnl. Kohlw.; Schweden.
Humit.
Hunterit = Cimolit, weiß; Nágpur.
Huntilith, zwfih. Arsenid v. Ag, dunkelgrau bis schwarz; Lake Superior.
Hureaulith; FN; Branchville.
Huronit, zers. Anorthit, gelbl.-grün; Huronsee.
Hussakit = Xenotim; Dattas.
Hutchinsonit; Binnental.
Hüttenbergit = Löllingit.
Huyssenit = Eisenstaßfurtit.
Hverlera, Zerspr. v. Fe-Tonen; Island.
Hyacinth, echter, V. Zirkon, rotbraun.
Hyacinth, falscher = Hessonit, Spessartin, Vesuvian, Eisenkiesel.
Hyacinth, orientalischer = Korund.
Hyacinthgranat = Hessonit.
Hyacinthtopas = Zirkon.
Hyalit, V. Opal, glasartig, traubig.
Hyaloallophan, V. Allophan (gem. m. Hyalit); Sardinien.
Hyalomelan, ein Gesteinsglas.
Hyalophan, s. Feldspatgruppe.
Hyalosiderit, V. Chrysolith, Fe-r.; Sasbach.
Hyalotekit; Långban.

Hydrargillit (Davy) = Wavellit.
Hydrargillit (Cleaveland).
Hydrargyrit, hypoth. HgO.
Hydroanthophyllit, ein Eisenpalygorskit v. N.Y.
Hydroapatit, V. Apatit, chalcedonähnl.; Pyrenäen.
Hydrobiotit, veränd. Biotit.
Hydroboracit; Kaukasus.
Hydroborocalcit = Hayesin.
Hydrobucholzit, nahe Bucholzit (Material prähist. Steinbeile).
Hydrocalcit, CaCO₃ . 2 H₂O, ähnl. Bergmilch; Wolmsdorf.
Hydrocastorit, unr. pulveriger Stilbit, meist Gem. versch. Zerspr.
Hydrocerit, pt. = Lanthanit, pt. = Bastnäsit.
Hydrocerussit; Långban, Wanlockhead.
Hydrochlor, V. Pyrochlor; H₂O-h.
Hydroconit, CaCO₃.5 H₂O (Absatz aus Wasser).
Hydrocuprit, wassh. Oxyd v. Cu (?), orange; Cornwall, Penn.
Hydrocyanit, CuSO₄, rhom., grün, gelb, blau; Vesuv.
Hydrodolomit, Gem. v. Hydromagnesit u. Calcit, weiß, kugelig; Vesuv.
Hydroferrit = Limonit.
Hydrofluocerit, wahrsch. Zerspr. v. Fluocerit; Broddbo.
Hydrofluoherderit = Ca[Be(OH),F)]PO₄.
Hydrofluorit, HF-Gas; Vesuv.
Hydrofranklinit = Chalkophanit.
Hydrogiobertit = unr. Hydromagnesit.
Hydroglockerit, soll 2 Fe₂O₃ . SO₃ . 8 H₂O sein, wahrsch. = Glockerit.
Hydrogoethit, Übergang v. Goethit in Limonit.
Hydrohaematit, Übergang v. Limonit in Haematit.
Hydrohalit, wassh. Na-Chlorid.
Hydroherderit = Ca[Be(OH)]PO₄.

Hydroilmenit, veränd. Ilmenit; Småland.
Hydroklinohumit = F-freier Klinohumit.
Hydrolanthanit = Lanthanit.
Hydrolith (Leman) = Gmelinit.
Hydrolith (Mackenzie) = Kieselsinter.
Hydrolith = Enhydros.
Hydromagnesit.
Hydromagnocalcit = Hydrodolomit.
Hydromelanothallit, $CuCl_2$. CuO . $2 H_2O$, tess. ?, braun—grün; Vesuv.
Hydromuscovit, Bezeichnung f. Muscovite. d. H_2O-Aufnahme veränd.
Hydronephelin, Gem. v. Natrolith, Hydrargillit, Diaspor usw.; Litchfield; Låven.
Hydroniccit, s. zwflh. Ni-Hydroxyd; Texas, Penn.
Hydronickelmagnesit = Pennit (Hermann).
Hydrophan, V. Opal, wasseranziehend u. dadurch farbenspielend werdend.
Hydrophilit, $CaCl_2$, tess., zerfließlich; Lüneburg.
Hydrophit, V. Serpentin, Fe-r., grün; Taberg.
Hydrophlogopit, e. Vermiculit.
Hydropit, V. Rhodonit, unr., rosenrot; Elbingerode.
Hydroplumbit, zwflh. Pb-Hydroxyd, weiß auf Galenit.
Hydropyrit = Markasit.
Hydrorhodonit, veränd. Rhodonit, rotbraun; Långban.
Hydrosamarskit, V. Samarskit; Väddö.
Hydrosiderit = Limonit.
Hydrosilicit (Waltershausen), wassh. Silicat v. Ca, Mg usw.; Sizilien.
Hydrosilicit (Kuh) = Kerolith.
Hydrosteatit, V. Steatit; Göpfersgrün.
Hydrotalc = Pennin.
Hydrotalkit; Slatoust; Snarum.
Hydrotephroit, V. Tephroit, blaßrötl.; Pajsberg.

Hydrothomsonit, V. m. 29·8% H_2O; Transkaukasien.
Hydrotitanit = zers. Dysanalyt, gelbl. Oktaeder; Magnet Cove.
Hydrotroilit, angebl. FeS.H_2O im schwarzen Schlamm v. Seen.
Hydrowollastonit, Gruppenname, umfaßt Crestmorit u. Riversideit.
Hydrozinkit.
Hygrophilit, zers. Feldspat, nahe Pinit; Halle a. S.
Hypargyrit = Miargyrit.
Hypersthen, s. Pyroxengruppe.
Hypersthenhedenbergit, s. Enstatitaugit.
Hypochlorit, Gem. v. Quarz m. Bismutoferrit; Sachsen.
Hypodesmin = Hypostilbit.
Hyposiderit = Stilpnosiderit.
Hyposklerit, V. Albit, grün; Arendal.
Hypostatit = Hystatit.
Hypostilbit (Beudant), V. Desmin, faserige Kugeln; Faröer.
Hypostilbit (Mallet) = Laumontit.
Hypotyphit = Arsenolamprit.
Hypoxanthit, bolartig; liefert d. Terra di Siena; Toscana.
Hystatit, V. Ilmenit, Fe-r.; Arendal usw.

Ianthinit, $2 UO_2$. $7 H_2O$, rhom. violett; Katanga.
Iberit (Svanberg), nahe Gigantolith; Montalvan.
Iberit (Schlegelmilch), zwflh. Zeolith v. Georgia.
Ichthyophthalm = Apophyllit.
Iddingsit, glimmerähnl., Zerspr. v. Olivin; Cal.
Idokras = Vesuvian.
Idrialin; Idria, s. Org. Verbdg.
Idrialith, Gem. v. Idrialin m. Zinnober, Ton usw.
Idrizit, nahe Botryogen; Idria.
Igelströmit (Heddle) = Pyroaurit v. Schottland.

Igelströmit (Weibull) = Eisenknebelit.
Iglesiasit, V. Cerussit, Zn-h.; Monteponi.
Iglit = Igloit.
Igloit, V. Aragonit, blaugrün; Iglo usw.
Ignatiewit, wahrsch. unr. Alunit, nierig; Ekaterinoslaw.
Ihleit, $Fe_2[SO_4]_3$. $12 H_2O$, orange, (ob selbständig?); Mugrau.
Iiwaarit = Ivaarit.
Ildefonsit, V. Tantalit; Ildefonso.
Ilesit (Mn, Zn, Fe)SO_4 . $4 H_2O$, grün; Colorado.
Illuderit, V. Zoisit, smaragdgrün.
Ilmenit (Kupfer).
Ilmenit (Brooke) = Mengit (Rose).
Ilmenitglimmer = Titaneisenglimmer.
Ilmenorutil; Ural; Norwegen.
Ilsemannit, Hydrogel v. Mo_2O_8 m. adsorb. H_2SO_4, d.-blau; Bleiberg usw.
Ilvait = Levrit.
Imatrastein = Mergelkonkretion.
Imerinit, ähnl. Tremolit, flachsblau, chem. nahe Astochit; FN. Mad.
Impsonit, nahe Albertit; FN.
Indianait, V. Halloysit, weiß! Lawrence Co, Ind.
Indianit, V. Anorthit; Carnatic.
Indigolith (Indicolith), V. Edelturmalin, blau.
Indigosaphir, V. Saphir, s. dunkel.
Indischer Bernstein = importierter Ostseebernstein.
Indischer Topas = safrangelber Topas od. Citrin; Ceylon.
Indisches Katzenauge = Chrysoberyllkatzenauge.
Inesit; Nanzenbach; Harstigen.
Infusorienerde = erdiger Trippel.
Inkastein = Pyrit.
Inolith = Kalksinter.
Inverarit, V. Pyrrhotin, Ni-r.; Schottland.
Inyoit; FN. Cal.

Iochroit = Turmalin.
Iolanthit, jaspisähnl. Min. als Schmuckstein; HN. Oregon.
Iolith = Cordierit.
Ionit (S. Purnell), erdiger, brauner Kohlw. in Lignit.
Ionit (V. T. Allen), 2 Al_2O_3 . 6 SiO_2 . 5 H_2O; Californien.
Iosen = Hartit aus d. Lignit v. Köflach.
Iosiderit = Iozit.
Iozit, angebl. FeO, schwarze Körner; Vesuv.
Iridium; N. Tagilsk; Brasilien.
Iridosmium.
Iris = Bergkrystall, Regenbogenfarb. zeigend; auch farbenspiel. Fälschungen.
Irische Diamanten = Bergkrystall.
Irit, Gem. v. Iridosmium, Chromit usw.; Ural.
Irvingit, Li-Glimmer v. Wausau, Wisc.
Isabellit = Richterit.
Ischelit = Polyhalit.
Iserin, V. Ilmenit v. d. Iserwiese.
Iserit, pt. = Iserin.
Iserit (Janovsky), zwflh. FeTi_2O_5, braun, wahrscheinl. veränd. Rutil; Iserwiese.
Ishikawait, ähnl. Samarskit; FN.
Isländischer Achat, V. Obsidian, geschichtet.
Isländischer Doppelspat, V. Calcit, wasserhell.
Isoklas; Joachimsthal.
Isomikroklin = Mikoklin (opt. Var.).
Isophan, zwflh. Min., nahe Franklinit?
Isopyr, unr. Opal, grauschwarz; St. Just.
Isorthose = Orthoklas (opt. Var.).
Itakolumit, schiefriger Quarzsandstein, z. T. biegsam (diamantführend).
Ittnerit, veränd. Hauyn, d.-grau, Gem.; Kaiserstuhl.
Ivaarit, nahe Schorlomit; Iiwaara.
Ivigtit, nahe Gilbertit, in Kryolith.

Iwaarit = Ivaarit.
Ixiolith, V. Tantalit, Sn-r.; Kimito.
Ixionolith = Ixiolith.
Ixolyt, foss. Kohlw., hyacinthrot; Oberhart.

Jacksonit = Prehnit; Isle Royale.
Jacobsit; Jakobsberg; Långban.
Jade = Nephritoide.
Jadeit, s. Pyroxengruppe.
Jadeitaegirin, Aegirin, grasgrün, merklich Jadeit-h.; Golling.
Jadeolith = grüner Syenit, als Schmuckstein; Birma.
Jaipurit, angebl. CoS, derb, grau; Indien.
Jais = Gagat.
Jalpait, 3 Ag_2S . Cu_2S, ps. tess.; FN.; Mexiko.
Jamesonit.
Janosit = Copiapit?
Jargon, V. Zirkon, gelbl. bis farblos; Ceylon.
Jarosit.
Jarrowit = Thinolith.
Jaspachat, Gem. v. Jaspis u. Chalcedon.
Jaspis, V. Quarz, dicht, ud., oft bunt.
Jaspopal, V. jaspisähnl.
Jaulingit, bernsteinähnl. Harz, hyacinthrot; Jauling.
Jayet = Gagat.
Jefferisit; West Chester, s. Vermicultgruppe.
Jeffersonit; Franklin, s. Pyroxengruppe.
Jelletit, V. Andradit, l.-grün; Findelengletscher.
Jenkinsit = Hydrophit.
Jentschit = Lengenbachit.
Jenzschit = veränd. Chalcedon; Hüttenberg usw.
Jeremejewit; Soktuy.
Jet = Gagat.
Jewreinowit, V. Vesuvian, m. wenig Mg; Frugård.
Jeypoorit = Jaipurit.
Ježekit; Greifenstein, Sa.
Joaquinit, Ti-Silicat v. Ca, Fe, rhom.?, gelb (m. Benitoit).
Jocketan, waßh. Fe-Carbonat; Jocketa.
Jodargyrit = Jodyrit.
Jodbromchlorsilber = Jodobromit.

Jodchromat = Dietzeit.
Jodembolit = Jodobromit.
Jodit = Jodyrit.
Jodobromit; Dernbach.
Jodquecksilber = Coccinit.
Jodsilber = Jodyrit.
Jodyrit.
Jogynait, nahe Skorodit, erdig; Aduntschilon.
Johannit; Joachimsthal usw.
Johnit = Türkis.
Johnsonit = Masrit.
Johnstonit (Haidinger), V. Galenit, m. S-Überschuß.
Johnstonit (Chapman) = Vanadinit.
Johnstonotit, V. Granat v. Tasmanien.
Johnstrupin; Barkevik.
Jollyit, Al-Hisingerit, d.-braun; Bodenmais.
Jonit = Ionit.
Jordanit; Binnental; Nagyág.
Jordisit, kolloid. MoS_2; Freiberg.
Josèit; Minas Geraes.
Josephinit, Fe_2Ni_3, nahe Awaruit; Oregon.
Jossait, zwflh. Chromat v. Pb, Zn, orange; Beresowsk.
Juddit, Mn-Amphibol; Kácharwáhi, Indien.
Judenpech = Asphalt.
Julianit = Tennantit; Rudelstadt.
Junckerit, V. Siderit (angebl. rhom.).
Jurinit = Brookit.
Jurupait, faserige Kugeln; Crestmore, Cal.
Justit = Koenenit.
Juxporit, [(H, Na, K)$_2$, (Ca, Mg, Na)] SiO_3?, rosa Fäden u. Schuppen; FN. Lappland.

Kaersutit, basalt. Hornblende m. gr. Ti-Gehalt; Grönland.
Kainit; Staßfurt, Kalusz usw.
Kainosit; Hitterö.
Kaiserlicher Yü = grüner Avanturinquarz.
Kakochlor = Lithiophorit v. Rengersdorf.

Kakoklasit, Gem. v. Grossular, Calcit, Apatit ps. n. Skapolith; Wakefield.
Kakoxen.
Kalait = Türkis.
Kalamit = Tremolit.
Kalgoorlit, Gem. v. Coloradoit u. Petzit; Westaustralien.
Kalialaun = Kalinit.
Kaliastrakanit = Leonit.
Kaliblödit = Leonit.
Kaliborit = Heintzit.
Kalicin, recentes $KHCO_3$.
Kalifeldspat = Orthoklas, Mikroklin.
Kaliglimmer = Muscovit.
Kaliharmotom = Phillipsit.
Kalimagnesiumchlorid = Carnallit.
Kalinatronfeldspat = Natronorthoklas, Anorthoklas.
Kalinit.
Kalinitrat = Kalisalpeter.
Kalioalunit = Alunit.
Kaliocarnotit = Carnotit.
Kaliooligoklas, Anorthoklas v. d. Zusstzg. e. K.-h. Oligoklases.
Kaliophilit; Monte Somma.
Kaliphit, Gem. v. Limonit m. Mn-Oxyden u. Silicaten; Ungarn.
Kalisalpeter.
Kalisulfat = Arcanit.
Kalithomsonit, V. m. 6% K_2O; Narsarsuk.
Kalkbaryt, Gem. v. Ba- u. Ca-Sulfat.
Kalkcancrinit, V. Mejonit (Carbonatmejonit); Vesuv.
Kalkchromgranat = Uwarowit.
Kalkeisenaugit = Hedenbergit.
Kalkeisencordierit, V. Ca- u. Fe-h.; Celebes.
Kalkeisengranat = Andradit.
Kalkeisentongranat, V. Andradit, Al_2O_3-h.
Kalkfeldspat = Anorthit.
Kalkglimmer = Margarit.
Kalkgranat = Andradit.
Kalkharmotom = Phillipsit.
Kalkkalisulfat = Syngenit.

Kalkklinoenstatit usw. Ersatz für Enstatitaugit usw.
Kalkmagnesit = Hydrodolomit.
Kalkmalachit, unr. Malachit; Lauterberg.
Kalkmesotyp = Skolezit.
Kalknatronfeldspate = Plagioklase v. Oligoklas bis Andesin.
Kalkoligoklas = Labradorit.
Kalkowskyn; S. do Itacolumy, Bras.
Kalksalpeter = Nitrocalcit.
Kalksinter, V. Calcit, faserig.
Kalkspat = Calcit.
Kalktalkspat = Dolomit.
Kalkthomsonit, V. Nafrei.
Kalktongranat = Hessonit, Grossular.
Kalktuff, V. Calcit, poröser Quellenabsatz.
Kalkurancarbonat = Uranothallit.
Kalkuranglimmer = Autunit.
Kalkuranit = Autunit.
Kalkvolborthit; Friedrichsroda.
Kalkwavellit, unr. Wavellit; Dehrn.
Kallainit (Kallais) = Callainit.
Kallait = Türkis.
Kallilith, Ni(Sb, Bi)S, derb, grau; Schönstein a. d. Sieg; soll Gem. sein.
Kallochrom = Krokoit.
Kalmückenachat, (-opal) = Kascholong.
Kalomel.
Kaluszit = Syngenit.
Kamarezit; Laurion.
Kämmererit, V. Pennin, rotviolett.
Kammkies, V. Markasit, kammf. Kr.-Aggregate.
Kampferharz = Euosmin.
Kampylit; Drygill.
Kanadischer Bernstein = Cedarit.
Kaneelstein = Hessonit.
Kaneit, zwflh. MnAs, traubig, grau; Sachsen?
Kännelkohle, V. Schwarzkohle, dicht, glanzlos.

Kanonenspat, V. Calcit, in Säulen.
Kaolin = erdiger Kaolinit.
Kaolin (i. Sinne v. Linck), Bezeichnung f. d. Mineral.
Kaolinit.
Kaolinit (i. Sinne v. Linck), Bezeichnung f. Kaolingestein.
Kapchrysolith = Prehnit.
Kapdiamant = Diamant, gelblich.
Kapnicit = Wavellit.
Kapnik.
Kapnikit = Rhodonit.
Kapnit = Monheimit.
Kappenquarz, V. Quarz m. schaliger Absonderung.
Kaprubin = Pyrop.
Kapsmaragd = Prehnit.
Kapstein = Diamant, gelblich.
Karamsinit, zwflh. Silicat v. Ca, Mg, K usw.; Finnland?
Kårarfveit, unr. Monazit; FN.
Karelinit, BiS . 3 BiO (Gem?), derb, grau; Savodinsk.
Karfunkel = roter Granat od. Rubin.
Karinthin, V. Hornblende im Eklogit d. Saualpe.
Karminspat = Carminit.
Karneol, V. Chalcedon, rot, dsch.
Karneol, männlich, V. dunkel.
Karneol, weiblich, V. licht.
Karneol, vom alten Stein, V. dunkelrot.
Karneol, weiß = milchweißer Chalcedon.
Karneolachat, V. Achat m. viel Karneol.
Karneolberyll, V. Karneol, weißgelb.
Karneolonyx = rotweißer Bandachat.
Karpholith.
Karphosiderit; Grönland: Mâcon.
Karphostilbit, V. Thomsonit, strohgelb; Berufjord.
Karstenit = Anhydrit.
Karstin = Ottrelith.
Kårsutit = Kaersutit.
Karyinit; Lángban.
Karyocerit; Langesund.

Karyopilit, 4'MnO . 3SiO₂ . 3 H₂O, braun, nierig; Harstigen; viell. = Bementit.
Karystiolith = Chrysotil.
Kascholong, pt. V. Opal, d. Wasserverlust Übergang zu Chalcedon, porzellanartig, nierig.
Kascholong, pt. = Nephrit.
Käsestein = Rohdiamant ohne bestimmte Form.
Kasolit; FN. Belg. Kongo.
Kassiterit.
Kassiterolamprit = Stannit.
Kassiterotantalit = Ixiolith.
Kastor, V. Petalit, dsl., farblos; Elba.
Katangit, CuH₂SO₄.H₂O, bläul. amorph; FN. Belg. Kongo.
Kataphorit, Na-Fe-Amphibol zw. Barkevikit u. Arfvedsonit.
Kataplelit; Låven; Stokö usw.
Kataspilit, Ps. n. Cordierit, grau; Långban.
Katharit = Alunogen.
Katoptrit; Brattforsgrube, Nordmarken.
Katzenauge = Stein m. wandernder Lichtlinie.
Katzenauge, occidental od. ungarisch = Quarzkatzenauge.
Katzenauge, oriental., indisch, ceylonisch = Chrysoberyllkatzenauge.
Katzengold, Katzensilber, Bezeichnung f. gewisse Glimmer m. Metallgl.
Katzensaphir, V. Saphir, dunkel.
Kauaiit, 2 Al₂O₃ . 3 (K, Na, H)₂O . SO₃, kreideähnl.; Hawai.
Kausimkies, V. Markasit, As-h. (zirka 4%).
Kawakawa = Nephrit v. Neuseeland.
Kayserit; Uruguay (a. Korund entst.).
Keatingit, V. Rhodonit, sehr Ca-r.; Franklin.
Keeleyit; Oruro, Bolivien.
Keffekil = Meerschaum.
Keffekilit, V. Steinmark, grau; Krim.

Kehoeit, (Zn, Ca)₃P₂O₈ . 2 Al₂[OH]₆ . 21 H₂O, derb; Galena, Dakota.
Kehrsalpeter = K-Salpeter als Bodenausblühung.
Keilhauit; Arendal usw.
Kelyphit, gem. Zerspr. v. Pyrop in Serpentin.
Kempit, MnCl₂.3MnO₂.3H₂O?, rhom., smaragdgrün; Alum Rock Park, Cal.
Kenngottit, V. Miargyrit, Pb-h. v. Felsöbánya.
Kentrolith; Chile, Långban usw.
Keramit, Ton, aus Skapolith entst.
Keramohalit = Alunogen.
Keraphyllit = Karinthin.
Kerargyrit.
Kerasin, pt. = Mendipit.
Kerasin, pt. = Phosgenit.
Kerat = Kerargyrit.
Keratit = Hornstein.
Kermesit.
Kermes = Kermesit.
Kernit; FN. Californien.
Kerolith, Mg-Silicatgel, etwas Al₂O₃-h., derb, licht gefärbt; Frankenstein usw.
Kerosene = Petroleum.
Kerosene shale = Wollongongit.
Kerrit, gelbgrüner Vermiculit; Culsagee Mine.
Kerstenin, angebl. 2Fe₂O₃ . As₂O₅ . 12 H₂O.
Kerstenit (Haidinger), V. Smaltit, Bi-h.
Kerstenit (Dana), zwflh. PbSeO₄, gelb, traubig; Hildburghausen.
Keweenawit, (Cu, Ni, Co)₂As, nahe Mohawkit. (Gem.)
Kibdelophan, V. Ilmenit; Hofgastein.
Kiesel = Quarz.
Kieselaluminit, Gem. v. Allophan u. Aluminit; Kornwestheim.
Kieselcerit = Cerit.
Kieselgalmei = Hemimorphit.
Kieselguhr, V. Trippel, erdig, locker.
Kieselgyps, V. Anhydrit, SiO₂-h.
Kieselkalk, V. Calcit, SiO₂-h.

Kieselkupfer = Chrysokolla.
Kieselmagnesit, Gem. v. Magnesit u. Quarz.
Kieselmalachit = Chrysokolla.
Kieselmangan = Rhodonit.
Kieselmehl = Kieselguhr.
Kieselschiefer, V. Quarz, dicht, geschiefert.
Kieselsinter = Geyserit.
Kieselspat = Albit.
Kieseltuff = lockerer Kieselsinter.
Kieselwismut = Eulytin.
Kieselzinkerz = Hemimorphit.
Kieserit.
Kietyöit = Apatit v. Kietyö.
Kievit, fast farblose Hornblende, nahe Cummingtonit in Rapakivi; Kiew u. Finnland.
Kilbrickenit = Geokronit.
Killinit, Zerspr. v. Spodumen, pinitartig; Irland.
Kilmacooit, Gem. v. Galenit u. Sphalerit; Irland.
Kimberlit = serpentinisierter Glimmerperidotit, diamantführend.
Kinradit, jaspisähnliche Quarzgerölle; Cal; HN.
Kipushit, (Cu, Zn)[PO₄]₂ . 3(Cu,Zn)[OH]₂ . 3 H₂O, mon., d.-blau; FN. Belg. Kongo.
Kirrolith, Ca₃Al[PO₄]₃ . Al[OH]₃, derb, gelbl.; Westanå.
Kirwanit, Zerspr. v.Hornblende, chloritartig; Irland.
Kischtimit, veränd. Parisit, Ca-frei; FN.
Kischtim-Parisit= Kischtimit.
Kjerulfin, V. Wagnerit, meist derb; Bamle.
Klapperstein = Adlerstein.
Klaprothin = Klaprothit.
Klaprothit (Beudant) = Lazulith.
Klaprothit (Petersen) = Klaprotholith.
Klaprotholith; Wittichen usw.
Klebschiefer = schiefriger Trippel.

Kleinit; Terlingua.
Klementit, Leptochlorit v. Vielsalm.
Kliachit α-, koll. Al_2O_3 . H_2O; β-, koll. Al_2O_3 . 3 H_2O; im Beauxit.
Klinoaugit = mon. Augit.
Klinobronzit, -enstatit, -hypersthen, mon. Form. d. betreff. Silicates.
Klinochlor; s. Chloritgruppe.
Klinoedrit; Franklin.
Klinohumit.
Klinoklas; Cornwall; Tintic.
Klinokrokit, nahe Klinophaeit; Bauersberg.
Klinophaeit, wassh. Sulfat v. K, Na, Al, Fe; Bauersberg, Rhön.
Klinoptilolit, mon. Zeolith, dimorph m. Ptilolit.
Klinozoisit, s. Epidotgruppe.
Klipsteinit, unr. Zerspr. v. Rhodonit, d.-braun; Herborn.
Kljakit = Kliachit.
Klump = Ortstein.
Knauffit = Volborthit.
Knebelit.
Knistersalz, V. Steinsalz, knisternd beim Auflösen.
Knopfopal, V. weiß m. schwarzem Chalcedon.
Knopit, CaO . TiO_2 m. Ce_2O_3, nahe Perowskit; Alnö.
Knoxvillit, wassh. Sulfat v. Fe, Cr, Al, grünl.-gelb; Knoxville.
Kobaltarsenkies, pt. = Danait, pt. = Glaukodot.
Kobaltbeschlag, V. Erythrin; erdig.
Kobaltblau = Lavendulan.
Kobaltbleierz = Tilkerodit.
Kobaltbleiglanz = Tilkerodit.
Kobaltblende = Jaipurit.
Kobaltblüte = Erythrin.
Kobaltfahlerz, V. Sb-As-Fahlerz, Co-h.; Freudenstadt usw.
Kobaltglanz, pt. = Kobalttit, pt. = Linnaeit.
Kobaltit.

Kobaltkies, pt. = Linnaeit.
Kobaltkies, pt. = Jaipurit.
Kobaltmanganerz = Asbolan.
Kobaltmulm = Asbolan.
Kobaltnickelkies = Linnaeit.
Kobaltnickeloxydhydrat = Heubachit.
Kobaltnickelpyrit = Hengleinit.
Kobaltpyrit, pt. = Linnaeit, pt. = Pyrit m. 14% Co v. Gladhammar.
Kobaltschwärze = Asbolan.
Kobaltskorodit = Skorodit, bläulich.
Kobaltspat = Sphaerokobaltit.
Kobaltsulfuret = Jaipurit.
Kobaltvitriol = Bieberit.
Kobaltwismuterz, V. Smaltit m. Bi, gem.
Kobaltwismutfahlerz, V. Tennantit, Bi, Co-h.; Schapbach.
Kobellit; Hvena; Col.
Koboldin = Linnaeit.
Kochelit, nahe Fergusonit; Kochelwiese.
Kochenit, foss. Harz, bernsteinähnl.; Kochental.
Kochit, $Al_4[SiO_4]_3.5H_2O$, tess. weiß; Japan.
Kochsalz = Steinsalz.
Koechlinit; .Grube Daniel, Schneeberg, S.
Koelbingit = Aenigmatit.
Koenenit; Volpriehausen.
Koettigit; Schneeberg, S.
Köflachit, foss. Harz, d.-braun; FN.
Kohle, s. Org. Verbdg.
Kohlenblende = Anthracit.
Kohleneisenstein, Gem. v. Siderit, Kohle u. Ton.
Kohlengalmei = Smithsonit.
Kohlenspat = Whewellit.
Kohlenvitriolbleispat = Lanarkit.
Köhlerit = Onofrit (Köhler).
Kokkolith, Fe-r. Salit, meist körnig.
Kokscharowit, nahe Edenit, weiß, strahlig; Baikalsee.

Kolliner Granat = Almandin v. Kollin.
Kollophan (i. Sinne Rogers); Hauptbestandteil d. Phosphorite, Phosphatfelsen usw.
Kollyrit.
Kölnische Umbra = Farbe aus Braunkohle bereitet.
Kolophonit, pt. V. Andradit, pt. V. Vesuvian. braun, grobkörnig.
Kolosorukit = Jarosit.
Kolovratit, ein Ni-Vanadat, grünl.-gelbe Krusten a. Schiefer; Fergana.
Komarit = Konnarit.
Kongsbergit, V. Silberamalgam (Ag_{82} Hg).
Konichalcit; Andalusien; Utah.
Königin = Brochantit.
Königskoralle = schwarze Koralle.
Königstopas, V. Korund, fleischfarbig.
Konilith, V. Quarz, pulverig.
Koninckit; Richelle.
Konit (Retzius), V. Dolomit, dicht, Mg-r.
Konit (Macculloch) = Konilith.
Könleinit, s. Org.Verbdg.
Könlit = Könleinit.
Konnarit; Röttis.
Koppit, nahe Pyrochlor, braun; Kaisersthul.
Korallenachat, pt. V. an Korallen erinnernd, pt. verkieselte Korallen.
Korallenerz = krummschaliges Quecksilberlebererz.
Kordylit; Narsarsuk.
Koreit = Agalmatolith.
Korkit = Corkit.
Kornelit, $Fe_2[SO_4]_3$. $7½ H_2O$, faserig, rosaviolett; Schmöllnitz.
Kornerupin; Fiskernäs.
Kornit = Hornstein.
Korund.
Korund, männlicher = dunkelgefärbter K.
Korund, weiblicher = lichtgefärbter K.
Korundellit = Margarit.
Korundophillit, s. Chloritgruppe.
Koryinit = Karyinit.

Korynit; Ni(As, Sb) S, soll Gem. sein; Olsa.
Kossmatit, V. Sprödglimmer, farblos, a. d. Dolomitmarmor v. Prilep.
Kotschubeit, V. Klinochlor, rosenrot.
Köttigit = Koettigit.
Koulibinit = Kulibinit.
Koupholith = Prehnit, zellig; Ereslids.
Krablit, angebl. Feldspat, ist Liparit (Gestein).
Krantzit; Nienburg, s. Org. Verbdg.
Kraurit = Dufrenit.
Kreide, V. Calcit, erdig.
Kreisachat, V. ringförm. gebändert.
Kreittonit, V. Automolit, Fe- u. Mg-h.; Bodenmais.
Kremersit, KCl . NH_4Cl . $FeCl_3$. H_2O, tess., rot; Vesuv.
Krennerit.
Kreuzbergit, Al-Phosphat, rhomb. weiß; FN.
Kreuzstein, pt. = Harmotom, pt. = Chiastolith.
Krisuvigit = Brochantit.
Kroeberit, angebl. Subsulfid v. Fe, magnetisch; La Paz.
Kröhnkit; Atakama.
Krokalith, V. Natrolith, als rote Mandeln.
Krokoit.
Krokydolith, wesentl. Riebeckitasbest.
Krokydolithopal = Opalkatzenauge.
Krönkit = Kröhnkit.
Krugit; Neu-Staßfurt.
Kryokonit, graues Pulver auf Grönlandeis.
Kryolith.
Kryolithionit; Ivigtut.
Kryophyllit, nahe Zinnwaldit, d.-grün; Cape Ann, Mass.
Kryphiolith = Wagnerit, mon., gelb; Vesuv.
Kryptohalit, 2NH_4F . SiF_4, tess.; Vesuv.
Kryptoklas = Albit durch Zwillgsbildg. ps.-mon.
Kryptolinit, unbest. Flüssigkeit in gewissen Kr.
Kryptolith, V. Monazit; in Apatit v. Arendal.
Kryptomerit, zwflh. Borat.
Kryptomorphit, nahe Ulexit.

Kryptoperthit, hypothet. submikroskopischer Perthit.
Kryptotil, tonart. Zerspr. v. Prismatin.
Ktypeit, angebl. opt. V. v. CaCO_3, wohl = Aragonit; Erbsenstein v. Karlsbad usw.
Kubeit = Rubrit.
Kubizit = Analcim.
Kuboit = Analcim.
Kuboizit = Chabasit.
Kugeljaspis, V. in runden Knollen.
Kühnit = Berzeliit (Kühn).
Kulibinit, ein Pechstein.
Kundait, V. Grahamit; FN. Esthland.
Kunzit, V. Spodumen, lila, rosa; Pala.
Kupaphrit = Tirolit.
Kupfer.
Kupferantimonglanz = Chalkostibit.
Kupferblau, unr. Cu-Silicat, nahe Chrysokolla; Bogoslowsk.
Kupferbleiglanz = Cuproplumbit.
Kupferbleispat = Linarit.
Kupferbleivitriol = Linarit.
Kupferblende, V. Tennantit, Zn-r.; Freiberg.
Kupferblüte = Chalkotrichit.
Kupferdiaspor = Pseudomalachit.
Kupfereisenvitriol = Pisanit.
Kupferfahlerz = Tetraedrit.
Kupferglanz = Chalkocit.
Kupferglas = Cuprit.
Kupferglimmer = Chalkophyllit.
Kupfergrün = Chrysokolla.
Kupferhornerz = Atakamit.
Kupferindig = Covellin.
Kupferlasur = Azurit.
Kupferlebererz, unr. erdiger Cuprit.
Kupfermanganerz = Lampadit.
Kupfernickel = Nickelin.
Kupferoxyd = Tenorit.
Kupferoxydul = Cuprit.
Kupferpecherz, Gem. v. Chrysokolla m. Stilpnosiderit.

Kupferphyllit = Chalkophyllit.
Kupferrot = Cuprit.
Kupfersamterz = Lettsomit.
Kupfersand = Atakamit.
Kupferschaum = Tirolit.
Kupferschwärze, pt. = Tenorit, pt. = Lampadit.
Kupfersilberglanz = Stromeyerit.
Kupfersmaragd = Dioptas.
Kupfersulfantimoniat = Fieldit.
Kupfersulfobismutit = Cuprobismutit.
Kupferuranit, pt. = Torbernit, pt. = Zeunerit.
Kupfervitriol = Chalkanthit.
Kupferwismuterz, pt. = Wittichenit, pt. = Klaprotholith.
Kupferwismutglanz = Emplektit.
Kupferzinkblüte = Auricalcit.
Kupfferit, Mg-reichster mon. Amphibol; Baikalsee.
Kupholith = Serpentin.
Kuprein = Chalkocit.
Kurskit, 2$Ca_3P_2O_8$.CaF_2.$CaCO_3$, nahe Staffelit; FN. Ruß.
Küstelit, V. Silber, Au-h.
Kutnohorit, trig. Carbonat v. Ca, Mn, Fe, Mg; Kutná Hora.
Kuttenbergit = Kutnohorit.
Kyanit = Cyanit.
Kyaukstein = Jadeit.
Kylindrit; Bolivien.
Kymatin, V. Asbest, fest, wellig gekrümmt.
Kypholith = Kupholith.
Kyrosit, V. Markasit, etwas As-h.; Grube Briccius.

Laavenit = Låvenit.
Labrador = Labradorit.
Labradorfeldspat = Labradorit.
Labradorhornblende = Hypersthen.
Labradorit, s. Feldspatgruppe.
Lacroisit, Gem. v. Rhodonit u. Rhodochrosit.
Lacroixit; Greifenstein, Sa.

Lagonit, Gem. v. Sassolin u. Limonit, gelb, ockrig; Toscana.
Lagunit = Lagonit.
Lambertit = Uranophan; Silver Cliff Hill, Wyoming.
Lampadit, Cu-h. weicher Psilomelan; Schlaggenwald usw.
Lamprophanit, Sulfat v. Pb, Ca, Na usw., weiß, blättrig; Långban.
Lamprophyllit, nahe Astrophyllit; Kola.
Lamprostibian, Antimonat v. Fe, Mn, grau, blättrig; Sjögrube.
Lanarkit; Leadhills usw.
Lancasterit, Gem. v. Brucit u. Hydromagnesit.
Landerit = rosa Grossular; Morelos.
Landevanit, V. Montmorillonit; Landevan.
Laneit, opt. V. v. Barkevikit.
Långbanit; FN.
Langbeinit; Wilhelmshall usw.
Langit; Cornwall; Klausen.
Langstaffit = Chondrodit.
Lansfordit; Lansford, Penn.
Lanthanit.
Lanthanocerit, V. Cerit m. viel La u. Di.
Lapis lazuli = Lasurstein.
Lapis lazuli, deutscher od. falscher = Jaspis, künstl. blau gefärbt.
Larderellit, $[NH_4]_2B_8O_{13} \cdot 4 H_2O$, mon.?, weiß, s. leicht; Toscana.
Lardit (Wallerius), nahe Agalmatolith, grüngrau; Diln.
Lardit (Zemiatčenskij), wassh. SiO_2, in Ton; Rußland.
Lasionit = Wavellit.
Lassallit; Miramont, s. Palygorskitgruppe.
Lassolatit = Fiorit v. Puy de Lassolas.
Lasurapatit, V. himmelblau; Sljudjanka.
Lasurfeldspat, unbst. Feldspat m. Lasurstein; Baikalsee.
Lasurit = Azurit, Lasurstein.

Lasuroligoklas = Lasurfeldspat.
Lasurquarz, V. Quarz, blau (durch Krokydolith).
Lasurstein.
Latialith = Hauyn.
Latrobit, V. Anorthit v. Grönland.
Laubanit; FN., Schlesien.
Laumonit = Laumontit.
Laumontit.
Laurionit; FN.
Laurit; Borneo.
Lautarit; Atakama.
Lautit; Lauta, Sachsen.
Lavaglas = Obsidian.
Lavendulan, viell. Cu-h. Erythrin, lavendelblau; Chile; Sachsen.
Låvenit, s. Pyroxengruppe.
Lavezstein = Topfstein.
Lavroffit, Lawrowit usw. = Lavrovit.
Lavrovit, V. Diopsid, d. Va grün; Baikalsee.
Lawsonit; Tiburon, Cal.
Laxmannit; Beresowsk.
Lazialith = Latialith.
Lazulith, pt.
Lazulith, pt. = Lasurstein.
Lazurit, pt. = Azurit.
Lazurit, pt. = Lazurstein.
Leadhillit.
Leberblende, pt. = Sphalerit, pt. = Voltzit.
Lebererz, pt. V. Cuprit, erdig, braun, pt. = Quecksilberlebererz.
Leberkies, pt. Pyrrhotin.
Leberkies, pt. Markasit, knollig, dicht.
Leberopal = Menilit.
Leberstein = Hepatit (Baryt).
Lechatelierit, natürlich geschmolzener Quarz.
Lechososopal, V. Feueropal m. grünen Reflexen.
Lecontit; Zentralamerika.
Ledererit = Gmelinit v. Nova Scotia.
Lederit, pt. = Ledereit.
Lederit, pt. = Titanit, d.-braun; Diana.
Ledouxit, $(Cu, Ni, Co)_4 As$ (zuerst Mohawkit genannt).
Leedsit, Gem. v. $CaSO_4$ u. $BaSO_4$; Leeds.

Leelith, V. Orthoklas, dicht, fleischrot, Gryttyhyttan.
Leesbergit, Gem. v. Hydromagnesit u. Dolomit; Lothringen.
Lefkasbest, · gebleichter Chrysotil i. verwitt. Serpentin; Cypern.
Lehm, V. Ton m. starkem Kiesel- u. Eisengehalt, verglasend.
Lehmanit = Saussurit.
Lehmannit = Krokoit.
Lehnerit, nahe viell. = Ludlamit; Hagendorf.
Lehrbachit = Lerbachit.
Lehuntit, V. Natrolith, fleischrot; Glenarm.
Leidyit, Leptochlorit v. Leiperville, Penn.
Leifit; Narsarsuk.
Leimonit = Limonit.
Leirochroit = Tirolit.
Lemanit = Lehmanit.
Lemnische Erde = Siegelerde.
Lengenbachit; Binnental.
Lennilith, pt. V. Orthoklas, grünl. (angebl. ohne Spaltb.); Lenni, Penn.
Lennilith, pt. = Lernilith.
Lentulith = Lirokonit.
Lenzinit, V. Halloysit, weiß; Kall usw.
Leobenit, soll wassh. Phosphat v. Fe, Ca sein.
Leonhardit, V. Laumontit, etw. verändert.
Leonit; Leopoldshall usw.
Leopoldit = Sylvin.
Lepidochlorit, unr. Chlorit v. Tennessee.
Lepidokrokit.
Lepidolamprit = Franckeit.
Lepidolith; s. Glimmergruppe.
Lepidomelan, V. Biotit, schwarz, Fe-r.; Persberg usw.
Lepidomorphit = Phengit, ps. n. Oligoklas, Wittichen.
Lepidophaeit, V. Wad, Cu-h., faserig; Kamsdorf.
Lepolith, V. Anorthit, grün—braun; Orijärfvi.
Leptochlorite, s. Chloritgruppe.

Leptonematit, wahrsch.= Romanechit.
Lerbachit, Gem. v. Clausthalit u. Tiemannit.
Lernilith, ein Vermiculit v. Lenni.
Lesleyit, Gem. v. Damourit u. Korund; Unionville, Penn.
Lettsomit = Cyanotrichit.
Leuchtenbergit, V. Klinochlor, talkähnlich; Slatoust.
Leucit.
Leukanterit, weiße Effloreszenz auf Copperasin.
Leukargyrit = Freibergit.
Leukasbest = Lefkasbest.
Leukaugit, V. Augit, fast Fe-frei.
Leukochalcit, $Cu_3As_2O_8 \cdot Cu[OH]_2 \cdot 2H_2O$, weißl. Nadeln: Spessart.
Leukocyclit = Apophyllit (opt. Var.).
Leukogranat, V. Grossular, fast farblos.
Leukolith (Delamétherie) = Dipyr.
Leukolith (Dufrenoy) = Leucit.
Leukomanganit = Fairfieldit.
Leukopetrit, wachsartig. Bestandteil d. Braunkohle v. Gesterwitz.
Leukophan; Låven; Stokö.
Leukophoenicit; Franklin.
Leukophyllit, V. Muscovit, weiß, sericitartig; Wiesmath.
Leukopyrit, angebl. Fe_3As_4 od. Fe_2As_3, viell. Gem.; Reichenstein.
Leukosaphir, V. Saphir, farblos.
Leukosphenit; Narsarsuk.
Leukotil, nahe Chrysotil, Al_2O_3-h.; Reichenstein.
Leukoxen, Zerspr. v. Ilmenit, weiß (meist = Titanit).
Leverrierit = verändert. Muscovit m. wenig K (Vermiculit); Frankr.
Leviglianit, nahe Guadalcazarit, Fe-h., Gem.; Seravezza.
Levyn, V. Chabasit, taflig; Faröer usw.
Lewisit; Tripuhy.

Leydyit = Leidyit.
Libethenit.
Libollit, nahe Albertit; FN; Westafrika.
Liebenerit, zers. Nephelin; pinitartig; Viezena.
Liebespfeile = nadelf. Goethiteinschlüsse in Quarz.
Liebigit, nahe od. = Uranothallit, apfelgrün, Joachimsthal usw.
Lievrit.
Lignit = Braunkohle (bes. die holzige).
Ligurit, V. Titanit, apfelgrün; Ala.
Lilalith = Lepidolith.
Lillhammerit = Pentlandit.
Lillianit, $3 PbS \cdot Bi_2S_3$, stahlgrau; Vena; Col.
Lillit, Leptochlorit, glaukonitähnl.; Příbram.
Limbachit, wassh. Silicat v. Al, Mg, kerolithähnl.; Limbach.
Limbilith = Zerspr. v. Olivin; Limburg.
Limnit = Sumpferz.
Limonit.
Linarit.
Lincolnit = Stilbit.
Lindackerit; Joachimsthal.
Lindesit = Urbanit.
Lindsayit, Lindseit = Lepolith.
Lindströmit; Gladhammar, Schweden.
Linnaeit (Linneit).
Linosit, nahe Kaersutit; Linosa.
Linseit = Lindsayit.
Linsenerz = Lirokonit.
Linsenkupfer = Lirokonit.
Lintonit, V. Thomsonit, grüne Gerölle; Lake Superior.
Lionit, pt. V. Tellur, unr.; Mt. Lion, pt. = Chillagit.
Liparit = Fluorit.
Lirokonit; Cornwall; Herrengrund.
Lirokonmalachit = Lirokonit.
Liskeardit, $(Al, Fe)AsO_4 \cdot 2(Al, Fe)[OH]_3 \cdot 5H_2O$, weißl. Krusten; FN.
Lithargit (Litharge), rote, tetr. Modifikation v. PbO.

Lithidionit, blaue Lapilli. $(Na,K)_2Si_2O_7$, mon.?; Vesuv.
Lithioferrotriphylin = Triphylin.
Lithiomanganotriphylin = Lithiophilit.
Lithionamethyst = Kunzit.
Lithioneisenglimmer = Zinnwaldit.
Lithionglaukophan = Holmquistit.
Lithionglimmer, pt. = Lepidolith, pt. = Zinnwaldit.
Lithionit = Lepidolith.
Lithionnephelin = Eukryptit.
Lithionsmaragd = Hiddenit.
Lithiophilit; Branchville.
Lithiophorit, Li-h. weicher Psilomelan; Schneeberg usw.
Lithographischer Stein, geschichteter Kalk; Solenhofen.
Lithomarge = Steinmark.
Lithoxyl = Holzopal.
Liveingit; $5PbS \cdot 4As_2S_3$, mon.; Binnental.
Livingstonit; Huitzuco; Guadalcazar.
Ljardit = Lardit.
Loaisit, V. Skorodit, porös; Marmato, Columbien.
Loboit = Vesuvian v. Gökum.
Loganit, Zerspr. v. Hornblende, nahe Pennin.
Löhlbacher Achat = roter Jaspis.
Löllingit.
Lomonit = Laumontit.
Lonchidit = Kausimkies.
Longbanit = Långbanit.
Lopart, verwandt m. Perowskit; Kola.
Lophoit = Prochlorit.
Lorandit; Allchar.
Loranskit, enth. Ta, Zr, Y usw., derb, schwarz; Impilaks.
Lorenzenit; Narsarsuk.
Lorettoit; FN. Tennessee.
Losit, opt. V. v. Cancrinit.
Lossenit, wahrsch. Verwachsung v. Skorodit u. Beudantit, braunrot; Laurion.
Lößmännchen = Imatrastein.

Lotalit, Lotalalith, grüner Diallag v. Lotala.
Lotrit, viell. veränd. Epidot, derb, grün; Lotru.
Louisit, Gem. v. Quarz u. Apophyllit, lauchgrün; Nova Scotia.
Lovenit = Låvenit.
Lovtschorrit, das Koll. zu Rinkolit; Kola.
Löweit; Ischl.
Löwigit; Zabrze; Tolfa usw.
Loxoklas = Mikroperthit v. Hammond.
Lubeckit, $4CuO.\frac{1}{2}Co_2O_3$. $Mn_2O_3 . 4 H_2O$, wadähnl.; Miedzianka.
Lublinit, V. Calcit, feinfilzig; Lublin.
Lucasit, veränd. Muscovit; Macon Co. N. Car.
Luchssaphir, Luchsstein = Cordierit od. dunkler Saphir.
Luchsstein, Tokayer = Obsidian.
Lucianit, wassh. Mg-Silicat, viell. koll. Talk, d.-grau; Mexiko.
Lucinit = Variscit.
Luckit = Melanterit, Mn-h.
Lucullan, V. Marmor, d. kohlige Bestandteile schwarz.
Ludlamit; Cornwall.
Ludwigit; Moravicza.
Luftsaures Silber = Selbit.
Luigit = Aloisiit.
Lumachelle = Muschelmarmor.
Lumpenerz = Zundererz.
Lüneburgit, $3 MgO . B_2O_3$. $P_2O_5 . 8 H_2O$, faserigerdig; Lüneburg.
Lunnit = Pseudomalachit.
Luotolit = Oligoklas v. Luotola.
Lusitanit = Spencerit.
Lussatit, milchweiße Überzüge auf Quarz (angebl. = faserig. Tridymit); Lussat.
Lutecit, V. Quarzin in ps. hex. Pyramiden; Clamart.
Luzonit; Mancayan, Famatina.
Lydit = schwarzer Kieselschiefer.
Lyellit = Devillin.

Lyndochit, Ca-Th-Euxenit, U-h.; FN.
Lyonit = Chillagit.
Lythrodes, zers. Nephelin, pinitartig; Fredriksvärn.

Macfarlanit, Gem. v. Silber, Nickelin, Galenit usw.
Mackensit, $H_4(Al, Fe)_2SiO_7$, schwarzer Leptochlorit; Gobitschau usw.
Mackintoshit; Llano Co. Texas.
Macle = Chiastolith.
Maclureit (Nuttal) = Augit; Wilmington.
Maclureit (Seybert) = Chondrodit.
Maconit, s. Vermiculitgruppe.
Madeiratopas = braunrot gebrannter Amethyst od. Rauchquarz.
Magerkohle, V. Schwarzkohle, bitumenarm.
Magnalit, Koll. Gem. v. Bauxit, Halloysit, Kerolith usw. in Basalten.
Magneferrit = Magnoferrit.
Magnesiaalaun = Pickeringit.
Magnesiaeisentongranat = Pyrop.
Magnesiaglimmer = Biotit. .
Magnesiapharmakolith = Berzeliit.
Magnesiasalpeter = Nitromagnesit.
Magnesiatongranat = Pyrop.
Magnesioanthophyllit, Mg-Endglied d. Anthophyllitreihe.
Magnesiocalcit = Dolomit.
Magnesiochromit = Pikrochromit.
Magnesioferrit = Magnoferrit.
Magnesioludwigit, Var. m. MgO statt FeO.
Magnesit, pt. = Meerschaum.
Magnesit, pt.
Magnesitspat = Magnesit.
Magnesiumdiopsid, V. m. bloß 8—9% CaO.
Magnesiumpektolith, V. m. 5·5% MgO; Herborn.

Magneteisenstein = Magnetit.
Magneteisenstein, schlakkiger = Trappeisenerz.
Magnetit.
Magnetkies = Pyrrhotin.
Magnetoplumbit; Långban.
Magnetopyrit = Pyrrhotin.
Magnetostibian, Antimonat v. Mn, Fe, schwarz; Sjögrube.
Magnochromit, V. Mg- u. Al-h.; Grochau.
Magnoferrit; Vesuv.
Magnofranklinit, V. stark magnetisch.
Magnolit, angebl. Hg_2TeO_4, weiß, faserig; Colorado.
Mainzerfluß = Glas für Edelsteinimitationen.
Makit = Thenardit.
Makrolepidolith, V. m. gr. Axenwinkel.
Malachit.
Malachitkiesel = Chrysokolla.
Malakolith, V. Pyroxen, ähnl. Salit.
Malakon, V. Zirkon, veränd. $(ZrSiO_4 . nH_2O)$; Hitterö.
Maldonit, V. Gold, Bi-h. (Au_2Bi); Maldon.
Malinowskit, V. Tetraedrit, Pb- u. Ag-h.; Peru.
Malladrit, Na_2SiF_6, hex.; Vesuv.
Mallardit, $MnSO_4 . 7H_2O$, mon., farbl.; Utah.
Maltesit, V. Chiastolith; Ladogasee.
Maltha = Bergteer.
Malthacit, grünl.-weißer Ton; Steindörfel.
Malthit, Name f. d. zähen, bitum. Kohlenwasserstoffe.
Mamanit = Polyhalit; FN. Persien.
Manandonit, $H_{24}Li_4Al_{14}B_4Si_6O_{53}$, ähnl. Cookeit; FN. Madagaskar.
Mancinit, angebl. Zn-Silicat; Mancino.
Mandelachat = Achat in Mandelstein.
Mandeln = Ausfüllung mandelf. Hohlräume in Melaphyr usw.

Manganalaun = Apjohnit.
Manganalmandin, Granat zw. Almandin u. Spessartin.
Manganamphibol = Rhodonit.
Manganandalusit, V. m. 7% Mn_2O_3; Westanå.
Manganapatit, V. Mn-h. (bis 10% MnO).
Manganaxinit, V. m. 11·54% MnO; Harz.
Manganberzeliit = Pyrrharsenit.
Manganblende = Alabandin.
Manganbrucit, V. Mn-h.; Jakobsberg.
Manganchlorit, V. Klinochlor, Mn-h.; Harstigen.
Mangandisthen = Ardennit.
Mangandolomit, V. zw. Calcit u. Rhodochrosit.
Manganepidot = Piemontit.
Manganerz, graues, pt. = Manganit, pt. = Pyrolusit.
Manganerz, Cu-haltiges = Crednerit.
Manganerz, prismatoidisches = Manganit.
Manganerz, schwarzes = Psilomelan.
Manganfayalit, V. Mn-r, in Eulysit; Schweden.
Manganglanz = Alabandin.
Manganglaukonit = Marsjatskit.
Mangangranat = Spessartin.
Mangangraphit = Wad.
Manganhedenbergit, V. Mn-h.; Vester Silfberg.
Manganhisingerit, V. Mn-h.; Vester Silfberg.
Manganidokras, V. Vesuvian, Mn-h.
Manganipurpurit, V. Mn-r.
Manganit.
Manganjaspis = Photicit.
Mangankies = Hauerit.
Mangankiesel = Rhodonit, auch Spessartin.
Mangankiesel, schwarzer = Klipsteinit.
Mangankupfererz = Crednerit.
Manganludwigit = Pinakiolith.
Manganmagnetit, V. Mn-h.; Vester Silfberg.

Manganneptunit, V. m. 9·95% MnO; Kola.
Manganocalcit, Gem. v. Agnolith u. Dolomit (?).
Manganocker, angebl. $Mn_3O_4 . 4 H_2O$, wadähnl.; Upsala.
Manganocolumbit = Mangantantalit.
Manganoferrit = Jacobsit.
Manganolangbeinit, $2 MnSO_4 . K_2SO_4$, rosa Tetraeder; Vesuv.
Manganolith = Rhodonit.
Manganomagnetit = Jacobsit.
Manganomelan, Gelform d. MnO_2.
Manganomossit, V. Mn-r; Westaustralien.
Manganopal, V. Opal.
Manganophyllit, V. Biotit, Mn-r.; Pajsberg.
Manganosiderit, V. Rhodochrosit. Fe-h.; Ungarn.
Manganosit; Långban; Nordmarken.
Manganosphärit, V. Oligonspat, sphärosideritähnl.; Horhausen.
Manganostibiit, 10 MnO . Sb_2O_5, derb, schwarz; Nordmarken.
Manganotantalit = Mangantantalit.
Manganowolframit = Hübnerit.
Manganpektolith, V. Mn-h.; Magnet Cove.
Manganschaum = Wad.
Manganschwärze, rußartige V. v. Asbolan, Lampadit.
Manganseeerz, wesentl. Manganocker in Knollen; Seen in Finnland.
Manganspat, pt. = Rhodonit, pt. = Rhodochrosit.
Manganspinell, versch. Mn-h. Glieder d. Spinellreihe.
Mangantantalit, V. fast Fe-frei; Utö usw.
Mangantongranat = Spessartin.
Manganvesuvian, V. Mn-h. (bis zirka 12% MnO).
Manganvitriol = Fauserit.

Manganwiesenerz, wesentl. Manganocker; Norwegen.
Manganzinkspat, V. Smithsonit, Mn-h.
Manjak = Asphalt.
Männliche Steine = kräftig gefärbte Steine.
Mansjöit, F-h. Diopsid, körnig; FN. Schweden.
Maranit = Chiastolith.
Marasmolith, z. T. zers.
Marmatit; Conn.
Marathonstein = Obsidian.
Marcelin, V. Braunit, aus Rhodonit entst.; St. Marcel.
Marcylith pt., = unr. Atakamit.
Marcylith, pt. zwflh. Gem. v. Cu-Oxyd u. Cu-Sulfid usw.; Arkansas.
Marekanit = Obsidian.
Margarit, s. Sprödglimmergruppe.
Margarodit = Gem. v. Paragonit, Muscovit, Margarit.
Margarosanit; Långban, Franklin; s. Pyroxengruppe.
Marialith (Rath); Planura, s. Skapolithgruppe.
Marialith (Ryllo) = Hauyn.
Marienglas, pt. = Gyps.
Marienglas, pt. = Glimmer.
Marignacit, V. Pyrochlor, l.-gelbbraun; Wausau.
Marionit = Hydrozinkit.
Mariposit, nahe Alurgit, l.-grün, schuppig; FN.
Markasit.
Marlekor = Imatrastein.
Marmairolith, nahe Richterit; Långban.
Marmaroser Diamant = Bergkrystall.
Marmatit, V. Sphalerit, Fe-h.
Marmolith, V. Serpentin, l.-grün, blättrig; Hoboken.
Marmor, pt. körnige, pt. dichte, schöngefärbte Kalksteine.
Marrit, unbest. Min., mon.; Binnental.
Marshit; Broken Hill.
Marsjatskit, V. Glaukonit, Mn-h.; Ural.
Martinit; Curaçao.

Martinsit (Karsten), V. Steinsalz m. $MgSO_4$; Staßfurt.
Martinsit (Kenngott) = Kieserit.
Martit = Haematit ps. n., Magnetit.
Martourit, V. Berthierit m. 3 FeS . 4 Sb_2S_3.
Mascagnin; Ätna; Vesuv usw.
Masonit, V. Chloritoid; Natic, R. J.
Masrit, Doppelsulfat v. Al m. Fe, Mn, Co u. 20 H_2O (angebl. e. neues Element, Masrium enthaltend).
Massicot.
Massikstein = gleichmäßiger, gut färbbarer Chalcedon.
Matara (Matura) Diamant = geglühter Zirkon.
Matlidit; Peru; Colorado.
Matlockit; FN. usw.
Matricit, nahe Villarsit; Wermland.
Maucherit, Eisleben.
Mauersalz (-fraß) = Kalksalpeter.
Mauilith = Andesin v. Maui.
Mauleonit = Leuchtenbergit.
Mauzellit; Jakobsberg.
Maxit = Leadhillit v. Iglesias.
Mayait, Material bearbeit. Objekte d. Mayas i. Zentralamerika.
Mazapilit; FN.
Medjidit, wassh. Sulfat v. U, Ca, d.-braun; Adrianopel.
Meerschaluminit, V. Kaolin, meerschaumähnl.; Simla.
Meerschaum = Sepiolith.
Megabasit = Hübnerit.
Megabromit, V. Embolit m. viel Br.
Mehlzeolith, pt. = Natrolith, pt. = Mesolith.
Melonit, s. Skapolithgruppe.
Mekkastein = blauer Chalcedon aus Arabien.
Melaconit = Tenorit.
Melanasphalt = Albertit.
Melanchlor, Zerspr. v. Triphylin; Rabenstein.
Melanchym, bitumin. Substanz a. d. Braunkohle v. Zweifelsruth.

Melanellit, Bestandteil d. Melanchyms.
Melanerz = Polymignit.
Melanglanz = Stephanit.
Melanglimmer, umfaßt Stilpnomelan, Cronstedtit usw.
Melangraphit = Graphit.
Melanit, V. Andradit, schwarz, Ti-h.
Melanocerit; Langesund.
Melanochalcit, Gem. v. Tenorit, Chrysokolla u. Malachit; Morenci.
Melanochroit = Phoenicochroit.
Melanokonit = Melaconit.
Melanolith, schwarzer Leptochlorit; Cambridge, Mass.
Melanophlogit; Girgenti.
Melanosiderit, angebl. 4 Fe_2O_3 . SiO_4 . 6 H_2O, amorph, schwarz; Mineral Hill, Penn.
Melanostibian, 6 (Mn, Fe) O . Sb_2O_3, schwarz, blättrig; Sjögrube.
Melanotekit; Långban?
Melanothallit, angebl. Cu[OH] Cl, schwarz bis grün, schuppig; Vesuv.
Melanovanadit; Minas Ragra.
Melanterit.
Melichromharz = Mellit.
Melilith.
Melinit, Gem. v. Bol u. viel Eisenhydroxyd, gelb, ockrig.
Melinophan; Fredriksvärn; Langesund.
Meliphanit = Melinophan.
Melit, 2 (Al, Fe)$_2O_3$. SiO_2 . 8 H_2O, tonartig, bläul.-braun; Saalfeld.
Mellit; Artern; Tula usw.
Mellonit = Pseudocotunnit od. Gem. ?
Melnikowit, angebl. koll. FeS_2, wahrsch. Gem. v. Magnetit u. Pyrit; Samara.
Melonit; Californien; Südaustralien.
Melopsit, nahe Deweylith, gelbl., grünl.; Neudeck.
Melosark = Melopsit.
Menaccanit, V. Ilmenit; FN; Cornwall.
Menakerz = Titanit.

Mendelejevit, Uranotitanoniobat v. Ca, nahe Betafit; Baikalsee.
Mendipit; Mendip Hills; Brilon.
Mendozit; Mendoza.
Meneghinit.
Mengit (Brooke) = Monazit.
Mengit (Rose) = Columbit.
Menilit, V. Opal, nierig, grau bis braun.
Mennige = Minium.
Mergel, V. Kalk m. mehr als 20% Ton.
Mergelkalk, V. Kalk m. weniger als 20% Ton.
Merkurammonit = Kleinit.
Merkurblende = Zinnober.
Merkurglanz = Onofrit.
Meroxen, V. Biotit; ist Glimmer II. Art.
Merwinit; Crestmore, Cal.
Mesabit, ockriger Goethit; Minnesota.
Mesitin.
Mesitinspat = Mesitin.
Mesodialyt, ps. isotrop. mittl. Glied d. Eudialyt-Eukolit-Reihe.
Mesol = Faröelith.
Mesolin = Levyn.
Mesolith.
Mesolithin = Thomsonit.
Mesotyp umfaßt Natrolith, Skolezit, Mesolith u. Thomsonit.
Messelit; FN. Hessen.
Messingblüte = Aurichalcit.
Messingerz, Gem. v. Sphalerit u. Chalkopyrit.
Messingit = Aurichalcit.
Metabiotit = Bauerit.
Metabrushit; Sombrero.
Metachlorit, Leptochlorit v. Büchenberg.
Metacinnabarit; Idria; Cal. usw.
Metagadolinit, Zerspr. v. Gadolinit, rot.
Metahewettit, chem. = Hewettit, phys. etwas verschieden; Utah; Col.
Metakupferuranit = Metatorbernit.
Metalonchidit, V. Markasit m. wenig As; Hausach.
Metanatrolith, pt. = Epinatrolith, pt. = künstl. entwäss. Natrolith.

Metanocerin, zwflh. nocerinähnl. Mineral; Arendal.
Metasericit, V. Damourit; Wildschapbachtal.
Metastibnit, ziegelrotes amorph. Sb_2S_3; Nevada.
Metathenardit, Na_2SO_4 über 200° C; optisch negat., 1achsig; Fumarolen d. Mt. Pelée.
Metatorbernit, $Cu[UO_2][PO_4]_2 . 8H_2O$, spez. Gew. 3·68; Gunnislake.
Metavariscit, $AlPO_4 . 2 H_2O$, rhom. dimorph m. Variscit; (= d. sog. „krystall. Variscit").
Metavoltait = Metavoltin.
Metavoltin; Madeni Zakh.
Metaxit, V. Serpentin, radialstänglig bis dicht.
Metaxoit, metaxitähnl. v. Lupikko.
Mexikanischer Achat = dichter Kalksinter.
Mexikanischer Bernstein = Kopal.
Meyerhofferit; Death Valley, Cal.
Meyersit, achatähnl. koll., nahe Variscit; in Lava; Hawai.
Meymacit, wahrsch. = Tungstit; FN.
Miargyrit.
Micaphilit = Andalusit.
Micarell, pt. = Glimmer, ps. n. Skapolith, pt. = Pinit, pt. = Glimmer, ps. n. unbek. Säulen (v. Stolpen).
Micaultit, erdig. ziegelrot. Zerspr. v. Rutil.
Michaelit = Fiorit; Azoren.
Michaelsonit = Erdmannit.
Michellevyt, V. Baryt; Templeton.
Middletonit, foss. Harz, rotbraun; Leeds usw.
Miedziankit, Tennantit m. Zn statt Fe; FN. Polen.
Miemit, V. Dolomit, blaßgrün; Miemo usw.
Miersit; Broken Hill.
Miesit, V. Pyromorphit, braun, nierig; FN.
Mikrobromit, V. Embolit m. kl. Br-Gehalt.

Mikroklas, V. Anorthoklas adularähnl.
Mikroklin, s. Feldspatgruppe.
Mikroklinalbit = Anorthoklas.
Mikroklinperthit = Mikroklin m. Plagioklaslamellen.
Mikrolepidolith, V. Lepidolith m. kl. Axenwinkel.
Mikrolith.
Mikroperthit, wie Perthit; die Verwachsung mikroskopisch.
Mikrophyllit ⎫ Einschlüsse
Mikroplakit ⎬ in Labradorit.
Mikroschörlit, Krystallite in Kaolin.
Mikrosommit = Davyn; Monte Somma.
Mikrotin, glasige Plagioklase i. vulkan. Gesteinen.
Mikrovermiculit, Krystallite in Kaolin.
Milanit, V. Halloysit, grünlichweiß; Maidanpek.
Milarit; Val Giuf.
Milchopal, V. Opal, milchweiß.
Milchquarz, V. Quarz, derb, milchweiß, dsch.
Millerit.
Millosevichit, normal. Fe-Al-Sulfat, violette Krusten; Liparen.
Miloschin, nahe Allophan, Cr-h.; Rudniak.
Mimetesit.
Mimetit = Mimetesit.
Minasit, angebl. $2 Al_2O_3 . 3 H_2O$; war Gem.; Name zurückgezogen.
Minasragrit, $V_2O_4 . 3 SO_3 . 16 H_2O$, blau, auf Patronit; FN.
Mineralcoke = bitum. Kohle d. vulkan. Einfluß vercoket.
Mineraltürkis = echter Türkis.
Minervit, $Al_2O_3 . P_2O_5 . 7 H_2O$, weiß, plastisch; Grotte di Minerve usw.
Minette, pt. oolith. Brauneisenerz in Lothringen, Luxemburg.
Minguétit, Leptochlorit, nahe Stilpnomelan; FN. (Maine-et-Loire).

Minium.
Mionit = Meionit.
Mirabilit.
Miriquidit, zwflh. Min. m. $As_2O_5, P_2O_5, PbO, Fe_2O_3$ usw. trig. braun; Schneeberg.
Misenit, $HKSO_4$, weiß, faserig; Misene.
Misit = Misy.
Mispickel = Arsenopyrit.
Misy, umfaßt Copiapit, Metavoltin, Jarosit.
Mitchellit = Magnochromit v. Webster.
Mixit; Joachimsthal; Utah usw.
Mixte = Edelsteinimitation; der Unterteil Glas od. minderwertiger Stein; der Oberteil echt od. Granat.
Mizzonit; s. Skapolithgruppe.
Mochastein = Chalcedon m. Dendriten.
Modderit, zwflh. CoS, s. unr.; Transvaal.
Modererz = Morasterz.
Modumit = Skutterudit.
Moffrasit = Bindheimit.
Mohawk-Algodonit, Gem. v. Algodonit u. Mohawkit.
Mohawkit, V. Domeykit, Ni- u. Co-h.; FN.
Mohawk-Whitneyit, Gem. v. Mohawkit u. Whitneyit.
Mohrenköpfe = Achroitsäulen m. schwarzen Enden.
Mohsin = Löllingit.
Mohsit = Ilmenit.
Mokkastein = Mochastein.
Moldavit, Moldovit V. Ozokerit.
Moldawit, natürl. Glas, grün (meteorisch?).
Molengraffit, Titanosilicat v. Ca, Na, Fe, Al usw. mon, gelbbraun; Transvaal.
Molisit = Molysit.
Mollit = Lazulith.
Molybdänbleispat = Wulfenit.
Molybdänglanz = Molybdänit.
Molybdänit.
Molybdänocker = Molybdit.
Molybdänsilber = Wehrlit.

Molybdit, pt. Fe_2O_3 . 3 MoO_3 . 7½ H_2O, faserig, gelb; Arizona usw.
Molybdit, pt. angebl. MoO_3, künstl. Kr. rhom.; das Vorkommen i. d. Natur nicht sicher.
Molybdomenit, - Pb-Selenit, rhom., weiß; Cacheuta.
Molybdophyllit; Långban.
Molybdosodalith, MoO_3-h., grün; Vesuv.
Molysit, $FeCl_3$, rotbraune Krusten auf Lava.
Monazit.
Monazitoid = Monazit.
Mondstein, V. Adular m. bläul. Lichtschein.
Monetit; FN. Westindien.
Monheimit, V. Smithsonit, Fe-h.
Monimolith; Harstigen; Långban.
Monit = V. Kollophan (Rogers), weiß; Mona.
Monophan = Epistilbit.
Monradit, veränd. Pyroxen, nahe Pikrosmin, gelb; Bergen.
Monrolith = Fibrolith v. Monroe.
Montanit, Bi_2O_3 . TeO_3 . 2 H_2O, weißl., erdig, auf Tetradymit.
Montebrasit, V. Amblygonit, OH > F.
Monticellit.
Montmartrit, V. Gyps, $CaCO_3$-h.; FN.
Montmilch = Bergmilch.
Montmorillonit.
Montroydit; Terlingua.
Mooraboolit, Zeolith nahe Natrolith; Victoria.
Moorkohle, V. Braunkohle, feucht, oft schlammig.
Moosachat, V. Achat m. moosähnl. Einschlüssen.
Moosopal, V. Opal m. moosähnl. Einschlüssen.
Moosstein, V. Quarz m. moosähnl. Einschlüssen.
Morasterz = Raseneisenerz.
Moravit; Gobitschau, s. Chloritgruppe.
Mordenit; Nova Scotia usw.
Morencit, Eisenpalygorskit v. Morenci.
Morenosit.

Moresnetit, Hemimorphit, gem. m. Ton; FN.
Morganit, rosenroter Beryll; Madagaskar usw.
Morinit, $3AlPO_4$. HNa_2PO_4 . $3CaF_2$. $8H_2O$, mon.; Montebras.
Morion, V. Quarz, d.-braun bis schwarz.
Mornit (Mournit) = Labradorit.
Morocochit = Matildit.
Moronit, Gem. v. $CaCO_3$ m. Foraminiferenresten; Spanien.
Moronolith, V. Jarosit; Monroe, N. Y.
Moroxit, V. Apatit, grünblau.
Morvenit = Harmotom v. Morven.
Mosandrit; Langesund usw.
Mosesit, nahe Kleinit, ps. tess.; Terlingua.
Mossit; Moss.
Mossottit, V. Aragonit, l.-grün, Sr-h.; Toscana.
Moth, Zn-h. Limonit.
Mottramit; FN. England.
Mountain Mahagony = Obsidian.
Mückenachat, V. Achat m. mückenähnl. Einschlüssen.
Mückenstein, V. Quarz m. mückenähnl. Einschlüssen.
Muckit, foss. Harz, gelb; Neudorf.
Muldan, V. Orthoklas; Mulda.
Mullanit = Boulangerit.
Müllerin = Krennerit.
Müllerit (Mac Ivor) = Schertelit; Ballarat.
Müllerit (Zambonini) nahe Chloropal; Nontron.
Müllers Glas = Hyalit.
Mullicit = Vivianit v. Mullica Hill.
Mullit, angebl. 3 Al_2O_3 . 2 SiO_2, wahrsch. = Sillimanit.
Munkforssit, Phosphat u. Sulfat v. Ca, Al; Horrsjöberg.
Munkrudit, Phosphat u. Sulfat v. Fe, Ca; Munkerud.
Murchisonit, V. Orthoklas perthitähnl.; England.
Muriazit = Anhydrit.

Murmanit, Titanosilicat v. Na, Ca, Mn usw.; Kola.
Muromontit = Allanit.
Mursinskit, viell. Fe-Ca-Granat.
Muschelachat, V. muschelartig gezeichnet.
Muschelmarmor, V. m. eingelagert. irisierend.
Muschelschalen.
Muschketowit, Ps. v. Magnetit n. Haematit; Ural.
Muscovit, s. Glimmergruppe.
Müsenit = Siegenit.
Musit = Parisit.
Mussit = Diopsid.
Muthmannit, (Au, Ag)Te, messinggelb (war früher m. Krennerit vereinigt); Nagyag.
Myelin, V. Steinmark, weiß—rötl.
Myrickit, V. Chalcedon, grau m. rot. Flecken; LN. Cal.
Mysorin, unr. Malachit v. Mysore.

Nadeleisenerz = Goethit.
Nadelerz = Aikinit.
Nadelspat = Aragonit.
Nadelstein, pt. = Aragonit.
Nadelstein, pt. = Bergkrystall m. nadelf. Einschlüssen.
Nadelzeolith = Natrolith.
Nadelzinnerz, V. Kassiterit in spitzen Pyramiden.
Nadorit; Algier.
Naegit, wahrsch. veränd. Zirkon; Japan.
Naesumit, wassh. Silicat v. Al, Ca, weiß; FN.
Nagyagerz = Nagyagit.
Nagyagit; FN; Offenbánya usw.
Nakrit (Brongniart), V. Muscovit, od. Kaolin, schuppig, perlm.
Nakrit (Thomson), grüner Glimmer v. Brunswick.
Namaqualith, nahe $Al[OH]_3$. 2 $Cu[OH]_2$. $2H_2O$, seidig, bläulich.
Namiesterstein = Granulit m. regelm. Zeichnung (als Halbedelst.).
Nantokit; Chile.

Napalith, foss. Kohlw., schusterpechähnl.
Näpfchenkobalt = Arsen.
Naphtha = Petroleum.
Naphthadil = Neftgil.
Naphthalene = natürliches Naphthalin.
Naphthin, Naphthein = Hatchettin.
Napoleonit (T. Thomson) = Orthoklas.
Napoleonit (T. Egleston) = Amphibol.
Narsarsukit; FN.
Nasonit; Franklin.
Nasturan = Uranpecherz.
Natramblygonit = Fremontit.
Natrikalit = Steinsalz, angebl. K-h.
Natrit = Soda.
Natroalunit, V. Alunit. Na-h.; Colorado.
Natroborocalcit = Boronatrocalcit.
Natrocalcit (Weiß), Calcit, p. n. Gaylussit od. Coelestin (Gerstenkörner).
Natrocalcit (Uttinger) = Datolith.
Natrochalcit; Antofagasta.
Natrodavyn, V. K-frei; Vesuv.
Natrojarosit, $Na_3[Fe(OH)_2]_6[SO_4]_4$, trig.,gelbbraun; Nevada.
Natrolith.
Natrolith (v. Hesselkulla) = Skapolith.
Natromontebrasit = Fremontit.
Natronalaun = Mendozit.
Natronberzeliit, V. Na-h. Långban.
Natronchabazit = Gmelinit.
Natronfeldspat = Albit.
Natronglaukonit, V. m. K. z. T. durch Na ersetzt.
Natronglimmer = Paragonit.
Natronhauyn = Nosean.
Natronitrit = Natronsalpeter.
Natronjadeit = Jadeit.
Natronkalisimonyit, V. K.-h.; Kalusz.
Natronkalkfeldspate = Plagioklase v. Labradorit bis Bytownit.
Natronkataplelit = Kataplelit, Ca-frei; Lille-Arö.

Natronmelilith, Na-Al-Silicat, tet.(zur Skapolithgruppe?).
Natronmesotyp = Natrolith.
Natronmikroklin = Anorthoklas.
Natronnitrit = Natronsalpeter.
Natronorthoklas, pt. = Orthoklas, Na-h., pt. = Anorthoklas.
Natronphlogopit, weißer Glimmer, Mg- u. Na-h.; Steiermark.
Natronrichterit = Astochit.
Natronsalpeter; Tarapaca usw.
Natronsanidin, ähnl. Sanidin, mon.$KNaAl_3Si_6O_{16}$.
Natronspodumen = Oligoklas.
Natronsulfat = Thenardit.
Natronthomsonit, $Na_2Al_2[SiO_4]_2 \cdot 2\frac{1}{2} H_2O$, Endglied d. Th.-Reihe.
Natrophilit; Branchville.
Natrophit, HNa_2PO_4.
Natrosiderit = Akmit.
Natroxonotlit, veränd. Wollastonit, nahe Xonotlit.
Nauckit, trik. Harz auf römischem Pech.
Naumannit; Tilkerode.
Naurodit, blaue Hornblende, opt. Var.
Nauruit = Kollophan (Rogers); Ins. Nauru.
Nectilith = Schwimmstein.
Nefedieffit, steinmarkähnl., weiß—rosa; Nertschinsk.
Neftdegil, Neftgil, ozokeritähnl. Kohlw.; Tscheleken.
Nekronit, V. Orthoklas beim Schlagen stinkend; Maryland.
Nemalith, V. Brucit, faserig; Hoboken.
Nemaphyllit, V. Serpentin, Na-h., orientiert in Dolomit; Tirol.
Neochrysolith = Fayalit, Mn-h.; Vesuv.
Neocolemanit = Colemanit.
Neocyanit = Lithidionit.
Neolith, nahe Pikrosmin, grün, faserig; Arendal.
Neotantalit; Allier.

Neotesit = Epigenit (Igelström).
Neotokit, koll. Zerspr. v. Rhodonit, braunschwarz; Finnland.
Neotyp = Baricalcit.
Nepaulit, Nepalit = Tetraedrit v. Nepal.
Nephatil = Neftgil.
Nephelin.
Nephelinitoid = Nephelin, als Grundmasse; Vesuv.
Nephrit, V. Aktinolith, fast dicht.
Nephrit (Kastner), nahe Saponit.
Nephritoid (Fromme) = parallelfaser. Nephrit; Radautal.
Nephritoide umfaßt Nephrit, Jadeit, Chloromelanit.
Nepouit; N. Caledonien.
Neptunit; Grönland; S. Benito.
Nertschinskit, nahe Lenzinit, bläulich—weiß.
Neslit, V. Opal, ähnl. Mcnlit; Nesle-la-Reposte.
Nesquehonit; FN, Penn.
Netter = Soda.
Neudorfit, foss. Harz, blaßgelb; Neudorf.
Neukirchit = Newkirkit.
Neurolith, nahe Agalmatolith, gelbbraun; Quebec.
Newberyit; Skipton; Chile.
Newboldtit, Fe-h. Sphalerit? Indien.
Newjanskit = Osmiridium.
Newkirkit = Manganit.
Newportit = Ottrelith.
Newtonit = Alunit; Arkansas.
N'hangellit, elast. Bitumen; Ostafrika.
Niagarastein = Imatrastein.
Niccochromit, zwflh. Ni-Dichromat, gelb, auf Zaratit.
Niccolit = Nickelin.
Nicholsonit, V. Aragonit, Zn-h. (bis 10%).
Nickelantimongianz = Ullmannit.
Nickelarsenglanz (-kies) = Gersdorffit.
Nickelblüte = Annabergit.
Nickelfahlerz = Frigidit.

Namenverzeichnis 45

Nickelglanz = Gersdorffit.
Nickelgrün = Annabergit.
Nickelgymnit = Genthit.
Nickelin.
Nickelkies = Millerit.
Nickellinnaeit = Polydymit.
Nickelocker = Annabergit.
Nickeloxydul = Bunsenit
Nickelskutterudit, V. (Ni, Co, Fe) As$_3$; Neu-Mexiko.
Nickelsmaragd = Zaratit.
Nickelspießglanzerz = Ullmannit.
Nickelvitriol = Morenosit.
Nickelwismutglanz = Grünauit.
Nicomelan, zwflh. Ni-Oxyd.
Nicopyrit = Pentlandit.
Nierenspeckstein, Steatit nierig; LN. v. Göpfersgrün.
Nierenstein = Nephrit.
Nigrescit, Zerspr. nahe Serpentin (Gem.?), grün bis schwarz; Dietesheim.
Nigrin, V. Rutil, Fe-h.
Nigrit, Asphalt v. Utah.
Nilkiesel = brauner Kugeljaspis.
Niobit = Columbit.
Nipholith = Chodneffit.
Niter = Kalisalpeter.
Nitrammit = Ammoniumsalpeter.
Nitratin = Natronsalpeter.
Nitrit = Kalisalpeter.
Nitrobaryt = Ba[NO$_3$]$_2$. tess. I., farblos; Chile.
Nitrocalcit = Ca[NO$_3$]$_2$. nH$_2$O, weiße, graue Ausblühungen; Kentucky.
Nitroglauberit, wahrsch. Gem. v. Darapskit u. Natronsalpeter, weiß, faserig; Atakama.
Nitromagnesit = Mg[NO$_3$]$_2$. nH$_2$O, weiße Ausblühungen; Kentucky.
Nivenit, pt. Ulrichit, pt. Uranpecherz, veränd. u. Y-h.; Texas.
Nobilit, zwflh. Miner. nahe Nagyagit.
Nocerin, 2 (Ca, Mg) F$_2$. (Ca, Mg) O ? hex., weiß, faserig; Nocera.
Nohlit, nahe Samarskit; Nohl.

Nolascit, V. Galenit, As-h.; Chile.
Nontronit; FN. usw. Noralith, V. Barkevikit, fast Mg-frei; Nora.
Norbergit, Mg$_2$SiO$_4$. Mg(F, OH)$_2$, derb, rötl.-weiß; Norberg.
Nordenskiöldin; Arö.
Nordenskiöldit = Tremolit v. Onegasee.
Nordmarkit, V. Staurolith, Mn-h.
Normalin = Phillipsit.
Northupit; Borax Lake.
Nosean; Laach usw.
Noselith = Nosean.
Nosin = Nosean.
Noumeait, V. Garnierit, d.-grün; FN.
Nuissierit = Nussierit.
Numeit = Noumeait.
Nussierit, ähnl. Miesit; Nussière.
Nuttalit = Skapolith v. Bolton, Mass.

Occidentalischer Achat, wenig lebhaft gefärbte Sorten. Chalcedon, wenig lebhaft gefärbte Sorten. Diamant = Bergkrystall. Katzenauge = Quarzkatzenauge. Topas = Citrin. Türkis = Beintürkis.
Ochran, V. Bol, gelb; Oravicza.
Ochroit = Cerit.
Ochrolith, Pb$_4$Sb$_2$O$_7$. 2 PbCl$_2$?, rhom., gelb; Harstigen.
Ochsenauge = Labradorit.
Octahedrit = Anatas.
Oculus = schwach farbenspielender Opal.
Oculus mundi = Hydrophan.
Odinit, Odit, Odenit = Biotit v. Finbo.
Odontolith = Beintürkis.
Oehrnit, viell. bastitähnl. Zerspr. e. Pyroxens; Kaukasus.
Oeil de bœuf = Labrador.
Oellacherit, V. Muscovit, Ba-h.; Pfitsch.
Oerstedtit, V. Zirkon, veränd.; Arendal.
Offretit; Mt. Simiouse.
Ogkoit = Prochlorit.

Oisanit = Anatas.
Okenit.
Oktaedrit = Anatas.
Olafit, V. Albit; Snarum.
Oligoklas, s. Feldspatgruppe.
Oligoklasalbit = Olafit.
Oligoklasmondstein, V. Oligoklas m.bläul.Lichtschein.
Oligonit = Oligonspat.
Oligonspat, V. Siderit, Mn-h.
Olivelrait, 3 ZrO$_2$. 2 TiO$_2$. 2 H$_2$O, derb, grünl.-gelb,Zerspr. v. Euxenit; Min. Geraes.
Olivenerz, pt. = Olivenit, pt. = Libethenit, pt. = Pharmakosiderit.
Olivenit.
Olivin = Chrysolith.
Ollit = Topfstein.
Olyntholith = Grossular.
Omphacit, V. Fassait, in Eklogiten.
Onegit = Goethit in Quarz; Onegasee.
Onkoit = Ogkoit.
Onkophyllit, V. Muscovit, schuppig, aus Feldspat entst.
Onkosin, V. Damourit; Tamsweg.
Onofrit (Haidinger); FN., Mexiko usw.
Onofrit (Köhler), zwflh. Hg-Selenit; Mexiko.
Ontariolith, V. Dipyr? Ontario.
Onyx = schwarz-weißer Bandachat.
Onyx, mexikanischer, V. Kalksinter gebändert.
Onyxalabaster, V. Kalksinter, gebändert.
Onyxmarmor, V. Kalksinter, gebändert.
Oolith, V. Kalksinter, Aggregat kl. Concretionen.
Oosit, nahe Pinit, rötl.; Baden-Baden.
Opal.
Opal, ceylonesischer = Mondstein.
Opal, gemeiner = Opal ohne Farbenspiel.
Opalachat, V. Opal, geschichtet.
Opalallophan = Schrötterit.
Opalin = Opalmutter.
Opaljaspis = Jaspopal.

Opalkatzenauge, V. Opal, v. Krokydolithbändern durchzogen.
Opalmutter = Gestein m. Edelopal impräg.
Opalonyx, V. Opal, geschichtet.
Operment = Auripigment.
Ophit = Serpentin.
Orangit; Langesund.
Oranit, perthitart. Verwachsung v. Orthoklas u. Anorthit.
Oravitzit,' grünlich-weißer Ton, Zn-h.; Oravicza.
Orichalcit = Aurichalcit.
Orientalischer
Achat, V. schön gefärbt, durchscheinend.
Amethyst = violetter Korund.
Aquamarin = blaugrüner Korund.
Chalcedon, V. schön, durchscheinend.
Chrysolith = gelbgrüner Korund.
Girasol = schillernder Korund.
Granat = Almandin.
Hyacinth = rotgelber Korund.
Jaspis = Heliotrop.
Katzenauge = Chrysoberyllkatzenauge.
Rubin = schön roter Korund.
Saphir = schön blauer Korund.
Smaragd = grüner Korund.
Topas = gelber Korund.
Türkis = echter Türkis.
Vermeille = morgenroter Korund.
Orientit, Orient Prov. Cuba.
Orileyit, nahe Domeykit, Fe-r., Gem.; Birma.
Orizit = Oryzit.
Ornetit = Oruetit.
Ornithit, V. Metabrushit, veränd.: Sombrero.
Oropion, V. Bol. d.-braun bis schwarz; Olkusz.
Oroseit = Iddingsit.
Orpiment = Auripigment.
Orthamphibol = rhom. Amphibol.
Orthaugit = rhom. Pyroxen.
Orthit = Allanit.
Orthobromit, V. Embolit (AgCl . AgBr).

Orthochlorit, s. Chloritgruppe.
Orthoklas, s. Feldspatgruppe.
Orthopyroxen = Orthoaugit.
Ortstein = Limonit m. viel Sand.
Oruetit, Bi_5TeS_4, tetradymitähnl., viell. Gem.; FN. Spanien.
Orvillit, wahrsch. zers. Zirkon; Caldas, Bras.
Oryzit, wahrsch. = Stilbit.
Osannit, V. Amphibol zw. Riebeckit u. Arfvedsonit; Cevadaes.
Oserskit, V. Aragonit, säulig; Nertschinsk.
Osmelith = Pektolith v. Niederkirchen.
Osmiridium;
Osmit = Iridosmium m. 80% Os. u. darüber.
Osteokolla, V. Kalktuff, zellig.
Osteolith, weißer erdiger Phosphorit in Basalt usw.
Ostranit, V. Zirkon, veränd.; Brevig.
Ostwaldit, kolloidales AgCl (Buttermilcherz).
Otavit, bas. Cd-Carbonat, trig. ?, weiß; Otavi.
Otaylith, $MgO . Al_2O_3 . 5 SiO_2 . 8 H_2O$, bentonitähnl.; FN. Cal.
Ottrelith (Wolff) = Diallag.
Ottrelith (Descloizeaux), nahe oder gleich Chloritoid.
Ouatit = Wad.
Oulopholit, V. Gyps, blumenblättrig; Kentucky.
Ouvarovit = Uwarowit.
Owenit = Thuringit.
Owyheelt, $Ag_2S . 5 PbS . 3 Sb_2S_3$, wahrsch.rhom.; FN. Idaho.
Oxacalcit = Whewellit.
Oxalit = Humboldtin.
Oxalsaures Eisen = Humboldtin.
Oxammit = NH_4-Oxalat in Guano v. Guañape.
Oxhaverit, V. Apophyllit, blaßgrün in Holzstein; Island.
Oxyapatit = Voelckerit.

Oxykertschenit = $(Mn. Mg, Ca)Fe_2P_6O_{25}$. $21 H_2O$, braun; Zerspr. v. Kertschenit usw.
Oyamalith, V. Zirkon m. selt. Erden u. P_2O_5; FN. Japan.
Ozarkit, V. Thomsonit; Arkansas.
Ozokerit, s. Org. Verbdg.

Pachnolith; Evigtok; Col.
Pacit = Pazit.
Pagodit = Agalmatolith.
Paigeit, nahe Hulsit.
Painterit, grüner Vermiculit v. Penn.
Pajsbergit = Rhodonit.
Palacheit = Botryogen v. Knoxville.
Palaeoleucit, Ursprungsmin. d. Pseudoleucits.
Palaeonatrolith, hypothet. Muttermin. d. Spreusteins.
Palait, $5 MnO . 2 P_2O_5 . 4 H_2O$, mon. ?, fleischrot; Pala.
Paligorskit = Palygorskit.
Palladinit = PdO, braun, erdig auf Porpezit; Minas Geraes
Palladium; Brasilien; Ural.
Palladiumgold = Porpezit.
Palmerit, $HK_2Al_3[PO_4]_3 . 7 H_2O$, kaolinähnl.; in Guano; Salerno.
Palmierit, $K_2Pb[SO_4]_2$, trig.; in Glaserit v. Vesuv.
Palygorskitgruppe.
Panabase = Tetraedrit.
Pandermit, V. Priceit, kompakt; Kleinasien.
Pantellarit = Anorthoklas.
Paphosdiamant = Bergkrystall.
Papierkohle, V. Braunkohle, s. dünn geschichtet.
Papierspat, V. Calcit, dünntafelig.
Paposit, wahrsch. = Amarantit; Paposo.
Parabayldonit, nahe Bayldonit, grüne, ps. Krusten; Tsumeb.
Paracelsian, V. Celsian; Candoglia.
Parachlorit, ein Gruppenname.

Paracolumbit, V. Ilmenit; Taunton, Mass.
Paracoquimbit, unterschieden v. C. durch d. Verhältnis d. Bestandteile, zeisiggrün; Troja b. Prag.
Paradoxit, V. Orthoklas, fleischrot; Marienberg.
Paraffin, natürl. wachsähnl. Tafeln i. Basalt v. Paterno.
Paraffinkohle, nahe Pyropissit.
Paragit = Korallenerz.
Paragonit, s. Glimmergruppe.
Parahopeit; Rhodesia.
Parailmenit = Paracolumbit.
Parakobellit = unr. Galenit.
Paralaurionit; Laurion.
Paralogit, wahrsch. veränd. Skapolith; Baikalsee.
Paraluminit, nahe Felsöbanyit; bei Halle.
Paramelaconit, angebl. tetr. CuO; Bisbee.
Paramontmorillonit; s. Palygorskitgruppe.
Parankerit, V. m. mehr Mg.
Paranthin, Ca-r. Skapolith.
Parasepiolith, $H_3Mg_2Si_3O_{12}$, faserig (ein Palygorskit).
Parasit, veränd. Boracit, trüb, H_2O-h.
Parastilbit = Epistilbit.
Paratakamit ist verzwill. Atakamit; Chile.
Parathenardit = Metathenardit.
Parathorit = Thorit.
Paratooit, wassh. Al-Fe-Phosphat (in Guano); FN.
Paraurichalcit, 3 (Cu, Zn) CO_3 . 4 (Cu, Zn)[OH]$_2$ bis 4 (Cu, Zn) CO_3 . 5 (Cu, Zn)[OH]$_2$; Tsumeb.
Paravauxit; Llallagua, Bolivien.
Paravivianit, V. Vivianit, Mn-, Mg-h.; Kertsch.
Paredrit, TiO_2 m. wenig H_2O, als schwarze Favas; Minas. Geraes.

Pargasit, V. Hornblende, blaugrün, in Kalk.
Parianit, Asphalt v. Trinidad.
Parisit.
Paroligoklas, fragl. Substanz (unr. Skapolith?).
Parophit, ähnl. Dysyntribit (viell. Gestein).
Parorthoklas = Anorthoklas.
Parsettensit, (Friedelitgr.); FN. Graubünden.
Parsonsit, 2 PbO . UO_3 . P_2O_5 . H_2O, braun. Pulver; Kasolo.
Partschin, Zussetzg. wie Spessartin, mon.
Partzit, Hydroxyd v. Sb m. Cu_2O usw. (Gem.); Cal.
Pascoit; Minasragra.
Passauit, V. Mizzonit v. Passau.
Passyit, unr. Quarz, weiß, erdig; Caux.
Pastreit, wahrsch. = Karphosiderit.
Patagosit, V. Calcit, decrepitierend, i. Schalen gewisser Fossilien.
Pâte de riz = Surrogat für Jadeit.
Paterait, zwflh. Co-Molybdat, schwarz, derb; Joachimsthal.
Paternoit, MgO . 4 B_2O_3 . 4 H_2O, weiße Knollen in Bloedit; Sizilien.
Patrinit = Aikinit.
Patronit, viell. V_2S_5, d.-grün, erdig; Peru.
Pattersonit, nahe Thuringit; Unionville, Penn.
Paulit = Hypersthen.
Pazit, nahe Löllingit; La Paz.
Pealit = Geyserit.
Pearceit (Pearcit); Marysvale usw.
Pechblende = Uranpecherz.
Pecheisenerz = Eisenpecherz.
Pechkohle, pt. V. Braunkohle, pt. V. Schwarzkohle, muschelig, glänzend.
Pechkupfer = Kupferpecherz.
Pechopal, V. dunkel, undurchsichtig.
Pechuran = Uraninit.

Peganit = Variscit; Striegis; Portugal.
Pegmatolith = Orthoklas.
Pektolith, s. Pyroxengruppe.
Pelagit, Mn-Knollen v. Grunde d. Pacific.
Pelagosit, dunkle, glänz. Krusten, wesentl.$CaCO_3$ auf Kalk; Pelagosa usw.
Pelhamin, nahe Serpentin, schwärzl.; Pelham, Mass.
Pelhamit, V. Jefferisit, grüngelb; Pelham,Mass.
Pelikanit, nahe Cimolit grünl.; Kiew.
Pelinit, wassh. Al_2O_3-Silicat, meist koll.; d. wesentl. Tonsubstanz d. sekundären plastischen Tone.
Peliom = Cordierit.
Pelionit = Kännelkohle v. Mt. Pelion.
Pelokonit, V. Lampadit (m. braun. Strich); Chile.
Pelosiderit = toniger Siderit.
Pencatit, Gem. v. Calcit u. Hydromagnesit, d.-grau, bräunl.
Penfieldit; Laurion.
Pennin, s. Chloritgruppe.
Pennit, V. Hydrodolomit, grünl.; Texas, Penn.
Penroseit; Colquehaca, Bolivien.
Pentahydrocalcit, $CaCO_3$. 5 H_2O? schimmelähnl.; Lublin.
Pentaklasit = Pyroxen.
Pentlandit; Lillehammer; Sudbury.
Penwithit; Cornwall.
Peploit, veränd. Cordierit; Ramsberg.
Percylith.
Peredell = gelbgrüner Topas.
Peridot = Chrysolith.
Peridot, ceylonesischer = Turmalin.
Periklas; Vesuv; Nordmarken.
Periklin, V. Albit (nach b-Axe gestreckt).
Peristerit, V. Albit, farbenspielend; Canada.
Periglimmer = Margarit.
Perlmutteropal=Kascholong.

Perlquarz, V. m. perlm.-
ähnl. irisierender Oberfläche.
Perlsinter = Fiorit.
Perlspat, V. Dolomit,
sattelförm. perlm.
Perowskit.
Perowskyn = Triphylin.
Persbergit, zers. Nephelin; Persberg.
Persischer Türkis =
echter Türkis.
Perthit = Orthoklas, v.
Plagioklaslamellen
durchwachsen.
Peruanischer Smaragd =
guter Smaragd.
Peruvit = Matildit.
Pesillit = Braunit; Pesillo.
Petalit.
Petricichit = Pietricikit.
Petroleum, s. Org.Verbdg.
Petterdit = Mimetesit.
Pettkoit = Voltait.
Petzit.
Pfaffit (Huot) =
Jamesonit.
Pfaffit (Adam) = Bindheimit.
Pfeifenstein = Catlinit.
Pfeifenton, V. weißlich,
fast unschmelzbar.
Phäaktinit, nahe Delessit;
Nassau.
Phacellit (Phacelit) =
Kaliophilit.
Phaestin, Talk ps. n.,
Bronzit, gelbgrau;
Kupferberg.
Phakelit = Kaliophilit.
Phakolith, V. Chabasit,
Kr. d. flache Pyramiden
linsenförm.
Phantasiesteine = farbige
Edelsteine.
Pharmakochalzit = Olivenit.
Pharmakolith.
Pharmakopyrit = Löllingit.
Pharmakosiderit.
Phenakit.
Phengit, V. Muscovit m.
. höherem Si-Gehalt.
Philadelphit, s. Vermiculitgruppe.
Philipstadit, V. Hornblende v. Philipstad.
Phillipit, $CuSO_4$.
$Fe_2(SO_4)_3 . 12H_2O$,
himmelblau; Chile.
Phillipsit (Levy).
Phillipsit (Beudant) =
Bornit.

Phlogopit, s. Glimmergruppe.
Phoenicit = Phoenikochroit.
Phoenikochroit; Beresowsk.
Pholerit, V. Kaolin, feinschuppig, z. T. wachsähnlich.
Pholidit = Pholerit.
Pholidolith, V. Phlogopit,
F-frei, SiO_2 u. Al_2O_3-
arm; Taberg.
Phonit = Elaeolith.
Phosgenit.
Phosphammit, NH_4-Phosphat in Guano.
Phosphocerit = Kryptolith.
Phosphochalcit = Phosphorochalcit.
Phosphochromit (Hermann) = Gem. v. Vauquelinit u.Pyromorphit.
Phosphochromit(Shepard)
hypothet. Cr-Phosphat
im Elroquit.
Phosphoferrit, V. Reddingit, Fe-r, grün; Hagendorf.
Phospholith = Phosphorit.
Phosphophyllit, Hagendorf.
Phosphorblei = Pyromorphit.
Phosphorchromit = Gem.
v. Vauquelinit u. Pyromorphit.
Phosphoreisensinter =
Diadochit.
Phosphorgummit, V.
P_2O_5-h.
Phosphorit, V. Apatit,
dicht (umfaßt auch an der Substanzen).
Phosphorkupfer (-erz) =
Pseudomalachit.
Phosphormangan =
Triplit.
Phosphorochalcit =
Pseudomalachit.
Phosphorsalz = Stercorit.
Phosphosiderit; Kalterborn, Siegen.
Phosphuranylit,
$[UO_2]_3P_2O_8 . 6H_2O$,
gelbes Pulver; Mitchell
Co., N. C.
Phosphyttrit = Xenotim.
Photizit, V. Rhodonit,
unr., gelbl., grau;
Elbingerode.

Photolith, umfaßt Pektolith u. Wollastonit.
Phyllit = Ottrelith v.
Sterling, Mass.
Phyllochlorit, V. Prochlorit, FeO-r.; Fichtelgeb.
Phylloretin, nahe Könleinit (Bestandteil eines
Harzes v. Holtegaard).
Physalit = Pyrophysalit.
Phytokollit, gelatinöses,
foss. Harz v. Scranton.
Piauzit; Piauze; Tüffer,
s. Org. Verbdg.
Picit, wassh. Fe-Phosphat,
koll., braun.
Pickeringit.
Picotit, V. Hercynit, Cr- u.
Mg-h.; in Lherzolith.
Picroallumogen, wahrsch.
= Pickeringit; Elba.
Pictit = Titanit v. Chamony.
Piedra de la hijada =
Nephrit od. Jadeit.
Piemontesischer Braunstein = Piemontit.
Piemontit, s. Epidotgruppe.
Pietricikit, richtig statt
Zietrisikit.
Pigeonit, Pyroxen m. kl.
Achsenwinkel; Minnesota.
Pigotit, Al-Salz e. organ.
Säure auf Granit; Cornwall.
Pihlit, nahe Cymatolith
(viell. Gem.); Sala.
Pikranalcim = Analcim
(angebl. Mg-h.).
Pikroalumogen = Picroallumogen.
Pikrochromit, vorwiegend
$MgO . Cr_2O_3$; Quebec.
Pikrorichtonit = Pikrotitanit.
Pikroepidot, V. Epidot,
Mg-h.; Baikalsee.
Pikrofluit, Gem. v. Fluorit
u. Mg-Silicat(?); Lupikko.
Pikroilmenit = Pikrotitanit.
Pikrolith, V. Serpentin,
faserig, spröd; Taberg
usw.
Pikromerit.
Pikropharmakolith,
$(Ca, Mg)_5As_2O_8 . 6H_2O$,
kuglig, weiß
Pikrophyll, zers. Salit;
Sala.

Pikrosmin, nahe Serpentin, faserig; Preßnitz; Greiner usw.
Pikrotanit = Pikrotitanit.
Pikrotephroit. V. Tephroit, m. viel Mg; Långban.
Pikrothomsonit, ähnl. Thomsonit m. Mg statt Na; Toscana.
Pikrotitanit, V. Ilmenit, mit 16% MgO; Laytons Farm.
Pilarit, V. Chrysokolla m. viel Al; v. Chile.
Pilbarit, PbO . UO_3 . ThO_2 . $2SiO_2$. $2H_2O + 2H_2O$, koll. gelbe Knollen; FN. Westaustrallen.
Pilinit, nahe CaO . Al_2O_3 . $5SiO_2$. H_2O, asbestähnl.; Striegau.
Pilit (Becke) = Aktinolith, aus Olivin entst.
Pilit (Schulze) $Pb_2Sb_2S_3$, V. Zundererz; Harz.
Pilolith, s. Palygorskitgruppe.
Pilsenit = Wehrlit (Huot).
Pimelit (Karsten); Schlesien.
Pimelit (Schmidt) = Alipit.
Pinakiolith; Långban.
Pingos d'agoa = wasserhelle Topasgeschiebe.
Pinguit, V. Chloropal, ölgrün; Wolkenstein.
Pinit, V. Muscovit, dicht, ps.
Pinitoid, Gem. v. Ton u. Glimmer, ps. n. Feldspat.
Pink = mattrot (Topas).
Pinnoit; Staßfurt.
Pinolistein = Pinolit.
Pinolit, V. Magnesit, Kr.-Aggregat m. dunkler Zwischenmasse.
Pintadoit, $2CaO . V_2O_5 . 9H_2O$, grüne Ausblühung a. Sandstein; FN. Utah.
Piotin = Saponit.
Pirssonit; Borax Lake.
Piruzeh = Türkis.
Pisanit; Türkei; Toscana.
Pisekit, enth. Nb, Ta, Ti, U, Ce, Y usw., Monazitform, vielI. ps. gelbschwarz; FN.
Pisolith = Calciterbsenstein.

Pissasphalt = Pittasphalt.
Pissophan; Garnsdorf usw.
Pistazit = Epidot.
Pistomesit, V. Breunnerit ($MgCO_3$. $FeCO_3$); Flachau.
Pitkärantit, nahe Traversellit; Pitkäranta.
Pittasphalt, Kohlw. zw. Petroleum u. Asphalt.
Pittinerz = Pittinit.
Pittinit, V. Gummit, schwarz; Joachimsthal.
Pittizit (Hausmann).
Pittizit (Beudant) = Glockerit.
Pizit = Picit.
Plagiocitrit, wassh. Sulfat v. Al, Fe, Na, K, gelb, trik.? Bauersberg.
Plagioklase = trikl. Feldspate v. Albit bis Anorthit.
Plagionit; Wolfsberg usw.
Plakodin = Maucherit; Ofenprodukt.
Planchéit, 6CuO . $5SiO_2$. $2H_2O$, nahe Dioptas; Mindouli.
Planerit, koll. $Al_6P_4O_{19}$. $18—20H_2O$, grün; Gumeschewsk.
Planoferrit (Antofagasta.
Plasma, V. Chalcedon, lauch- bis berggrün.
Platin.
Platiniridium, V. Pt>Ir; Brasilien.
Plattnerit; Leadhills; Idaho.
Platynit, e. Teil d. sog. Se-h. Galenobismutits; Falun.
Plazolith, Crestmore, Cal.
Plenargyrit, $AgBiS_2$, ähnl. Miargyrit; Schapbach.
Pleonast, V. Spinell, Fe-h., dunkel.
Pleonektit = Hedyphan, Sb-h., derb, grauweiß; Sjögrube.
Plessit (Dana) = Gersdorffit.
Pleurasit, Mn-Arsenid, blauschwarz; Sjögrube.
Pleuroklas = Wagnerit.
Pleysteinit = Kreuzbergit.
Plinian, V. Arsenopyrit, Ehrenfriedersdorf.
Plinthit, ziegelroter Ton v. Antrim.
Plombierit, $CaSiO_3$. $2H_2O$ (frisch gelatinös); FN.

Plumbago, pt. = Graphit.
Plumbago, pt. = Galenit.
Plumballophan, V. Pb-h.; Monte Vecchio.
Plumbein = Galenit ps. n. Pyromorphit.
Plumbjodit = Schwartzembergit.
Plumboaragonit, V. Pb-h. Leadhills.
Plumbobinnit = Dufrenoysit.
Plumbocalcit, V. Pb-h.; Bleiberg; Schottland.
Plumbocuprit = Cuproplumbit.
Plumboferrit, $[FeO_2]_3$(Fe, Pb), hex.? schwarz; Jakobsberg.
Plumbogummit.
Plumbojarosit, $Pb[Fe(OH)_2]_6[SO_4]_4$, trig., d.-braun; Neu-Mexiko.
Plumbomalachit = Bleimalachit.
Plumbomanganit, zwflh. Sulfid v. Mn, Pb.
Plumbomangit, unr. Galenit.
Plumbonakrit, wahrsch. Gem. v. Hydrocerussit m. Bleioxyd.
Plumboniobit; Deutsch Ostafrika.
Plumboresinit = Plumbogummit.
Plumbostannit, angebl. $(Fe, Zn)_2Pb_2Sn_2Sb_2S_{11}$ (Gem.?); Peru.
Plumbostib, vielI. 3PbS . Sb_2S_3, boulangeritähnl., faserig; Nertschinsk.
Plumosit, 2PbS . Sb_2S_3, haarf., biegsam.
Plusinglanz = Argyrodit.
Plynthit = Plinthit.
Podolit, wahrsch. = Dahllit; FN.
Poechit, $H_{16}Fe_3Mn_2Si_3O_{29}$, koll. braun; in Roteisenerz; Vareš.
Poikilit, Poikilopyrit = Bornit.
Pollanit; Platten.
Polierschiefer, V. Trippel, schieferig.
Pollucit, Pollux; Elba.
Polyadelphit, V. Andradit, Mn-h.; Franklin.
Polyargit, zers. Anorthit, rositähnl.; Tunaberg.
Polyargyrit; Wolfach.

Namenverzeichnis

Polyarsenit = Sarkinit.
Polybasit.
Polychroilith, Zerspr. v. Cordierit; Kragerö.
Polychrom = Pyromorphit.
Polydymit; Sudbury.
Polyhalit.
Polyhydrit, Fe-Silicat m. 30% H_2O; Breitenbrunn.
Polykras, s. Blomstrandingruppe.
Polykrasilith = Zirkon.
Polylith, V. Augit, schwarz; angebl. Hoboken.
Polylithionit, e. Li-Glimmer m. d. höchsten SiO_2-Gehalt; Grönland.
Polymignit; Fredriksvärn usw.
Polysphärit, V. Pyromorphit, Ca-h., meist traubig.
Polytelit = Freibergit.
Polyxen = Platin.
Ponit, V. Rhodochrosit ($5 MnCO_3 . FeCO_3$); Rumänien.
Poonahlith = Mesolith.
Porcellophit, V. Serpentin, meerschaumähnl.; Taberg.
Porpezit, V. Gold, Pd-h.; Brasilien.
Porricin, V. Augit, feinnadlig; Eifel.
Portit; Toscana.
Porzelanit, Porzellanit = Passauit.
Porzellanerde = Kaolin.
Porzellanjaspis, natürl. gefritteter Ton (durch Kohlenbrand).
Porzellanspat = Passauit.
Pošepnyit, foss. Harz aus Californien.
Pouzacit = Leuchtenbergit; Pyrenäen.
Powellit; Idaho; Texas usw.
Prase, Prasem, V. Quarz, lauchgrün (durch Strahlstein).
Praseolith, veränd. Cordierit; Brevig.
Praser = Chrysopras.
Prasilith, zwflh. chloritähnl. Min.; Kilpatrick.
Prasin = Pseudomalachit.
Prasinchalzit = Prasin.
Prasiolith = Praseolith.

Prasochrom, grünes Zerspr. v. Chromit; Griechenland.
Prasopal, V. apfelgrün.
Preddazit, Gem. v. Calcit u. Hydromagnesit, weißlich; FN.
Pregrattit, V. Paragonit, feinschuppig, l.-grün; FN.
Prehnit.
Prehnitoid (Blomstrand) = Dipyr, prehnitähnl.; Solberg.
Prehnitoid (Bechi), unr. Prehnit; Monte Catini.
Preslit = Tsumebit.
Příbramit (Glocker) = Sammtblende.
Příbramit (Huot), V. Sphalerit, Cd-h.
Priceit, $4 CaO . 5 B_2O_3 . 7 H_2O$, mon.?, weiß, kreidig; Oregon.
Přílepit, foss. Harz; Přílep.
Priorit; Swaziland, s. Blomstrandingruppe.
Prismatin = Kornerupin; Waldheim.
Prixit, nahe Mimetesit, haarf., wollig, strohgelb; Morvan.
Probierstein = Lydit.
Prochlorit, s. Chloritgruppe.
Proidonit = SiF_4 i. Vesuvexhalationen.
Prolektit, wahrsch. = Chondrodit; Nordmarken.
Prosopit; Altenberg; Pikes Peak.
Protheit, nahe Fassait; Zillertal.
Protobastit, wenig veränd. Bronzit.
Protochlorit, ein Gruppenname.
Protolithionit, nahe Zinnwaldit; Erzgebirge usw.
Protonontronit, nontronitähnl., im Limburgit v. Sasbach.
Protovermiculit, s. Vermiculitgruppe.
Proustit.
Prunnerit, V. Calcit, chalcedonähnl.; Färöer.
Psathyrit = Xyloretinit.
Psaturose = Stephanit.
Pseudoalbit = Andesin.
Psendosapatit, Ps. n. Apatit od. Pyromorphit; Freiberg.

Pseudoberzeliit, nahe Berzeliit, aber doppelbrechend.
Pseudobiotit, veränd. Biotit.
Pseudoboleit; Boleo.
Pseudobrookit.
Pseudochalcedonit = Chalcedon (opt. Var.).
Pseudochrysolith = Moldawit, Obsidian.
Pseudocotunnit, $PbCl_2$. $2 KCl$. rhomb.; Vesuv.
Pseudodeweylit = $Mg_3Si_2O_7 . 3 H_2O$; Chester, Penn.
Pseudodiamant = Bergkrystall usw.
Pseudogalena = Sphalerit.
Pseudogaylussit = Thinolith.
Pseudogymnit = Pseudodeweylit.
Pseudoheterosit, zw. Triphylin u. Heterosit.
Pseudojadeit = Albit v. Ober-Birma.
Pseudokampylit = faßförmiger Pyromorphit.
Pseudokrokydolith, Quarz, ps. n. Krokydolith. (= Tigerauge).
Pseudolaumontit, wassh. Silicat v. Al, Fe, Mg, K, grün, ps. n. Laumontit; Keweenaw Distr.
Pseudolávenit, opt. V. v. Lávenit?
Pseudoleucit, Gem. v. Orthoklas u. Nephelin, ps. n. Leucit.
Pseudolibethenit, V. m. $2 H_2O$.
Pseudolith, Talk, ps. n. Spinell.
Pseudomalachit.
Pseudomanganit, Pyrolusit, ps. n. Manganit.
Pseudomeionit, zwflh. meionitähnl. Min.; Black Forest.
Pseudomesolith = Mesolith (opt. Var.); Minnesota.
Pseudonatrolith, unbest. Zeolith, ähnl. Natrolith; Dürkheim.
Pseudonephelin, wahrsch. K-r.; Nephelin.
Pseudonocerin, wahrsch. = Fluorit.
Pseudoorthoklas, HN. = Gränzerit.

Pseudoorthoklas (Cathrein), Anorthoklas, wie Orthoklas aussehend.
Pseudoozokerit, V. v. Persien.
Pseudoparisit = Kordylit.
Pseudophillipsit, V. m. anderem Verhalten beim Entwässern.
Pseudophit = dichter Pennin, serpentinähnl.; Plaben usw.
Pseudopirssonit, ps. n. Struvit? Bornholm.
Pseudopyrochroit = Bäckströmit.
Pseudopyrophyllit, nahe Pyrophyllit, Mg-h.; Ural.
Pseudoskapolith, Pyroxen, ps. n. Skapolith; Pargas.
Pseudosmaragd, veränd. Beryll; Kårarfvet.
Pseudosommit = Pseudonephelin.
Pseudosteatit, V. Halloysit, d.-grün; Bathgate.
Pseudostruvit = Pseudopirssonit.
Pseudotridymit, Quarz, paramorph n. Tridymit; Euganeen.
Pseudotriplit, veränd. Triphylin; Rabenstein.
Pseudowavellit, Al-Ca-Hydrophosphat m. 2 bis 3% Er, Y, Ce; Amberg.
Psilomelan.
Psimythit = Leadhillit.
Psittacinit 4 (Pb, Cu)O . V_2O_5 . 2 H_2O? grün.
Pterolith, Gem. v. Lepidomelan u. Aegirin; grünbraun; Brevig.
Ptilolith; in basalt. Gesteinen.
Pucherit; Schneeberg, S.
Puddingstein = Quarzkonglomerat.
Pufahlit, (Pb, Zn) SnS_2, ein Zn-Teallit; Bolivien.
Puflerit = Desmin v. Puflerloch.
Pulleit = Apatitzwillinge, v. S. Piero.
Pumpellyit, 6 CaO . 3 Al_2O_3 . 7 SiO_2 . 4 H_2O (nahe Zoisit), grün; Keweenaw.
Punahlith = Poouahlith.
Punamustein = Nephrit.

Pungernit, braune, org. Substanz.
Punktachat = lichter Chalcedon m. kl. roten Punkten.
Purpurachat, V. Amethyst, d.-violettrot.
Purpurblende = Kermesit.
Purpurit; N. Car. usw.
Purpursaphir = violetter Korund.
Puschkinit, V. Epidot (opt. Var.); Ural.
Pyknit, V. Topas, stenglig; Altenberg.
Pyknochlorit, nahe Klinochlor, dicht; Radautal.
Pyknophyllit, V. Muscovit, grün, talkähnl. Kohlgraben, Aspang.
Pyknotrop, dichtes Gem. v. Pennin u. Muscovit; Waldheim.
Pyon = Byon.
Pyrallolith = Steatit, ps. n. Pyroxen; Finnland.
Pyrantimonit = Kermesit.
Pyraphrolith, Gem. v. Feldspat u. Opal.
Pyrargillit, Zerspr. v. Cordierit; Helsingfors.
Pyrargyrit.
Pyraurit = Pyroaurit.
Pyrauxit = Pyrophyllit.
Pyrenäit = V. Andradit, grauschwarz.
Pyrgom = Fassait.
Pyrichrolith = Pyrostilpnit.
Pyrit.
Pyritogelit, Gelform d. FeS_2.
Pyritolamprit = Arseniksilber.
Pyroaurit, Långban; Schottland.
Pyrobelonit; Långban.
Pyrochlor; Miask; Norwegen.
Pyrochroit; Pajsberg; Moss usw.
Pyrochrotit = Pyrostilpnit.
Pyroguanit = Kollophan (Rogers).
Pyroidesin, V. Serpentin; Cuba.
Pyroklasit = Kollophan (Rogers).
Pyrokonit = Pachnolith.
Pyrolusit.
Pyromelan, viell. V. Titanit (Sand); N. Car.

Pyromelin = Morenosit, Mg-h.
Pyromorphit.
Pyrop, s. Granatgruppe.
Pyrophan, pt. = Opal m. Wachs getränkt.
Pyrophan, pt. = Feueropal.
Pyrophanit; Harstigen.
Pyrophosphorit, zwflh.
Pyrophosphat, v. Mg. Ca; Westindien.
Pyrophyllit.
Pyrophysalit, V. Topas, ud.; Finbo.
Pyropissit, erdiger, brauner Kohlw., reich an Paraffin u. wachsähnl. Subst.
Pyroretin, braunschwarz, foss. Harz; Salesl.
Pyroretinit in Alkohol lösl. Teil d. Pyroretins.
Pyrorthit, orthitähnl., zers. Min.; Kårarfvet.
Pyroscheererit, Destillationspr. v. Könleinit.
Pyrosklerit, Leptochlorit, Zerspr. v. Diallag, grün; Elba.
Pyrosmalith; Nordmarken usw.
Pyrosmaragd = Chlorophan.
Pyrostibit = Kermesit.
Pyrostilpnit.
Pyrotechnit = Thenardit.
Pyroxengruppe.
Pyroxenperthit, lamell. Verwachsung verschied. Pyroxene.
Pyroxmangit, veränd. Rhodonit, (Mn, Fe)SiO_3 m. wenig $Al_2[SiO_3]_3$; S. Carolina.
Pyrrharsenit, V. Berzeliit, Mn-r., orangerot; Sjögrube.
Pyrrhit, pt. nahe Mikrolith; Alabaschka.
Pyrrhit, pt. nahe Pyrochlor; Azoren.
Pyrrholith, zers. Anorthit, rötl., blättrig;Tunaberg.
Pyrrhosiderit = Lepidokrokit.
Pyrrhotin.

Quarz.
Quarzglas = geschmolzener Quarz.
Quarzin = Chalcedon (opt. Var.).
Quarzkatzenauge, V.

Quarz m. wandernder Lichtlinie (durch Asbest).
Quarzpisolith, V. Quarz, erbsensteinähnl.
Quecksilber.
Quecksilberbranderz = zinnoberarmes Quecks.-Lebererz, brennbar.
Quecksilberchlorür = Kalomel.
Quecksilberfahlerz = Spaniolith.
Quecksilberhornerz = Kalomel.
Quecksilberlebererz = Gem. v. Zinnober, Idrialin, Ton, Kohle usw.
Quellerz = Raseneisenstein.
Quenselit; Långban.
Quenstedtit; Copiapo.
Quercyit, V. Kollophan.
Querspießglanz = Jamesonit.
Quetenit; FN. Chile.
Quincit, wassh. Silicat v. Mg, Fe, lichtcarmin; Quincy.
Quirlkies = Safflorit.
Quirogit, wahrsch. unr. Galenit; Spanien.
Quisqueit, asphaltähnl., enth. haupts. C, S; Minasragra.

Rabdionit, V. Wad, Fe-, Cu-, Co-h.; Nischne Tagilsk.
Rabdophan = Rhabdophan.
Rabenglimmer, V. Zinnwaldit, Fe-r.
Racewinit, nahe 2(Al, Fe)$_2$O$_3$. 5 SiO$_2$. 9 H$_2$O, schwärzlich, kohleähnl.; Bingham.
Radauit, V. Labradorit, dicht; Baste.
Rädelerz, V. Bournonit (Zwillingsbildg.).
Radiobaryt, V. Baryt, radioaktiv.
Radiolith, V. Natrolith, stenglig; Langesund.
Radiophyllit, CaSiO$_3$. H$_2$O, porzellanartig bis radialblättrig; Schellkopf.
Radiotin, nahe Serpentin, gelb, sphärolithisch; Dillenburg.
Rafaelit = Paralaurionit, violett; Chile.

Rahtit, unr. Sphalerit, dicht; Ducktown.
Raimondit, wahrsch. = Karphosiderit; Ehrenfriedersdorf; Bolivien.
Ralstonit; Evigtok.
Ramirit = Descloizit.
Rammelsbergit.
Ramosit, vulkanische Schlacke.
Ramsayit (Ramsayt) = Zr-freier Lorenzenit; russ. Lappland.
Rancieit; Rancierit, kyrst. Ca-Psilomelan, violettschwarz, in gebrechl. Massen; FN.
Randannit, Randanit, V. Trippel, kaolinähnl.; FN.
Randit, zwfl. wassh. Carbonat v. Ca, U, gelb; Frankford, Penn.
Ranit, nahe Hydronephelin, d.-grau; Låven.
Ransänit, unr. Mn-Granat; Bliaberg.
Raphanosmit = Zorgit.
Raphilith = Aktinolith.
Raphisiderit = Ilvait; Pianura usw.
Raphit = Ulexit.
Rapidolith = Skapolith.
Raseneisenerz, unter d. Humusdecke gebildet. Limonit.
Rasenläufer = Raseneisenerz.
Rasorit = Kernit.
Raspit; Broken Hill; Sumidouro.
Rastolyt, ähnl. Voigtit; Monroe, N. Y.
Rathit; Binnental.
Ratholith = Pektolith.
Ratofkit, V. Fluorit, erdig; Rußland.
Rauchquarz, V. nelkenbraun bis rauchgrau.
Rauchtopas = Rauchquarz.
Rauhkalk = Dolomit.
Rauit = Ranit.
Raumit, ähnl. Praseolith; Raumo.
Rauschgelb = Auripigment.
Rauschgelb, rot = Realgar.
Rautenspat = Dolomit.
Rauvit, CaO . 2 UO$_3$. 6 V$_2$O$_5$. 20 H$_2$O, rötlich in Sandstein; Utah.

Razoumovskyn, nahe Al$_2$Si$_2$O$_7$. 3 H$_2$O, d. FeO grün; Frankenstein.
Realgar.
Reaumurit, angebl. (Ca, Na$_2$)Si$_2$O$_5$, aus Glas d. Hitze entstanden; viell. Gem. v. Glas u. Wollastonit.
Rectorit, nahe Kaolin, weiß, bergledrartig; Arkansas.
Reddingit; Branchville.
Redingtonit, wassh. Sulfat v. Cr, blaßviolett, faserig; Knoxville.
Redondit, wassh. Phosphat v. Al, Fe, viell. Koll. zu Variscit (Guanomineral).
Redruthit = Chalkocit.
Refdanskit, Rewdanskit, nahe Genthit; Ural.
Refikit, foss. Harz, weiß; Montorio.
Regenbogenachat, V. Chalcedon, m. Beugungsfarben.
Regenbogenquarz = Bergkrystall m. Iris.
Regnolit, 5 CuS . FeS . ZnS . As$_2$S$_5$, tess. IV.; Peru.
Reichardtit, V. Epsomit, dicht; Staßfurt.
Reichit, V. Calcit v. Alston Moor.
Reinit, FeWO$_4$, ps. n. Scheelit; Japan; Conn.
Reissacherit, V. Wad, radioaktiv; Gastein.
Reißblei = Graphit.
Reissit (Fritsch) = Epistilbit.
Reissit (Thomson) = Reussin.
Remingtonit, wassh. Co-Carbonat ?, rosenrot, erdig; Finksburg.
Remolinit = Atakamit.
Reniforit, viell. = Jordanit, nierig; Japan.
Rensselaerit, V. Speckstein, z. T. ps. n. Augit; New York.
Resanit, wassh. Silicat v. Cu, Fe, olivgrün; Puerto Rico.
Restormelit, agalmatolithähnl. Silicat; Cornwall.
Retinalith, V. Serpentin, gelbgrün; Canada.
Retinallophan = Pitticit.

Retinasphalt, foss. Harz; Bovey.
Retinellit, Bestandteil d. Retinasphalts.
Retinit, Sammelname f. versch. bernsteinähnl. Harze.
Retzian; Mossgrube.
Retzit = Edelforsit (Retzius).
Reussin = Mirabilit.
Reussinit, harzähnl. Bestandteil d. Pyroretins.
Revdinit, Revdinskit = Refdanskit.
Reyerit; Grönland.
Rézbányit (Hermann) = unr. Cosalit; FN.
Rézbányit (Frenzel); Rézbánya.
Rhabdionit = Rabdionit.
Rhabdophan; Cornwall.
Rhaetizit, V. Cyanit, weiß.
Rhagit; Schneeberg, S.
Rheinkiesel = Bergkrystallgerölle.
Rhenit = Pseudomalachit.
Rhetinalith = Retinalith.
Rhodalit, rosa Ton, Fe-h.; Antrim.
Rhodalose = Bieberit.
Rhodit = Rhodiumgold.
Rhodiumgold, V. angebl. m. 34—43% Rh; Columbien usw.
Rhodizit; Ural; Madagaskar.
Rhodoarsenian, wassh. bas. Arsenat v. Mn, Ca, Mg; Sjögrube.
Rhodochrom, V. Pennin, rosa; Ural.
Rhodochrosit.
Rhodoit = Erythrin.
Rhodolith, V. Granat, rosa, zw. Pyrop u. Almandin; N.-Carol.
Rhodonit, s. Pyroxengruppe.
Rhodophosphit, wahrsch. unr. Apatit; Horrsjöberg.
Rhodophyllit, V. Kämmererit; Texas.
Rhodotilit = Inesit.
Rhodusit, ein Glaukophan, Fe-r. opt. Var.
Rhombarsenit = Claudetit.
Rhombenglimmer, pt. = Phlogopit, pt. = Biotit.

Rhomboklas, $Fe_2O_3 . 4 SO_3 . 9 H_2O$, mon. farbl. Tafeln; Schmöllnitz.
Rhönit, nahe Aenigmatit; Rhön usw.
Rhyakolith, V. Orthoklas, glasig.
Richellit, $4 FeP_2O_8 . Fe_2O Fe_2[OH]_2 . 36 H_2O$, gelb; Belgien.
Richmondit (Kenngott), zwflh. $AlPO_4 . 4 H_2O$ (Gibbsit, pt.).
Richmondit (Skey), zwflh. Sulfantimonid v. Pb, Cu, Ag, Fe usw.
Richterit, s. Amphibolgruppe.
Rickardit; Vulcan, Col.
Ricolith, V. Serpentin, gebändert; Neu-Mexiko, HN.
Riebeckit, s. Amphibolgruppe.
Riemannit = Allophan.
Rimpylith. V. Hornblende sehr reich an Sesquioxyden. FN.
Rinkit; Kangerdluarsuk.
Rinkolit, Sr-h. Rinkit; Kola.
Rinneit; Wolkramshausen.
Riolith (Rionit), zwflh. Hg-Sulfoselenid; Culebras.
Rionit (Riolith), viell. Gem. v. Tennantit u. Wittichenit; Cremenz.
Ripidolith, pt. = Klinochlor, pt. = Prochlorit.
Riponit = trüber Marialith v. Ripon, Canada.
Risörit, nahe Fergusonit, tess.?; gelbbraun; FN.
Risseit = Aurichalcit.
Rittingerit = Xanthokon.
Rivait, wahrsch. = Reaumurit.
Riversideit, $2 CaSiO_3 . H_2O$, faserig i. Vesuvian; Crestmore.
Rivotit, Gem. v. Malachit u. Stibiconit; Lerida.
Rizopatronit, = Patronit.
Robellazit, enth. V, Nb, Ta, W, Al, Fe, Mn; Col.
Rochlederit, Bestandteil d. Melanchyms.
Rocklandit, V. Serpentin ps.; FN., N. Y.
Roeblingit, $5[H_2CaSiO_4] .2[CaPbSO_4]$, derb, weiß; Franklin.

Roemerit; Rammelsberg; Copiapo usw.
Roepperit (Brush); Sterling Hill, N. J.
Roepperit (Kenngott), V. Rhodochrosit; Frankroesslerit, [lin. $HMgAsO_4 . 7 H_2O$ (veränd. Wapplerit?).
Rogenstein = Oolith.
Rogersit, wassh. Y-Niobat, weiß, auf Samarskit; Mitchell Co.
Röhrenachat = Achatmasse, v. Chalcedonstalaktiten durchsetzt.
Rohwand = Ankerit.
Romanechit, krystallin.
Psilomelan, viell. = Hollandit; Romanèche.
Romanit = Rumänit.
Romanzovit, V. Hessonit, braun; Finnland.
Romein (Romeit); St. Marcel.
Rosasit, $(Zn, Cu)CO_3 . Cu[OH]_2$, rhom.?, grün, blau, faserig; Sardinien.
Rosatopas, künstl. = synthetischer rosa Korund.
Roscherit; Greifenstein b. Ehrenfriedersdorf.
Röschgewächs = Stephanit.
Roscoelith, feinschupp. Glimmer, d.-braun m. 24% V_2O_3; Californien.
Roseit, veränd. Glimmer, talkartig, braun; Penn.
Roselith; Schneeberg, S.
Rosellan = Rosit.
Rosenbuschit; Langesund, s. Pyroxengruppe.
Rosenit, pt. = Plagionit.
Rosenit = Rosit.
Rosenquarz, V. rosenrot.
Rosenspat = Rhodochrosit.
Rosieresit, viell. Evansit, Pb- u. Cu-h. bräunl. Stalaktiten; FN.
Rosit (Svanberg), Zerspr. v. Anorthit, rosa; Åker.
Rosit (Huot) = Chalkostibit.
Rosolith = Landerit.
Rossit, $CaO . V_2O_5 . 2—4 H_2O$, trik; Col.-Utah.
Rosstrevorit, V.˙ Epidot, radialfaserig; Irland.
Rosterit, V. Beryll, tafelig (opt. Var.).

Rosthornit, foss. Harz, rotbraun; Guttaring.
Rotbleierz = Krokoit.
Rotbraunstein = Rhodonit.
Roteisenstein (-erz) = Haematit, bes. d. derben, roten V.
Rötel, V. Roteisenstein, erdig.
Roter Eisenvitriol = Botryogen.
Rotgültigerz, dunkel = Pyrargyrit.
Rotgültigerz, licht = Proustit.
Rothoffit, V. Andradit Mn-h.; Långban.
Rotkupfererz = Cuprit.
Rotnickelkies = Nickelin.
Rotspießglanzerz = Kermesit.
Rotstein, Rotspat = Rhodonit.
Röttisit, nahe Genthit; Röttis.
Rotzinkerz = Zinkit.
Roubschit = Magnesit.
Rowlandit, Y-Silicat, derb, l.-braungrün bis rot; Llano Co.
Rubellan, zers. Biotit, rotbraun; in Basalt.
Rubellit, V. Achroit, karminrot.
Ruberit = Cuprit.
Rubicell, V. Spinell, gelb od. orange.
Rubidiummikroklin = Amazonit m. 3—12% Rb_2O; Ilmengeb.
Rubisit, 8 Bi_2S_3 . Sb_2S_3 . Bi_2 (Te, Se)$_3$ (Gem. ?); Serrania de Ronda.
Rubin, V. Korund, rot.
Rubinasterie = Rubinsternstein.
Rubinblende, pt. = Rotgültigerz, pt. V. Sphalerit, rot.
Rubineisen = Rubinglimmer.
Rubingirasol = Rubinkatzenauge.
Rubinglimmer = Lepidokrokit.
Rubinkatzenauge, V. m. rundem od. länglichem Lichtschein.
Rubinmutter = Rubin in Smaragdit, geschliffen.
Rubinspinell = roter Spinell.

Rubis balais = rosa Spinell.
Rubislit, zwflh. Chloritmin., grün, dicht; Schottland.
Rubrit, 2 MgO . Fe_2O_3 4 SO_2 . 18 H_2O, rhom.? tiefrot; Chile.
Ruinenmarmor, V. Mergelkalk m. R.-ähnl. Zeichnung.
Rumänit, bernsteinähnl. Harz; Rumänien.
Rumpfit, feinschuppiger Klinochlor, graugrün; bes. m. Magnesit.
Rußkobalt = Asbolan.
Rußkohle = Faserkohle.
Rutenit = Jalpurit.
Rutheniumsulfid = Laurit.
Rutherfordin, $[UO_2]CO_3$, gelb, ockrig; Deutsch Ostafrika.
Rutherfordit, wahrsch. = Fergusonit.
Rutil.

Sabalit, gebändert. Variscit als Schmuckstein, HN.; Utah.
Saccharit, zuckerkörniges, plagioklasr. Gem. in Serpentin; Schlesien.
Sacchit = Scacchit.
Sächsischer Chrysolith = Topas.
Sächsische Wundererde = Teratolith.
Safflorit.
Safiras = blaue Topasgeschiebe.
Sagenit, V. Rutil, fein gestrickt.
Sahlit = Salit.
Salammonit = Salmiak.
Salamstein = blauer Saphir v. Ceylon.
Saldanit = Alunogen.
Salit, s. Pyroxengruppe.
Saliter = Kalksalpeter.
Salmiak.
Salmit, V. Chloritoid, Mn-h.; Vielsalm.
Salmoit, wahrsch. bas. Zn-Phosphat; FN. Britisch Columbien.
Salmonsit, Fe_2O_3 . 9 MnO . 4 P_2O_5 . 14 H_2O, chamois, spaltb. Massen; Pala.
Salpeter = Kalisalpeter.
Salvadorit, nahe Pisanit, mon.; Chile.

Salzkupfererz = Atakamit.
Samarskit.
Samiresit, nahe Betafit, gelbe, gebrechl. Oktaeder; FN. Mad.
Sammtblende, V. Goethit, feinpelzig.
Sammteisenerz = Sammtblende.
Sammterz = Lettsomit.
Samoit (Dana), nahe Allophan, weiß; Samoa.
Samoit (Silliman), wahrsch. = Labradorit
Samsonit; Andreasberg.
Sandbergerit (Heddle), V. Muscovit.
Sandbergerit (Breithaupt), V. Tennantit, Zn-h.; Morococha.
Sandkohle, V. Schwarzkohle, in d. Hitze nicht sinternd.
Sanfordit = Rickardit.
Sanguinit, nahe Proustit, feinschuppig; Chañarcillo.
Sanidin, s. Feldspatgruppe.
Santilith = Fiorit.
Saphir, V. Korund, edel, bes. blau.
Saphir = Lasurstein (fälschlich).
Saphirasterie = Saphirsternstein.
Saphirgirasol = Saphirkatzenauge.
Saphirin = Sapphirin.
Saphirkatzenauge = V. m. rundem od. länglichem Lichtschein.
Saphirquarz, V. blau (durch Krokydolith); Golling.
Saphirspinell, V. blau.
Saponit (Svanberg), wassh. Mg-Al-Silicat, specksteinähnl.; Cornwall.
Saponit (Nickles) = Smegmatit.
Sapparit (Sapparé) = Cyanit.
Sapphirin (Giesecke); Fiskernäs.
Sapphirin (Nose) = Hauyn.
Sapphyrin, false = blauer Chalcedon.
Sapphyr = Saphir.
Sapromyxit = Tomit.

Sarawakit, zwflh. Sb-Chlorid in Antimon; Borneo.
Sarcit, wahrsch. = Leucit, Schottland.
Sardachat. V. m. Bändern v. Sarder.
Sarder (Sard) = Karneol, bräunlich.
Sarder, sandig. V. m. dunklen Punkten.
Sardinian = Anglesit (angebl. mon.); Monte Poni.
Sardonyx = braunweißer Bandachat.
Sarganzit = Braunit v. Sarganz.
Sarkinit; Pajsberg; Sjögrube.
Sarkolith (Thomson); Vesuv.
Sarkolith (Vauquelin) = Gmelinit.
Sarkopsid, angebl. $2R_2[PO_4]_2 \cdot RF_2$ m. R = Fe, Mn, Ca, mon.?, fleischrot—lavendelblau (zw. Apatit u. Triplit); Michelsdorf.
Sartorit; Binnental.
Sasbachit (Saspachit), zwflh. Zeolith i. Dolomit; Sasbach.
Sassolin; Vulcano; Toscana.
Satelit = Serpentinkatzenauge; Cal. HN.
Sätersbergit = Löllingit.
Saualpit = Zoisit.
Sauconit, ein Ton, Zn-h.; Saucon, Penn.
Saugkalk = Kieselkalk.
Saugkiesel = schiefriger Trippel.
Säulenglimmer = Micarell v. Stolpen.
Saussurit, dichtes Gem., chemisch z. T. wie Zoisit, Zerspr. v. Plagioklasen.
Saustein = Stinkstein.
Savit, V. Natrolith; Caporciano.
Savodinskit = Hessit.
Saynit = Grünauit.
Scacchit (Adam) = $MnCl_2$; Vesuv.
Scacchit (Nordenskiöld) = Monticellit.
Scacchit (Palmieri), zwflh. Pb-Se-Verbindg.; Vesuv.
Scarbroit, wassh. Al-Silicat, weiß, erdig; Scarborough.

Schaalstein = Wollastonit.
Schadeit, Gelform zu Plumbogummit.
Schafarzikit; Pernek.
Schaffnerit = Cuprodescloizit.
Schalenblende, pt. V. Sphalerit, pt., V. Wurtzit.
Schallerit; Adern i. Zinkerz; Franklin.
Schanjawskit, nahe $Al_2O_3 \cdot 5\frac{1}{2} H_2O$, koll. glasig; Moskau.
Schapbachit, V. Cosalit, Ag-h.; Schapbach.
Scharfmanganerz = Hausmannit.
Scharizerit, N-r. Huminkörper tierischen Ursprungs; Drachenhöhle, Mixnitz.
Schätzellit = Sylvin.
Schaumburger Diamant = Bergkrystall.
Schaumerde, feinschuppiger, welcher Aphrit.
Schaumgyps, V. feinschuppig.
Schaumkalk = Aphrit.
Schaumopal = Schwimmstein.
Schaumspat, festere V. v. Aphrit.
Schaumwad, V. schuppig, krystallin.
Scheelbleispat = Stolzit.
Scheelerz = Scheelit.
Scheelit.
Scheelitine = Stolzit.
Scheelsäure = Tungstit.
Scheelsaures Blei = Stolzit.
Scheelspat = Scheelit.
Scheererit; Uznach; Redwitz, s. Org. Verbdg.
Schefferit; Långban; s. Pyroxengruppe.
Scherbenkobalt = Arsen.
Schererit = Scheererit.
Schernikit, V. Muscovit, faserig-prismatisch; Haddam Neck.
Schertelit (Schertalit), $Mg[NH_4]_2H_2[PO_4]_2 \cdot 4 H_2O$ in Guano; Ballarat.
Schieferkohle, V. Schwarzkohle, deutl. geschichtet.
Schieferspat = Argentin.
Schilfglaserz = Freieslebenit.

Schillerquarz = Quarzkatzenauge.
Schillerspat (-stein) = Bastit.
Schirmerit (Genth); Colorado.
Schirmerit (Endlich), enth. Te, Au, Ag, Fe (Gem.).
Schizolith; Grönland, s. Pyroxengruppe.
Schlackenkobalt = Safflorit.
Schlangenalabaster = Gekrösestein.
Schlanit, Bestandteil d. Anthrakoxens.
Schmelzstein = Dipyr.
Schmirgel, V. Korund, körnig, unrein.
Schmöllnitzit = Ferropallidit.
Schnallenstein = Topas.
Schneckentopas = Topas v. Schneckenstein.
Schneebergit; FN., Tirol.
Schneiderit = Laumontit v. Monte Catini.
Schoarit = Schoharit.
Schoenit (Schönit) = Pikromerit.
Schoepit = Becquerelit.
Schoharit, V. Baryt, faserig, SiO_2-h.; N. Y.
Schokoladenstein, Gem. versch. Mn.-Min.; Huelva.
Schörl, s. Turmalingruppe.
Schorlit, pt. = Schörl.
Schorlit, pt. = Pyknit.
Schorlomit; Magnet Cove s. Granatgruppe.
Schottischer Topas = Rauchquarz.
Schraufit, foss. Harz, hyazinthrot; Wamma.
Schrifterz (-tellur) = Sylvanit.
Schröckingerit, wassh. Oxycarbonat v. U, rhom.?, grüngelb; Joachimsthal.
Schrötterit, Gem. v. Halloysit und Variscit.
Schuchardtit, ähnl. Pimelit, reicher an Mg u. Fe.
Schultenit, auf Bayldonit; Tsumeb.
Schulzenit, Cu-h. Heterogenit; Chile?
Schulzit = Geokronit.
Schungit, amorpher C zw. Graphit u. Anthracit.

Schuppenglanz = Lepidolamprit.
Schuppenstein = Lepidolith.
Schützit = Coelestin.
Schwartzembergit; Paposo; Sierra Gorda.
Schwarzbleierz, V. Ccrussit, dunkel.
Schwarzbraunstein, pt. = Psilomelan, pt. = Klipsteinit, pt. = Hausmannit.
Schwarzeisenerz = Mackensit.
Schwarzer Granat, pt. = Melanit, pt. Pyrop.
Schwarzerz, pt. = Stephanit, pt. = Tetraedrit; pt. Limonit, ps. n. Siderit.
Schwarzgültigerz = Stephanit.
Schwarzharz = Stantienit.
Schwarzkohle, s. Org. Verbdg.
Schwarzkupfererz = Melaconit.
Schwarzmanganerz, pt. = Psilomelan, pt. =Hausmannit.
Schwarzsilberglanz = Stephanit.
Schwarzspießglanzerz = Bournonit.
Schwatzit (Schwazit) = Spaniolith v. Schwaz.
Scheelkohle = Pyropissit.
Schwefel.
Schwefelantimonblei = Boulangerit.
Schwefelkies, pt. =Pyrit, pt. = Markasit.
Schwefelkobalt = Linnaeit.
Schwefelmangan = Alabandin.
Schwefelnickel = Millerit.
Schwefelquecksilber = Zinnober.
Schwefelselen = Selenschwefel.
Schwefelsilber = Argentit.
Schwefeltellurwismut = Tetradymit.
Schweizerit, V. Serpentin, grüngelb, meist striemig.
Schwerbleierz = Plattnerit.
Schwerspat = Baryt.

Schwerstein = Scheelit.
Schweruranerz = Uraninit.
Schwimmkiesel (-stein), V. Opal, schwammig.
Scorilith, wahrsch. = vulk. Glas.
Scoulerit = Faröclith v. Antrim.
Scovillit = Rhabdophan v. Salisbury, Conn.
Searlesit, $NaB[SiO_3]_2 \cdot H_2O$, weiße Sphaerolithen; FN. Cal.
Sebesit = Tremolit v. Sebes.
Seebachit, pt. = Phakolith v. Richmond; pt. = Selenquecksilberkupferblei.
Seebernstein, Seestein = Bernstein a. d. Meere.
Seeerz i. Seen gebild. Limonit.
Seelandit, V. Pickeringit v. Lölling.
Seesalz = Kochsalz, aus dem Méere gewonnen.
Sefströmit, wahrsch. = Davidit.
Seidenspat = Atlasspat.
Seifenstein, pt. = Saponit (Svanberg), pt. = Speckstein.
Seifenzinn, Kassiteritgerölle auf secund. Lagerstätte.
Seladonit, Hydrosilicat v. Fe, Mg, K (ähnl. Glaukonit), versch. grün; bes. in Mandelsteinen.
Selbit, Gem. v. Argentit, Dolomit usw.
Selen soll i. d. Natur beobachtet worden sein.
Selenblei = Clausthalit.
Selenbleikupfer = Zorgit.
Selenbleisilber = Naumannit.
Selenbleispat = Kerstenit.
Selenbleiwismutglanz = Weibullit.
Selencuprit = Berzelianit.
Selenit = Gyps.
Selenkobaltblei, Gem. v. Clausthalit, Kobaltit u. Haematit.
Selenkupfer = Berzelianit.
Selenkupferblei = Zorgit.
Selenkupfersilber = Eukairit.

Selenmerkur = Tiemannit.
Selenobismutit (Vernadsky) = Guanajuatit.
Selenobismutit (Wherry), angebl. Bi_2Se_3, rhom.
Selenolith, angebl. natürl. SeO_2.
Selenpalladium = Allopalladium.
Selenquecksilber = Tiemannit.
Selenquecksilberblei = Lerbachit.
Selenquecksilberkupfer, Selenquecksilberkupferblei, wahrsch. Gem. v. HgSe, PbSe m. einem Cu-Selenid; Tilkerode.
Selenschwefel, isomorphe Mischung v. S u. Se, orange; Vulcano usw.
Selenschwefelquecksilber = Onofrit.
Selensilber = Naumannit.
Selensilberglanz = Naumannit.
Selentellur, natürl. Legierung (Se:Te = 3:2), grauschwarz; Honduras.
Selenwismutglanz = Guanajuatit.
Seligmannit; Binnental.
Sellait; Gebroulaz-Gletscher.
Selwynit, Al-Silicat m. Cr, Mg, H_2O, grün; Victoria.
Semelin, V. Titanit; Laachersee.
Semi-Whitneyit, Cu-r. Cu-Arsenid (bis $Cu_{20}As$); Mohawk Mine.
Semseyit; Felsöbánya usw.
Senait; Diamantina.
Senarmontit.
Sepiolith.
Serbian = Miloschin.
Serendibit; Ceylon.
Sericit, V. Muscovit, feinschuppig, seidenglänzend.
Serikolith = Atlasspat.
Serpentin.
Serpentinasbest, V. Serpentin, faserig.
Serpierit, 3 (Cu, Zn, Ca) O . $SO_3 \cdot 3 H_2O$, rhom., blaugrün; Laurion.
Serra-Massik = Massikstein.
Serrastein = streifiger Chalcedon.

Sesquimagnesiaalaun, wahrsch. Gem. v. Pickeringit u. Mendozit; Chile.
Settlingit, foss. Harz; Settling Stones.
Severit = Lenzinit v. St. Sever.
Sexangulit, wahrsch. = Blaubleierz.
Seybertit, s. Sprödglimmergruppe.
Shannonit, ident. m. d. künstl. β-Ca_2SiO_4; in Eudialyt-Nephelinbasalt; FN. Tasmanien.
Shattuckit, $2 CuO . 2 SiO_2 . H_2O$, nahe Dioptas; Bisbee.
Shepardit (Brooke) = Brucit.
Sheridanit, $H_6Mg_3Al_2Si_2O_{13}$, talkähnl. Chlorit, am nächsten d. Leuchtenbergit; FN. Wyoming.
Siberit, V. Achroit, rosenrot.
Sibirischer Aquamarin, V. Beryll, grünlichblau.
Sibirischer Rubin = Siberit.
Sibirischer Topas, V. Topas, lichtblau.
Sibirischer Turmalin = Siberit.
Sicilianit = Coelestin.
Sicklerit, $Fe_2O_3 . 6 MnO . 4 P_2O_5 . 3(Li, H)_2O$, d.-braun, spaltb.; Pala.
Siderazot, Fe_5N_2, stahlähnl. auf Ätnalava.
Sideretin = Pitticit.
Siderit, pt. = Spateisenstein.
Siderit, pt. irrtümlich = Saphirquarz.
Siderit (Moll) = Lazulith v. Werfen.
Siderit (Bergmann) = Pharmakosiderit.
Siderit, tonig, V. $FeCO_3$, dicht, m. Ton gemengt.
Sideroborin = Lagonit.
Siderocalcit, V. Dolomit, Fe-h.
Siderochalcit = Klinoklas.
Siderochrom = Chromit.
Siderodot, V. Siderit, Ca-h.; Radstadt.
Sideroferrit, natürl. Eisen in Holzstein.

Sideroklept, Zerspr. v. Olivin? Limburg.
Siderokonit = dichter Kalkstein, gelbbraun.
Sideronatrit; Tarapaca.
Siderophyllit, V. Biotit, sehr Fe-r., schwarz; Pikes Peak.
Sideroplesit, V. Siderit, Mg-h.
Sideropyrit = Pyrit.
Sideroschisolith, V. Cronstedtit v. Brasilien.
Siderosilicit, wahrsch. ein Gesteinsglas.
Siderotantal = Ferrotantalit.
Siderotil (Siderotyl), $FeSO_4 . 5 H_2O$, gelbl. strahlig; Idria.
Sideroxen = Hessenbergit.
Siegburgit, foss. Harz m. Sand Konkretionen bildend.
Siegelerde, bolartiger, milder Ton, grau, gefleckt (früher Heilmittel); Lemnos; Sachsen.
Siegelstein = Magnetit.
Siegenit = Polydymit; FN.
Sigterit (Sigtesit), Gem. v. Albit u. Elaeolith; Sigtesö.
Silaonit = Guanajuatit m. Bi gem.
Silber.
Silberamalgam = Amalgam.
Silberantimonglanz = Miargyrit.
Silberfahlerz = Freibergit.
Silberglanz = Argentit.
Silberglanz, biegsam = Sternbergit.
Silberhornerz = Kerargyrit.
Silber-Jamesonit = Owyheeit.
Silberkerat = Kerargyrit.
Silberkies, pt. = Argentopyrit.
Silberkiese, Gruppenname, umfassend Sternbergit, Argento- u. Argyropyrit, Frieseit.
Silberkupferglanz = Stromeyerit.
Silberphyllinglanz, fragl. Min., nahe Nagyagit.
Silberschwärze, V. Argentit, erdig.

Silberspießglanz = Dyskrasit.
Silberwismutglanz = Matildit.
Silesit, Sn-Silicat, koll.?, chalcedonähnl., gelb; Bolivien.
Silex (der Steinschleifer) = roter u. brauner Kugeljaspis.
Silfbergit, V. Dannemorit v. Væster Silfberg.
Siliciophit = Serpentin m. Opal imprägniert.
Silicit = Labradorit.
Silicoborocalcit = Howlith.
Silicomagnesiofluorit, $H_2Ca_4Mg_3Si_2O_7F_{10}$, grau, grünl., bläul. radialfaserig; Lupikko.
Sillböllt = Aktinolith, radialfaserig, grau; FN.
Sillimanit.
Silvestrit = Siderazot.
Silvialith = Sulfatskapolith.
Simetit, foss. Harz, nahe Bernstein; Sizilien.
Simlait = Meerschaluminit.
Simonellit, $C_{15}H_{20}$, weiß, Kryst. auf Lignit; Fognano.
Simonyit, V. Blödit, Hallstatt.
Sincosit; FN. Peru.
Sinkanit, Gem. ähnl. Johnstonit; Neu-Sinka.
Sinopel = roter Jaspis m. Pyriteinschlüssen.
Sinopit, ziegelroter Ton v. Anatolien, liefert Pompejanischrot.
Sinterkohle, V. Schwarzkohle, in der Hitze sinternd.
Sipylit; Virginien.
Sismondin, V. Chloritoid, d.-grün; St. Marcel usw.
Sisserskit = Iridosmium.
Sitaparit, $9 Mn_2O_3 . 4 Fe_2O_3 . MnO_2 . 3 CaO$, d.-bronzefarb.; Indien.
Sjögrenit, $5 Fe_2O_3 . 3 P_2O_5 . 8 H_2O$, trik. ?, braun; Cornwall.
Sjögrufvit, angebl. $Fe(Mn, Ca, Pb)_3[AsO_4]_3 . 3 H_2O$, gelb bis rot; FN.
Skapolithgruppe.

Skapolith (im Sinne Tschermaks) d. trüben Mizzonite.
Skemmatit, 3 MnO$_2$. 2Fe$_2$O$_3$. 6H$_2$O, schwarz, metall., viell. psilomelanart. Zerspr. v. Pyroxmangit.
Sklagit, Fe$_3^{II}$Fe$_2^{III}$[SiO$_4$]$_3$, V. Granat; Indien.
Sklavendiamanten = farblose Topasgeschiebe.
Skleretinit, foss. Harz, schwarz, Wigan.
Skleroklas (Petersen) = Dufrenoysit.
Skleroklas (Rath u. Waltershausen) = Sartorit.
Sklerospathit, wassh. Sulfat v. Fe u. Cr (nahe Knoxvillit?).
Sklodowskit, MgO . 2 UO$_3$. 2 SiO$_2$. 7 H$_2$O, gelb, nadelig (wahrsch. Mg-Uranotil); Chinkolobwe.
Skogböllit = Tapiolith.
Skolexerose, fast NafreierSkapolith v.Pargas.
Skolezit.
Skolopsit = veränd. Hauyn, l.-grau, Gem.; Kaiserstuhl.
Skorodit.
Skorza, V. Epidot, als Sand; Aranyosfluß.
Skotiolith, V. Hisingerit, Mg-r.; Orijärfvi.
Skutterudit; FN.
Slavikit, (Na, K)$_2$SO$_4$. Fe$_{10}$[OH]$_6$[SO$_4$]$_{12}$. 63 H$_2$O, trig., gelb; Sbřivan.
Sloanit, zwflh. Zeolith, weiß; radialfaserig; Mte. Catini.
Smaltin, Smaltit.
Smaragd, V. Beryll, tiefgrün.
Smaragdfluß = grüner Fluorit.
Smaragdit, nahe Aktinolith, grasgrün; in Eklogit, Gabbro.
Smaragdmalachit = Euchroit.
Smaragdmutter, pt. = Gestein m. Smaragdäderchen.
Smaragdmutter, pt. = Prasem, auchSmaragdit.
Smaragdochalcit = Atakamit u. Dioptas.

Smaragdolin = Glasfälschung v. Smaragd.
Smectit (Breithaupt), grüner Ton v. Cilli; gehört zur Walkererde.
Smectit (Salvetat), V. Halloysit, grünl.; Condé.
Smegmatit = V. Montmorillonit, weiß; Plombières.
Smelit, V. Kaolin, seifig; Telkibánya.
Smirgel = Schmirgel.
Smithit; Binnental.
Smithsonit (Beudant).
Smithsonit (Brooke u. Miller) = Hemimorphit.
Snarumit, pt. veränd. Anthophyllit.
Snarumit, pt. nahe Spodumen?
Sobralit, (Mn, Fe, Ca, Mg)SiO$_3$, am nächsten d. Eisenrhodonit u. Pyroxmangit; Tunaberg.
Soda.
Soda-Anorthit usw. siehe Natron-Anorthit usw.
Sodait = Skapolith.
Sodalith.
Soddit (richtiger Soddyit); Kasolo (Chinkolobwe).
Soimonit, V. Korund in Goldsand; Slatoust.
Solfatarit, pt. = Alunogen.
Solfatarit, pt. = Mendozit.
Sombrerit = Kollophan (Rogers).
Somervillit (Brooke) = Melilith, gelb; Vesuv.
Somervillit (Dufrenoy) = Chrysokolla (angebl. CuSiO$_3$. 4 H$_2$O); Somerville.
Sommairit, V. Melanterit, Zn-h.; Laurion.
Sommait = Leucit.
Sommarugait = Gersdorffit; Oravicza;Rézbánya.
Sommervillit = Somervillit.
Sommit = Nephelin.
Sonnenopal = Feueropal.
Sonnenstein, V. Oligoklas m. rot metallischem Schiller.
Sonomait, 3 MgSO$_4$. Al$_2$(SO$_4$)$_3$. 33 H$_2$O, farbl.; Sonoma Co. Col.
Sordawalit, vulk. Glas.
Soretit, V. Hornblende v. Koswinsky, Ural.

Soucsit, nahe Awaruit; Brit. Columbien.
Soumansit, F-Phosphat v. Al, Na m. H$_2$O, tetr. ?, farblos; Montebras.
Spadait; Capo di Bove.
Spandit, V. Granat zw. Spessartin u. Andradit; Indien.
Spangit = Phillipsit; Capo di Bove.
Spangolith; Arizona; Cornwall.
Spaniolith, Fahlerzgruppe.
Spanischer Smaragd = guter Smaragd.
Spanischer Topas = rotbraun gebrannter Quarz.
Spargelstein, V. Apatit spargelgrün.
Spartait, V. Calcit, Mn-h.; Franklin.
Spartalith = Zinkit.
Spateisenstein = Siderit.
Spathiopyrit = Safflorit.
Speckstein, pt. = Steatit.
Speckstein, pt. = Pinit.
Specularit = Haematit.
Speculit, Ag-Au-Tellurid, ähnl. Sylvanit; Kalgoorlie.
Speerkies = Markasit (in Wendezwillingen).
Speiskobalt = Smaltit.
Speiskobalt, grau, pt. = Safflorit, pt. = Smaltit.
Spencerit (Walker); b. Salmo, Britisch-Columbien.
Spencerit (Hlawatsch), künstl. Fe$_3$C, rhomb.
Sperrylith; Sudbury.
Spessartin, s. Granatgruppe.
Spezialit, V. Amphibol zw. Barkevikit u. grüner Hornblende; Traversella.
Sphaerit; St. Benigna.
Sphaerodesmin = Sphaerostilbit.
Sphaerokobaltit; Schneeberg, S.
Sphaeromagnesit, V. in rosettenf. Aggregaten in körnig. Magnesit; Eichberg.
Sphaerosiderit, V. Siderit, traubig.
Sphaerosiderit, toniger = toniger Siderit in Konkretionen.

Sphaerostilbit, V. Desmin, perlm. Kugeln; Färöer.
Sphalerit.
Sphen, V. Titanit, grün, bräunlich.
Sphenoklas, Gem. v. Granat u. Diopsid; Gjellebäk.
Sphenomanganit = Manganit m. deutl. Hemiedrie.
Sphragidit = Siegelerde.
Spiauterit = Wurtzit.
Spiegelglanz = Wehrlit.
Spießglanz = Antimon.
Spießglanzblei = Bournonit.
Spießglanzblende = Kermesit.
Spießglanzocker = Cervantit.
Spießglanzsilber = Dyskrasit.
Spießglas = Antimon.
Spießglaserz = Antimonit.
Spinell.
Spinellan = Nosean.
Spinellin = Titanit.
Spinthère = Titanit, auf Calcit; Dauphiné.
Spodiophyllit; Narsarsuk.
Spodiosit; Nordmarken.
Spodumen, s. Pyroxengruppe.
Spodumen β- = Gem. v. Eukryptit u. Albit.
Spodumenamethyst = Kunzit.
Spodumensmaragd = Hiddenit.
Sporogelit = ´-Kliachit.
Spreustein, V. Natrolith, wirrfaserig, ps. n. Sodalith.
Sprödglaserz, pt. = Stephanit, pt. = Polybasit.
Sprödglimmergruppe.
Sprudelstein, V. Aragonitsinter; Karlsbad.
Spurrit; Mexiko.
Staarstein = Holzstein m. Gefiederzeichnung.
Stachelbeerstein = Grossular.
Staffelit, V. Francolith, faserig; Staffel.
Stagmalith, umfaßt Stalaktit u. Stalagmit.
Stahlerz, pt. V. Zinnober, derb, grau, pt. Ag-h. Mispickel?

Stahlkobalt = Ferrocobaltit.
Stahlstein = Siderit.
Stalagmit, V. Tropfstein (von unten gewachsen).
Stalaktit, V. Tropfstein (von oben gewachsen).
Stanekit, in Alkohol unlösl., Teil d. Pyroretins.
Stängelkobalt = Chloanthit.
Stangenkohle, V. Schwarzkohle d. vulk. Einfluß stengelig.
Stangenschörl, weißer = Pyknit.
Stangenspat, V. Baryt, stengelig.
Stangenstein = Pyknit.
Stannin, Stannit (Beudant).
Stannin (Breithaupt) = Kassiterit, ps. n. Orthoklas.
Stanniolith = Kassiterit.
Stantienit, foss. Harz, schwarz, Bernsteinbegleiter.
Stanzait = Andalusit v. Stanzen.
Starlit, blauer Zirkon v. Siam, als Schmuckstein.
Starolit, Juwelier HN. f. Quarzasterien.
Stasit = Dewindtit.
Stassfurtit, V. Boracit dicht, erdig.
Staszicit (Staszycyt), $R_3[AsO_4]_2 \cdot 2 R[OH]_2$, R = Ca, Cu, Zn, dicht, gelbl.-grün; Miedzianka.
Staurolith (Delamétherie).
Staurolith (Kirwan) = Harmotom.
Stealit = Chiastolith, durchschnitten, als Schmuckstein.
Steargillit, V. Montmorillonit, weiß, gelb; Virolet.
Steatargillit, nahe Delessit, grünl.; b. Ilmenau.
Steatit, V. Talk, dicht.
Steatoid = Serpentin, ps. n. Olivin; Snarum.
Steeleit, Steelit = verand. Mordenit, Knollen in Ton; Blomidon.
Steenstrupin; Kangerdluarsuk.
Steinheilit = Cordierit v. Orijärfvi.
Steinkohle = Schwarzkohle.

Steinmannit, V. Galenit, angebl. As u. Sb-h.; Příbram, auch Galenit in Oktaedern; Příbram.
Steinmark, pt. V. Kaolin, kompakt, pt. V. Halloysit.
Steinöl = Petroleum.
Steinsalz.
Stellarit; V. Asphalt v. Nova Scotia.
Stellerit; Komandorinseln.
Stellit = Pektolith.
Stelznerit = Antlerit; Remolinos.
Stephanit.
Stephanstein = Punktachat.
Stercorit; Guañape usw.
Sterlingit (Alger) = Zinkit.
Sterlingit (Cooke), V. Damourit v. Sterling, Mass.
Sternachat, V. m. sternförm. Figuren.
Sternbergit.
Sternquarz, V. radialstrahlig; Starkenbach usw.
Sternrubin, V. m. Asterismus.
Sternsaphir, V. m. Asterismus.
Sternsteine, zeigen vier- oder sechsstrahligen Lichtstern.
Stetefeldtit, nahe Partzit; Nevada.
Stevensit = Talk, ps. n. Pektolith.
Stewartit (Sutton), V. Bort = Eisenbort, magnetisch; Kimberley.
Stewartit (Schaller), viell. $Mn_3[PO_4]_2 \cdot 4 H_2O$, trik. farbl. bis gelb; Pala.
Stiberit = Ulexit.
Stibiaferrit, Gem. v. Antimonocker, Limonit u. Quarz.
Stibianit, $Sb_2O_5 \cdot H_2O$, gelbes Zerspr. v. Antimonit; Victoria.
Stibiatil, zwflh. Mn-Fe-Antimoniat, schwarz; Sjögrube.
Stibiconit, $Sb_2O_4 \cdot H_2O$, gelbl., rötl.-weiß.
Stibiobismuthinit, $(Bi, Sb)_4 S_7$, langsäulige Agg; Sonora.
Stibiocolumbit, V. Stibiotantalit m. Nb > Ta.

Stibiodomeykit, V. Sb-h.;
  Mohawk Mine.
Stibioferrit = Stibiaferrit.
Stibiogalenit = Bindheimit.
Stibiohexargentit, V. Dyskrasit (Ag_3Sb).
Stibioluzonit = Antimonluzonit.
Stibioniobit = Stibiocolumbit.
Stibiotantalit; Greenbushes; Mesa Grande.
Stibiotriargentit, V. Dyskrasit (Ag_3Sb).
Stiblith = Stibioconit.
Stibnit = Antimonit.
Stichtit, $2\,MgCO_3$.
  $5\,Mg[OH]_2$. $2\,Cr[OH]_3$.
  $4\,H_2O$, blättrig, lila;
  Dundas.
Stilbit = Heulandit (deutscher Gebrauch).
Stilbit = Desmin (engl. u. franz. Gebrauch).
Stillolith = Fiorit.
Stilpnochloran; Gobitschau.
Stilpnomelan, s. Chloritgruppe.
Stilpnosiderit, V. Limonit, schlackig.
Stinkfluß, V. Fluorit, schwarzblau; Wölsendorf.
Stinkkalk (Stinkstein), V. Kalkstein, bituminös.
Stinkkohle = Dysodil.
Stinkquarz, V. bituminös.
Stirian, V. Markasit, Ni-h.; Steiermark.
Stirlingit = Roepperit.
Stöchiolith = Dyskrasit.
Stoffertit, nahe Brushit, mon. gelbl.; Mona.
Stokesit; Cornwall.
Stolberger Diamant = Bergkrystall.
Stolpenit, V. Montmorillonit; Stolpen.
Stolzit.
Strahlbaryt, V. strahlig.
Strahlenblende = Wurtzit.
Strahlenkupfer = Klinoklas.
Strahlerz = Klinoklas.
Strahlit = Strahlstein.
Strahlkies, V. Markasit, knollig, faserig.
Strahlstein, pt. = Aktinolith, pt. = Epidot.
Strahlstein, glasig = Diopsid.

Strahlzeolith = Desmin.
Strakonitzit, zers. Pyroxen, nahe Steatit, gelbgrün.
Straß = Glas für Edelsteinimitationen.
Stratopeit = Zerspr. v. Rhodonit, pechschwarz; Pajsberg.
Strelit = Anthophyllit.
Strengit,
Striegisan = Wavellit v. Langenstriegis.
Strigovit (Striegovit), ein Leptochlorit, nahe Thuringit.
Stroganovit = V. Skapolith v. Sljudjanka.
Strohstein = Karpholith.
Stromeyerit.
Strömit = Rhodochrosit.
Stromnit (Strommit), V. Strontianit m. Baryt gem.
Strontianit.
Strontianocalcit, V. Calcit, Sr-h.; Girgenti.
Strontiohitchcockit = Hamlinit als Glied d. Hitchcockit-Reihe.
Strüverit (Brezina) = Chloritoid.
Strüverit (Zambonini); Craveggia.
Struvit; Hamburg usw.
Stübelit; Lipari.
Studerit, V. Tetraedrit, Zn, As-h.; Wallis.
Stützit; Nagyag?
Stüvenit, wahrsch. Mischung v. Mendozit u. Pickeringit; Copiapo.
Stylobat (Stylobit) = Gehlenit.
Stylotyp, Stilotypit; Copiapo.
Stypterit = Alunogen.
Stypticit = Fibroferrit.
Subdelessit = Delessit.
Subhydrocalcit = Trihydrocalcit.
Succinellit, Bernsteinsäure aus Succinit gewonnen.
Succinit = Bernstein.
Succinit (Bonvoisin), V. Hessonit, bernsteinfarb.
Sulfatallophan, ähnl. Kieselaluminit;
Schwelm.
Sulfatapatit, V. m. SO_3-Gehalt neben F u. Cl.
Sulfatcancrinit, V. SO_3-h.

Sulfatmarialith,
  Na_2SO_4 . $3\,NaAlSi_3O_8$, hypoth. Molekül i. d. Skapolithgr.
Sulfatmejonit,
  $CaSO_4$. $3\,CaAl_2Si_2O_8$, hypoth. Molekül i. d. Skapolithgr.
Sulfatskapolith, V. SO_3-h.
Sulfoborit (Sulphoborit); Westeregeln.
Sulfohalit (Sulphohalit); Borax Lake.
Sulfuricin, poröses SiO_2, imprägn. m. S u. SO_3; Griechenland.
Sulfurit, pt. natürl. amorpher Schwefel, pt. natürl. S. überhaupt.
Sulphatit, natürl. Schwefelsäure.
Sulvanit; Südaustralien.
Sumpferz, i. Sümpfen gebild. Limonit.
Sundtit = Andorit v. Oruro.
Sundvikit, V. Anorthit, farblos; Nordsundvik.
Sursassit, $5\,MnO$.$2\,Al_2O_3$. $5\,SiO_2$. $3\,H_2O$, kupferrot, faserig; Val d'Err.
Susannit (Suzannit), V. Leadhillit, angebl. trig.
Sussexit,
  $(Mn,Mg,Zn)_3B_2O_5$.H_2O, gelbl., asbestartig; Franklin.
Svabit; Harstigen; Jakobsberg.
Svanbergit (Igelström); Horrsjöberg; Westanå.
Svanbergit (Shepard) = Iridium.
Swedenborgit; Långban.
Sychnodymit = Carrollit; Siegen.
Syepoorit = Jaipurit.
Syhadrit (Syhedrit) = Desmin.
Sylvan, gediegen = Tellur.
Sylvanit (Necker).
Sylvanit (Kirwan) = Tellur.
Sylvin (Sylvit).
Sylvinit = Gemenge v. Sylvin u. Steinsalz.
Symplesit.
Synadelphit; Mossgrube.
Synchysit (Synkysit) = Parisit; Narsarsuk.
Syngenit; Kalusz.
Syntagmatit (Breithaupt) = schwarze Hornblende v. Vesuv.

Syntagmatit (Scharizer) = basaltische Hornblende v. Jan Mayen.
Synthetische Edelsteine = künstl. erzeugte, m. d. Eigensch. d. echten.
Syrischer Granat = Almandin.
Sysserskit = Sisserskit.
Szabóit = Hypersthen; Aranyer Berg usw.
Szajbélyit; Rézbánya.
Szászkait, angebl. ZnS_2 oder $CdS.ZnS$; FN.
Széchényit, Na-Amphibol, diallagähnl.; Zentralasien.
Szmikit; Felsöbánya.
Szomolnokit = Schmöllnitzit.

Tabbyit, elastisch. Bitumen nahe Elaterit; Uinta; HN.
Tabergit, Gem. v. Pennin u. Phlogopit, blaugrün; FN.
Tachert, Ton v. Ober-Fucha.
Tachhydrit, Tachyhydrit; Staßfurt.
Tachyaphaltit, veränd. Zirkon; Kragerö.
Tachylyt, ein basaltisches Glas.
Taeniolith = Tainiolith.
Taenit (Hitchcock), V. Feldspat, gestreift.
Tafelspat = Wollastonit.
Tagilit, FN; Ullersreuth usw.
Tainiolith; Narsarsuk.
Talcit (Kirwan) = dichter Talk.
Talcit (Thomson) = Damourit.
Talcoid, V. Talk v. Preßnitz.
Talcosit, talkähnl., weiß, in Selwynit; Victoria.
Talk.
Talkapatit, zers. Apatit. Mg-h.; Ural.
Talkchlorit, zw. Talk u. Chlorit (Gem.?); Traversella.
Talkeisenerz, V. Magnetit, Mg-h.; Sparta, N. J.
Talkerdealaun = Pickeringit.
Talkhydrat = Brucit.
Talkknebelit, V. Mg-h.; Hillängs.
Talkspat = Magnesit.

Talkspinell = Spinell.
Talksteinmark = Myelin;
Talktriplit, V. Mg-h.; rötl.; Horrsjöberg.
Tallingit, nahe Atakamit; Botallack.
Taltalit, V. Turmalin, schwarz, strahlig; Taltal.
Tamanit = Anapait.
Tamarit = Chalkophyllit.
Tamarugit, Na_2SO_4 . $Al_2[SO_4]_3$. $12H_2O$, farblos, faserig; Tarapaca.
Tammelatantalit = Tapiolith.
Tammit, graues Pulver, 88% W, 5·6% Fe (künstl.?).
Tangawait (Tangiwai), nahe Bowenit; Neuseeland.
Tangeit, $2CaO.2CuO.V_2O_5.H_2O$, faserig, d.-olivgrün; Tjujamujun.
Tankit, V. Anorthit grau; Arendal; auch als Chiastolith u. Xenotim angegeben.
Tannenit = Emplektit.
Tantal, dunkles kryst. Pulver, tess.; Ural; Altai.
Tantalit.
Tantalocker, brauner Ocker auf Tantalit; Somero.
Tapalpit; S. Rafael, Mex.
Tapiolith; Tammela.
Taramellit = Candoglia.
Taramit, Na-Fe-Amphibol i. Mariupolit; Ukraine.
Taranakit, wassh. Phosphat v. Al, Fe, K, wavellitähnl.; Neuseeland.
Tarapacait, K_2CrO_4, gelb, in Caliche; Chile.
Taraspit, V. Dolomit, grün, sinterartig; FN.
Tarbuttit; Rhodesia.
Targionit, V. Galenit, Sb-h.; Argentiera.
Tarnowitzit, V. Aragonit, Pb-h.; FN.
Tartüffit, stengliger Kalk; Mte. Viale.
Tasmanit; FN, s. Org. Verbdg.
Tatarkit, $(Na, K)_2O$. $11(Mg, Fe)O$. $13 Al_2O_3$. $30 SiO_2$. $19 H_2O$, d.-grau i. Kalk; FN.

Taurischer Topas, V. lichtblau.
Tauriscit, angebl. $FeSO_4.7H_2O$, rhom.; Windgälle.
Tautoklin, V. Ankerit, grauweiß; Freiberg.
Tautolith = Allanit.
Tavistockit, $Ca_3P_2O_8$. $2Al[OH]_3$, weiß, perlm.; FN.
Tawmawit, V. Epidot, Cr-h.; FN. Birma.
Taylorit (Dana), $5 K_2SO_4 [NH_4]_2SO_4$, gelblichweiß; Chincha-Inseln.
Taylorit (Knight) = Bentonit.
Taznit, Gem. v. Wismutocker m. versch. Substanzen, gelb; Bolivien.
Teallit; Bolivien.
Tekoretin, nahe Fichtelit (Bestandt. e. Harzes v. Holtegaard).
Tektlcit (Tecticit), V. Alunogen, Fe-h.; Graul.
Telaspyrin, V. Pyrit, Te-h.; Colorado.
Telegdit, fossil. Harz, bernsteinähnl.; Szászcsór, Siebenbürgen.
Télésie (Telesia) = Saphir.
Tellemarkit = Grossular.
Tellur; Faczebaja; Col. usw.
Tellurblei = Atait.
Tellurgoldsilber, pt. = Petzit, pt. = Sylvanit.
Tellurige Säure = Tellurit.
Tellurit; Faczebaja; Col. usw.
Tellurnickel = Melonit.
Tellurobismuthit = Tellurwismut.
Tellurocker = Tellurit.
Tellurquecksilber = Coloradoit.
Tellursilber (Rose) = Hessit.
Tellursilber (Pctz) = Petzit.
Tellursilberblei = Sylvanit.
Tellursilberblende = Sylvanit.
Tellursilberglanz = Hessit.
Tellursulphur, V. Schwefel, Te-h.; Japan.
Tellurwismut; Virginien; Georgien usw.

Tellurwismutsilber = Tapalpit.
Temiskamit, wahrsch. = Maucherit; FN. Ontario.
Tengerit, Y-Carbonat, weiß, pulvrig; Llano Co.
Tennantit, s. Fahlerzgruppe.
Tenorit; Vesuv; Ducktown usw.
Tephroit; Franklin; Pajsberg usw.
Tephrowillemit = Troostit, braungrau; Franklin.
Tequezquite (Tequixquitl), Gem. v. Na_2CO_3, NaCl usw., Effloreszenz; Mexiko.
Teratolith, magerer Bol, lavendelblau; Planitz.
Terenit, nahe Algerit; Antwerp, N. Y.
Terlinguait; FN.
Termanit = Tannenit.
Termierit, halloysitähnl. Ton, SiO_2-r.; Miramont.
Ternärbleierz = Leadhillit.
Terpizit = Kieselsinter.
Terra di Siena = Hypoxanthit.
Terra Lemnia = Siegelerde.
Terra miraculosa = Teratolith.
Terra sigillata = Siegelerde.
Teruelit, V. Dolomit, schwarz; Teruel.
Teschemacherit; in Guano.
Tesselit, V. Apophyllit; Faröer.
Tesseralkies = Skutterudit.
Tetartin = Albit.
Tetradymit; Zubkau; Oravicza usw.
Tetraedrit, s. Fahlerzgruppe.
Tetragophosphit, nahe Lazulith; Horrsjöberg.
Tetraphylin = Triphylin.
Texalith = Brucit.
Texasachat = Jaspachat.
Texasit = Zaratit.
Thalackerit, V. Anthophyllit m. Metallschimmer; Grönland.
Thalenit; Österby.
Thalheimit = Arsenopyrit.
Thalit = Saponit.
Thallit = Epidot.

Thalliumselenid = Crookesit.
Thalliumsulfür, Tl_2S, soll angebl. beobachtet worden sein.
Thanit, Gem. v. Kainit u. Halit i. Salzlager d. Werradistrikts.
Tharandit, V. Dolomit, Fe-h.; Tharand.
Thaumasit; Jemtland.
Thelit (Theliln), Damours Y-Silicat v. Brasilien.
Thelotit, kohliger Bestandteil d. Bogheadkohle v. Autun.
Thenardit.
Theophrastit = Polydymit.
Thermonatrit.
Thermophyllit, V. Serpentin, schuppig, perlm.; Hoponsuo.
Thetishaar = haarförm. Aktinolith in Bergkrystall.
Thierschit, Ca-Oxalat auf parthenischem Marmor.
Thinolith, Calcit, ps. n. unbek. Min. i. spitzen Pyramiden.
Thiorsault = Anorthit, dsl. in Heklalava; Island.
Thomait = Siderit (angebl. rhom.); Siebengebirge.
Thomsenolith; Evigtok; Pikes Peak.
Thomsonit.
Thorianit; Ceylon.
Thorit; Langesund usw.
Thoriumsilicat = Thorit.
Thorogummit, nahe $2ThSiO_4 \cdot UO_3 \cdot H_2O$, gelbbraun; Llano Co.
Thorotungstit, wassh. Oxyd v. W u. Th, rhom., gelbl.; Pulai, Perak.
Thortveitit; Ljösland, Norwegen.
Thoruranin = Bröggerit.
Thraulit (Traulit), nahe Hisingerit; Bodenmais.
Thrombolith, nahe $Cu_3Sb_2O_8 \cdot 6H_2O$, grün; Rézbánya.
Thuenit, V. Ilmenit; Thuensky, Ural.
Thulit, V. Zoisit, rosa; Souland.
Thumit (Thumerstein), V. Axinit; Thum.

Thuringit, s. Chloritgruppe.
Tiemannit; Harz; Cal.; Utah.
Tiffanit, pt. Kohlenwasserstoff in Diamant.
Tiffanit, pt. = blauweißer Diamant.
Tigerauge, Quarz, ps. n. Krokydolith, braun.
Tilasit (Fluoadelit); Långban.
Tilkerodit = Selenkobaltblei.
Tinkal = Borax.
Tinkalkonit, V. Borax, pulvrig.
Tinkalzit = Ulexit.
Tinzenit, $Al_2O_3 \cdot Mn_2O_3 \cdot 2CaO \cdot 4SiO_2$, mon. gelb, radialblättr.; FN.
Tirolit.
Titanaugit, V. Ti-h.
Titanbiotit = Wodanit.
Titaneisen = Ilmenit.
Titaneisenglimmer, schuppiger Ilmenit in Basalt.
Titanfavas, Gerölle v. TiO_2 in Diamantsanden Brasiliens.
Titanhydroklinohumit, V. Ti-h. ohne F.
Titanioferrit = Ilmenit.
Titanit.
Titanklinohumit = Titanhydroklinohumit.
Titanmagneteisen = Magnetit, Ti-h.
Titanmelanit, nahe Schorlomit;- Kaiserstuhl.
Titanoepidit, V. m. Ti>Zr; Kola.
Titanolivin = Titanhydroklinohumit.
Titanomagnetit, V. Magnetit, Ti-h.
Titanomorphit = Leukoxen.
Tiza = Ulexit.
Tjujamunit, Tjujamujunit; FN. Fergana. Altai.
Tobermorit, nahe Gyrolith, rötl-weiß; Tobermory.
Tocornalit, wahrsch. Gem. v. AgJ u. HgJ_2, gelb; Chañarcillo.
Toddit, viell. U-h. Columbit, schwarz, derb; Sudbury Distr. Ontario.
Tolypit, Fe-r. Chlorit; sächs. Vogtland.

Namenverzeichnis 63

Tombazit, pt. = Gersdorffit, pt. = Pyrit (Lobenstein).
Tomit, Kohle m. Algenstruktur; Tomsk.
Tomosit = Photicit.
Ton (gemeiner) = unr. Kaolin.
Tone, erdige, wassh. Silicate v. Al; Al+K; Al + Fe usw.
Toneisenstein, brauner = Limonit m. Ton gem.
Toneisenstein, roter = Haematit m. Ton gem.
Topas.
Topasasterie, V. Korundasterie, gelb.
Topaskatzenauge, V. Korundgirasol, gelb.
Topassaphir, V. Korund, gelb.
Topazolith, V. Andradit, gelb.
Töpferton, V. Ton, unr., i. d. Hitze verglasend.
Topfstein, Gem. v. Talk u. Chlorit.
Torbanit = Bituminit.
Torberit = Torbernit.
Torbernit.
Torendrikit, Amphibol zw. Richterit, Imerinit u. Glaukophan; FN. Mad.
Torf, s. Org. Verbdg.
Törnebohmit, nahe Cerit; Bastnäs.
Torrelith (Thomson) = Columbit; Middletown.
Torrelith (Renwick), ein roter Jaspis.
Torrensit, Gem. v. Rhodochrosit u. Rhodonit; Pyrenäen.
Totaigit, Zerspr. v. Pyroxen, nahe Serpentin; Totaig.
Tourmalin = Turmalin.
Towanit = Chalkopyrit.
Trainit, unr. gebändert. Variscit; Manhattan; viell. Gem. v. Vashegyit u. Laubanit?
Transvaalit, unr. wassh. Co-Oxyd, schwarz; koll.
Trappeisenerz = Titanomagnetit, derb in Basalt; Unkel usw.
Traubenblei, pt. = Pyromorphit, pt. = Mimetesit.
Trautwinit, unr. Uwarowit; Californien.

Traversellit, pt. = Diopsid; Traversella.
Traversellit, pt. V. Uralit, lockerfaserig.
Traversit = Iddingsit.
Traversoit, V. Chrysokolla, Al- u. Ca-h. blau; Arenas.
Travertin, V. Kalktuff, hart; Tivoli usw.
Trechmannit; Binnental.
Trechmannit, α-, isom. m. Trech., Zusstzg. unbekannt.
Tremenheerit = unr. Graphit.
Tremolit, s. Amphibolgruppe.
Trevorit, (Glied d. Spinellgr.); Transvaal.
Trichalcit, $Cu_3As_2O_8 \cdot 5 H_2O$, spangrün, radialstengl; Beresowsk.
Trichopyrit = Millerit.
Triclasit = Fahlunit.
Tridymit.
Trigonit; Långban.
Trihydrocalcit, $CaCO_3 \cdot 3 H_2O$?, schimmelähnl.; Lublin.
Trimerit; Harstigen.
Trinkerit, foss. Harz, S-h.; Carpano; Gams.
Triphan, V. Spodumen, gelbgrün.
Triphanit, zwfl. Min., nahe Cluthalit.
Triphanspat = Prehnit.
Triphylin, Triphylit.
Triplit.
Triploidit; Branchville.
Triploklas = Thomsonit.
Tripolit = Trippel.
Trippel, V. Opal, erdig, aus Diatomeenresten bestehend.
Trippkeit; Copiapo.
Tripuhyit, $2FeO \cdot Sb_2O_5$?, grünl.-gelb; in Sand; FN.
Tritochorit = Descloizit.
Tritomit; Låven; Arö usw. FN.
Trögerit; Neustädtel usw. Trolleit, $4 Al_2O_3 \cdot 3 P_2O_5 \cdot 3 H_2O$, blaßgrün; Westanå.
Trombolith = Thrombolith.
Trona.
Troostit, V. Willemit, Mn-h.; New Jersey.
Tropfstein, V. Sinter (bes. Kalk-), zapfenförmig.

Trudellit; Tarapaca.
Trüffelstein = Tartüffit.
Truffit, pt. = Tartüffit, pt. = V. faseriger Lignit.
Trümmerachat = Achatbreccie.
Truscottit, $2(Ca, Mg)O \cdot 3 SiO_2 \cdot 1\cdot3 H_2O$, weiß, schuppig; Sumatra.
Tscheffkinit, Tschewkinit.
Tschermakit (Kobell), V. Albit, grauweiß, derb; Bamle.
Tschermakit (Chrustschoff), V. Oligoklas v. Altai.
Tschermigit; FN.
Tschernischewit = Osannit; Ural.
Tsumebit; FN; Südwestafrika.
Tuesit, V. Steinmark, milchweiß; Schottland.
Tuffstein, V. Calcit als poröse Quellenbildung.
Tungspat = Baryt.
Tungstein = Scheelit.
Tungstenit, angebl. WS_2, erdig, blättrig, d.-grau; Utah.
Tungstit, pt. = Scheelit.
Tungstit, pt.
Tunnerit = Zinkmanganerz.
Turanit, $V_2O_5 \cdot 5 CuO \cdot 2 H_2O$, olivgrün; Tjujamujun.
Turgit, Turjit, Turit, feste Lösung v. Goethit .u. Haematit, Strich rot.
Türkis.
Türkis, vom alten Stein = Türkis.
Türkis, vom neuen Stein = Beintürkis.
Turmalingruppe.
Turmalinkatzenauge, V. Turmalin m. Seidenglanz.
Turnerit, V. Monazit, gelbe, glänz. Kr.; aufgewachsen, spaltb. n. (010).
Turpethum minerale, angebl. $(HgO)_3SO_3$. gelb, erdig; Idria (ob natürl.?).
Tuxtlit, Pyroxen zw. Diopsid u. Jadeit.
Tuyamunit = Tjujamunit.
Tychit, ähnl. Northupit, $2 MgCO_3 \cdot 2 Na_2CO_3 \cdot Na_2SO_4$.

Tyreelt, rotes Pulver d. Auflösen v. rot. Marmor erhalten.
Tyrit = Fergusonit.
Tyrolit = Tirolit.
Tysonit = Fluocerit.
Tyuyamunit = Tjujamunit.

Überschwefelblei = Johnstonit.
Uddevallit, V. Ilmenit; Uddevalla.
Uhligit (Hauser); Deutsch Ostafrika.
Uhligit (Cornu), pt. Gelvariscit, pt. Gelfischerit.
Uigit, zwflh. wassh. Al-Ca-Silicat, nahe Prehnit; Skye.
Uintahit, Uintait, V. Asphalt; Utah.
Ulexit, $NaCaB_5O_9 . 8 H_2O$?, weiß, seidenglänz.
Ullmannit.
Ulmit. nahe Humussäure, firnisähnl. a. Sandstein; Neusüdwales.
Ulrichit; typisch Brancheville.
Ultrabasit; Freiberg.
Ultramarin, natürl. = Lasurstein.
Umangit, Cu_3Se_2, derb, d.-rot; Argentinien; Lerbach.
Umbra (v. Cypern) = bolähnl. Gem. v. Fe- u. Mn-Hydroxyd m. Ton.
Umbra, kölnische = Farbe aus Braunkohle bereitet.
Ungarischer Opal = Edelopal.
Ungarisches Katzenauge = Quarzkatzenauge.
Unghwarit = Chloropal.
Unionit = Zoisit v. Unionville.
Uraconit, U-Sulfat, erdig, zitronengelb; Joachimsthal.
Uralit = fascriger Amphibol, ps. n. Pyroxen.
Uralorthit, V. v. Ural.
Uralsmaragd = Turmalin.
Uranatemnit = Uraninit.
Uranblüte = Zippeit.
Uranglimmer, pt. = Torbernit, pt. = Zeunerit.
Urangrün = Uranochalcit.
Urangummi = Gummit.

Uraninit (Uranin), krystallisiert = Ulrichit.
Uraninit, derb = Uranpecherz.
Uranisches Gummierz = Gummit.
Uranisches Pittinerz = Pittinit.
Uranit, pt. = Torbernit.
Uranit, pt. = Autunit.
Urankalkcarbonat, pt. = Liebigit, pt. = Uranothallit.
Uranniobit (Rose) = Samarskit.
Uranniobit (Hermann) = Uraninit.
Uranochalcit, U-Sulfat, grasgrün; Joachimsthal.
Uranocircit; Falkenstein.
Uranocker, pt. = Uraconit.
Uranocker, pt. = Uranopilit.
Uranogummit = Gummit.
Uranophan; Kupferberg usw.
Uranophyllit = Torbernit.
Uranopilit, $CaO . 8 UO_3 . 2 SO_3 . 25 H_2O$, sammtartig, gelb; Joachimsthal.
Uranopissit = Uranpecherz.
Uranospathit, Autunitähnl. wassh. Uranylphosphat, rhomb.; Redruth.
Uranosphärit; Schneeberg, S.
Uranospinit; Neustädtel.
Uranotantal = Samarskit.
Uranothallit; Joachimsthal.
Uranothorit, V. Thorit, U-h.; Champlain, N. Y.
Uranotil, chemisch wie Uranophan, trikl.; Wölsendorf usw.
Uranoxyd = Uraninit.
Uranpecherz; typisch Joachimsthal; J.-Georgenstadt; N.-Car.
Uranvitriol = Johannit.
Urao = Trona.
Urbait = Vrbait.
Urbanit; Långban usw., s. Pyroxengruppe.
Urdit = Monazit v. Nöterö.

Urpethit, talgähnl. Kohlw.; FN.
Uruguaytopas = Quarz, gebrannt, braunrot.
Urusit = Sideronatrit v. Tscheleken.
Urvölgyit = Herrengrun-Usbekit, [dit. $3 CuO . V_2O_5 . 3H_2O$; Fergana.
Ussingit, Kangerdluarsuk.
Utahit, wahrsch. = Karphosiderit; Tintic.
Utahlith, V. Variscit, grün; Cedar Valley.
Uvanit, $2 UO_3 . 3 V_2O_5 . 15 H_2O$, rhom. bräunl.-gelb; Utah.
Uwarowit, Uvarovit, s. Granatgruppe.

Vaalit, vermiculitähnl. Min. in Blaugrund.
Valait, foss. Harz, schwarz; Rossitz.
Valencianit, V. Adular; Mexiko.
Valentinit.
Valléit, V. Anthophyllit, Ca-h.; Edwards, N. Y.
Vallerit, Gem. v. Covellin, Pyrrhotin, Hydrotalkit usw.; Nya-Kopparberg.
Vanadinbleierz = Vanadinit.
Vanadinglimmer = Roscoelith.
Vanadingummit, V. V-h.
Vanadinit.
Vanadinkupferbleierz = Chileit (Kenngott).
Vanadinocker, angebl. Vanadinsäure als gelbes Pulver; Lake Superior.
Vanadioardennit, Endglied d. Ardennitreihe.
Vanadiolaumontit, V.-h.; Fergana.
Vanadiolith, vanadinkieselss. Ca, d.-grün; Baikalsee.
Vanadit = Descloizit.
Vandiestit, Tellurid v. Ag, Bi, Au, Pb, derb; Colorado.
Vanoxit, $2 V_2O_4 . V_2O_5 . 8 H_2O$, schwarze Kr. i. Sandstein; Col.
Vanthoffit, $3 Na_2SO_4 . MgSO_4$, derb, farbl.; Wilhelmshall, Hall, Ischl.

Vanuxemit, Zn-h. Ton (Gem.?); Sterling Hill, N. J.
Vargasit = Pyrallolith v. Sibbo.
Variscit, typisch Utahlite Hill, Utah.
Varvicit, Varvacit, Stufe d. Überganges v. Manganit zu Pyrolusit; Warwickshire.
Vashegyit, 4 Al_2O_3. 3 P_2O_5. 30 H_2O, weiß, meerschaumähnl., FN.
Vasit = Wasit.
Vauquelinit, pt. = Cu-h. Phoenikochroit, derb, zeisiggrün; Beresowsk usw., pt. = Laxmannit.
Vauxit; Llallagua, Bolivien.
Vedrit = Verdit.
Vegasit = Plumbojarosit.
Velardeñit, 2 CaO. Al_2O_3. SiO_2, e. Glied d. Gehlenit-Melilith-Reihe; FN. Mexiko.
Venasquit = Ottrelith v. Venasque.
Vendéennit, foss. Harz a. d. Vendée.
Venerit, tonartiger Chlorit (?) m. CuO imprägniert; Penn.
Venushaarstein = Bergkrystall m. haarförm. Rutileinschlüssen.
Verdit, Fuchsit-h. Ornamentstein; Südafrika; HN.
Verkieseltes Holz, pt. V. Chalcedon (Holzstein), pt. V. Opal (Holzopal).
Vermeille orientale, V. Korund, morgenrot.
Vermeille-Granat = heller Almandin od. Pyrop.
Vermiculitgruppe.
Vermontit = Danait.
Vernadskyit, 3 $CuSO_4$. $Cu[OH]_2$. 4 H_2O, grün; Vesuv.
Veronesische Erde, Veronit = Seladonit.
Verrucit, zwflh. Zeolith; Antrim.
Vesbin, gelbe Krusten auf Vesuvlava, (Pb, $Cu)_6V_2O_9$. (Pb, Cu)[OH]$_2$. 5 H_2O.
Vestan, angebl. trikl. SiO_2 in Melaphyr; Sachsen usw.

Vestanit = Westanit.
Vesuvian.
Veszelyit; Moravicza.
Viandit, V. Geyserit m. viel H_2O; Yellowstone.
Viellaurit, Gem. v. Tephroit u. Rhodochrosit, d.-grau; Pyrenäen.
Vierzonit (Bristow) = Melinit v. Vierzon.
Vierzonit (Grossouvre), pulvriger Opal.
Vietinghofit, V. Samarskit, Fe-h.; Baikalsee.
Vignit, Gem. v. Magnetit, Siderit usw.; Vignes.
Vilateit, Zusstzg. wahrsch. wie Mn-h. Strengit, aber mon. FN.
Villamaninit, angebl. (Cu,Ni.Co,Fe) (S, Se)$_2$, tess., wahrsch. Gem.; FN. Spanien.
Villarsit, veränd. Chrysolith; Traversella.
Villiaumit, NaF, tet., carminrot; Guinea.
Vilnit = Wollastonit v. Vilna.
Violait, stark pleochroitischer Pyroxen, nahe Fedorowit; Kaukasus.
Violan, wesentl. Diopsid, d.-violett; St. Marcel.
Violarit, NiS_2, violettgrau; Nevada.
Violet Schorl = Axinit.
Violettrubin, Violettsaphir, V. Korund, violett, meist stark dichroitisch.
Virescit = grüner Pyroxen.
Viridin, (Al, Fe, Mn)$_2$(Si, Ti)O_5, grün, nahe Andalusit; Darmstadt.
Viridit (Vogelsang), Sammelname für verschied. grüne Gesteinsgemengteile.
Viridit (Kretschmer), 3 FeO.(Al, Fe)$_2O_3$. 2 SiO_2. 3 H_2O, d.-grün; Leptochlorit v. Sternberg.
Vitriolbleierz (-spat) = Anglesit.
Vitriolgelb = Jarosit.
Vitriolit = Pisanit.
Vitriolocker = Glockerit.
Vittingit = Wittingit.
Vivianit.

Voelckerit, Apatite, d. vorwiegend 3 $Ca_3[PO_4]_2$. CaO enth.
Vogesit = Pyrop.
Voglianit, bas. U-Sulfat, grün; Joachimsthal.
Voglit, wassh. Carbonat v. U, Ca, Cu, smaragdgrasgrün; Joachimsthal.
Voigtit, veränd. Biotit in Granit; Ilmenau.
Volborthit; Ural.
Volcanit (Delamétherie) = Pyroxen.
Volcanit (Adam) = Selenschwefel.
Volgerit, Sb_2O_5. 4 H_2O?, weiß; Algier.
Völknerit = Hydrotalkit.
Volnyn = Wolnyn.
Voltait.
Voltzin, Voltzit.
Vondiestit = Vandiestit.
Vonsenit, wahrsch. sehr Fe-r. Ludwigit; Riverside.
Voraulith = Lazulith.
Vorhauserit, V. Serpentin; Monzoni.
Vosgit, veränd. Labradorit; Vogesen.
Vrbait; Allchar.
Vreckit = Bhreckit.
Vredenburgit, 3 Mn_3O_4. 2 Fe_2O_3, d.-stahlgrau, etw. bronzefarb.; Indien.
Vulpinit, V. Anhydrit, körnig; Vulpino.

Wachsachat, V. gelb.
Wachskohle, nahe Pyropissit.
Wachsopal, V. gelb, durchscheinend.
Wackenrodit, V. Wad m. 20% PbO; Schapbach.
Wackler, V. Karneol, gestreift.
Wad, wahrsch. lockere, erdige Psilomelane.
Wagit = Hemimorphit.
Wagnerit; Höllgraben. Kjörrestad; Vesuv.
Walait = Valait.
Walchowit; FN., s. Org. Verbdg.
Waldheimit, aktinolithähnl. Min., Na-h.; Waldheim.
Walkerde, Walkton, V. Ton, Mg- u. Fe-h., feinerdig, porös, fettsaugend.

Walkerit, pt. = Pektolith, veränd.; Costorphine Hill, pt. = Walkerde.
Wallerian = schwarze Hornblende; Nordmarken.
Walmstedtit, V. Breunnerit, Mh-h.; Harz.
Walpurgin; Neustädtel.
Waltherit, Bi-Carbonat, braune Säulchen; Joachimsthal.
Waluewit, V. Xanthophyllit in Kr.; Achmatowsk.
Wandstein = Ankerit.
Wapplerit; Joachimsthal, Schneeberg.
Wardit; Utah.
Waringtonit, V. Brochantit; Cornwall.
Warrenit, Gem. v. Jamesonit u. Zinckenit; Colorado.
Warthait; Vaskö.
Warthit = Bloedit.
Warwickit; Edenville, N. Y.
Washingtonit, V. Ilmenit, Fe-r.; Litchfield.
Wasit, zers. Allanit; Rönsholm.
Wasserblei = Molybdänit.
Wasserbleisilber = Wehrlit (Huot).
Wasserchrysolith = Moldawit.
Wasserglimmer = Pennin.
Wasserkies = Markasit.
Wasseropal = Mondstein.
Wassersaphir, pt. V. Korund, hellblau, pt. Cordierit.
Wasserstein = Enhydros.
Wassertropfenquarz = Bergkrystall m. Flüssigkeitseinschlüssen.
Wattevillit, $CaSO_4 \cdot Na_2SO_4 \cdot 4H_2O$, feinfaserig, weiß; Bauersburg.
Wavellit (Babbington).
Wavellit (Dewey) = Hydrargillit.
Webnerit = Andorit v. Oruro.
Webskyit, koll. Zerspr. v. Serpentin, schwarz; Amelose.
Websterit = Aluminit.
Wehrlit (Huot); Deutsch Pilsen.

Wehrlit (Kobell), Peridotit v. Szarvaskö (Szurraskö).
Weibliche Steine = lichtgefärbte Steine.
Weibullit; Falun.
Weibyeit, nahe Bastnäsit; Ovre-Arö.
Weichbraunstein = Pyrolusit.
Weicheisenkies = Markasit.
Weichmangan = Pyrolusit.
Weidgerit = Wiedgerit.
Weinschenkit(Laubmann) $(Er, Y)PO_4 \cdot 2H_2O$, mon. weißl. radialstr.; Nitzelbuch.
Weinschenkit (Murgoci), d.-braune Hornblende. r. an Sesquioxyden u. H_2O.
Weisbachit, soll 5 Pb $SO_4 \cdot$ Ba SO_4 sein.
Weißbleierz = Cerussit.
Weißerde, wahrsch. = Leukophyllit, techn. verwendet; Aspang usw.
Weißer Granat = Leukogranat.
Weißerz, pt. = Krennerit.
Weißerz, pt. = Markasit.
Weißgolderz = Sylvanit.
Weißgültigerz, licht, ein Pb-Fahlerz (Gem.?).
Weißgültigerz, dunkel, pt. V. Tetraedrit, Ag-r, pt. = Freieslebenit.
Weissian = Skolezit.
Weissigit, V. Orthoklas, rötl.; Weissig.
Weissit (Trolle-Wachtmeister) = Fahlunit.
Weissit (Crawford), Cu_5Te_3, blauschwarz; Vulcano, Col.
Weißkupfer, pt. = Domeykit, pt. = Kyrosit.
Weißkupfererz, pt. = Cubanit, pt. = Kyrosit.
Weißnickelerz (-kies), pt. = Chloantit, pt. = Rammelsbergit.
Weißspießglanzerz = Valentinit.
Weißsylvanerz = Krennerit.
Weißtellur = Krennerit.
Weldit, Silicat v. Al u. Na, weiß, amorph; Tasmanien.
Wellsit; Clay Co. N. C.
Weltauge = Hydrophan.

Wentzelit, $(Fe, Mn, Mg)_3[PO_4]_2 \cdot 5H_2O$, mon. rosa; Hagendorf.
Wernadskyit = Vernadskyit.
Wernerit = Skapolith.
Wernerit (i. Sinne Tschermaks) d. trüben Mejonite.
Werthemanit, nahe Aluminit; Peru.
Weslienit; Långban.
Westanit, veränd. Andalusit, ziegelrot; Westanå.
Wetherillit (Ward) = Hetaerolith.
Wetherillit (Danby), schwer schmelzb. Bitumen; Canada.
Whartonit, V. Pyrit, Ni-h.; Sudbury.
Wheelerit, foss. Harz, gelbl.; Neu-Mexiko.
Whewellit.
Whitneyit, Gem. v. Algodonit u. Kupfer.
Wichtin, Wichtisit = Sordawalit.
Wicklowit, zwflh. Pb-Vanadat; Irland.
Wiedgerit, ähnl. Elaterit, m. viel S u. H_2O.
Wiesenerz = Raseneisenerz.
Wilkit, Euxenit ähnl. Min. m. 1·17% Sc.; Impilaks.
Wilhelmit = Willemit.
Wilkeit; (Apatitgr.); Crestmore.
Willcoxit, talkähnl. Zerspr. v. Korund; N.-Car.
Willemit.
Williamsit, pt. V. Serpentin; Texas, Penn., pt. = Willemit.
Willyamit; Broken Hill.
Wilsonit, veränd. Skapolith, rötl.; Bathurst.
Wiltshireit = Rathit; Binnental.
Wiluit, pt. = Grossular v. Wilui, pt. = Vesuvian v. Wilui.
Winchellit, nierenf. V. v. Mesolith (früher f. Thomsonit geh.); Grand Marais.
Winchit, nahe Tremolit, blau, Mn-, Fe-, Na-h.; Indien.
Winebergit, nahe Felsöbanyit; Passau usw.

Winklerit, $(Co, Ni)_2O_3 \cdot 2 H_2O$, koll. blauschwarz; Almeria.
Winkworthit, wahrsch. Gem. v. Howlith u. Gyps; FN.
Wiserin, V. Anatas; Binnental.
Wiserit, angebl. wassh. Mn-Carbonat, wahrsch. = Pyrochroit; Gonzen.
Wismut.
Wismutantimonnickelglanz = Kallilith.
Wismutaurit = Gold, Bi-h. (bis 3%).
Wismutbleierz = Schapbachit.
Wismutblende = Eulytin.
Wismutfahlerz, V. Sb-As-Fahlerz, Bi-h.; Neubulach.
Wismutglanz = Bismuthinit.
Wismutgold = Maldonit.
Wismutkobalterz = Cheleutit.
Wismutkupfererz, pt. = Emplektit, pt. = Klaprotolith, pt. = Wittichenit.
Wismutnickelkies = Grünauit.
Wismutnickelkobaltkies = Grünauit.
Wismutocker = Bismit.
Wismutoxyd = Bismit.
Wismutoxyd, kohlensaures, pt. = Bismutosphärit, pt. = Bismutit.
Wismutsilber, pt. = Chilenit, pt. = Schapbachit.
Wismutspat = Bismutit.
Withamit, V. Epidot, rot; Glencoe.
Witherit.
Wittichenit (Wittichit).
Wittingit = Zerspr. v. Rhodonit, rotbraun bis schwarz; Vittinge.
Wittit, 5 PbS . 3 Bi₂(S, Se)₃, bleigrau, ähnl. Molybdänit; Falun.
Wocheinit = Beauxit v. Wochein.
Wodanit, V. Biotit m. 12·5% TiO_2; Katzenbuckel.
Wodankies = Gersdorffit.
Wöhlerit; Langesund usw., s. Pyroxengruppe.

Wölchit, V. Bournonit, z. T. zers.; Wölch.
Wolchonskoit, Cr-h. Ton, grün, steinmarkartig; Sibirien.
Wolfachit; FN.
Wolfram = Wolframit.
Wolframbleierz = Stolzit.
Wolframin = Tungstit.
Wolframit.
Wolframocker (-säure) = Tungstit.
Wolfsauge = Mondstein.
Wolfsbergit (Nicol) = Chalkostibit.
Wolfsbergit (Huot) = Jamesonit.
Wolftonit = Hetairolith v. Wolftone Mine.
Wolkenachat, V. m. welkenartig trüben Stellen.
Wollastonit, s. Pyroxengruppe.
Wollongongit, wahrsch. = Bituminit.
Wolnyn, V. Baryt (Kr. nach b gestreckt).
Woodwardit, nahe Cyanotrichit, grün; Cornwall.
Worobieffit, V. Beryll, Cs-, Li-, H-h.
Wörthit = Sillimanit; Peterhof.
Wulfenit.
Wundererde, sächsische = Teratolith.
Wundersalz = Mirabilit.
Würfelanhydrit = Anhydrit.
Würfelerz = Pharmakosiderit.
Würfelgyps = Anhydrit.
Würfelspat = Anhydrit.
Würfelzeolith, pt. = Chabasit, pt. = Analcim.
Wurtzilith, asphaltähnl. Kohlw.; Vinta Mts.
Wurtzit.

Xalostocit = Landerit.
Xantharsenit = Xanthoarsenit.
Xanthiosit, viell. $Ni_3As_2O_8$, schwefelgelb; Johanngeorgenstadt.
Xanthit, V. Vesuvian, gelbbraun; Amity, N. Y.
Xanthitan, Zerspr. v. Titanit, lichtgelb; N.-Car.
Xanthoarsenit, nahe Chondroarsenit.
Xanthochroit, amorphes CdS, gelb, pulvrig.

Xanthokon, Xanthoconit.
Xantholith (Heddle), unr. Staurolith, gelb; Milltown.
Xantholith (Nuttal) = Polyadelphit.
Xanthophyllit, s. Sprödglimmergruppe.
Xanthopyrit = Pyrit.
Xanthorthit, veränd. Orthit, gelblich; Erikberg.
Xanthosiderit (Schmidt) = ockriger Goethit.
Xanthosiderit (Glocker) = Copiapit.
Xanthotitan = Xanthitan.
Xanthoxen, bas. Fe_2O_3-Phosphat, mon. gelb; Hühnerkobel.
Xenolith = Gem. v. Sillimanit u. Topas; Gerölle v. Peterhof.
Xenotim.
Xilopal = Holzopal.
Xiphonit, V. Amphibol, mon., l.-gelb; Acicatena.
Xonaltit = Xonotlit.
Xonotlit, 5 CaSiO₃ . H₂O, okenitähnl.; Mexiko.
Xylit, V. Xylolith, pt. ein Eisenpalygorskit; Ural.
Xylochlor, V. Apophyllit, olivgrün; Island.
Xylolith, pt. = Holzstein.
Xyloretin, foss. Harz, Bestandteil v. foss. Holz v. Holtegaard.
Xylotil, ein Eisenpalygorskit; Schneeberg,· T.

Yanolith = Axinit.
Yenit = Lievrit.
Youngit, zwflh. Sulfid v. Pb, Zn usw. (Gem.?); Ballarat.
Ypoléime = Pseudomalachit.
Ytterbit = Gadolinit.
Ytterflußspat = Yttrocerit.
Yttergranat, V. Andradit, Y.-h.
Ytterspat = Xenotim.
Yttrialith; Llano Co.
Yttriumapatit, V. Y.-h.; Grönland.
Yttrocalcit (Glocker) = Yttrocerit.
Yttrocalcit (Fedorow) = Fluorapatit.
Yttrocererit = Yttrocerit.

5*

Yttrocerit; Finbo usw.
Yttrocolumbit = Yttrotantalit.
Yttrocrasit; Texas.
Yttrofluorit; Hundholmen, Norw.
Yttrogummit, nahe Gummit, Y.-h.; m. Cleveit.
Yttroilmenit, pt. = Samarskit, pt. Yttrotantalit.
Yttrotantalit; Ytterby; Finbo.
Yttrotitanit = Keilhauit.
Yu, Yu-shih, pt. Nephrit, pt. = Jadeit, pt. = grüner Avanturin.
Yukonit, $(Ca_2, Fe_2) As_2 O_8$. $Fe_2[OH]_6$. $5 H_2O$, koll. schwarz; FN. Canada.
Yuksporit, blaßrosa, faserig-blättrig. Min. d. Pektolithgr.; Kola.

Zahntürkis = Beintürkis.
Zala = Borax.
Zamboninit = Müllerit (Zambonini).
Zamtit = Zaratit.
Zaratit.
Zeagonit, Gem. v. Phillipsit u. Nephelin; Capo di Bove.
Zeasit, V. Feueropal.
Zebedassit, $5 MgO. Al_2O_3$. $6 SiO_2 . 4 H_2O$, weiß; faserig, i. Serpentin; FN. Piemont.
Zebrajaspis, V. d.-braun, m. hellen Strichen.
Zeilanit = Zeylanit.
Zeiringit = Zeyringit.
Zellkies = Markasit.
Zellquarz, V. zellig, wie zerhackt.
Zeolite mimetica = Dachiardit.
Zeophyllit.
Zepharovichit; Trenic.
Zermattit = Antigorit.
Zeugit, Zengit = Metabrushit.
Zeunerit.
Zeuxit, V. Turmalin, Fe-r., nadelf.; Cornwall.
Zeylanit = Pleonast.
Zeyringit, pt. V. Calcit, spätig, sattelf.; Zeyring.
Zeyringit, pt. V. Eisenblüte, buntfarb., Zeyring.

Ziegelerz, V. Cuprit, erdig.
Ziegelit = Ziegelerz.
Zietrisikit, nahe Ozokerit; Pietricica.
Zigueline = Ziegelerz.
Zillerit = Zillerthit.
Zillerthit = Aktinolith i. Form v. Bergkork.
Zimapanit, hypothet. V-Chlorid.
Zinckenit.
Zincocalcit, V. Calcit, Zn-h.
Zinconise = Hydrozinkit.
Zincorhodochrosit, V. bis 31% ZnO-h.; Elba.
Zink; Melbourne; Alabama usw.
Zinkaluminit, $6 ZnO$. $3 Al_2O_3 . 2 SO_3 . 18 H_2O$, hex. bläul.-weiß; Laurion.
Zinkarseniat = Köttigit.
Zinkazurit, blau, enth. Zn-Sulfat, Cu-Carbonat, H_2O (Gem.?); Spanien.
Zinkblende = Sphalerit.
Zinkblüte = Hydrozinkit.
Zinkdibraunit, angebl. $ZnO . 2 MnO_2 . 2 H_2O$, koll. wadähnl.; Olkusz.
Zinkeisenspat = Monheimit.
Zinkenit = Zinckenit.
Zinkfahlerz = Kupferblende.
Zinkglas = Hemimorphit.
Zinkhausmannit = Hetairolith.
Zinkit; Franklin.
Zinkkieselerz = Hemimorphit.
Zinkkupferchalkanthit, $(Zn, Cu) SO_4 . 5 H_2O$, Zerspr. v. Zinkkupfermelanterit.
Zinkkupfermelanterit, $(Zn, Cu) SO_4 . 7 H_2O$, mon.? grün, säulig; Vulcan, Col.
Zinkmanganerz, viell. nahe Chalkophanit, derb; Bleiberg.
Zinkoferrit = Franklinit.
Zinkolivenit, wahrsch. V. Zn-h.; Tsumeb.
Zinkosit, zwflh. $ZnSO_4$, isomorph m. Baryt; Spanien.
Zinkoxyd = Zinkit.
Zinkphyllit = Hopeit.

Zinkrhodochrosit = Zincorhodochrosit.
Zinkrömerit, V. Römerit, Zn-h.; Harz.
Zinkschefferit, V. Zn-h.; Franklin.
Zinkspat = Smithsonit.
Zinkspinell = Automolit.
Zinkteallit = Pufahlit.
Zinkvitriol = Goslarit.
Zinn.
Zinnerz = Kassiterit.
Zinngraupen = Kassiteritzwillinge.
Zinnkies = Stannin.
Zinnober.
Zinnstein = Kassiterit.
Zinnwaldit, s. Glimmergruppe.
Zippeit, bas. U-Sulfat, gelb, nadlig; Joachimsthal.
Zircarbit, angebl. Zr-Carbonat, derb, gelbbraun; Rockport, Mass.
Zirkelit; Jacupiranga.
Zirkit, Gem. v. Baddeleyit, Zirkon, Orvillit;
Zirkon. [HN.
Zirkonoxyd, ZrO_2, glaskopfförmig; Caldas, Bras.
Zirkonpektolith = Rosenbuschit.
Zirlit, Al-Hydrat, allophanähnl.; Zirl.
Zittavit, V. Lignit, doppleritähnl., hart; Zittau.
Zöblitzit, unr. Serpentin, grau, gelblich.
Zoesit, SiO_2 faserig, in foss. Muschelschalen.
Zoisit, s. Epidotgruppe.
Zölestin = Coelestin.
Zonochlorit, ähnl. Chlorastrolith, grün; Lake Superior.
Zorgit, Gem. v. Clausthalit u. Umangit.
Zundererz, V. Federerz, in filzig. Lappen, d.-rötl.-grau.
Zunyit; Colorado.
Zurlit, V. Melilith, grünl.; Vesuv.
Zweckenspat, V. Calcit, nagelf. Kr.-Stöcke; Přibram.
Zwieselit, V. Triplit, Fe-r.; Zwiesel.
Zwitter = Zinngraupen.
Zygadit, V. Albit, stilbitähnl.; Andreasberg.

Tabellarische Übersicht

der genauer bekannten Mineralien

70 Tabelle

Name	Chemische Zusammensetzung	Krystall-system	Spaltbarkeit	Tenazität	
Adamin	$Zn_3As_2O_8 . Zn[OH]_2$	rhom.	(101) d.	spröd	1
Adelit	$Mg[OH]CaAsO_4$	mon.	—	.	
Aeschynit	$(Ca, Fe)_2Ce[CeO][Ti_2O_5]_4 . 2 Ce[NbO_3]_2$	rhom.	(100) ud.?	spröd	
Afwillit	$2 H_2CaSiO_4 . Ca[OH]_2$	mon.	(001) v. (100) uv.	.	5
Aguilarit	$Ag_2(S, Se)$	tess.	—	geschmeid.	
Aikinit	$Cu_2S . 2 PbS . Bi_2S_3$	rhom.	—	spröd	
Akanthit	Ag_2S Ag 87·1	rhom.	undeutl.	geschmeid.	
Akrochordit	$Mn_4Mg[AsO_4]_2 . 6 H_2O$	mon.	?	.	10
Alabandin	MnS	tess. IV.	(100) v.	spröd	
Algodonit	Cu_6As Cu 83·5	?	—	.	
Allaktit	$Mn_3As_2O_8 . 4 Mn[OH]_2$	mon.	($\bar{1}$01), (010)	.	
Allemontit	(Sb, As) As $>$ Sb	trig.	—	.	15
Alloklas	$Co(As, Bi)S$	rhom.	(110) a. (001) d.	spröd	
Allophan	$Al_2SiO_5 . 5 H_2O$	amorph	—	s. pröd	
Alstonit	$(Ba, Ca)CO_3$	rhom.	(110) uv.	spröd	
Altait	$PbTe$	tess.	(100) ud.	geschmeid.	
Aluminit	$Al_2O_3 . SO_3 . 0 H_2O$	mon.	—	mild	20
Alunit	$K_2O . 3 Al_2O_3 4 SO_3 . 6 H_2O$	trig.	(0001) d.(10$\bar{1}$1)ud.	spröd	
Alunogen	$Al_2[SO_4]_3 . 16 H_2O$	mon.	—	.	
Amalgam	Ag_2Hg_3 bis Ag_{26} Hg Ag 26·4—95·1	tess.	(110) ud.	spröd bis hämmerbar	
Amarantit	$[HO]Fe[SO_4] . 3 H_2O$	trik.	(100), (010) v.	spröd	25
Amblygonit	$Li[Al(F, OH)]PO_4$	„	(001) v. (100) g. (0$\bar{2}$1) d. (1$\bar{1}$0) uv.	„	
Ampangabeit	Niobotantalat v. U, Fe, Y	rhom.	.	.	

Amphibolgruppe	Anthophyllit	$(Mg, Fe)SiO_3$	rhom.	(110) v. (010 g)	spröd	
	Gedrit	$(Mg, Fe)SiO_3 . (Mg, Fe)Al_2O_4$	„	„	„	30
	Tremolit	$CaMg_3[SiO_3]_4$	mon.	.	„	
	Aktinolith	$Ca(Mg, Fe)_3[SiO_3]_4$	„	„	„	
	Cummingtonit	$(Fe, Mg)SiO_3$	„	„	„	35
	Dannemorit	$(Fe, Mn, Mg)SiO_3$	„	(110) a. (100) (010) manchmal deutlich	„	
	Richterit	$(K_2, Na_2, Mg, Ca, Mn)SiO_3$	„		„.	
	Edenit Hornblende, gemeine	$Ca(Mg, Fe)_2[SiO_3]_4$ mit $Na_2Al_2[SiO_3]_4$ und $(Mg, Fe)_2(Al, Fe)_4 Si_2O_{12}$	„		„	40
	Hornblende basaltische		„		„	
	Glaukophan	$NaAl[SiO_3]_2 . (Fe, Mg) SiO_3$	„	(110) v.	„	
	Riebeckit	$2 NaFe[SiO_3]_3 . FeSiO_3$	„	„	„	
	Arfvedsonit	$(Na_2, Ca, Fe)_4[SiO_3]_4$ $(Ca,, Mg)_2(Al, Fe)_4 Si_2O_{12}$	„	(110) v. (010) d.	„	45
	Aenigmatit	$Na_4Fe_5(Al, Fe)_2(Si, Ti)_{12}O_{33}$	trik.	(110) d.	„	

Analcim	$NaAlSi_2O_6 . H_2O$	tess.	(100) ud.	spröd	
Anapait	$(CaFe)_3[PO_4]_2 . 4 H_2O$	trik.	(100) v.	.	
Anatas	TiO_2	tet.	(001) (111) v.	spröd	50
Anauxit	$3 Al_2O_3 . 10 SiO_2 . 8 H_2O$	rhom.	.	.	
Andalusit	$[AlO]AlSiO_4$	„	(110) d. (100) g. (010) ud.	spröd	

Tabelle

	Härte	Spezifisches Gewicht	Glanz	Farbe	Durchsichtigkeit	Strich
1	3·5	4·34—4·35	glas.	gelb, grün, violett usw.	dsi.—dsch.	weiß
	5	3·71—3·76	fett	grau, gelblich	dsch.	.
	5—6	4·93—5·17	hmet., fett	bräunl.-schwarz	hdsch.—ud.	grau, gelbbr., schwarz
5	4	2·630	glas.	farblos—weiß	dsi.	weiß
	2·5	7·586	metall.	eisenschwarz	opak	.
	2—2·5	6·1—6·8	,,	schwärzl. bleigrau, bronzef. anlaufend	,,	d.-grau
	2—2·5	7·2—7·3	,,	eisenschwarz	,,	grauschwarz
10	4·5	3·194	matt	rotbraun, gelbl.	dsch.	.
	3·5—4	3·95—4·04	hmet.	eisenschw., braun anl.	opak	grün
	4	7·62, 8·38	metall.	stahlgrau—silberweiß, dunkel anlaufend	,,	.
	4·5	3·83—3·85	glas.—fett	braunrot	dsi.	braungrau
15	3·5	6·203	metall.	zinnweiß—grau	opak	.
	4·5	6·6	,,	stahlgrau	,,	fast schwarz
	3	1·85—1·90	glas.—fett	farbl., blau, grün, gelb	dsch.	weiß
	4—4·5	3·707	glas.	farbl., weiß, grau usw.	dsi.	,,
	3	8·16	metall.	zinnweiß, bräunl. anl.	opak	.
20	1—2	1·66—1·8	matt	weiß	udsi.	weiß
	3·5—4	2·58—2·75	glas.	weiß, grau, rötlich	dsi.—dsch.	,,
	1·5—2	1·6—1·8	seiden.—glas.	weiß, gelblich usw.	dsch.	,,
	3—3·5	13·35—14·1	metall	silberweiß, anlaufend	opak	silberweiß
25	2·5	2·11	glas.	orangerot—braunrot	.	zitrongelb
	6	3·01—3·09	glas.—fett	weiß, blaß gefärbt	hdsi.—dsch.	weiß
	4	3·35—4·64	fett	rotbraun—braunschwarz	.	.
	5·5—6	3·1—3·2	glas.	graubr., braun, grün	dsi.—dsch.	weiß—grauw.
30	.	2·9—3·2	,,	graugelb, nelkenbraun	.	,,
	5—6	2·9—3·1	glas., seiden.	farblos, leicht gefärbt	dsi.—dsch.	
	,,	3—3·2	,, ,,	grün, graugrün	,,	
35	,,	3·1—3·3	,, ,,	grau—braun	.	
	,,	3·9	,, ,, glas.	gelbbraun—grüngrau braun, gelb, rosenrot	dsi.—dsch.	weiß, licht gefärbt
	,,		,,	weiß—grau, grünlich	dsch.	
40	,,	3—3·47	,,	d.-grün—grünl.-schw.	dsch.—ud.	
			,,	bräunl.-schwarz	ud.	
	6—6·5	3·1	glas.-perlm.	blau, blauschwarz, grau	dsch.	graublau
45	.	.	glas.	schwarz	ud.	,,
	6	3·44	,,	,,	,,	blaugrau
	5·5	3·75—3·85	,,	,,	dsch.—ud.	rotbraun
	5—5·5	2·22—2·29	glas.	farbl., weiß, rötl. usw.	dsch.—ud.	weiß
	3·5	2·81—2·85	,,	grün, gelbgrün	dsi.—dsch.	,,
50	5·5—6	3·82—3·95	diam.	gelb, br., blau, schw.	dsi.—ud.	weiß
	2·5	2·524	perlm.	silber—bläul.-weiß	.	.
	7·5	3·12—3·29	glas.	weißl., grau, rötl., oliv.	dsi.—ud.	,,

Tabelle

Name	Chemische Zusammensetzung	Krystallsystem	Spaltbarkeit	Tenazität	
Andorit	$Ag_2S.2PbS.3Sb_2S_3$	rhom.	—	spröd	1
Anglesit	$PbSO_4$. Pb 68·3	„	(001), (110) d.	s. spröd	
Anhydrit	$CaSO_4$	„	(001) a. (010) v. (100) g.	spröd	
Ankerit	$CaCO_3.(Mg, Fe, Mn)CO_3$	trig. II.	(10$\bar{1}$1) v.	„	5
Ankylit	$4Ce[OH]CO_3.3SrCO_3.3H_2O$	rhom.	—	spröd—zäh	
Annabergit	$Ni_3As_2O_8.8H_2O$	mon.	—	mild—spröd	
Antimon	Sb	trig.	(0001) a. (01$\bar{1}$2) d. (02$\bar{2}$1) d. (11$\bar{2}$0)	s. spröd	10
Antimonit	Sb_2S_3 Sb 71·38	rhom.	(010) a. (100), (110) uv.	mild	
Antlerit	$CuSO_4.2Cu[OH]_2$	„	(010) v.	.	
Apatit	{ $m3Ca_3P_2O_8.CaCl_2$ \ $n3Ca_3P_2O_8.CaF_2$ }	hex. II.	(0001), (10$\bar{1}$0) uv.	spröd	15
Apjohnit	$MnSO_4.Al_2[SO_4]_3.22H_2O$	mon.?	.	.	
Apophyllit	$H_7KCa_4[SiO_3]_8.4\frac{1}{2}H_2O$	tet.	(001) a. (110) g.	spröd	
Aragonit	$CaCO_3$	rhom.	(010) d. (110) d. (011) uv.	„	20
Aramayoit	$Ag_2S.(Sb, Bi)_2S_3$	ps. tet.	(001) v. (hol)(hhl)	biegsam	
Ardennit	$H_6Mn_5Al_5VSi_5O_{28}$	rhom.	(010) v. (110) d.	spröd	
Argentit	Ag_2S. Ag 87·1	tess.	(100), (110) ud.	geschmeidig	
Argentopyrit	$Ag_2S.3Fe_2S_3$	ps. hex.	.	s. spröd	25
Argyrodit	$4Ag_2S.GeS_2$	tess.	—	z. spröd	
Arizonit	$Fe_2O_3.3TiO_2$	mon.?	.	.	
Armangit	$Mn_3[AsO_3]_2$	trig.	(0001) ud.	.	
Arsen	As	trig.	(0001) a. (01$\bar{1}$2) uv.	spröd	30
Arseniosiderit	$Ca_3Fe[AsO_4]_3.3Fe[OH]_3$	tet. od. hex.	.	.	
Arsenolith	As_2O_3	tess.	(111)	.	
Arsenopyrit	FeAsS. Fe 34·3, As 46	rhom.	(110) d.	spröd	
Artinit	$MgCO_3.Mg[OH]_2.3H_2O$	mon.?	.	etwas spröd	35
Astrolith	$(Na, K)_2Fe(Al, Fe)_2[SiO_2]_5.H_2O$	rhom.?	.	spröd	
Astrophyllit	$(H, Na, K)_4(Fe, Mn)_4Ti[SiO_4]_4$	rhom.	(010) v. (001) ud.	„	
Atakamit	$Cu_2Cl[HO]_3$. Cu 59·5	rhom.	(010) a. (101) uv.	„	40
Atelestit	$H_2Bi_2AsO_8$	mon.	(001) ud.	.	
Atopit	$Ca_2Sb_2O_7$	tess.	.	.	
Augelith	$AlPO_4.Al[OH]_3$	mon.	(110) v. ($\bar{1}$01) g.	spröd	
Aurichalcit	$2(Zn, Cu)CO_3.3(Zn, Cu)[OH]_2$	mon.	.	mild	45
Auripigment	As_2S_3 As 61	„	(010) a.	„	
Automolit	$ZnO.Al_2O_3$	tess.	(111) d.	spröd	
Autunit	$Ca[UO_2]_2P_2O_8.xH_2O$	rhom.	(001) a.	mild—spröd	
Axinit	$H(Ca, Fe, Mn)_3BAl_2[SiO_4]_4$	trik.	(010), (001), (1$\bar{3}$0) d.	spröd	50
Azurit	$2CuCO_3.Cu[OH]_2$. Cu 55·2	mon.	(011) v. (100) g. (110) ud.	„	
Baddeleyit	ZrO_2	„	(001) g. (010) d.	spröd	
Bakerit	$8CaO.5B_2O_3.6SiO_2.6H_2O$	.	.	.	55
Barrandit	$(Al, Fe)PO_4.2H_2O$	.	.	z. spröd	

Tabelle

Härte	Spezifisches Gewicht	Glanz	Farbe	Durchsichtigkeit	Strich
1 3—3·5	5·5	metall.	bleigrau	opak	schwarz
3	6·12—6·39	diam.—fett	farblos, weiß, grau, grün usw.	dsi.—ud.	weiß
3—3·5	2·90—2·98	glas., fett, perlm.	weiß, grau, rötlich, bräunlich	dsi.—hdsch.	,,
5 3·5—4	2·95—3·1	glas.—perlm.	weiß, grau, gelbl.	dsch.—ud.	,,
4·5	3·95	glas.—fett	harzbraun, gelbgrün	hdsch.	.
2—2·5	2·9—3·1	schimd.,matt	apfelgrün	hdsch.—ud.	grünl.-weiß
10 3—3·5	6·65—6·72	metall.	zinnweiß	opak	grau
2	4·6—4·7	,,	bleigrau	,,	d.-grau
.	3·88—3·93	glas.—diam.	malachitgrün	dsch.	l.-grün
15 5	3·17—2·23	glas.—fett	farbl., weiß, grün, violett usw.	dsi.—ud.	weiß
1·5	1·782	seiden.	weiß, rötl., gelbl., grünl.	dsch.	,,
4·5—5	2·3—2·4	glas., perl.	weiß, farbl., rosa usw.	dsi.—ud.	,,
20 3·5—4	2·86—3·15	glas.—fett.	weiß od. leicht gefärbt	dsi.—hdsch.	,,
2·5	5·45—5·60	metall.	eisenschwarz	opak	schwarz
6—7	3·62	fett	gelbbraun	dsi.—ud.	l.-gelb
2—2·5	7·2—7·36	metall.	schwärzl.-bleigrau	opak	d.-grau
25 3·5—4	6·47; 4·18	,,	stahlgrau, bronzegelb	,,	grau
2·5	6·26	,,	stahlgrau	,,	grauschwarz
5—6	4·25	hmet.	,,	ud.	braun
4	4·23	.	schwarz	.	braun
3·5	5·63—5·73	hmet.	zinnw., schwärzl. anl.	opak	d.-grau
30					
1—2	3·52; 3·88	seiden.	gelbbraun	ud.	gelbbraun
1·5	3·70—3·72	glas.—seid.	fbl., weiß, gelbl., rötl.	dsi.—ud.	weiß
5·5—6	5·9—6·2	metall.	silberweiß—stahlgrau	opak	grauschwarz
35 2	2·028	.	weiß	dsch.	weiß
3·5	2·78	glas.—perl.	zeisiggrün	,,	grauweiß
3	3·3—3·4	hmet.—perl.	bronzegelb—gelbbraun	dsch.—ud.	.
40 3—3·5	3·75—3·77	diam.—glas.	licht—dunkelgrün	dsi.—dsch.	apfelgrün
3—4·5	6·4	diam.	schwefelgelb	,,	.
5·5—6	5·03	glas.	gelb—braun	,,	weiß
4·5—5	2·696	,,	farblos—weiß	,,	weiß
2	3·27—3·64	perlm.	spangrün, selten blau	dsch.	blaßgrün
45					
1·5—2	3·4—3·5	perl.—fett	zitron—orangegelb	,,	zitrongelb
7·5—8	4·3—4·9	glas.—fett	d.—schwärzl.-grün	fast ud.	grau
2—2·5	3·05—3·19	perl., hdiam.	zitron—schwefelgelb, grün	dsch.	gelblich
50 6·5—7	3·27—3·29	glas.	nelkenbraun, pflaumenblau usw.	dsi.—hdsch.	weiß
3·5—4	3·77—3·83	,,	lasurblau—smalteblau	dsi.—dsch.	blau
6·5	5·5	fett—glas.	farbl., braun, schwarz	dsi.—ud.	weiß, bräunl.
55 4·5	2·7—2·9	matt	weiß	dsch.—ud.	weiß
4·5	2·576	glas.—fett	bläul.-, rötl.—grünl.-grau	,,	gelblich, bläul.-weiß

74 Tabelle

Name	Chemische Zusammensetzung	Krystallsystem	Spaltbarkeit	Tenazität	
Barthit	$3 Zn[AsO_3]_2 \cdot Cu[OH]_2 \cdot H_2O$	mon.?	.	spröd	1
Barylith	$Be_2BaSi_2O_7$	rhom.	(001) (010) (012)	.	
Barysilit	$Pb_3Si_2O_7$	trig.	(0001)d.(10$\bar{1}$0) ud.	spröd	
Baryt	$BaSO_4$	rhom.	(001) v. (110) v. (010) uv.	,,	5
Barytocalcit	$BaCO_3 \cdot CaCO_3$	mon.	(110) v. (001) g.	spröd	
Bastnäsit	$[(Ce, La, Di)F]CO_3$	hex.	(10$\bar{1}$0) d. (0001) schalig	,,	
Baumhauerit	$4 PbS \cdot 3 As_2S_3$	mon.	(100) v.	,,	10
Bavenit	$Ca_3Al_2Si_6O_{18} \cdot H_2O$	,,	(010) g.	.	
Bayldonit	$(Pb, Cu)_3As_2O_8 \cdot (Pb, Cu)[OH]_2$	.	.	.	
Bazzit	Silicat v. ScFe, Ce? usw.	hex.	.	.	
Beauxit	$Al_2O_3 + aq$ Al_2O_3 bis zirka 70	.	.	.	15
Beckelith	$Ca_3(Ce, La, Di)_4Si_3O_{15}$	tess.	(100)	.	
Beegerit	$6 PbS \cdot Bi_2S_3$	,,	(100) v.	.	
Bementit	$8 MnO \cdot 7 SiO_2 \cdot 5 H_2O$	rhom.	(100,(010), (001)	.	20
Benitoit	$BaTiSi_3O_9$	hex.IV.a	(10$\bar{1}$1) ud.	spröd	
Beraunit	$2 FePO_4 \cdot Fe[OH]_3 \cdot 2½ H_2O$	mon.	(100) d.	wenig spröd	
Berthierit	$FeS \cdot Sb_2S_3$	.	ud.	spröd	
Bertrandit	$H_2Be_4Si_2O_9$	rhom.IV	(110) v. (010), (001)?	.	25
Beryll	$Be_3Al_2Si_6O_{18}$	hex.	(0001) uv.	spröd	
Beryllonit	$NaBePO_4$	rhom.	(001) a. (100) d. (110) uv.	,,	30
Berzeliit	$(Ca, Mg, Mn)_3As_2O_8$	tess.	—	,,	
Beudantit	$Pb[Fe \cdot 2 OH]_3[SO_4]$ [AsO$_4$]	trig.	(0001)	,,	
Beyrichit	NiS	trig.IV.?	.	.	
Bieberit	$CoSO_4 \cdot 7 H_2O$	mon.	.	zerreiblich	35
Bischofit	$MgCl_2 \cdot 6 H_2O$	.	.	.	
Bismit	Bi_2O_3, vielleicht $+ aq$	trig.?	basal	zerreiblich	
Bismuthinit	Bi_2S_3 Bi 81·2	rhom.	(010) v. (100), (110) uv.	z. mild	40
Bismutit	$Bi_2O_3 \cdot CO_2 \cdot H_2O$	amorph?	—	s. spröd	
Bismutoplagionit	$5 PbS \cdot 4 Bi_2S_3$	rhom.	eine ud.	.	
Bismutosphärit	$[BiO]_2CO_3$	.	.	.	45
Bityit	$7 (H_2O, Li_2O, CaO, BeO) \cdot 4 Al_2O_3 \cdot 5 SiO_2$	ps. hex.	(0001)	.	
Bixbyit	$FeO \cdot MnO_2$	tess.	(111) ud.	spröd geschmeidig	
Blei	Pb	—	—		
Bloedit	$MgSO_4 \cdot Na_2SO_4 \cdot 4 H_2O$	mon.	—	spröd	50
Blomstrandingruppe — Blomstrandin Priorit	a:b = 1:3 Salze der Säuren a:b = 1:1 HNbO$_3$ (a)	} rhom. (dimor.)	.	spröd ,,	
Polykras	a:b = 1:3 H$_2$TiO$_3$ (b) mit		.	,,	55
Euxenit	a:b = 1:1 Y, U, Th, Fe, Ca usw.	} rhom.	.	,,	

Tabelle

Härte	Spezifisches Gewicht	Glanz	Farbe	Durchsichtigkeit	Strich
1 3	4·19	fett—glas.	grasgrün	dsi.	weißl., grün—grau
6—7	4·03	fett	farblos, milchweiß	hdsi.	weiß
3	6·53—6·72	perlm.	weiß, anlaufend	dsch.	,,
5 3—3·5	4·3—4·6	glas.—fett	farbl. od. verschieden gefärbt	dsi.—ud.	,,
4	3·64—3·71	glas.—fett	weiß, grau, grünl.	dsi.—dsch.	weiß
4—4·5	4·93—5·19	,,	wachsgelb—braun	dsch.	l.-gelbgrau
10 3	5·33	metall.	blei—stahlgrau	opak	.
5·5	2·72	.	weiß	.	weiß
4·5	5·21—5·50	glas.—fett	gras—schwärzl.-grün	hdsch.	l.-grün
6·5	2·80	glas.	himmelblau	dsi.	.
15 weich	2·4—2·5	matt	weißlich, grau, gelbbraun	ud.	.
5	4·15	glas.	gelb	dsch.	.
.	7·27	metall.	licht—dunkelgrau	opak	.
6 (frisch)	3·11; 2·83	glas.—perlm.	grau, graugelb, graubraun	dsch.	.
20 2 (zers.)					
6—6·5	3·64—3·67	glas.	farbl.—saphirblau	dsi.—dsch.	.
2	2·87—2·98	glas.—perl.	rotbraun—dunkelrot	dsch.	gelb
2—3	4·0—4·3	metall.	d.-stahlgrau	opak	grauschwarz
25 6—7	2·59—2·6	glas.—perl.	farbl., weiß, gelbl.	dsi.—dsch.	weiß
7·5—8	2·54—2·91	glas.	farbl., grün, blau, rosa usw.	,,	,,
5·5—6	2·845	,,	farbl., weiß, gelblich	dsi.	,,
30					
5	4·07—4·09	fett	schwefel—orangegelb	dsi.—dsch.	weiß—orange
3·5—4·5	4·0—4·3	glas.—fett	d.-grün, braun, schw.	meist ud.	grüngr., gelb
3—3·5	4·7	metall.	bleigrau	opak	.
35	1·92	glas.	fleischrot—rosa	hdsi.—dsch.	w.—rötl.-w.
1·5—2	1·60	glas.—matt	farblos—weiß	dsi.—dsch.	weiß
s. weich	4·361	perl.—matt	grüngelb, gelb, silberweiß	.	.
2	6·4—6·7	metall.	bleigrau	opak	grau
40					weiß, grünl.-grau }
4—4·5	6·86—6·9	glas.—matt	weiß, grün, gelb	hdsch.—ud.	d.-bräunl.-grau
2·8	5·35	matt	bläul.—bleigrau	ud.	
3—4·5	6·8—7·7	glas.—fett	gelb, grau, braunschwarz	.	.
45					
5·5	3·05	perlm.	gleblichweiß	.	.
6—6·5	4·945	metall.	schwarz	opak	schwarz
1·5	11·37	,,	bleigrau, anlaufend	,,	.
50 3	2·22—2·32	glas.	farbl., rötl., grünlich	dsi.—dsch.	weiß
.	4·82—4·93	hmet.	braunschwarz, braun	hdsch.—ud.	gelb
.	4·99	,,	braunschwarz	.	.
55 5—6	4·97—5·04	glas.—fett	schwarz	ud.	graubraun
6·5	3·6—4·99	hmet.	braunschwarz	,,	gelbbraun

Tabelle

Name	Chemische Zusammensetzung	Krystallsystem	Spaltbarkeit	Tenazität	
Boleit	$9\,PbCl_2 . 8\,CuO . 3\,AgCl . 9\,H_2O$	tet. (ps.tess.)	(001) v. (101) g. (100) ud.	.	1
Bolivarit	$AlPO_4 . Al[OH]_3 . H_2O$	?	.	spröd	
Boothit	$CuSO_4 . 7\,H_2O$	mon.	(001) uv.	„	
Boracit	$Mg_7Cl_2B_{16}O_{30}$	ps. tess. IV.	(111) ud.	„	5
Borax	$Na_2B_4O_7 . 10\,H_2O$	mon.	(100) v. (110) g. (010) ud.	z. spröd	
Bořickit	$Ca_3Fe_2[PO_4]_4 . 12\,Fe[OH]_3 . 6\,H_2O$?	?	—	.	
Bornit	$5\,Cu_2S . Fe_2S_3$ Cu 55·5—70 Fe 16·4—6·5	tess.	(111) ud.)	fast mild	10
Botryogen	$Mg[Fe . OH][SO_4]_2 , 7\,H_2O$	mon.	(010) v. (110) d. (120) ud.	spröd	
Boulangerit	$5\,PbS . 2\,Sb_2S_3$. Pb 58·9	rhom.	.	wenig mild	15
Bournonit	$Cu_2S . 2\,PbS . Sb_2S_3$ Pb 42·3, Cu 13	„	(010) uv. (100), (001) ud.	z. spröd	
Brandtit	$Ca_2MnAs_2O_8 . 2\,H_2O$	trik.	.	.	
Braunit	$3\,MnMnO_3 . MnSiO_3$. Mn 69·6	tet.	(111) v.	spröd	20
Breithauptit	$NiSb$	hex.	.	„	
Brewsterit	$H_4(Sr, Ba, Ca)Al_2Si_6O_{18}$	mon.	(010) v. (100) ud.	„	
Britholith	Phosphosilicat v. Ce, La, Di, Ca	rhom. (ps. hex.)	.	.	
Brochantit	$CuSO_4 . 3\,Cu[OH]_2$	rhom.	(010) a. (110) ud.	spröd	25
Bromellit	BeO	hex. IV.	$(10\bar{1}0)$ d.	„	
Bromyrit	$AgBr$. Ag 57·4	tess.	—	schneidbar	
Brookit	TiO_2	rhom.	(010) ud.	spröd	
Brucit	$Mg[OH]_2$	trig.	(001) a.	schneidbar	30
Brushit	$HCaPO_4 . 2\,H_2O$	mon.	(010) v. ($\bar{3}01$) v.	.	
Bunsenit	NiO	tess.	.	.	
Cabrerit	$(Ni, Mg)_3As_2O_8 . 8\,H_2O$	mon.	(010) v.	mild	35
Cahnit	$4\,CaO . B_2O_3 . As_2O_5 . 4\,H_2O$	tet. IV. a	(110) v.	.	
Calaverit	$AuTe_2$ Au 44	mon.?	.	spröd	
Calcioankylit	$5\,[(Ce, Y)_2O_3 . 3\,CO_2] . 7\,[(Sr, Ca, Ba)O . CO_2] . 10\,H_2O$	rhom.	—	„	40
Calcioferrit	$Ca_3Fe_2[PO_4]_4 . Fe[OH]_3 . 8\,H_2O$	mon.?	eine a.	„	
Calcit	$CaCO_3$	trig.	$(10\bar{1}1)$ a.	„	45
Caledonit	$(Pb, Cu)SO_4 . (Pb, Cu)CO_3 . H_2O$?	rhom.	(001) v. (100) g.	z. spröd	
Cancrinit	$3\,NaAlSiO_4 . (Na_2, Ca)CO_3$	hex.	$(10\bar{1}0)$v.(11 0)g.	spröd	
Canfieldit	$4\,Ag_2S . (Sn, Ge)S_2$	tess.	.	„	50
Cannizzarit	$PbS . 2\,Bi_2S_3$	rhom.	—	.	
Cappelenit	$BaY_6B_6Si_3O_{25}$	hex.	.	.	
Caracolit	$Pb[OH]Cl . Na_2SO_4$	rhom.? (ps. hex.)	.	.	
Carminit	$Pb_2As_2O_8 . 10\,FeAsO_4$	rhom·	(110)	spröd	55
Carnallit	$KMgCl_3 . 6\,H_2O$	„	—	„	
Carrollit	$CuS . Co_2S_3$	tess.	.	„	

Tabelle

Härte	Spezifisches Gewicht	Glanz	Farbe	Durchsichtigkeit	Strich
1 3	4·74—5·15	glas., perl.	preuß.-blau, indigoblau	hdsch.—ud.	grünl.-blau
2·5	2·05	.	blaßgrünl.-gelb	.	weiß
2—2·5	1·94—2·02	.	lichtblau	.	.
5 7	2·9—3·0	glas.	farblos, grau, gelbl., grünlich	dsi.—dsch.	„
2—2·5	1·69—1·72	glas.—fett	farblos—weiß	dsi.—ud.	„
3·5	2·7	fett	rötl.-braun	ud.	rötl.-braun
10 3	4·9—5·4	metall.	kupferrot—tombakbraun (bunt anlauf.)	opak	d.-grau
1·5—2·5	2·04—2·14	glas.	tief hyazinthrot	dsch.	gelb
15 2·5—3	5·75—6·41	metall.	bläul.-bleigrau	opak	d.-grau
2·5—3	5·7—5·9	„	stahlgrau—eisenschwarz	„	grau
5—5·5	3·67	glas.	farblos—weiß	dsi.—dsch.	weiß
6—6·5	4·72—4·82	hmet.	stahlgrau—d.-braunschwarz	opak	bräunl.-schwarz
20 5·5	7·54	metall.	lichtkupferrot	„	rötl.-braun
5	2·45	glas.—perl.	weiß, gelbl., grau	dsi.—dsch.	weiß
5·5	4·446	fett—glas.	braun	ud.	.
25 3·5—4	3·78—3·9	glas.	smaragd—schwärzl.-grün	dsi.—dsch.	grün
9	3·017	.	weiß	.	weiß
2—3	5·8—6·0	diam.—fett	gelb, bräunl., olivgrün	dsi.—dsch.	grünl.
5·5—6	3·87—4·01	hmet.—diam.	braun—schwarz	dsi.—ud.	w., grau, glbl.
30 2·5	2·38—2·4	perl., fett	weiß, grau, bläul., grünlich	dsi.—dsch.	weiß
2—2·5	2·208	glas., perlm., matt.	farblos—gelblich	„	„
5·5	6·398	glas.	pistaziengrün	dsch.	braunschw.
35 2	2·96—3·11	perl., seiden.	apfelgrün	dsi.—dsch.	grünl.-weiß
3	3·156	glas.	weiß	dsi.	weiß
2·5—3	9·0	metall.	blaß bronzegelb	opak	gelbgrau
40 4	3·82	fett—glas.	braungelb	dsch.	.
2·5	2·52—2·53	perlm.	gelb—grün, weiß	ud.	gelb
3	2·713	glas.	farbl., weiß, verschieden gefärbt	dsi.—ud.	weiß
45 2·5—3	6·4	glas.—fett	span—bläul.-grün	dsch.	grünl.-weiß
5—6	2·42—2·5	„	weiß, grau, gelb, grün usw.	dsi.—dsch.	weiß
50 2·5—3	6·276	metall.	schwarz	opak	.
1·5—2	6·54	„	bleigrau	„	schwarz
6—6·5	4·407	glas.—fett	grünl.-braun	hdsi.—dsch.	grau
4·5	.	glas.	farblos	dsi.	weiß
55 2·5	4·105	glas., perl.	karmin—ziegelrot	dsch.	rötl.-gelb
1—2	1·602	glas.—fett	farbl.—rötl., z. T. mit Metallschiller	dsi.—ud.	weiß
5·5	4·85	metall.	lichtstahlgrau	opak	.

Tabelle

Name	Chemische Zusammensetzung	Krystallsystem	Spaltbarkeit	Tenazität	
Castanit	$Fe_2O_3 . 2 SO_3 . 8 H_2O$	mon.	.	.	1
Cebollit	$(Ca, Mg)_5 [(Al, Fe) 2 OH]_2 [SiO_4]_3$	rhom.	—	.	
Cerit	$H_3 (Ca, Fe) Ce_3 Si_3 O_{13}$	"	.	spröd	
Cerussit	$PbCO_3$. Pb 77·6	"	(110), (021) d.	s. spröd	5
Cervantit	$SbSbO_4$	"	.	.	
Chabasit	$(Ca, Na_2) Al_2 Si_4 O_{12} . 6 H_2O$	ps. trig.	$(10\bar{1}1)$ z. d.	spröd	
Chalcedon	SiO_2 (z. T. mit Opal gemengt)	?	—	"	10
Chalkanthit	$CuSO_4 . 5 H_2O$ Cu 25·4	trik.	$(1\bar{1}0)$, (110), (111) uv.	"	
Chalkocit	Cu_2S Cu 79·8	rhom.	(110) ud.	z. spröd	15
Chalkolamprit	nahe Pyrochlor	tess.	—	.	
Chalkomenit	$CuSeO_3 . 2 H_2O$	mon.	.	.	
Chalkophanit	$(Mn, Zn) Mn_2O_5 . 2 H_2O$	trig.	(0001) v.	etw. biegsam	
Chalkophyllit	$8 CuO . As_2O_5 . 12 H_2O$ m. Al_2O_3, SO_3 usw.	"	(0001) a. $(10\bar{1}1)$ ud.	mild	20
Chalkopyrit	$Cu_2S . Fe_2S_3$ Cu 34·5, Fe 30·5	tet.IV.a.	(201) d. z. T., (001) ud.	spröd	
Chalkosiderit	$CuO . 3 Fe_2O_3 . 2 P_2O_5 . 8 H_2O$	trik.	$(0\bar{1}1)$ g.	.	25
Chalkostibit	$Cu_2S . Sb_2S_3$	rhom.	(001) v. (100) uv.	spröd	
Chenevixit	$Cu_2 [FeO]_2 As_2O_8 . 3H_2O$	.	.	.	
Childrenit	$2 AlPO_4 . 2 (Fe, Mn) [OH]_2 . 2 H_2O$	rhom.	(100) uv.	spröd	30
Chillagit	$Pb (Mo, W) O_4$	tet.IV.?	—	s. spröd	
Chiolith	$5 NaF . 3 AlF_3$	tet.	(001) v. (111) d.	.	
Chloanthit	$(Ni, Co, Fe) As_2 . Ni$ bis 27, Co bis 10·8, Fe bis 7·5	tess. II.	(111) ud. (100) ud.	spröd	35

A. Orthochlorite. Lassen sich als Mischungen von $H_4 Mg_3 Si_2 O_9$

	Name	Chemische Zusammensetzung	Krystallsystem	Spaltbarkeit	Tenazität	
	Pennin	Sp_3At_2 bis $SpAt$	mon. (ps.trig.)	(001) a.	biegsam	
	Klinochlor	$SpAt$ bis Sp_2At_3	"	"	"	
Chloritgruppe	Prochlorit (Ripidolith)	Sp_2At_3 bis Sp_3At_7	"	"	"	40
	Korundophilit	Sp_3At_7 bis $SpAt_4$	"	"	"	
	Amesit	$SpAt_4$ bis At	"	"	"	

B. Leptochlorite. Lassen sich nicht als Mi-

	Chamosit	$(Fe, Mg)_3 Al_2 Si_2 O_{10} . 3 H_2O$	.	.	spröd	
	Thuringit	$H_{18} Fe_8 (Al, Fe)_8 Si_8 O_{41}$	.	eine d.	zäh	45
	Moravit	$H_4 Fe_2 (Al, Fe)_4 Si_7 O_{24}$	.	basal v.	.	
	Cronstedtit Stilpnomelan	$H_8 \overset{II}{Fe_4} \overset{III}{Fe_4} Si_3 O_{20}$ $2 (Fe, Mg) O . (Fe, Al)_2 O_3 . 5 SiO_2 . 3 H_2O$	trg.(IV?)	(0001) a. eine g.	etw. biegsam etwas spröd	50

Tabelle

	Härte	Spezifisches Gewicht	Glanz	Farbe	Durchsichtigkeit	Strich
1	3	2·118	glas.	kastanienbraun	.	orangegelb
	5	2·96	matt	weiß—grünlichgrau	.	.
5	5·5	4·86—4·90	fett	nelkenbraun—kirschrot, grau	hdsch.	grauweiß
	3—3·5	6·46—6·57	diam.—fett	weiß, grau, schwärzl. usw.	dsi.—hdsch.	weiß
	4—5	4·084	fett, perl.	gelb. weißl., röti.	.	gelbweiß
	4—5	2·08—2·16	glas.	farbl. weiß, fleischrot usw.	dsi.—dsch.	weiß
10	7?	2·59—2·64	fett	weißgrau, bläul. usw.	dsch.	„
	2·5	2·12—2·30	glas.	blau	hdsi.—dsch.	„
15	2·5—3	5·5—5·8	metall.	d.-bleigrau, anlaufend	opak	d.-grau
	5·5	3·77	fett	graubraun, kupfrig anlaufend	ud.	graubraun
	.	3·76	glas.	blau	dsi.	weißl.-blau
	2·5	3·9—4·0	metall.	blauschwarz—eisenschwarz	opak	braun
20	2	2·4—2·66	perl., glas.	span—smaragdgrün	dsi.—dsch.	l.-grün
	3·5—4	4·1—4·3	metall.	messinggelb, anlaufd.	opak	grünl.-schw.
25	4·5	3·108	glas.	licht-zeisiggrün	.	blaßgrün
	3—4	4·75—5·0	metall.	blei—eisengrau	opak	schwarz
	3·5—4·5	3·93	glas.	d.-grün—grüngelb	.	gelbl.-grün
	4·5—5	3·18—3·24	glas.—fett	gelb—braunschwarz	dsch.	gelbl.-weiß
30	3·5	7·5	.	stroh—zitrongelb, bräunl.	„	.
	3·5—4	2·84—2·9	glas.	schneeweiß	dsi.—dsch.	weiß
	5·5—6	6·4—6·8	metall.	zinnweiß—stahlgrau	opak	grauschwarz
35						

(Serpentin) = Sp und $H_4Mg_3Al_2SiO_9$ (Amesit) = At auffassen.

	2—2·5	2·61—2·77	glas., perl.	bläul.-grün—schwärzlichgrün usw.	dsi.—hdsch.	grünl.-weiß
	2—2·5	2·65—2·78	„ „	grün, rosa, weißlich	dsi.—dsch.	„
	1—2	2·78—2·96	schwach perl.	grün—schwärzl.-grün	dsch.—ud.	„
40	2·5	2·87; 2·90	etwas perl.	grün, graugrün	„	„
	2·5—3	2·71	perlm.	apfelgrün	.	„

schungen von Sp und At allein auffassen.

	3	3—3·4	schimm., matt	grünl.-grau—schwarz	ud.	grau
45	2·5	3·15—3·19	perl., matt	oliv—pistaziengrün	„	l.-grün
	3·5	2·38	perl., fett	eisenschwarz	„	d.-grau
	3·5	3·34—3·35	glas.	schwarz	fast ud.	d.-grün
50	3·5	2·77—3·4	perl.—glas.	schwarz, gelbbronze	ud.	grünl.-grau

Tabelle

Name	Chemische Zusammensetzung	Krystallsystem	Spaltbarkeit	Tenazität	
Chloritgruppe Delessit	$H_{10}(Mg, Fe)_4(Al, Fe)_4 Si_4O_{23}$	.	.	mild	1
Brunsvigit	$8\ H_2O.9\ MgO.2\ Al_2O_3.6\ SiO_2$	hex.?	basal	.	
Chlormanganokalit	$4\ KCl.MnCl_2$	trig.	.	.	5
Chloroxiphit	$2\ PbO.Pb[OH]_2.CuCl_2$	mon.	(001) v. (110) uv.	s. spröd	
Chondrodit	$2\ Mg_2SiO_4 . Mg(F, OH)_2$	,,	(001) d. z. T.	spröd	
Chromit	$FeO.Cr_2O_3 \quad Cr\ 27–44$	tess.	—	,,	10
Chrysoberyll	$BeO.Al_2O_3$	rhom.	(010) uv. (100) ud.	,,	
Chrysokolla	$CuSiO_3 + aq \quad Cu\ ca.\ 40$	amorph	.	,,	
Chrysolith	$(Mg, Fe)_2SiO_4$	rhom.	(010) z. d.(100) ud.	,,	
Chubutit	$7\ PbO.PbCl_2$	tet.?	(001) v.	.	
Churchit	$(Ce, Ca)\ PO_4 . 2\ H_2O$	mon.?	eine v.	.	15
Claudetit	As_2O_3	mon.	(010) v.	biegsam	
Clausthalit	$PbSe$	tess.	(100)	mild	
Coelestin	$SrSO_4$	rhom.	(001) v. (110) g. (010) uv.	spröd	
Colemanit	$Ca_2B_6O_{11}.5\ H_2O$	mon.	(010) a. (001) d.	spröd	20
Colerainit	$4\ MgO . Al_2O_3 . 2\ SiO_2 . 5\ H_2O$	hex.	.	.	
Coloradoit	$HgTe$	tess. IV.	.	z. spröd	
Columbit	$(Fe, Mn)(Nb, Ta)_2O_6$	rhom.	(100) z.d.(010) ud.	spröd	25
Connellit	$15\ Cu[OH]_2 . 2\ CuCl_2 . CuSO_4 . 4\ H_2O$	hex.	.	.	
Copiapit	$[HO]_2Fe_4[SO_4]_5 . 17\ H_2O$	mon.	(010)	etwas spröd	
Coquimbit	$Fe_2[SO_4]_3 . 9\ H_2O$	trig.	$(10\bar{1}0), (10\bar{1}1)$ uv.	.	
Cordierit	$H_2(Mg, Fe)_4Al_8Si_{10}O_{37}$	rhom.	(010) d. (100), (001) ud.	spröd	30
Cornetit	$Cu[Cu.OH]PO_4?$	,,	.	.	
Cornwallit	$Cu_2As_2O_8 . 2\ Cu[OH]_2 . H_2O$	.	.	.	
Coronadit	$(Pb, Mn)_2MnO_5$	tet.?	.	.	35
Cosalit	$2\ PbS.Bi_2S_3$	rhom.	.	spröd	
Cotunnit	$PbCl_2$	,,	(100) v.	.	
Covellin	$CuS \quad Cu\ 66·4$	hex.?	(0001) v.	biegsam	
Crednerit	$CuO.Mn_2O_3$	mon.?	(001) v.	mild	
Creedit	$3\ CaF_2 . Al(OH, F)_2SO_4 . 2\ H_2O$	mon.	(100) v.	spröd	40
Cristobalit	SiO_2	ps. tess.	.	.	
Cubanit	$Cu_2S . 2\ FeS . Fe_2S_3 \quad Cu\ 22·9$	rhom.	(110) (001) g.	spröd	
Cumengeit	$4\ PbCl_2 . 4\ CuO . 5\ H_2O$	tet.	(101) sg. (110) g. (001) ud.	.	45
Cuprit	$Cu_2O \quad Cu\ 88·7$	tess.III.?	(111) ud.	spröd	
Cuprotungstit	$(Cu, Ca)WO_4$	tet. II.	eine	.	
Curit	$2\ PbO.5\ UO_3.4\ H_2O$	?	.	.	
Cuspidin	$Ca_2[Ca_2F]_2Si_2O_7$	mon.	(001) g.	spröd	50
Cyanit	$[AlO]_2SiO_3$	trik.	(100) a. (010) g.	,,	
Cyanotrichit	$4\ CuO.Al_2O_3.SO_3.8\ H_2O$	rhom.	.	biegsam	
Dachiardit	$(Ca, Na_2K_2)_3Al_6[Si_2O_5]_9 . 14\ H_2O$	mon.	(100) (001) v.	spröd	55
Dahllit	$Ca_4[PO_4]_4.CaCO_3.\frac{1}{2}H_2O$	hex.?	.	.	
Danalith	$(Be,Fe,Zn,Mn)_7Si_3O_{12}S$	tess. IV.	—	spröd	

Tabelle

	Härte	Spezifisches Gewicht	Glanz	Farbe	Durch-sichtigkeit	Strich
1	2—2·5	2·89	.	oliv—schwärzl.-grün	ud.	l.-graugrün
	1—2	3·01	glas.—fett	grün—d.-lauchgrün	dsch.	.
5	2·5	2·31	glas.	blaß weingelb	.	.
	2·5	6·763	fett—diam.	olivgrün	.	blaß grüngelb
	6—6·5	3·1—3·2	glas.	gelb, rot, br.-rot, grün	.	weißlich
10	5·5—6·5	4·32—4·57	hmet.	eisen—braunschwarz	ud.	braun
	8·5	3·5—3·84	glas.	gelb, grün [rot]	dsl.—dsch.	weiß
	2—4	2—2·42	glas.—matt	grün, blau, braun usw.	dsch.—ud.	,,
	6·5—7	3·27—3·37	glas.	grün, bräunlich usw.	dsl.—dsch.	,,
	2·5	7·952	perlm.	gelb—rötl.-gelb	.	kanariengelb
15	3—3·5	3·14	glas., perl.	blaß rötl.-grau	dsl.—dsch.	weiß
	2·5	3·85—4·15	,, ,,	farblos—weiß	,,	,,
	2·5	7·6—8·8	metall.	bleigrau	opak	d.-grau
	3—3·5	3·84—3·97	glas.	weiß, blau, braun usw.	dsl.—hdsch.	weiß
20	3·5—4·5	2·417	glas.—diam.	farblos—weißlich	dsl.—dsch.	weiß
	2·5—3	2·51	glas.—perlm.	farblos-weiß	dsl.	,,
	2·5—3	8·07, 8·627	metall.	eisenschwarz gegen grau	opak	.
25	6	5·15—6·84	hmet.	eisen—braunschwarz	dsch.—ud.	d.-rot—schw.
	3	3·364, 3·54	glas.	blau	dsch.	blaßblau
	2·5	2·103	perlm.	schwefel—zitrongelb	,,	weiß
	2—2·5	2·1	.	weiß, gelb, violett	dsl.—dsch.	,,
30	7—7·5	2·57—2·66	glas.	blau, graublau	,,	,,
	4—5	4·10	.	azur—pfauenblau	.	.
	4·5	4·16—4·17	.	smaragd-d.-spangrün	.	.
35	4	5·246	met., matt	schwarz	opak	braunschw.
	2·5—3	6·07—7·13	metall.	blei—stahlgrau	,,	schwarz
	weich	5·238	diam.—perl.	weiß, gelbl., grünl.	.	weiß
	1·5—2	4·59—4·63	hmet.—matt	indigoblau	opak	grauschwarz
	4	4·9—5·1	metall.	eisenschw.—stahlgrau	,,	[schw.—brnl.
40	4	2·713—2·73	glas.	fast farblos	dsl.	weiß
	6—7	2·27; 2·36	matt	weiß	dsch.	.
	3·5—4	4·03—4·04	metall.	bronze—messinggelb	opak	rötl.—schw.
45	3?	4·67	glas.	preuß.-blau, indigo-blau	.	grünblau
	3·5—4	5·85—6·15	diam.-hmet.	rot—schwärzlich	hdsl.—ud.	bräunl.-rot
	4·5—5		glas.	pistazien—lauchgrün	.	l.-grünl.
	4—5	7·192	.	rotbraun—orange	dsch.	orange
50	5—6	2·85; 2·99	glas.	blaßrosa, farbl., weiß	.	.
	4—7	3·56—3·67	glas., perl.	farbl., blau, grünl., grau usw.	dsl.—dsch.	weiß
	s. weich	2·737	seiden.	smalte—himmelblau	dsch.	l.-blau
55	4—4·5	2·165	glas.	farblos—weißlich	dsl.—dsch.	weiß
	5	3·053	fett	gelblichweiß	.	.
	5·5—6	3·427	glas.—fett	fleischrot—grau	dsch.	rötl.-grau

Mineralogisches Taschenbuch 2. Aufl.

82 Tabelle

Name	Chemische Zusammensetzung	Krystallsystem	Spaltbarkeit	Tenazität	
Danburit	$CaB_2Si_2O_8$	rhom.	(001) ud.	spröd	1
Darapskit	$NaNO_3.Na_2SO_4.H_2O$	mon.	(100) v.	.	
Datolith	$HCaBSiO_5$	,,	—	spröd	
Davyn	3 $(Na, K)AlSiO_4.CaCl_2$ m. SO_3, CO_2.	hex.	$(10\bar{1}0)$, (0001) v.	,,	5
Dawsonit	$NaAl[OH]_2CO_3$	rhom.	eine	.	
Delafossit	$Cu_2O.Fe_2O_3$	trig.	$(10\bar{1}0)$ uv.	spröd	
Delorenzit	$2FeO.UO_2.2Y_2O_3.24TiO_2$	rhom.	.	,,	10
Derbylith	$5FeTiO_3.FeSb_2O_6$	,,	.	s. spröd	
Descloizit	$(Pb, Zn)_3V_2O_8.Pb[OH]_2$	,,	—	spröd	
Desmin	$(Na_2, Ca)Al_2Si_6O_{16}.6H_2O$	mon.	(010) v.	,,	
Destinezit	$Fe_4O[OH]_2[SO_4]_2[PO_4]_2$	,,	.	,,	15
Deweylith	$Mg_4Si_3O_{10}.5—6H_2O$	amorph?	—	,,	
Diaboleit	$2Pb[OH]_2.CuCl_2$	tet.	(001)	,,	
Diamant	C	tess. (IV.?)	(111) a.	,,	20
Diaphorit	$3Ag_2S.4PbS.3Sb_2S_3$	rhom.	—	. ,,	
Diaspor	$AlO[OH]$	,,	(010) a. (210) g.	s. spröd	
Dickinsonit	$3(Mn, Fe, Na_2, Ca)_3P_2O_8.H_2O$	mon.	(001) v.	spröd	
Didymolith	$2CaO.3Al_2O_3.9SiO_2$	,,	(010) (110) g. (011) uv.	,,	25
Dietzeit	$Ca[JO_3]_2.CaCrO_4$	,,	(100) uv.	.	
Dihydrit	$Cu_3P_2O_8.2Cu[OH]_2$	trik.	(010) uv.	spröd	
Dioptas	H_2CuSiO_4	trig. II.	$(10\bar{1}1)$ v.	,,	
Dixenit	$MnSiO_3.2Mn[OH]AsO_3$	trig. I. ?	(0001)	.	30
Dolomit	$(Ca, Mg)CO_3$	trig. II.	$(10\bar{1}1)$ v.	spröd	
Domeykit	$Cu_3As.$ Cu 71·7	—	.	,,	
Dufrenit	$FePO_4.Fe[OH]_3$	rhom.	(100), (010) ud.	s. spröd	35
Dufrenoysit	$2PbS.As_2S_3$	mon.	(010) v.	spröd	
Duftit	$2Pb_3[AsO_4]_2.Cu_3[AsO_4]_2.4Cu[OH]_2$	Olivenit-ähnl.	.	.	
Dumortierit	$HAl_9BSi_4O_{20}$	rhom.	(100) d.	spröd	
Durangit	$Na[Al.F]AsO_4$	mon.	(110) d.	,,	40
Dyskrasit	Ag_3Sb Ag 73	rhom.	(001), (011) d. (110) uv.	uv. schneidb.	
Edingtonit	$BaAl_2Si_3O_{10}.3H_2O$	rhom. III.	(110) v.	spröd	
Eglestonit	Hg_4Cl_2O	tess.	.	,,	45
Ehlit	$Cu_3P_2O_8.2Cu[OH]_2.H_2O$	?	1 Richtung v.	.	
Eisen	Fe	tess.	(100) v.	hämmerbar	
Ekdemit	$Pb_4As_2O_7.2PbCl_2$	rhom.	(001) g.	spröd	
Ektropit	$12(Mn, Fe, Mg, Ca)O.8SiO_2.7H_2O$	mon.	(001)?	.	50
Ellsworthit	$RO.Nb_2O_5.2H_2O$ R wesentl. U, Ca, Ti	tess.	.	s. spröd	
Elpidit	$H_6Na_2ZrSi_6O_{18}$	rhom.	(110)	.	
Embolit	$Ag(Br, Cl).$ Ag 61—69·8	tess.	—	schneidbar	55
Emplektit	$Cu_2S.Bi_2S_3$	rhom.	(001) v. (010) g.	mild—spröd	
Enargit	$Cu_2S.4CuS.As_2S_3$ Cu 48·6	,,	(110) v. (100), (010) d. (001) ud.	spröd	

Tabelle

	Härte	Spezifisches Gewicht	Glanz	Farbe	Durch-sichtigkeit	Strich
1	7	2·97—3·02	glas.—fett	farbl., gelbl., bräunl.	dsi.—dsch.	weiß
	2—3	2·203	.	farblos	dsi.	„
	5—5·5	2·9—3·0	glas.	farbl., weiß, grünl. usw.	dsi.—dsch.	„
5	5·5	2·34—2·49	glas., perl.	farblos—weiß	„	„
	3	2·40	glas.	weiß	.	„
	5·5	.	metall.	schwarz	ud.	schwarz
	5·5—6	4·7	glas.—fett	„	ud.	.
10						
	5	4·51—4·53	fett	pechschwarz	ud.	.
	3·5	5·9—6·2	glas-fett	braunrot—schwarz	dsch.—ud.	gelb, grau
	3·5—4	2·09—2·20	glas., perl.	weiß, rötlich usw.	dsi.—dsch.	weiß
15	3	2·03—2·10	fett—glas.	gelb—braun	dsch.	„
	2—3·5	2·0—2·2	fett	weißl., gelb, rötl., grünl.	„	„
	2·5	6·412	stark	himmelblau	dsi.	blaßblau
	10	3·52—3·53	diam.—fett	farbl., weiß, gelb usw., schwarz	dsi.—ud.	weiß
20						
	2·5—3	5·9—6·04	metall.	stahlgrau	opak	schwarz
	6·5—7	3·3—3·5	glas., perl.	weiß, grau, violett usw.	dsi.—hdsch.	weiß
	3·5—4	3·34	„	oliv-, gras-, ölgrün	.	grauweiß
25	fast 5	2·71	.	grünl.-weiß, d.-grau	dsi.	.
	3—4	3·698	glas.	d.-goldgelb	.	.
	4·5—5	4·0—4·4	diam.—glas.	d.-smaragdgrün	dsch.—hdsch.	grün
	5	3·28—3·35	glas.	smaragdgrün	dsi.—dsch	„
30	3—4	4·20	fett—metall.	schwarz (rot dsch.)	hdsch.	.
	3·5—4	2·8—2·99	glas., perl.	farbl., weiß, gefärbt, schwarz	dsi.—ud.	weißlich
	3—3·5	7·2—7·75	metall.	zinnweiß, braun anl.	opak	d.-grau
	3·5—4	3·2—3·5	seiden.	lauch—schwärzlich-grün, braun	hdsch.—ud.	zeisiggrün
35						
	3	5·55—5·57	metall.	schwärzl.-bleigrau	opak	rötl.-braun
	3	6·19	glas.	l.-olivgrün, graugrün	.	blaßgrün
	7	3·26—3·36	glas.	blau, grünl., rotviolett	dsi.—dsch.	weiß
40	5	3·94—4·07	glas.	orangerot	dsch.	gelblich
	3·5—4	9·44—9·85	metall.	silberweiß, schwarz anlaufend	opak	grau
	4—4·5	2·69—2·71	glas.	weiß, grauweiß, rötl.	dsch.—ud.	weiß
45	2—3	8·31—8·34	diam.—fett	braungelb, schwarz werdend	dsch.	gelb
	1·5—2	3·8—4·27	glas.—perl.	spangrün	hdsch.	l.-grün
	4·5—6	7·3—7·8	metall.	stahlgrau—eisenschw.	opak	grau
	2·5—3	6·89—7·14	glas., fett	gelb, grün	ud.	weiß
50	4	2·46	matt	nuß—haarbraun	„	.
	4—4·5	3·61, 3·758	glas.-diam.	bernsteingelb, d.-braun, schwarz	.	blaß, bräunl.
	fast 7	2·52—2·59	seiden.	weiß—ziegelrot	.	.
55	1—1·5	5·3—5·8	fett—diam.	graugrün, gelbgrün gelb	dsi.—dsch.	gelbl., grünl.
	2—2·5	6·3—6·5	metall.	grau—zinnweiß	opak	grauschwarz
	3	4·36—4·55	„	grauschwarz, eisen-schwarz	„	„

Tabelle

Name	Chemische Zusammensetzung	Krystallsystem	Spaltbarkeit	Tenazität	
Endeiolith	nahe Pyrochlor	tess.	—	.	1
Eosphorit	$2AlPO_4.2(Mn, Fe)[OH]_2 . 2H_2O$	rhom.	(100) g.	.	
Epidesmin	wie Desmin	„	(100) (010)	.	
Epididymit	$HNaBeSi_3O_8$	„	(010), (001) v.	.	5
Epidotgruppe — Zoisit	$HCa_2Al_3Si_3O_{13}$	rhom.	(010) a.	spröd	
Epidotgruppe — Klinozoisit	$HCa_2Al_3Si_3O_{13}$	mon.	.	„	
Epidotgruppe — Epidot	$HCa_2(Al, Fe)_3Si_3O_{13}$	„	(001) v. (100) uv.	„	10
Epidotgruppe — Piemontit	$HCa_2(Al, Mn)_3Si_3O_{13}$	„	„	„	
Epidotgruppe — Hancockit	$H(Ca, Pb, Sr, Mn)_2(Al, Fe)_3.Si_3O_{13}$	„	(001)	„	
Epidotgruppe — Allanit	$H(Ca, Fe)_2(Al, Ce)_3Si_3O_{13}$	„	(100), (001), (110) ud.	„	15
Epigenit	$3Cu_2S . 9CuS . 6FeS . 2As_2S_3$	rhom.	.	.	
Epistilbit	$CaAl_2Si_6O_{16} . 5H_2O$	mon.	(010) a.	spröd	20
Epistolit	$Na_{10}Nb_4(Si, Ti)_9O_{33} . 10 H_2O$	„	(001) a. (110) d.	s. spröd	
Epsomit	$MgSO_4 . 7H_2O$	rhom. III.	(010) v. (011) g.	spröd	
Erikit	Phosphosilicat v. Ce, La, Di, Al, Ca, Na	rhom.	—	.	25
Erinit	$Cu_3As_2O_8 . 2Cu[OH]_2$	?	eine	spröd	
Erythrin	$Co_3As_2O_8 . 8H_2O$	mon.	(010) a. (100), ($\bar{1}01$) ud.	biegsam	
Esmeraldait	$Fe_2O_3 . 4H_2O$	.	.	s. spröd	30
Ettringit	$Al_4Ca_{10}[OH]_{22}[SO_4]_5 . 40 H_2O$	hex.	($10\bar{1}0$) v.	.	
Euchroit	$Cu_3As_2O_8 . Cu[OH]_2 . 6H_2O$	rhom.	(110), (011) ud.	spröd	
Eudialyt	$Na_{12}(Ca, Fe)_6Cl . (Si, Zr)_{20}O_{52}$	trig.	(0001) v.	„	35
Eudidymit	$HNaBeSi_3O_8$	mon.	(001) v. ($\bar{5}51$) g.		
Eukairit	$Cu_2Se . Ag_2Se$	tess.	(100) ?	mild	
Euklas	$HBeAlSiO_5$	mon.	(010) a. (100), (001) v.	spröd	40
Eukryptit	$LiAlSiO_4$	hex.	(0001)		
Eulytin	$Bi_4Si_3O_{12}$	tess. IV.	(110) ud.	spröd	
Evansit	$AlPO_4 . 2Al[OH]_3 . 6H_2O$	amorph	—	.	45
Fahlerzgruppe — Tetraedrit	$3Cu_3SbS_3 . CuZn_2SbS_4$ Cu 38, Zn 7·8, Sb 29·3, S 24·9	test. IV.	—	s. spröd	
Fahlerzgruppe — Spaniolith	$3Cu_3SbS_3 . CuHg_2SbS_4$ Cu 32·7, Hg 20·6, Sb 25·2, S 21·5	„	—	„	50
Fahlerzgruppe — Freibergit	$3Ag_3SbS_3 . CuFe_2SbS_4$ Cu 13·2, Ag 33·8, Fe 5·8, Sb 25·5, S 21·7	„	—	„	

Tabelle

	Härte	Spezifisches Gewicht	Glanz	Farbe	Durchsichtigkeit	Strich
1	4	3·44	glas.—fett	dunkelbraun	.	gelbl.-grau
	5	3·11—3·14	„	rosa, gelbl., grau, weiß usw.	dsi.—dsch.	.
	.	2·16	.	wasserhell, gelblich	dsi.	weiß
5	5·5	3·548	glas., perl.	farblos	„	„
	6—6·5	3·25—3·37	glas., perl.	grauweiß, bräunl., grünl., rosa	dsi.—hdsch.	weiß
	6·5	3·372	glas.	blaßrosa		
	6—7	3·25—3·5	„	grün, braun, gelb, rot, schwarz	dsi.„—ud.	weiß„, graul.
10	6·5	3·404	glas., perl.	rotbraun, rötl.-schwarz	hdsch.—ud.	bräunl.-rosa
	6—7	4·03	.	braunrot	.	.
15	5·5—6	3·5—4·2	hmet., fett, glas.	braun—schwarz	hdsch.—ud.	grau, grünl.
	3·5	.	metall.	stahlgrau	opak	schwarz
	4—4·5	2·25	glas., perl.	farblos, weiß	dsi.—dsch.	weiß
20	(a. b 3·5) 1—1·5	2·885	perlm.	weiß, gelbl., grau	„	„
	2·0—2·5	1·68—1·75	glas., matt	farblos, weiß	dsi.—ud.	„
25	5·5—6	3·493	.	gelbbraun, graubraun	fast ud.	„
	4·5—5	4·043	matt, fett	smaragd—grasgrün	hdsch.—ud.	grün
	1·5—2·5	2·95—3·15	diam., perl.	kermesin-, pfirs.-blührot, grau,grünl.-grau	dsi.—hdsch.	rötlich
30	2·5	2·578	glas.	schwarz	.	gelbbraun
	2—2·5	1·75, 1·55	.	farblos	dsi.	·weiß
	3·5—4	3·389	glas.	smaragd—lauchgrün	dsi.—dsch.	spangrün
35	5—5·5	2·84—3·1	„	rosa, braunrot, braun	dsch.—hdsch.	weiß
	6	2·553	glas., perl.	farblos—weiß	dsi.—dsch.	„
	2·5	7·5	metall.	silberweiß—bleigrau	opak	grau
40	7·5	3·05—3·1	glas.	farblos, grün, bläul. usw.	dsi.	weiß
	.	2·667	.	farblos, weiß	dsi.—dsch.	weiß
	4·5	6·106	diam.—fett	d.-braun, gelb, grau, farblos	hdsl.—ud.	gelbgr.—w.
45	3·5—4	1·92—1·94	glas.—fett	farbl., weiß, gelbl., bläulich	dsch.—hdsch.	weiß
	3—4	4·5—5	metall.	stahlgrau—eisenschwarz	opak	schw., rötl.
55	„	5·1	metall., oft matt	d.-grau—schwarz	„	„
	„	4·85—5·0	metall.	meist stahlgrau	„	„

Name	Chemische Zusammensetzung	Krystallsystem	Spaltbarkeit	Tenazität	
Fahlerzgruppe Tennantit	$3 Cu_3 As S_3 . Cu Fe_2 As S_4$ Cu 43·4, Fe 7·7, As 20·5, S 28·5	tess. IV.	—	s. spröd	1
Arsenfahlerz	$3 Cu_3 As S_3 . Cu Cu_4 As S_4$ Cu 55·4, As 18·7, S 25·9	„	—	„	5
Fairfieldit	$Ca_2 Mn P_2 O_8 . 2 H_2 O$	trik.	(010) a. (100) g.	spröd	
Famatinit	$6 Cu S . Sb_2 S_5$	mon.?	—	z. spröd	
Faujasit	$Na_2 Ca Al_2 Si_5 O_{15} . 10 H_2 O$	tess.	(111) d.	spröd	
Fauserit	$(Mn, Mg) SO_4 . 7 H_2 O$	rhom.	(010), (001) d.	.	10
Fayalit	$Fe_2 Si O_4$	„	(010) d. (100) ud.	spröd	
Feldspatgruppe Orthoklas	$(K, Na) Al Si_3 O_8$	mon.	(001) v. (010) g. (110) uv.	spröd	
Hyalophan	$(K_2 Ba) Al_2 Si_4 O_{12}$	„	(001) v. (010) g.	„	15
Celsian	$Ba Al_2 Si_2 O_8$	„	(001) v. (010) d. (110) ud.	„	
Mikroklin	$(K, Na) Al Si_3 O_8$	trik.	(001) v. (010) g. (110) d.	„	
Anorthoklas	$(Na, K) Al Si_3 O_8$	„		„	20
Albit	$Na Al Si_3 O_8 = Ab$	„	(001) v. (010) g. (110) uv.	„	
Oligoklas	$Ab_4 . An_1$	„	(001) v. (010) g.	„	
Andesin	$Ab_3 . An_2$	„	(001) v. (010) g. (1$\bar{1}$0) z. T.	„	
Labradorit	$Ab_1 . An_1$	„	.	„	25
Bytownit	$Ab_1 . An_4$	„	.	„	
Anorthit	$Ca Al_2 Si_2 O_8 = An$	„	(001) v. (010) g.	„	
Felsöbányit	$2 Al_2 O_3 . SO_3 . 10 H_2 O$	rhom.	eine v.	s. mild	30
Ferganit	$V_2 O_5 [U O]_2 . 6 H_2 O$	?	eine d.	.	
Fergusonit	$(Y, Er, Ce) (Nb, Ta) O_4$	tet. II.	(111) ud.	spröd	
Fermorit	$3 [(Ca, Sr)_3 (As, P)_2 O_8] . (Ca, Sr) (OH, F)_2$	hex.?	.	.	
Ferrierit	$(Mg, Na_2, H_2)_4 Al_2 [Si_2 O_5]_5 . 6 H_2 O$	rhom.	(100) v.	.	35
Ferronatrit	$3 Na_2 SO_4 . Fe_2 [SO_4]_3 . 6 H_2 O$	trig.	(10$\bar{1}$0) v. (11$\bar{2}$0) g.	.	
Fibroferrit	$Fe_2 [OH]_2 [SO_4]_2 . 9 H_2 O$	mon.?	.	.	
Fiedlerit	$2 Pb Cl_2 . Pb [OH]_2$	mon.	(001) d.	.	40
Fillowit	$3 (Mn, Fe, Ca, Na_2)_3 P_2 O_8 . H_2 O$	„ (ps.trig.)	(001) g.	spröd	
Finnemanit	$Pb_5 Cl [As O_3]_3$	hex.	(10$\bar{1}$0) ?	.	
Flinkit	$Mn As O_4 . 2 Mn [OH]_2$	rhom.	.	spröd	
Florencit	$Al PO_4 . Ce PO_4 . 2 Al [OH]_3$	trig.	(0001) z. v.	„	45
Fluellit	$Al F_3 . H_2 O$	rhom.	(111) ud.	.	
Fluocerit	$(Ce, La, Di) F_3$	hex.	(0001) g. (10$\bar{1}$0)	spröd	
Fluorit	$Ca F_2$ F49	tess.	(111) v.	„	50
Forsterit	$Mg_2 Si O_4$	rhom.	(010) d. (001) ud.	„	
Foshagit	$H_2 Ca_3 [Si O_4]_2 . 2 H_2 O$	„	.	.	
Fourmarierit	$Pb O . 5 U O_3 . 10 H_2 O$	„	(100)?	.	
Franckeit	$5 Pb S . Sb_2 S_3 . 2 Sn S_2$	.	eine v.	et. hämmerb.	

Tabelle

Härte	Spezifisches Gewicht	Glanz	Farbe	Durchsichtigkeit	Strich
1	4	4·4—4·7	metall., oft matt	schwärzl., bleigrau	opak	rotgrau bis d.-kirschrot
5		4·5—4·9	.	stahlgrau	„	
	3·5	3·07—3·15	perl., hdiam.	weiß, grünl., gelbl.	dsi.	weiß
	3·5	4·57	metall.	rötl.-grau	opak	schwarz
	5	1·923	glas.	farbl., weiß, oberfl. braun	dsi.—dsch.	weiß
10	2—2·5	1·888	„	farbl., gelbl.— rötlichweiß	„	„
	6·5	4—4·14	hmet.—fett	gelb, braun, schwarz	dsi.—ud.	braunschw.
	6—6·5	2·55—2·60	glas., perl.	farbl., weiß, grau. gelbl., rötl.	dsi.—ud.	weiß
15	„	2·9	„ „	farbl.—weiß, fleischr.	dsi.—dsch.	„
	„	3·37	glas.	farblos	dsi.—hdsch.	„
	„	2·54—2·69	glas., perl.	weiß, gelbl., rot, grün	dsi.—dsch.	„
20	„	2·57—2·63	„ „	.	.	„
	„	2·62—2·69	„ „	farbl.—weiß, leicht gefärbt	dsi.—hdsch.	„
	6—7	2·65—2·67	„ „	weißl., grünl., rötl.	„	„
	5—6	2·68—2·69	„ „	weiß, grau, grünl., gelbl. usw.	„	„
25	5—6	2·70—2·72	„ „	grau, braun usw., oft farbenspielend	„	„
	.	2·72	„ „	grünl.-weiß	„	„
	6—6·5	2·74—2·76	„ „	weiß, grau, rötlich	„	„
30	1·5	2·33	perlm.	weiß, gelbl.	dsi.—dsch.	weiß
	2·25	3·31	.	hellgelblich	.	.
	5·5—6	5·78; 4·98	gl.(a.Bruch)	braunschwarz	hdsch.—ud.	blaßbraun
	5 ·	3·518	fett	weiß, blaßrötlich	dsch.	weiß
35	3—3·5	2·150	glas.—perlm.	farblos—weiß	dsi.	„
	2	2·55—2·58	.	grünl., graul., weiß	.	.
	2—2·5	1·90—2·09	seid., perl.	blaßgelb, weißl.	dsch.	
40	3·25	5·88	diam.	farblos	dsi.	weiß
	4·5	3·43	fett	gelb, rötl.-braun, farblos	dsi.—dsch.	.
	2—3	7·08, 7·265	fast diam.	d.-grau—schwarz	ud.	.
	4—4·5	3·87	glas., fett	grünl.-braun	dsi.	.
45	5	3·586	fett	blaßgelb	„	.
	3	2·17	glas.	farbl.—weiß	dsi.—dsch.	weiß
	4·5—5	6·13	fett	rötlich, gelb, braun	dsi.—ud.	.
	4	3·01—3·25	glas.	farblos u. verschieden gefärbt	„	weiß
50	6—7	3·21—3·33	„	weiß, gelbl., grau usw.	dsi.—dsch.	„
	3	2·36	seiden.	weiß	.	„
	3—4	6·046	diam.	rot	.	„
	2·5—3	5·55	metall.	grauschwarz—schwarz	opak	.

Tabelle

Name	Chemische Zusammensetzung	Krystallsystem	Spaltbarkeit	Tenazität	
Franklinit	(Fe, Zn, Mn)O . (Fe, Mn)$_2$O$_3$	tess.	.	spröd	1
Freieslebenit	3 Ag$_2$S . 4 PbS . 3 Sb$_2$S$_3$ Ag ca. 23	mon.	(110) uv.	z. spröd	
Freirinit	6 (Cu, Ca)O . 3 Na$_2$O . 2 As$_2$O$_5$. 5 H$_2$O	tet.	(001) g. (110) uv.	.	5
Fremontit	Na[Al(OH, F)]PO$_4$	mon.	3 Richtungen	.	
Friedelit	H$_7$Mn$_5$Si$_4$O$_{16}$Cl	trig.	(0001) v.	spröd	
Frieseit	Ag$_2$S . FeS . 2 Fe$_2$S$_3$	rhom.	(001) v.	biegsam	
Gadolinit	Be$_2$FeY$_2$Si$_2$O$_{10}$	mon.	—	spröd	10
Galenit	PbS.	tess.	(100) a. (111) z.T.	mild	
Galenobismutit	Pb 86·6 (Ag bis ca. 1) PbBi$_2$S$_4$	.	.	.	
Ganomalith	Pb$_4$[Pb.OH]$_2$Ca$_4$[Si$_2$O$_7$]$_3$	hex.	(0001), (10$\bar{1}$0)	s. spröd	15
Ganophyllit	6 H$_2$O . 7 MnO . Al$_2$O$_3$. 8 SiO$_2$	mon.	(001) v.	.	
Garnierit	(Ni, Mg)SiO$_3$ + aq . Ni 3—33	amorph.	—	zerreiblich	
Gaylussit	CaCO$_3$. Na$_2$CO$_3$. 5 H$_2$O	mon.	(110) v. (001) uv.	s. spröd	20
Gehlenit	Ca$_2$Al$_2$SiO$_7$	tet.	(001), (100) uv.	spröd	
Geikielith	(Mg, Fe)TiO$_3$	trig. II.	eine v.	,,	
Genthit	2 NiO . 2 MgO . 3 SiO$_2$. 6 H$_2$O	amorph	—	.	25
Geokronit	5 PbS . Sb$_2$S$_3$	rhom. IV.	(110) d. (211) ud.	mild	
Georgiadesit	Pb$_3$[AsO$_4$]$_2$. 3 PbCl$_2$	rhom. (ps.hex.)	.	.	
Gerhardtit	Cu[NO$_3$]$_2$. 2 Cu[OH]$_2$	rhom.	(001) a. (100) g.	schneidbar	30
Gersdorffit	NiAsS. Ni 30—35	tess. II.	(100) z. v.	spröd	
Gillespit	FeBaSi$_4$O$_{10}$	tet. od. hex.	1 Richtung	.	
Gismondin	CaAl$_2$Si$_2$O$_8$. 3 H$_2$O	mon. ps. (tet.)	.	.	35
Glaserit (Aphthitalit)	(K, Na)$_2$SO$_4$	trig.	(10$\bar{1}$0) d. (0001) ud.	z. spröd	
Glauberit	Na$_2$SO$_4$. CaSO$_4$	mon.	(001) v.	spröd	
					40
Glaukochroit	CaMnSiO$_4$	rhom.	.	.	
Glaukodot	(Co, Fe)AsS	,,	(001) g. (110) d.	spröd	
Glaukonit	wassh. Silicat v. Fe, K, Mg	amorph	—	zerreiblich	

Glimmergruppe	Paragonit	H$_2$NaAl$_3$Si$_3$O$_{12}$	mon. (ps. trig. od. hex.)	(001) a.	meist elastisch bis biegsam	45
	Muscovit	H$_2$KAl$_3$Si$_3$O$_{12}$		,,		
	Lepidolith	F$_2$KLiAl$_2$Si$_3$O$_9$	,,	,,		
	Zinnwaldit	F$_2$(K, Li)$_2$Al$_2$Si$_3$O$_9$ mit Fe$_2$SiO$_4$	,,	,,		50
	Biotit	HK$_2$Al$_2$Si$_3$O$_{12}$. 3 Mg$_2$SiO$_4$	,,	,,		
	Phlogopit	F$_2$KLiAl$_2$Si$_2$O$_9$. Mg$_2$SiO$_4$	,,	,,		55

Tabelle

	Härte	Spezifisches Gewicht	Glanz	Farbe	Durch-sichtigkeit	Strich
1	6—6·5	5·07—5·22	hmetall.	eisenschwarz	opak	rötl.-braun bis schwarz
	2—2·5	6·0—6·4	metall.	l.-stahlgrau—bleigrau	,,	grau
5	.	über 3·3	seiden.	grünl.-blau	.	hellblau
	5·5	3·01—3·06	glas.-fett	grünl.-weiß—weiß	dsch.—ud.	weiß
	4—5	3·07	fett—matt	rosenrot	dsch.	blaßrosa
	2·5	4·21—4·22	metall.	d tombakbraun	ud.	schwarz
10	6·5—7	4·0—4·5	glas.—fett	schwarz, grünl.-schwarz, braun	,,	grünl.-grau
	2·5	7·4—7·6	metall.	bleigrau	opak	d.-grau
	3—4	6·9—7·1	metall.	zinnweiß	,,	grauschwarz
15	3	5·57; 4·98	fett—glas.	farblos—grau	dsl.	weiß
	4—4·5	2·84	glas.	braun	.	.
	weich	2·3—2·8	glas., matt	apfelgrün—weißlich-grün	hdsi.-hdsch.	blaßgrün
20	2—3	1·93—1·95	glas.	weiß, gelblich	dsch.	weiß, grau
	5·5—6	2·9—3·07	fett—glas.	graugrün, leberbraun	hdsch.—ud.	grauw., weiß
	6	3·98—4·0	met.—diam.	bläul.- od. bräunlich-schwarz	ud.	.
	3—4	2·409	fett	blaßapfelgrün, gelbl.	ud.—dsch.	grünl.-weiß
25	2·5	6·3—6·45	metall.	lichtbleigrau	opak	l.-grau
	3·5	7·1	fett	weiß, bräunl.-gelb	.	.
30	2	3·34—3·46	glas.	smaragdgrün	dsl.	l.-grün
	5·5	5·6—6·2	metall.	silberweiß—stahlgrau, anlaufend	opak	grauschwarz
	4	3·33	glas.	rot	dsch.	rosa
35	4·5—5	2·265	glas.	farblos, weiß, grau, rötlich	hdsi.—dsch.	weiß
	3—8·5	2·63—2·70	glas.—fett	farbl., weiß, bläulich, grünlich	dsl.—dsch.	,,
40	2·5—3	2·7—2·85	glas.	farbl., grau, gelbl., rötlich	,,	,,
	6	2·216	.	l.-blaugrün	.	.
	5	5·9—6·01	metall.	graul.-zinnweiß	opak	schwarz
	2	2·7—2·8	matt	oliv-, schwärzlich—graugrün	ud.	grün
45	2·5—3	2·78—2·90	perlm.	gelbl., grau, grünlich	dsl.—dsch.	weißlich
	2—2·5	2·76—3·0	perlm., glas.	grau, braun, grün usw.	,,	,,
	2·5—4	2·8—2·9	perlm.	rosa, lila, gelbl., grau, weiß	dsch.	blaßrosa bis weißlich
50	2·5—3	2·82—3·20	,,	d.-grau, braun, gelbl., violett	.	,,
	2·5—3	2·7—3·16	perl., glas.	grün, braun, schwarz	dsl.—ud.	weiß, grünl. bräunl.
55	2·5—3	2·74—2·87	,, ,,	gelb—rotbr., bronze-farbig	dsch.—ud.	weißlich

Tabelle

Name	Chemische Zusammensetzung	Krystallsystem	Spaltbarkeit	Tenazität	
Gmelinit	$(Na_2, Ca) Al_2 Si_4 O_{12} \cdot 6 H_2O$	trig.	$(10\bar{1}0)$ g.(0001)d.	spröd	1
Goethit	$Fe_2O_3 \cdot H_2O$ Fe 62:9	rhom.	(010) v. (100) g.	„	
Gold	Au	tess.	—	hämmerbar	
Gorceixit	$(Ba, Ca, Ce)O \cdot 2 Al_2O_3 \cdot P_2O_5 \cdot 5 H_2O$	?	—	.	5
Goslarit	$ZnSO_4 \cdot 7 H_2O$	rhom.	(010) v.	spröd	
Goyazit	$3 CaO \cdot 5 Al_2O_3 \cdot P_2O_5 \cdot 9 H_2O$	III. tet. od. hex.	basal	.	
Graftonit	$(Fe, Mn, Ca)_3 P_2 O_8$	mon.	.	.	10

	Name	Chemische Zusammensetzung	Krystallsystem	Spaltbarkeit	Tenazität	
	Grossular	$Ca_3 Al_2 [SiO_4]_3$	tess.			
Granatgruppe	Hessonit	$Ca_3 (Al, Fe)_2 [SiO_4]_3$	„	(110) manchmal ziemlich deutlich	spröd: wenn dicht zäh	15
	Andradit (gemein. Granat)	$Ca_3 Fe_2 [SiO_4]_3$ mit wechs. Mengen Al, Mn, Ti, Y	„			
	Uwarowit	$Ca_3 Cr_2 [SiO_4]_3$	„			
	Spessartin	$(Mn, Fe, Ca)_3 (Al, Fe)_2 [SiO_4]_3$	„			20
	Almandin	$(Fe, Mg, Ca)_3 (Al, Fe)_2 [SiO_4]_3$	„			
	Pyrop	$(Mg, Fe, Ca)_3 (Al, Fe)_2 [SiO_4]_3$	„			
	Schorlomit	$Ca_3 (Fe, Ti)_2 [(Si, Ti)O_4]_3$	„	—		25

Name	Chemische Zusammensetzung	Krystallsystem	Spaltbarkeit	Tenazität	
Grandidierit	$2 Na_2O \cdot 7 (Mg, Fe, Ca) O \cdot 11 (Al, Fe)_2 O_3 \cdot 7 SiO_2$	rhom.	(100), (010)	.	
Graphit	C	trig.	(0001) v. $(10\bar{1}1)$?	biegsam	
Greenockit	CdS Cd 77·7	hex.IV.	$(11\bar{2}0)$ d. (0001) uv.	spröd	30
Grünlingit	$Bi_4 Te S_3$	trig.?	eine v.	.	
Guanajuatit	$Bi_2(Se, S)_3$	rhom.	(010) d.	etwas schneidbar	
Guitermanit	$3 PbS \cdot As_2S_3$	?	—	.	35
Gummit	$(Pb, Ca, Ba)O \cdot U_3 SiO_{12} \cdot 5 H_2O$	amorph?	—	spröd	
Gyps	$CaSO_4 \cdot 2 H_2O$	mon.	(010) a. (100) uv. $(\bar{1}11)$ v.	mild, z. T. biegsam	
Gyrolith	$Ca_2 Si_3 O_8 \cdot H_2O$	trig.(I.?)	(0001) à.	.	40
Haemafibrit	$Mn_3 As_2 O_8 \cdot 3 Mn[OH]_2 \cdot 2 H_2O$	rhom.	(010) d. (110) ud.	spröd	
Haematit	Fe_2O_3. Fe 70	trig.	—	„	
Haematolith	$(Al, Mn) As O_4 \cdot 4 Mn[OH]_2$	„	(0001) v.	„	45
Haidingerit	$HCaAsO_4 \cdot H_2O$	rhom.	(010) a.	schneidbar	
Hainit	Silicat v. Na, Ca, Ti, Zr	trik.	(010) z. v.	spröd	
Halloysit	$H_4 Al_2 Si_2 O_9 +$ aq	amorph	—	.	
Halotrichit	$FeSO_4 \cdot Al_2[SO_4]_3 \cdot 22 H_2O$	mon.?	—	etwas mild	50
Hambergit	$Be_2[OH]BO_3$	rhom.	(010) v. (100) g.	spröd	

Tabelle

	Härte	Spezifisches Gewicht	Glanz	Farbe	Durchsichtigkeit	Strich
1	4·5	2·04—2·17	glas.	farbl., gelbl., grünl., fleischrot	dsi.—dsch.	weiß
	5—5·5	4·28	diam.—matt	braun, schwärzlich	dsch.—ud.	d.-orangegelb
	2·5—3	15·6—19·3	metall.	goldgelb	opak	goldgelb
5	6	3·03—3·12	z. matt	braun—weiß	ud.	.
	2—2·5	1·9—2·1	glas.	weiß, rötl., bläul., gelblich	dsi.—dsch.	weiß
	5	3·26	.	gelbl.-weiß	hdsch.	.
10	5	3·672	glas.—fett	rötl., dunkelwerdend	.	.
	6·5—7	3·15—3·6		farbl., weißl., gelbgrün, graugrün	dsi.—dsch.	weißlich
15	„	3·3—4·1	glas- bis fettglänzend	honiggelb—hyaz.-rot gelb, grün, rot, braun schwarz, grau und Übergänge	„ dsi.—ud. meist dsch.	„ „
	7·5—8	3·41—3·52		d.-smaragdgrün	dsi.—dsch.	„
	7—7·5	3·77—4·27		orange—d.-hyaz.-rot	.	„
20	7—7·5	3·7—4·2		blut-,kirsch-,braunrot	dsi.—dsch.	„
	7·5	3·51—3·78		d.-hyazinth—blutrot	„	„
25	7—7·5	3·81—3·88		schwarz	.	grauschwarz
	.	2·99	glas., perl.	blaugrün	.	.
	1—2	2·1—2·23	met.—matt	eisenschwarz, d.-stahlgrau	opak	grauschwarz
30	3—3·5	4·82—5	diam.—fett	zitron—honiggelb	hdsi.—ud.	gelb-rot
	.	7·321	metall.	grau, schwarz anlauf.	opak	.
	2·5—3	6·25—6·97	metall.	rötl.-nickelgrau	„	grau
35	3	5·94	metall.	bläul.-grau	opak	.
	2·5—3	4—5·08	fett	rötl.-gelb—rötl.-braun	hdsch.—ud.	gelb
	1·5—2	2·31—2·33	glas., perl.	farbl., weiß, versch. gefärbt	dsi.—ud.	weiß
40	3·5—4	2·3—2·4	perlm.	milchweiß	dsch.-hdsch.	„
	3	3·5—3·65	glas.—fett	braunrot, granatrot, schwarz	dsi.—dsch.	ziegelrot
	5·5—6·5	4·9—5·3	met., matt	d.-stahlgrau, schwarz, rot	ud., dsch.	rot—braunrot
45	3·5	3·3—3·4	glas.—fett	braunrot, granatrot, schwärzlich	dsch.—ud.	braun
	1·5—2·5	2·848	glas., perl.	weiß	dsi.—dsch.	weiß
	5	3·184	glas.—diam.	wein-,honiggelb,farbl.	.	.
	1—2	2·4—2·7	fett, matt	weiß, versch. gefärbt	dsi.—ud.	weiß
50	.	1·8—1·9	seiden.	gelbl.-weiß, apfelgrün	dsch.-hdsch.	„
	7·5	2·347	glas.	farbl., grauweiß, ~albl.	dsi.—dsch.	„

Name	Chemische Zusammensetzung	Krystallsystem	Spaltbarkeit	Tenazität	
Hamlinit	$2\,SrO.3\,Al_2O_3.2\,P_2O_5.$ $7\,H_2O$	trig.	(0001) v.	.	1
Hanksit	$9\,Na_2SO_4.2\,Na_2CO_3.KCl$	hex.	(0001) d.	spröd	
Hannayit	$Mg_3P_2O_8.2\,H_2[NH_4]PO_4$ $8\,H_2O$	trik.	(001), (110), (1$\bar{1}$0) (130)	.	5
Hardystonit	$Ca_2ZnSi_2O_7$	tet.	(001) g. (100), (110)	.	
Harmotom	$(K_2Ba)Al_2Si_5O_{14}.$ $5\,H_2O$	mon.	(010) g. (001) uv.	spröd	
					10
Harstigit	$H_7(Ca,Mn)_{12}Al_2Si_{10}O_{40}$	rhom.	—	”	
Harttit	$(Sr,Ca)O.2\,Al_2O_3.P_2O_5.$ $SO_3.5\,H_2O$	hex.	.	”	
Hatchettolith	Tantalonlobat v.U, Ca, Fe	tess.	.	”	
Hauchecornit	$(Ni,Co)_7(S,Sb,Bi)_8$	tet.	—	.	15
Hauerit	MnS_2	tess. II.	(100) v.	spröd	
Hausmannit	Mn_2MnO_4 Mn 72	tet. (IV. a.?)	(001) z. v.	”	
Hautefeuillit	$(Mg,Ca)_3P_2O_8.8\,H_2O$	mon.	(010) v.	.	
Hauyn	$3\,NaAlSiO_4.CaSO_4$	tess.	(110) d.	spröd	20
Hedyphan	$3(Pb,Ca,Ba)_3As_2O_8.$ $PbCl_2$	hex. II.	(10$\bar{1}$1)	.	
Heintzit	$KMg_2B_{11}O_{19}.9\,H_2O$	mon.	(100), (001) v. ($\bar{1}$02)	.	
Hellandit	$(Y_2,Er_2,Fe_2,Mn_2,Ca_2)$ SiO_5	”		.	25
Helvin	$3(Mn,Fe,Zn)BeSiO_4.$ $(Mn,Fe,Zn)S$	tess.IV.	(111) ud.	spröd	
Hemimorphit	$[Zn.OH]_2SiO_2.Zn53.7$	rhom. IV.	(110) v. (101) g. (001) ud.	”	30
Hengleinit	$(Co,Ni,Fe)S_2$	tess. II.	(100) z. d.	spröd	
Hercynit	$FeO.Al_2O_3$	tess.	—	”	
Herderit	$Ca[Be(F,OH)]PO_4$	mon.	(110) uv.	”	
Herrengrundit	$CaCu[SO_4]_2.3\,Cu[OH]_2$ $.3\,H_2O$	”	(001) v. (110)	z. spröd	35
Hessit	$(Ag,Au)_2Te$ Ag bis 62·8 Au bis 3·3	tess.	—	etwas schneidbar	
Hetaerolith	$2\,ZnO.2\,Mn_2O_3.H_2O$	tet.	(001) v. (110) ud.	spröd	
Heulandit	$CaAl_2Si_6O_{16}.5\,H_2O$	mon.	(010) v.	”	40
Hewettit	$CaH_2V_6O_{17}.8\,H_2O$	rhom.?	—	mild	
Hibschit	$H_4Ca_3Al_2Si_2O_{10}$	tess.	—	s. spröd	
Higginsit	$CuCa[OH][AsO_4]$	rhom.	.	”	
Hillebrandit	$Ca_2SiO_4.H_2O$	rhom.?	(110)?	spröd	45
Hinsdalit	$Pb[Al.2\,OH]_3.SO_4.PO_4$	trig.	(0001) v.	”	
Hodgkinsonit	$Mn[Zn.OH]_2SiO_4$	mon.	(001) v.	.	
Högbomit	$MgO.2\,(Al_2O_3,Fe_2O_3,TiO_2)$	trig.	(0001) d.	s. spröd	
Hokutolith	$m.PbSO_4.n\,BaSO_4$	rhom.	(001) d. (110) ud.	.	50
Holdenit	$8\,MnO.4\,ZnO.As_2O_5.$ $5\,H_2O$	rhom.	(010) ud.	”	
Hollandit	$R_2MnO_5.(Fe,Mn)_4$ $[MnO_3]_5;R=Mn,Ba,K_2,H_2$	tet. II.	.	spröd	
Homilit	$Ca_2FeB_2Si_2O_{10}$	mon.	ud.	”	55
Hopeit	$Zn_3P_2O_8.4\,H_2O$	rhom.	(100) v. (010) g.	”	
Hörnesit	$Mg_3As_2O_8.8\,H_2O$	mon.	(010) v.	biegsam	
Hortonolith	$(Fe,Mg,Mn)_2SiO_4$	rhom.	(100), (001)	spröd	
Howlith	$H_5Ca_2B_5SiO_{14}$	mon.?	—	.	

Tabelle

	Härte	Spezifisches Gewicht	Glanz	Farbe	Durchsichtigkeit	Strich
1	4·5	3·16—3·28	fett, perl.	farblos, gelb	dsi.—dsch.	.
	3—3·5	2·562	glas.	farblos, grau, gelblich, grünlich	,,	weiß
5	.	1·893	.	gelblich	.	.
	3—4	3·396	glas.	weiß	.	weiß
	4·5	2·35—2·5	,,	weiß, grau, gelbl.-braun	hdsch.—dsi.	,,
10	5·5	3·049	,,	farblos	dsi.	,,
	4·5—5	3·21	matt	fleischrot, gelb, weiß	ud.	,,
	4—5	4·41—4·9	fett	gelbbraun—schwarz	dsch.	.
15	5	6·4	metall.	l.-bronzegelb	opak	grauschwarz
	4	3·463	hmet.—matt	braunschw., graubrn.	ud.	braunrot
	5—5·5	4·72—4·85	hmet.	braunschw., schwarz	,,	d.-braun
	2·5	2·435	.	farblos	dsi.	weiß
20	5·5—6	2·4—2·5	glas.—fett	blau, grün, gelbl., rötl.	hdsch.—dsi.	bläul.-weiß
	4·5	5·4, 5·82	fett	weiß, gelbweiß	dsch.	weiß
	4—5	2·13	glas.	farbl.—weiß	dsi.—dsch.	,,
25	5·5	3·70	fett, matt	nußbraun, braunrot, gelbl.	dsch.—ud.	.
	6—6·5	3·16—3·36	glas.	gelb, braun, grün	hdsi.-hdsch.	weiß
	4·5—5	3·4—3·5	glas.—diam.	farbl., weiß, bläul., grünl. usw.	dsi.—dsch.	,,
30	5—5·5	4·716	metall.	stahlgrau	opak.	grauschwarz
	7·5—8	3·91—4·01	glas., matt	schwarz	ud.	d.-grün
	5	2·99—3·01	glas.—fett	gelbl.-weiß, grünl.-w.	dsch.	weiß
	2·5	3·132	glas., perl.	blaugrün	dsi.—dsch.	l.-grün
35						
	2·5—3	8·00—8·45	metall.	bleigrau—stahlgrau	opak	schwarz
	5·5—6	4·6—4·9	hmetall.	braunschwarz—schwarz	ud.	d.-braun
40	3·5—4	2·16—2·25	perl.—glas.	farblos, weiß, grau, rot, braun	dsi.—hdsch.	weiß
	s. welch	2·554	seiden	tiefrot (mahagoni)	.	rotbraun
	6	3·05	.	farbl.-blaßgelb	.	.
	4·5	4·33	.	malachitgrün	.	gelbgrün
45	5·5	2·692	.	weiß, blaßgrünl.	dsch.	weiß
	4·5	3·65	glas.—fett	farbl., grünl., d.-grau	dsi.—ud.	,,
	fast 5	3·91	glas.	blaßrosa, blaßbräunl.	.	,,
	6·5	3·81	met.—diam.	schwarz	ud.	grau
50	3·5	6·1	fett	braun—braungelb	dsch.	weiß-bräunl.
	4	4·07	.	rosa—tiefrot, gelbrot	.	.
	4; 6	4·7—4·95	metall.	l.-grau—schwarz	opak	schwarz
55	5	3·38	fett—glas.	schwarz, braunschw.	ud.	graulich
	2·5—3	2·76, 3·0	glas., perl.	grauweiß, rötl.-braun	dsi.—dsch.	weiß
	1	2·57	perlm.	schneeweiß	.	,,
	6·5	3·98	glas.—fett	gelb, gelbgrün, schw.	dsch.	,,
	3·5	2·55, 2·59	glas., glitzrd.	weiß	hdsch.	weiß

Tabelle

Name	Chemische Zusammensetzung	Krystall-system	Spaltbarkeit	Tenazität	
Hübnerit	$MnWO_4$ m. bis 20% $FeWO_4$	mon.	(010) a.	spröd	1
Hulsit	$(Fe,Mg)_{12}Fe_4SnB_6H_4O_{31}$	rhom.?	(110) g.	.	
Humboldtin	$2 FeC_2O_4 . 3 H_2O$	rhom.	.	mild	
Humit	$3 Mg_2SiO_4 . Mg(F,OH)_2$	„	(001) d.	spröd	5
Hureaulith	$H_2Mn_5[PO_4]_4 . 4 H_2O$	mon.	(100) z. v.	.	
Hutchinsonit	$(Tl,Ag)_2S . Pb S . 2 As_2S_3$	rhom.	(100) g.	spröd	
Hyalotekit	$H(Pb,Ba,Ca)_4B[SiO_3]_6$	?	n. zwei Richtung.	„	
Hydrargillit	$Al[OH]_3$	mon.	(001) a.	zäh	10
Hydroboracit	$CaMgB_6O_{11} . 6 H_2O$	mon.?	n. zwei Richt.?	.	
Hydrocerussit	$2 PbCO_3 . Pb[OH]_2$	trig.	(0001)	spröd	
Hydromagnesit	$3 MgCO_3 . Mg[OH]_2 . 3 H_2O$	mon.	(010) v.	„	
Hydrotalkit	$Al[OH]_3 . 3 Mg[OH]_2 . 3 H_2O$	hex.	(0001) a.	mild	15
Hydrozinkit	$2 ZnCO_3 . 3 Zn[OH]_2$. Zn 57	—	—	zerreiblich	
Ilmenit	$FeTiO_3$	trig. II.	—	spröd	
Ilmenorutil	$FeO . Nb_2O_5 . 5 TiO_2$	tet.	.	„	20
Inesit	$(Mn,Ca)_3Si_2O_9 . 2 H_2O$	trik.	(010) v. (100) g.	„	
Inyoit	$2 CaO . 3 B_2O_3 . 13 H_2O$	mon.	(001) g.	„	
Iridium	(Ir, Pt)	tess.	(100) ud.	et. hämmerb.	
Iridosmium	(Os, Ir) m. 20—30% Ir	trig.	(0001) v.	z. spröd	
Ishikawait	$10 RO . R_2O_3$. 6 $(Nb, Ta)_2O_5$; R = Fe, Ca, Mg, Mn, UO_2. R_2 = selt. Erden	rhom.	ud.	.	25
Isoklas	$Ca_2P_2O_5 . Ca[OH]_2 . 4 H_2O$	mon.?	(010) v.		
Jacobsit	$(Mn,Mg)O . (Fe,Mn)_2O_3$	tess.	—	spröd	30
Jamesonit	$4 PbS . FeS . 3 Sb_2S_3$ Pb 40·3	rhom.?	(001) g.	„	
Jarosit	$K_2O . 3 Fe_2O_3 . 4 SO_3 . 6 H_2O$	trig.	(0001) d.	„	
Jeremejewit	$Al_2O_3 . B_2O_3$	ps. hex.	—	„	35
Ježekit	$Na, Li)_4 Ca Al[AlO]F_2 [OH]_2 . [PO_4]_2$	mon.	(100) v. (001) uv.	.	
Jodobromit	Ag (Cl, Br, J) Ag 60·2	tess.	(111) ud.	schneidbar	
Jodyrit	Ag J Ag 45·9	hex. IV.	(0001) v.	„	
Johannit	$CuO . 3 UO_3 . 3 SO_3 . 4 H_2O$	trik.	(110)	.	40
Johnstrupin	F-Ti-Silicat v. Ce, Ca, Na usw.	mon.	(100) d.		
Jordanit	$4 PbS . As_2S_3$	„	(010) d.	spröd	
Joseit	$Bi_2Te (S, Se)?$	trig.?	eine v.	mild	
Jurupait	$2 (Ca,Mg)O . 2 SiO_2 . H_2O$	mon.?		biegsam	45
Kainit	$MgSO_4 . KCl . 3 H_2O$	mon.	(100) v. (110) d. (111) d. (010) ud.	.	
Kainosit	$H_4Ca_2(Y, Er)_2C Si_4O_{17}$	rhom.	?	.	
Kakoxen	$FePO_4 . Fe[OH]_3 . 4½ H_2O$	mon. od. trik.		spröd?	50
Kalinit	$K_2SO_4 . Al_2[SO_4]_3 . 24 H_2O$	tess. II.	.	spröd	
Kaliophilit	$KAlSiO_4$	hex.	(0001) v.	„	
Kalisalpeter	KNO_3	rhom.	(011) v. (010) g. (110) uv.	„	
Kalkowskyn	$(Fe,Ce)_2O_3 . 4 (Ti, Si) O_2$	.	.	.	55
Kalkvolborthit	$(Cu, Ca)_3V_2O_8$. $(Cu, Ca)[OH]_2$	?	eine z. T.		

Tabelle

	Härte	Spezifisches Gewicht	Glanz	Farbe	Durchsichtigkeit	Strich
1	4—5·5	6·7—7·35	hmet.	braunrot—braunschw.	dsch.—ud.	gelbbraun, grüngrau
	3	4·31	hmet.	schwarz	ud.	schwarz
	2	2·13—2·5	fett, matt	gelb	,,	gelb
5	6—6·5	3·1—3·2	glas.—fett	weiß, gelb, braun	dsi.—dsch.	weißlich
	3·5, 5	3·15—3·19	glas.	orange, rosa, violett, grau, farblos	,,	,,
	1·5—2	4·6	diam.	scharlach—kirschrot	,,	rot
	5—5·5	3·81	glas.—fett	weiß—perlgrau	dsch.	weiß
10	2·5—3·5	2·3—2·4	glas., perl.	weiß, grau, grünl., rötl.	dsi.—dsch.	,,
	2	1·9—2	.	weiß	dsch.—ud.	,,
	3·5	6·14, 6·79	perlm.	farblos—weiß	dsi.—dsch.	,,
	1·5—2	2·14—2·18	glas., seid., matt	weiß	dsch.—ud.	,,
15	2	2·04—2·09	perlm.	,,	dsch.	,,
	2—2·5	3·58—3·80	fett—matt	weiß, grau, gelbl.	ud.	,,
	5—6	4·5—5·2	hmet.	eisenschwarz	opak	schw.—braun
20	.	4·7—5·27	.	,,	ud.	schwarz
	6	3·03	glas.	rosa—fleischrot	.	weiß
	2	1·875	,,	farblos	dsi.	,,
	6—7	22·65—22·84	metall.	silberweiß, gelbl., grau	opak	grau
	7	20—21·2	,,	blei—stahlgrau	,,	schwarzgrau
25	5—6	6·4	fett	schwarz	,,	br.-schwarz
	1·5	2·92	glas., perl.	farbl.—schneeweiß	.	weiß
30	6	4·75	metall.	tiefschwarz	opak	schwarzbr.
	2—3	5·5—6·0	,,	stahl—d.-bleigrau	,,	grauschwarz
	3—4	3·15—3·64	glas.—hdiam.	gelb, braun	.	gelb
35	5·5—6·5	3·28	glas.	farbl.—blaßgelb	dsi.	weiß
	4·5	2·94	,,	farblos	,,	,,
	1—2	5·713	fett	schwefelgelb, grünl.	dsch.	gelb
	1—1·5	5·6—5·7	fett—diam.	gelb, grünl., bräunl.	,,	,,
40	2—2·5	3·307	glas.	smaragd—apfelgrün	dsi.—dsch.	l.-grün
	4	3·17	glas.—fett	braungrün	hdsch.—ud.	gelbgrün
	3	6·451	metall.	bleigrau	opak	schwarz
	.	7·69—7·79	,,	gr.-schwarz, stahlgrau	,,	,,
45	4	2·75	seiden.	weiß	.	weiß
	2·5—3	2·07—2·19	glas.	farbl., weiß, fleischrot	.	.
	5·5	3·38—3·40	fett	gelbbraun, braun	hdsch.	.
	weich	2·4; 3·38	seiden.	gelb—braun	.	ockergelb
50	2—2·5	1·75	glas.	farblos—weiß	dsi.—dsch.	weiß
	6	2·5—2·6	seiden.	farblos	dsi.	,,
	2	2·09—2·14	glas.	farblos—weiß	dsi.—hdsi.	,,
55	3·5	4·01	hmet.-wachs	braun—schwarz	ud.	rotbraun
	3·5	3·49—3·86	perl. z. T.	grün, grau	.	grün—braungelb

Tabelle

Name	Chemische Zusammensetzung	Krystallsystem	Spaltbarkeit	Tenazität	
Kalomel	Hg_2Cl_2 Hg 84·9	tet.	(100), (111) z. d.	schneidbar	1
Kamarezit	$CuSO_4.2Cu[OH]_2.6H_2O$	rhom.?	$\perp$ (010) v.	.	
Kampylit	$3Pb_3(P,As)_2O_8.PbCl_2$	hex. II.	$(10\bar{1}1), (10\bar{1}0)$ uv.	spröd	
Kaolinit	$2H_2O.Al_2O_3.2SiO_2$	mon.	(001) v.	biegsam	5
Karpholith	$H_4MnAl_2Si_2O_{10}$	„	eine d.	s. spröd	
Karphosiderit	$3Fe_2O_3.4SO_3.10H_2O$?	trig.?	basal, g.	.	
Karyinit	$(Pb, Mn, Ca, Mg)_3As_2O_8$	mon.?	zwei Richtungen	.	
Karyocerit	nahe Melanocerit (mit viel Th)	trig.	—	spröd	
Kasolit	$3PbO.3UO_3.3SiO_2.4H_2O$	mon.	(001) v. (100) (010	.	10
Kassiterit	SnO_2 Sn 78·6	tet.	(100), (110) uv.	spröd	
Kataplelt	$H_4(Na_2,Ca)ZrSi_2O_{11}$	ps. hex.	$(10\bar{1}0)$ v. $(10\bar{1}1)$	„	15
Katoptrit	$14(Mn, Mg)O.2(Al, Fe)_2O_3.Sb_2O_5.2SiO_2$	mon.	(100) a.	spröd	
Kayserit	$Al_2O_3.H_2O$	mon.	(010) v.	„	
Keeleyit	$2PbS.3Sb_2S_3$?	rhom.?	.	.	
Keilhauit	$15CaSiTiO_5.(Al,Fe,Y)_2(Si,Ti)O_5$	mon.	(111) d.	.	20
Kentrolith	$Pb_2Mn_2Si_2O_9$	rhom.	(110) d.	spröd	
Kerargyrit	$AgCl$ Ag 75·2	tess.	—	schneidbar	
Kermesit	Sb_2S_2O	mon.	(100) v.	„	25
Kernit	$Na_2B_4O_7.4H_2O$	„	(100) v. (001) v.	zerfasernd	
Kertschenit	$(Fe, Mn, Mg)O.Fe_2O_3.P_2O_5.7H_2O$	.	.	.	
Kieserit	$MgSO_4.H_2O$	mon.	$(\bar{1}11), (\bar{1}13)$ v. (111), (101), (012)	.	30
Klaprotholith	$3Cu_2S.2Bi_2S_3$	rhom.	(100) d.	spröd	
Kleinit	N-Hg-Verbindg.v.Cl,SO_3	hex.	(0001) g. $(10\bar{1}0)$ uv.	z. spröd	
Klinoedrit	$[Zn.OH][Ca.OH]SiO_2$	mon.IV	(010) v.	spröd	
Klinohumit	$4Mg_2SiO_4.Mg(F, OH)_2$	mon.	(001) d.	„	35
Klinoklas	$Cu_3As_2O_8.3Cu[OH]_2$	„	(001) a.	„	
Knebelit	$(Fe, Mn)_2SiO_4$	rhom.	(110) d. (100), (001) ud.	„	
Kobaltit	$CoAsS$ Co 35·4	tess.II.	(100) z. v.	„	40
Kobellit	$2PbS.(Bi, Sb)_2S_3$	.	.	.	
Koechlinit	$Bi_2O_3.MoO_3$	rhom.	(100) v.	spröd	
Koenenit	$Al_2O_3.3MgO.2MgCl_2.8H_2O$	trig.	eine v.	biegsam	45
Koettigit	$(Zn, Co, Ni)_3As_2O_8.8H_2O$	mon.	(010) v.	„	
Kollophan	$3Ca_3P_2O_8.1$—$2Ca(CO_3, F_2, SO_4, O)$. aq	amorph.	.	meist spröd	
Kollyrit	$2Al_2O_3.SiO_2.9H_2O$	.	—	etwas mild	50
Konichalcit	$(Cu, Ca)_3As_2O_8.(Cu, Ca)[OH]_2.\tfrac{1}{2}H_2O$	rhom.	.	spröd	
Koninckit	$FePO_4.3H_2O$	rhom.?	eine	.	
Konnarit	$H_4Ni_2Si_2O_{10}$	hex.?	eine v.	.	55
Kordylit	$[BaF][CeF]Ce[CO_3]_2$	hex.	(0001) d.	spröd	
Kornerupin	$MgAl_2SiO_6$	rhom.	(110) z. v.	.	
Korund	Al_2O_3	trig.	Teilung n.(0001), $(10\bar{1}1)$	spröd	

Tabelle

Härte	Spezifisches Gewicht	Glanz	Farbe	Durchsichtigkeit	Strich
1 1—2	6·482	diam.	weiß, grau, gelbl., braun	dsch.—hdsch.	gelbl., weiß
3	3·98	.	grasgrün	.	.
3·5—4	7·218	fett	gelb, braun, braunrot	.	gelb
5 2—2·5	2·32—2·59	perl., matt	weiß, versch. gefärbt	meist ud.	weiß
5—5·5	2·935	seiden.	stroh—wachsgelb	dsch.	„
4—4·5	2·5, 2·7	fett	strohgelb	.	gelblich
3—3·5	4·25	„	braun, gelbbraun	.	„
5—6	4·295	glas.—fett	nußbraun	dsch.	.
10 4·5	5·962	fett	ockergelb—braungelb	„	ockergelb weiß
6—7	6·8—7·1	diam.	braun—schwarz, grau, weißl.	hdsl.—ud.	braun, grau, weiß
15 6	2·8	glas., matt	gelb, bräunl., bläul.	dsi.—ud.	blaßgelb
5·5	4·5	metall.	eisen—rabenschwarz	ud.	.
5—6	.	.	farblos	dsi.	weiß
2	5·21	metall.	d.-grau	ud.	grauschwarz
20· 6·5	3·52—3·77	glas.—fett	braunschwarz, graubraun	„	graubraun gelblich
5	6·19	glas., matt	d.-rotbraun	dsch.	.
1—1·5	5·552	fett—diam.	weißl., grau, grünl. usw.	dsi.—dsch.	wßl., grau usw.
25 1—1·5	4·5—4·6	diam.	kirschrot	hdsch.	braunrot
3	1·953	glas.	farblos	dsi.	weiß
3·5	2·65	.	schwärzl.-grün	.	grün
3—3·8	2·52, 2·573	glas.	farbl., weiß, grau, gelbl., grünl., rötl.	dsi.—dsch.	.
30 2·5	4·6	metall.	stahlgrau, gelb anl.	opak	schwarz
3·5	7·97—7·98	diam.—fett	gelb, orange	.	blaßgelb
5·5	3·33	glas.	farbl., weiß, violett	dsi.	weiß
35 6—6·5	3·1—3·2	glas.	weiß, gelbl., rot, braun	.	.
2·5—3	4·19—4·38	glas., perl.	d.-blaugrün	hdsi.—dsch.	bläul.-grün
6·5	3·9—4·17	fett	grau, braun, grün, schwarz	dsch.—ud.	grau
5·5	6—6·3	metall.	rötlich, silberweiß, stahlgrau	opak	grauschwarz
40 2·5—3	6·535	„	schwärzl., bleigrau, stahlgrau	„	schwarz
.	.	glas.	grünl.-gelb	dsi.	.
weich	1·98	.	d. Haematit rot gef.	dsch.	.
45 2·5—3	3·1	seiden.	karmin, pfirsichblührot	dsch.-hdsch.	rötl.-weiß
3—5	2·6—2·9	.	je n. d. Beimengungen	ud.	weiß
50 1—2	2—2·15	schimmernd	weiß, graul., gelbl.	ud.	.
4·5	4·123	.	pistazien—smaragdgrün	hdsch.	„ grün
3·5	2·3	glas.	gelb	dsi.	gelb
2·5—3	2·46—2·62	„	gelbl., zeisig- bis olivgrün	ud.—dsch.	zeisiggrün
55 4·5	4·31	gl.—di., perl.	blaßgelb, ockergelb	dsi.—dsch.	.
6—7	3·27,—3·34	glas.	weiß, blaßbräunl.-gelb	.	.
9	3·95—4·10	diam.—glas., perl.	farbl., grau, blau, rot usw.	dsi.—hdsch.	weiß

Mineralogisches Taschenbuch 2. Aufl.

Tabelle

Name	Chemische Zusammensetzung	Krystall-system	Spaltbarkeit	Tenazität	
Krennerit	$(Au, Ag) Te_2$	rhom.	(001) v.	spröd	1
Kröhnkit	$CuSO_4.Na_2SO_4.2H_2O$	mon.	(110), (010) d.	.	
Krokoit	$PbCrO_4$ $Pb\ 64·6$	„	(110) z. d. (001), (100)	mild	
Krugit	$4CaSO_4.K_2Mg[SO_4]_2.2H_2O$	.	.	.	5
Kryolith	$3NaF.AlF_3$. Al 12·8, F 54·4	mon.	(001) a. (110), ($\bar{1}$01) g.	spröd	
Kryolithionit	$3NaF.3LiF.2AlF_3$	tess.	(110) d.	„	10
Kupfer	Cu	„	—	dehnbar	
Kylindrit	$6PbS.6SnS_2.Sb_2S_3$ Sn 26·4, Pb 35·4	—	—	mild	
Lacroixit	$2Na(Ca, Mn)[AlO]PO_4.H_2O$	ps. rhom.	(111)	.	15
Lanarkit	$PbO.PbSO_4$	mon.	(001) v. (100), (103) ud.	biegsam	
Langbanit	mMn_3SiO_7 $nFe_2Sb_2O_6$	trig.	—	spröd	
Langbeinit	$K_2Mg_2[SO_4]_3$	tess. I.	—	.	20
Langit	$CuSO_4.3Cu[OH]_2.H_2O$	rhom.	(001), (010)	.	
Lansfordit	$MgCO_3.5H_2O$	mon.	(001) d.	.	
Lanthanit	$(La, Di, Ce, Y)_2O_3.3CO_2.8H_2O$	rhom.	(001)	wenig spröd	25
Lasurstein	$3NaAlSiO_4.NaS_3$	tess.	(110) uv.	.	
Laubanit	$Ca_2Al_2Si_4O_{13}.6H_2O$	mon.?	.	.	
Laumontit	$CaAl_2Si_4O_{12}.4H_2O$	mon.	(010), (110) a. (100) uv.	wenig spröd	
Laurionit	$PbCl_2.Pb[OH]_2$	rhom.	(100) d.	spröd	30
Laurit	$(Ru, Os)S_2$	tess. II.	(111) d.	s. spröd	
Lautarit	CaJ_2O_6	mon.	(011)z.v.(100)uv.		
Lautit	CuAsS	rhom.	(001) g. (021) uv. (011) ud.	.	35
Laxmannit	$(Pb, Cu)_3P_2O_8.Pb[Pb_2O]Cr_2O_8$	mon.	.	wenig spröd	
Lawsonit	$H_4CaAl_2Si_2O_{10}$	rhom.	(010) a. (001) v. (110 ud.	spröd	
Lazulith	$2AlPO_4.(Fe, Mg)[OH]_2$	mon.	(110) ud.	„	40
Leadhillit	$PbSO_4.2PbCO_3.Pb[OH]_2$	„	(001) a. (100) ud.	z. schneidb.	
Lecontit	$(Na, NH_4, K)_2SO_4.2H_2O$	rhom.	.	.	
Leifit	$Na_4[AlF]_2Si_8O_{22}$	hex.	($10\bar{1}0$)	.	
Lengenbachit	$6PbS.(Ag, Cu)_2S.2As_2S_3$	trik.?	n. d. Tafel	biegsam	45
Leonit	$K_2SO_4.MgSO_4.4H_2O$	mon.	—	spröd	
Lepidokrokit	wie Goethit	rhom.	(010)a, (001), (100) g.	„	
Leucit	$KAl[SiO_3]_2$	ps. tess.	(110) s. uv.	spröd	50
Leukophan	$Na[BeF]Ca[SiO_3]_2$	rhom.	(001) v. (100), (201) d. (010)	s. spröd	
Leukophoenicit	$Mn_5[Mn.OH]_2[SiO_4]_3$	mon.	.	.	
Leukosphenit	$Na_4Ba[TiO_2]_2[Si_2O_5]_5$	„	(010) d.	.	
Lewisit	$5CaO.2TiO_2.3Sb_2O_5$	tess.	(111) g.	.	55
Libethenit	$Cu_3P_2O_8.Cu[OH]_2$ II III	rhom.	(100), (010) ud.	spröd	
Lievrit	$HCaFe_2FeSi_2O_9$	„	(010) (001) z. d. (100) ud.	„	

Tabelle

Härte	Spezifisches Gewicht	Glanz	Farbe	Durchsichtigkeit	Strich
1 2—3	8·35	metall.	silberweiß—messinggelb	opak	.
2·5	1·98	glas.	himmelblau, grün	dsi.—dsch.	.
2·5—3	5·9—6·1	diam.—glas.	hyazinth—morgenrot	dsi.—ud.	orangegelb
5 3	2·801	.	weiß, grau	.	.
2·5	2·95—3·0	glas.—fett, perl.	farblos, weiß, rötlich, braun	dsi.—hdsch.	weiß
10 2·5—3	2·777	glas.	farblos	dsi.	”
2·5—3	8·8—8·9	metall.	kupferrot, braun anl.	opak	kupferrot
2·5—3	5·42	”	schwärzl. bleigrau	”	schwatz
4·5	3·126	glas.—fett	weißl., gelbl., grünl.	dsch.	weiß
15 2—2·5	6·3—6·4, 6·8	perl., diam. bis fett	grünl.-weiß, gelbl., grau	dsi.—dsch.	”
6·5	4·60—4·92	metall.	eisenschwarz	opak	d.-rotbraun
20 3—4	2·81—2·86	fett—glas.	farblos, weiß, l.-rosa usw.	dsi.—dsch.	weiß
2·5—3	3·48—3·50	glas.	blau, grünl.-blau	dsch.	blaugrau
2·5	1·54—1·69	glas, matt	weiß	dsch.—ud.	weiß
2·5—3	2·69—2·74	perl, matt	grauweiß, rötl., gelbl.	dsch.	”
25 5—5·5	2·38—2·45	glas.	blau, grünl.-blau	dsch.—ud.	blau
4·5—5	2·23	matt.	weiß, gelbl.	dsi.—dsch.	weiß
3·5—4	2·25—2·42	glas.	weiß, gelbl., grau, rötl.	dsi.—ud.	”
30 3—3·5	.	diam., seid.	farblos	dsi.	weiß
7·5	6·99	metall.	eisenschwarz	opak	d.-grau
.	4·59	.	l.-weingelb—fast farblos	dsi.	weiß
3—3·5	4·53—4·96	metall.	l.-stahlgrau ins Rötl.	opak	schwarz
35 3	5·77	fett.	d.-oliv—pistaziengrün	hdsch.	l.-grün
8	3·08—3·12	glas.—fett	graublau, blaßblau	dsi.—dsch.	.
40 5—6	2·96—3·12	glas., matt	blau	dsi.—ud.	weiß
2·5	6·26—6·44	perl.,fett—di.	weiß, gelbl., grün, grau	dsi.—dsch.	”
2—2·5	.	glas.	farblos	dsi.	”
6	2·56—2·58	”	farblos—weißlich	”	weiß
45 weich	5·8—5·85	metall.	stahlgrau, bunt anl.	opak	schwarz
2·7	2·201	glas., matt	farbl., weiß, gelbl.	dsi.—dsch.	weiß
.	4·09	diam., met.	blutrot, braunrot	dsi.—ud.	d.-orange
50 5·5—6	2·45—2·50	glas, matt	farbl., weiß, grau	dsi.—ud.	weiß
4	2·96	glas.	grünl.-w., grünl., gelb		”
5·5—6	3·848	glas.	violettrot	. —hdsch.	.
6·5	3·05	glas., perl.	weiß—graubläulich	dsi.—hdsch.	.
55 5·5	4·95	glas.—fett	gelb—braun	dsch.	l.-gelbbraun
4	3·6—3·8	fett	d.-olivgrün	dsch.-hdsch.	olivgrün
5·5—6	3·8—4·1	hmet.	bräunl.-schwarz, d.-grauschwarz	ud.	schwärzlich

Name	Chemische Zusammensetzung	Krystallsystem	Spaltbarkeit	Tenazität	
Limonit	Koll. v. $Fe_2O_3.H_2O$ m. adsorb. H_2O, SiO_2, SO_3 usw.	amorph	—	spröd	1
Linarit	(Pb. Cu)SO_4. (Pb, Cu)[OH]$_2$	mon.	(100) a. (001) g.	„	
Lindackerit	3 NiO . 6 CuO . SO_3 . 2 As_2O_5 . 7 H_2O	rhom.	.	.	5
Lindströmit	2 PbS . Cu_2S . 3 Bi_2S_3	?	(100), (010) g.	.	
Linnaeit	Co_3S_4	tess.	(100) uv.	spröd	10
Lirokonit	$Cu_4Al[AsO_4]_2$. 3 CuAl[OH]$_6$. 20 H_2O	mon.	(110), (011) ud.	z. spröd	
Lithiophilit	Li(Mn, Fe)PO_4	rhom.	(001) v. (010) g. (110) uv.	spröd	
Livingstonit	HgS . 2 Sb_2S_3	rhom.	—	.	15
Löllingit	$FeAs_2$. As 72·75	„	(001)	spröd	
Loparit	11 Ce[TiO_3]$_2$. 6 (Di, La, Yt)$_2$[TiO_3]$_3$. 6CaTiO$_3$. 9(Na, K)$_2$TiO$_3$	tess.	—	.	
Lorandit	$TlAs S_2$	mon.	(100) v. (001), (101) g.	biegsam	20
Lorenzenit	Na_2(Ti, Zr)O_3 . 2 SiO_2	rhom.	(120) d.	spröd	
Lorettoit	6 PbO . $PbCl_2$	tet.?	(001) v.	.	
Löweit	$MgSO_4$. Na_2SO_4 . 2½ H_2O	trig.	?	.	25
Löwigit	$K_2O.3Al_2O_3.4SO_3.9H_2O$	amorph?	—	.	
Ludlamit	2 $Fe_3P_2O_8$. Fe[OH]$_2$. 8 H_2O	mon.	(001) a. (100) d.	.	
Ludwigit	3 MgO . B_2O_3 . FeO . Fe_2O_3	rhom.	.	zäh	30
Luzonit	6 CuS . As_2S_3	mon.?	—	spröd	
Mackintoshit	UO_3 . 3 ThO_2 . 3 SiO_2 . 3 H_2O	tet.	.	.	
Magnesit	$MgCO_3$	trig.	(10$\bar{1}$1) v.	spröd	35
Magnetit	FeO . Fe_2O_3 Fe 72·4 II III II	tess.	—	„	
Magnetoplumbit	2 RO . 3(R_2O_3 . RTiO_2) II III R = Pb, Mn, R = Fe	hex.	(0001)	.	
Magnoferrit	(Fe, Mg)O . Fe_2O_3	tess.	—	spröd	
Malachit	$CuCO_3$. Cu[OH]$_2$. Cu 57·3	mon.	(001) v. (010) g.	„	40
Manganit	MnO[OH] . Mn 62·5	rhom. (III.?)	(010) v. (110), (001)	„	
Manganosit	MnO	tess.	(100)	.	
Markasit	FeS_2 Fe 46·7	rhom.	(110) z. d.	spröd	45
Marshit	Cu_2J_2	tess. IV.	(110)	„	
Martinit	$H_2Ca_4[PO_4]_4$. ½ H_2O	trig.	.	.	
Mascagnin	[NH_4]$_2SO_4$	rhom.	(001) d.	.	
Massicot	PbO	„	.	.	
Matildit	Ag_2S . Bi_2S_3	.	.	mild	50
Matlockit	$PbCl_2$. PbO	tet.	(001) uv.	spröd	
Maucherit	Ni_4As_3	tet.	.	„	
Mauzeliit	Ti-Antimonat v. Pb, Ca usw.	tess.	.	.	55

Tabelle

	Härte	Spezifisches Gewicht	Glanz	Farbe	Durch-sichtigkeit	Strich
1	5—5·5	2·7—4·3	seid., hmet. matt	braun, schwärzl., gelb	ud.	gelbbraun
5	2·5	5·23—5·45	glas.—diam.	tief himmelblau	dsch.	blaßblau
	2—2·5	2·0—2·5	glas.	span—apfelgrün	.	grünl.-weiß
	3—3·5	7·01	metall.	l.-stahlgrau—zinnweiß	opak	schwarz
10	5·5	4·8—5	„	l.-stahlgrau	opak	schwzl.-grau
	2—2·5	2·88—2·98	glas.—fett	himmelbl.—spangrün	dsi.—dsch.	blau, grün
	4·5—5	3·39—3·48	„ „	lachsfarben—leberbr.	„	weiß
15	2	4·81	metall.	l.-bleigrau	opak	rot
	5—5·5	7·0—7·4	„	silberweiß—stahlgrau	„	grauschwarz
	5·5	4·73—4·77	„	schwarz	ud.	braun
20	2—2·5	5·529	diam., matt	cochenille—carminrot, d.-grau	dsi.—dsch.	d.-kirschrot
	6	3·42	diam.	farbl., blaßviolett, bräunl.	„	weiß
	3	7·39—7·65	diam.	honiggelb	.	gelb
25	3·6	2·374	glas.	farblos, gelb, rötl.	dsi.—dsch.	weiß
	3—4	2·58	.	blaßstrohgelb	hdsch.	.
	3—4	3·19	glas.	grün	dsi.	grünl.-weiß
30	5	3·91—4·02	seiden	grünl.-schw., schwarz	ud.	.
	3·5	4·42	metall.	rötl.-stahlgrau	opak	schwarz
	5·5	5·438	matt	schwarz	ud.	.
35	3·5—4·5	3·0—3·2	glas., matt	w., grau, gelb, braun	dsi.—ud.	weiß
	5·5—6·5	4·9—5·2	met., matt	eisenschwarz	opak	schwarz
	6	5·517	metall.	schwarz	„	d.-braun
	6—6·5	4·57—4·65	„	eisenschwarz	„	schwarz
40	3·5—4	3·9—4·03	diam., seid. matt	grün	dsch.—ud.	grün
	4	4·2—4·4	hmet.	d.-stahlgrau—eisenschwarz	ud.	braun bis schwärzlich
	5—6	5·18, 5·364	glas.	smaragdgrün—schw.	dsi.—ud.	grün
45	6—6·5	4·61—4·9	metall.	blaßbronzegelb	opak	grauschwarz
	2·5	5·59	diam.	ölbraun	dsch.	orangegelb
	.	2·894	glas.	weiß, gelbl., farbl.	dsi.	weiß
	2—2·5	1·76—1·77	matt	gelbgrau, gelb, farbl.	dsch.	„
	2	7·83—9·36	„	schwefelgelb,	ud.	gelblich
50	.	7·07	metall.	grau	opak	grau
	2·5—3	7·21	diam., perl.	gelb, grünlich	dsi.—dsch.	weißl.
	5	7·73—7·90	metall.	rötl. silberweiß, anlaufend	opak	schwärzl.-grau
55	6—6·5	5·11	.	d.-braun	dsch.	gelbl.-weiß

Tabelle

Name	Chemische Zusammensetzung	Krystallsystem	Spaltbarkeit	Tenazität	
Mazapilit	$Ca_3Fe_2[AsO_4]_4 \cdot 2FeO[OH] \cdot 5H_2O$	rhom.	—	.	1
Melanocerit	F-B-Silicat v. Ce, Y, Ca usw.	trig.	—	spröd	
Melanophlogit	SiO_2 (zirka 90%) SO_3 (zirka 6%), H_2O	ps. tess.	.	„	5
Melanotekit	$Pb_3Fe_2Si_2O_9$	rhom.	.	.	
Melanovanadit	$2CaO \cdot 3V_2O_5 \cdot 2V_2O_4$	mon.	(010)	.	
Melanterit	$FeSO_4 \cdot 7H_2O$	„	(001) v. (110)	spröd	
					10
Melilith	$\begin{cases} Ca_2Al_2SiO_7 \\ Ca_2MgSi_2O_7 \end{cases}$	tet.	(001) d. (100) ud.	„	
Melinophan	$NaCa_2Be_2FSi_3O_{10}$	tet. (I. a.?)	(001) d.	„	
Mellit	$Al_2C_{12}O_{12} \cdot 18H_2O$	tet.	(111) s. ud.	schneidbar	15
Melonit	$NiTe_2$ od. Ni_3Te_3	hex.?	basal s. v.	.	
Mendipit	$PbCl_2 \cdot 2PbO$	rhom.	(110) a. (100), (010) g.	.	
Mendozit	$Na_2SO_4 \cdot Al_2[SO_4]_3 \cdot 22H_2O$	mon.?	.	.	
					20
Meneghinit	$4PbS \cdot Sb_2S_3$	rhom.	(100) v. (001) ud.	spröd	
Merwinit	$Ca_3Mg[SiO_4]_2$	mon.	(010) v.	.	
Mesitin	$2MgCO_3 \cdot FeCO_3$	trig.	(10$\bar{1}$1) v.	spröd	
Mesolith	$\begin{cases} Na_2Al_2Si_3O_{10} \cdot 2H_2O \\ 2CaAl_2Si_3O_{10} \cdot 3H_2O \end{cases}$	trik.	(110) (001)	spröd z. T. etw. biegsam	25
Messelit	$(Ca, Fe)P_2O_5 \cdot 2\frac{1}{2}H_2O$	.	.	.	
Metabrushit	$H_2Ca_2P_2O_8 \cdot 3H_2O$	mon.	(010) v.	spröd	
Metacinnabarit	HgS	tess. IV.	.	„	30
Metavoltin	$H_2K_{10}[Fe(OH)]_6[SO_4]_{12} \cdot 15H_2O$	hex.	.	.	
Meyerhofferit	$2CaO \cdot 3B_2O_3 \cdot 7H_2O$	trik.	(010) v.(100) (1$\bar{1}$0)	.	
Miargyrit	$Ag_2S \cdot Sb_2S_3$ Ag 36·9	mon.	(010) ud.	spröd	
Miersit	$4AgJ \cdot CuJ$	tess.IV.	(110)	„	35
Mikrolith	$Ca_2Ta_2O_7$	tess.	.	„	
Milarit	$HKCa_2Al_2[Si_2O_5]_6$	ps. hex.	—	„	
Millerit	NiS Ni 64·5	trig. IV.	(10$\bar{1}$1), (01$\bar{1}$2) v.	„	
Mimetesit	$3Pb_3As_2O_8 \cdot PbCl_2$ Pb 69·7	hex. II.	(10$\bar{1}$1) uv.	„	
					40
Minium	$PbPb_2O_4$	.	(100) v. (001), (010) (011) ud.	.	
Mirabilit	$Na_2SO_4 \cdot 10H_2O$	mon.		mild	
Mixit	$20CuO \cdot Bi_2O_3 \cdot 5As_2O_5 \cdot 22H_2O$	rhom.	.	.	
					45
Molybdänit	MoS_2 Mo 60	hex.	(0001) a.	biegsam	
Molybdophyllit	$H_2(Mg, Pb)_4[SiO_4]_4$	„	(0001) v.	spröd	
Monazit	$(Ce, La, Di)PO_4$	mon.	(001) v. (100) d.	spröd	
Monetit	$HCaPO_4$	trik.	(100) d.	„	50
Monimolith	$(Pb, Fe, Ca)_3Sb_2O_8$	tess.	(111) ud.	„	
Monticellit	$CaMgSiO_4$	rhom.	(010) d.	„	
Montmorillonit	$H_2Al_2Si_4O_{12} + aq$	amorph	.	mild	55
Montroydit	HgO	rhom.	(010) v.	biegsam	
Mordenit	$(Ca, Na_2)Al_2Si_9O_{22} \cdot 6H_2O$	mon.	„	spröd	

Tabelle

	Härte	Spezifisches Gewicht	Glanz	Farbe	Durchsichtigkeit	Strich
1	4·5	3·56—3·58	hmet.	schwarz, d.-braunrot	hdsch.	ockergelb
	5—6	4·129	fett—glas.	d.-braun—schwarz	ud.	l.-braun
5	6·5—7	2·04	glas.	farbl.—braun	dsi.—dsch.	weiß
	6·5	5·73	met.—fett	schwarz, grauschw.	ud.	grünl.-grau
	2·5	3·477	hmetall.	schwarz	ud.	d.-rötl.-br.
	2	1·89—1·9	glas.	grün (wenn frisch), gelb	hdsi.—dsch.	weiß
10						
	5	2·9—3·1	glas.—fett	weiß, gelb, grünl., braun	dsch.—ud.	weißl.
	5—5·5	3·0	glas.	gelb, ziegelrot	dsi.—dsch.	.
15	2—2·5	1·55—1·65	fett—glas.	honiggelb, rotbr., weiß	,,	weiß
	1—2	7·3—7·7	metall.	rötl.-silberweiß	opak	d.-grau
	2·5—3	7—7·24	perl.—diam.	w., gelbl., rötl., bläul.	hdsch.—ud.	weiß
	3	1·88	seiden.	weiß	.	,,
20						
	2·5	6·34—6·43	metall.	schwärzl.-bleigrau	opak	schwarz
	6	3·150	glas.	farblos—blaßgrünl.	dsi.	weiß
	3·5—4	3·33—3·42	glas.—perl.	gelbl., gelbgrau, gelbbraun	dsi.—dsch.	weiß
25	5	2·26	glas.—seid.	{farbl., weiß, graul.,} {gelbl.}	,,	,,
	3—3·5	.	.	farblos—bräunlich	.	.
	2·5—3	2·29—2·36	fett, perl.	blaßgelb, chamois, weißl.	dsi.—dsch.	weiß
30	3	7·7—7·8	metall.	grauschwarz	ud.	schwarz
	2·5	2·536	.	gelb—braungelb	.	.
	2	2·120	glas.—seid.	farblos—weiß	dsi—ud.	weiß
	2—2·5	5·1—5·3	met.—diam.	eisenschw.—stahlgrau	ud.	kirschrot
35	.	5·64	diam.	gelb		gelb
	5·5	5·17—6·13	fett	gelb—braun, hyaz.-rot	dsi.—ud.	gelbl., bräunl.
	5·5—6	2·55—2·59	glas.	farblos—blaßgrün	dsi.	weiß
	3—3·5	5·26—5·65	metall.	messing—bronzegelb	opak	grünl.-schw.
	3·5	7·0—7·25	fett	blaßgelb—braun, farblos—weiß	hdsch.—dsch.	weiß
40						
	2—3	4·6	fett, matt	rot	ud.	orangegelb
	1·5—2	1·462, 1·481	glas.	farblos—weiß	dsi.—ud.	weiß
	3—4	3·79	.	smaragd—blaugrün, weißl.	dsch.—ud.	grün
45						
	1—1·5	4·7—4·8	metall.	bleigrau	opak	grau
	3—4	4·717	glas., perl.	farblos, grünl.	dsch.	weiß
	5—5·5	4·9—5·3	glas.—fett.	hyazinthrot, braun, gelbbraun	hdsi.—ud.	grauweiß
50	3·5	2·75, 2·86	glas.	gelbweiß	hdsi.	weiß
	5—6	6·58, 7·29	fett—hmet.	blaugrün, braun, schwarz	dsch.—ud.	gelb, braun
	5—5·5	3·03—3·25	glas.—fett,	farblos, gelblich, grau usw.	dsi.—dsch.	weiß
55	s. weich	.	matt	weiß, grau, rosa, grünlich usw.	.	.
	2—3	11·0—11·3	diam.—glas.	tiefrot, orange, braun	dsi.—dsch.	gelbbraun
	3—4	2·08—2·19	glas., perl.	weiß, gelbl., rötl.	hdsch.	weiß

Name	Chemische Zusammensetzung	Krystallsystem	Spaltbarkeit	Tenazität	
Morenosit	$NiSO_4 . 7 H_2O$	rhom. III.	(010)	.	1
Mosandrit	F-Zr-Ti-Silicat v. Ca, Ce, Na	mon.?	(100) z. v.	s. spröd	
Mossit	$Fe(Nb, Ta)_2O_6$	tet.	—	.	5
Mottramit	$(Pb, Cu)_3V_2O_8 . 2 (Pb, Cu)[OH]_2$	.	.	.	
Nadorit	$PbSb_2O_4 . PbCl_2$	rhom. (III.?)	(100) a.	.	
Nagyagit	$(Pb, Au)(S, Te, Sb)_{1-2}$ Au 6—13	rhom.	(010) v.	biegsam	10
Nantokit	Cu_2Cl_2	tess. IV.	(100)	.	
Narsarsukit	$Na_4[FeF]Ti_2Si_{12}O_{32}$	tet.	(110) a.	spröd	
Nasonit	$Pb_4[PbCl]_2Ca_4[Si_2O_7]_3$	hex.	(0001), (10$\bar{1}$0) uv.	.	15
Natrochalcit	$Na_2SO_4 . Cu_4[OH]_2[SO_4]_2 . 2 H_2O$	mon.	(001) v.	z. spröd	
Natrolith	$Na_2Al_2Si_3O_{10} . 2 H_2O$	rhom.	(110) v. (010)?	spröd	
Natronsalpeter	$NaNO_3$	trig.	(10$\bar{1}$1) v.	z. schneidb.	20
Natrophilit	$NaMnPO_4$	rhom.	(001) v. (010) g. (110) uv.	spröd	
Naumannit	$(Ag_2, Pb)Se$	tess.	(100) v.	geschmeidig	
Neotantalit	nahe Tantalit	.	.	.	25
Nephelin	$(Na, K)AlSiO_4$	hex. I.	(10$\bar{1}$0) d. (0001) uv.	spröd	
Nepouit	$3 (Ni, Mg)O . 2 SiO_2 . 2 H_2O$	?	zwei v.	.	
Neptunit	$(Na, K)_2(Fe,Mn)TiSi_4O_{12}$	mon.	(110) v.	spröd	30
Nesquehonit	$MgCO_3 . 3 H_2O$	rhom.	(110) v. (001) g.	.	
Newberyit	$HMgPO_4 . 3 H_2O$	„	(010) v. (001) uv.	.	
Nickelin	NiAs Ni 43·6	hex. IV.	(10$\bar{1}$0) d. (0001) ud.	spröd	35
Nontronit	$2 H_2O . Fe_2O_3 . 2 SiO_2$	mon.	(001) v.	mild	
Nordenskiöldin	$CaO . SnO_2 . B_2O_3$	trig.	(0001) v.	spröd	
Northupit	$MgCO_3 . Na_2CO_3 . NaCl$	tess.	.	s. spröd	
Nosean	$3 NaAlSiO_4 . Na_2SO_4$	„	(110)	.	40
Offrétit	$(Ca, K_2)_2Al_6Si_{14}O_{39} . 17 H_2O$	hex.?	$\perp$ z. (0001)	spröd	
Okenit	$H_2CaSi_2O_6 . H_2O$	trik.	(010) v.	zäh	
Olivenit	$Cu_2As_2O_8 . Cu[OH]_2$	rhom.	(110), (010), (011)	spröd	45
Onofrit	$Hg[S, Se]$	tess. IV.	.	„	
Opal	$SiO_2 + aq$	amorph	—	„	
Orangit	$ThSiO_4 (. aq)$	tet.	(110)	„	50
Orientit	$Ca_4Mn_4[SiO_4]_5 . 4 H_2O$	rhom.	(110) uv.	„	
Osmiridium	(Ir, Os) 40—70% Ir	trig.	(0001) v.	„	
Pachnolith	$NaCaAlF_6 . H_2O$	mon.	(001) d.	„	
Palladium	Pd	tess.	.	dehnbar	55

Tabelle

Härte	Spezifisches Gewicht	Glanz	Farbe	Durchsichtigkeit	Strich
1	2	2·004	glas.	apfelgrün, grünl.-weiß	.	weiß, grünl.
	4	2·93—3·03	glas.—fett	rötl.-braun, grünl.-br.	ud.	gelbl., graubraun
5	.	6·45, 5·2	metall.	schwarz	.	.
	3	5·9—5·93	fett	samtschwarz	dsch.	gelb
	3·5—4	7·02	fett—diam.	rauchbraun, braungelb	„	„
10	1—1·5	6·85—7·2	metall.	schwärzl.-bleigrau	opak	schwzl.-grau
	2—2·5	3·93, 4·7	diam.	weiß, grau, farblos	dsl.—dsch.	weiß
	7	2·751	glas., perl.	honiggelb, braungrau	„	.
15	4	5·425	fett	weiß	.	weiß
	4·5	2·33	glas.	smaragdgrün	dsl.—dsch.	„
	5—5·5	2·2—2·25	„	farbl., weiß, gelbl., rötl.	„	„
20	1·5—2	2·24—2·29	„	farbl., weiß, bräunl., gelbl., grau	„	„
	4·5—5	3·41	fett, perl.	tief weingelb	„	.
	2·5	8·0, 6·527	metall.	eisenschwarz	opak	schwarz
25	5—6	5·193	diam.	gelb	dsch.	.
	5·5—6	2·53—2·66	glas.—fett	farblos, weiß, gelbl., grünl. usw.	dsl.—ud.	weiß
	2—2·5	2·47—3·24	perlm.	graugrün—gelbgrün	.	.
30	5—6	3·18—3·23	glas.	schwarz, braunschwarz	ud.	braun
	2·5	1·83—1·85	glas.—fett	farblos, weiß	dsl.—dsch.	weiß
	3—3·5	2·10	glas.	weiß, farblos	.	.
	5—5·5	7·33—7·67	metall.	l.-kupferrot	opak	bräunl.-schwarz
35	.	2·29—2·295	schim., matt	gelbl.-weiß, gelb, grün	ud.	gelb, grün
	5·5—6	4·2	glas., perl.	gelb	dsl.—dsch.	.
	3·5—4	2·38	.	farbl., grau, gelbl., braun	.	.
40	5·5	2·25—2·4	glas.—fett	grau—schwarz, bläul.	dsl.—ud.	.
	.	2·13	glas.	farblos—weiß	dsl.—dsch.	weiß
	4·5—5	2·20—2·33	perlm.	weiß, gelbl.—bläul.-w.	dsch.	„
45	3	4·1—4·4	diam.—glas.	olivgrün—schwärzl., gelbbraun	hdsch.—ud.	grün, braun
	2·5	7·98—8·09	metall.	grauschwarz	opak	grauschwarz
	5·5—6·5	1·9—2·3	glas., fett	farbl., weiß, verschied. gefärbt	dsl.—ud.	weiß
50	4·5	5·2—5·4	fett	orange	dsl.—dsch.	.
	4·5—5	3·05	„	l.-braun—schwarz	dsl.—ud.	haarbraun
	7	18·8—19·5	metall.	zinnweiß	opak	schwarzgrau
	3	2·93—3·0	glas.	farblos—weiß	dsl.—hdsl.	weiß
55	4·5—5	11·3—11·8	metall.	weißl.—stahlgrau	opak	.

Name	Chemische Zusammensetzung	Krystallsystem	Spaltbarkeit	Tenazität	
Palygorskitgruppe Mischungen der Verbindungen: A = $H_8Mg_2Si_3O_{12}$ (Parasepiolith), B =					
Lassallit	A + 2B	.	.	mild, zäh, meist biegsam	1
Palygorskit	A + B	.	.		
Pilolith	2A + B bis 3A + B	.	.		
Eisenpalygorskit	3A + B_1 bis 3A + 2B_1	.	.		5
Parahopeit	$Zn_3P_2O_8$. 4H_2O	trik.	(010) g.	.	
Paralaurionit	$PbCl_2$. Pb[OH]$_2$	mon.	(001)	.	
Paravauxit	FeO . Al_2O_3 . P_2O_5 6H_2O + 5H_2O	trik.	(010)	spröd	
Parisit	[(Ce, La, Di)F]$_2$Ca[CO$_3$]$_3$	trig.	(0001) a.	„	10
Parsettensit	3MnO . 4SiO_2 . 3H_2O + H_2O	ps. hex.?	(0001)	.	
Pascoit	$Ca_2V_6O_{17}$. 11(?) H_2O	mon.?	(010)	.	
Pearceit	8(Ag, Cu)$_2$S . As_2S_3	mon.	—	spröd	15
Penfieldit	PbO . 2PbCl$_2$	hex.	(0001) d.	.	
Penroseit	2PbSe$_2$. 3CuSe . 5(Ni, Co)Se$_2$	rhom.	(001), (010), (100) v. (110) d.	spröd	
Pentlandit	(Fe, Ni)S Ni 22—33	tess.	(111)	spröd	
Penwithit	$MnSiO_3$. nH_2O	amorph	.	„	20
Percylith	PbCl$_2$. Cu[OH]$_2$	tet.	.	.	
Periklas	MgO	tess.	(100) v. (111) uv.	.	
Perowskit	CaTiO$_3$	ps. tess.	(100) z. v.	spröd	
Petalit	LiAl[Si$_2$O$_5$]$_2$	mon.	(001) v. (201) g.	„	25
Petzit	(Ag, Au)$_2$Te Au 3·3—25·6, Ag 59·6 bis 40·8	rhom.?	—	schneidbar bis spröd	
Pharmakolith	HCaAsO$_4$. 2H_2O	mon.	(010) v.	etw. biegsam	30
Pharmakosiderit	2FeAsO$_4$. Fe(OH, K)$_3$. 5H_2O	tess.IV. (ps.?)	(100) uv.	wenig spröd	
Phenakit	Be$_2$SiO$_4$	trig. II.	(11$\bar{2}$0)d.(10$\bar{1}$1)uv.	spröd	
Phillipsit	(K$_2$, Ca)Al$_2$Si$_4$O$_{12}$. 4½H_2O	mon.	(001), (010) z. d.	„	35
Phoenikochroit	3PbO . 2CrO$_3$	rhom.?	eine v.	.	
Phosgenit	PbCl$_2$. PbCO$_3$ Pb 73·8	tet. (III.?)	(110), (100) d. (001)	z. schneidbar	
Phosphophyllit	3(Fe, Mn, Zn)O . P$_2$O$_5$. 4H_2O	mon.	(001) v. (100), (010) g	spröd	40
Phosphosiderit	2FePO$_4$. 3½H_2O	mon.	(010) v. (001) d.	.	
Pickeringit	MgSO$_4$. Al$_2$[SO$_4$]$_3$. 22H_2O	mon.?	.	.	
Pikromerit	MgSO$_4$. K$_2$SO$_4$. 6H_2O	mon.	(20$\bar{1}$) v.	spröd	45
Pimelit	wassh. Silicat v. Al, Fe, Ni, Mg . nahe Konnarit	.	.	mild	
Pinakiolith	3MgO . B$_2$O$_3$. MnO . Mn$_2$O$_3$	rhom.	(010) z. v.	s. spröd	50
Pinnoit	MgB$_2$O$_4$. 3H_2O	tet. II.	.	.	
Pirssonit	CaCO$_3$. Na$_2$CO$_3$. 2H_2O	rhom. IV.	—	spröd	
Pisanit	(Fe, Cu)SO$_4$. 7H_2O	mon.	(001) g.	.	55

Tabelle

Härte	Spezifisches Gewicht	Glanz	Farbe	Durchsichtigkeit	Strich

III
$H_{12}Al_2Si_4O_{17}$ (Paramontmorillonit) resp. $B_1 = H_{10}Fe_2Si_3O_{14}$ (Nontronit).

Härte	Spezifisches Gewicht	Glanz	Farbe	Durchsichtigkeit	Strich
1 weich " " " 5 "	} zirka 1·5—2 zirka 2·5	} seiden. matt	} weiß oder licht gefärbt meist braun	} dsch.—ud.	. . . . .
3·7 . 3	3·31 6·05 2·30	. . glas.-perlm.	farblos weiß, violettrot grünl.-weiß	dsi. . dsi.	weiß " · "
10 4·5 .	4·32 2·59—2·68	glas., perl. metall.	gelbbraun, braun kupferrot	dsch. .	gelbl.-weiß .
2·5 15 3 . 3	2·457 6·13—6·17 . 6·93	glas. metall. glas.—fett metall.	d. orangerot—or.-gelb schwarz farblos—weiß bleigrau	dsch. opak dsi.—dsch. ud.	cadmiumgelb schwarz weiß schwarz
3·5—4 20 3·5 2·5 6 5·5	4·6—5·0 2·49, 2·20 . 3·67—3·75 4·02—4·04	metall. glas. " " diam.—hmet.	l.-bronzegelb rotbraun himmelblau farblos, grau, d.-grün gelbl., rotbraun, grauschwarz	opak dsi. . dsi.—dsch. dsi.—ud.	l.-braun . blau . weiß, grau
25 6—6·5 2·5—3	2·39—2·46 7·53—8·73	glas., perl. metall.	farbl., weiß, grau, rötl., grünl. stahlgrau bis eisenschwarz	dsi.—dsch. opak	weiß schwarz
30 2—2·5 2·5	2·64—2·73 2·9—3·0	glas., perl. diam.—fett	weiß, grau, rot olivgrün, gelbl.-braun	dsch.—ud. hdsi.—hdsch.	weiß grün, bräunl.
7·5—8 4—4·5 35	2·94—3·0 2·2	glas. "	farbl., gelb, rosa, brn. weiß, rötlich	dsi.—hdsch. dsch.—ud.	weiß "
3—3·5 3	5·75 6·0—6·3	fett—diam. diam.	cochenille—hyaz.-rot weiß, grau, gelb	hdsch.—ud. dsi.—dsch.	ziegelrot weiß
3—4 40 3·5 1	3·081 2·726 1·84	glas. . seiden.	farblos, weiß—l.-blau pfirsichblührot, rotviolett weiß, gelbl., rötl.	dsi. dsi. .	weiß . weiß
45 2·5 2·5	2·03—2·2 2·25, 2·71	glas. fett, matt	farblos, weiß apfelgrün	dsi.—dsch. dsch.—hdsch	" grünl.-weiß
6 50 3—4 3—3·5 55 .	3·881 2·29, 3·37 2·352 1·94—1·95	metall. glas., schimmernd glas. "	schwarz schwefel—strohgelb, grün farbl.—weiß, z. T. dunkel gefärbt blau—blaugrün	ud. dsch. dsi.—dsch. .	braungrau . weiß .

Name	Chemische Zusammensetzung	Krystallsystem	Spaltbarkeit	Tenazität	
Pissophan	wassh. Sulfat v. Al, Fe	amorph	—	s. spröd	1
Pittizit	wassh. Arsenat u. Sulfat v. Fe	„	—	spröd	
Plagionit	$5\,PbS \cdot 4\,Sb_2S_3$?	mon.	(221) z. v.	„	5
Planoferrit	$Fe_2O_3 \cdot SO_3 \cdot 15\,H_2O$	rhom.?	(001)	„	
Platin	Pt (mit Fe, Rh, Ir, Pd usw.)	tess.	—	dehnbar	
Plattnerit	PbO_2	tet.	—	spröd	
Platynit	$PbS \cdot Bi_2Se_2$	trig.	(0001) d. $(10\bar{1}1)$	.	10
Plazolith	$3\,CaO \cdot Al_2O_3 \cdot 2(SiO_2, CO_2) \cdot 2\,H_2O$	tess.	.	spröd	
Plumbogummit	$2\,PbO \cdot 3\,Al_2O_3 \cdot 2\,P_2O_5 \cdot 7\,H_2O$	trig.	.	.	15
Plumboniobit	$(Pb, Fe, Ca, UO)_2Nb_2O_7 \cdot Y_4[Nb_2O_7]_3$	metamikt amorph	—	.	
Polianit	MnO_2 Mn 63·2	tet.	(110) v.	spröd	
Pollux	$H_2Cs_4Al_4[SiO_3]_9$	tess.	.	„	
Polyargyrit	$12\,Ag_2S \cdot Sb_2S_3$	„	(100)	schneidbar	20
Polybasit	$8(Ag, Cu)_2S \cdot Sb_2S_3$ Ag 64—72, Cu 10—3	mon.	(001) uv.	mild	
Polydymit	$(Ni, Fe)S \cdot Ni_2S_3$	tess.	(110) uv.	z. mild	25
Polyhalit	$2\,CaSO_4 \cdot MgSO_4 \cdot K_2SO_4 \cdot 2\,H_2O$	trik.	(100)	z. spröd	
Polymignit	$(Ca, Fe)_4(Ce, Y)_4Nb_2(Ti, Zr)_{10}O_{35}$	rhom.	(100), (010) ud.	spröd	
Portit	wassh. Silicat v. Al, Mg, Ca usw.	„	(110) g.	.	30
Powellit	$CaMoO_4$	tet. II.	(101) ud.	spröd	
Prehnit	$H_2Ca_2Al_2Si_3O_{12}$	rhom. IV.	(001) d.	„	
Prosopit	$CaAl_2(F, OH)_8$	mon.?	(211) d.	„	35
Proustit	$3\,Ag_2S \cdot As_2S_3$ Ag 65·4	trig. IV.	$(10\bar{1}1)$ d.	z. spröd	
Pseudoboleit	$5\,PbCl_2 \cdot 4\,CuO \cdot 6\,H_2O$	tet.	(001) v. (101) v.	.	
Pseudobrookit	$2\,Fe_2O_3 \cdot 5\,TiO_2$	rhom.	(010) d.	spröd	40
Pseudomalachit	$Cu_2P_2O_8 \cdot 3\,Cu[OH]_2$ Cu 56·6	—	—	„	
Psilomelan	MnO_2 m. adsorb. MnO, BaO, K_2O, H_2O usw.	amorph	—	„	
Ptilolith	$(Ca, Na_2)Al_2Si_{10}O_{24} \cdot 5\,H_2O$	rhom.	(100) v. (010) d.	.	45
Pucherit	$BiVO_4$	rhom.	(001) v.	.	
Purpurit	$2(Fe, Mn)PO_4 \cdot H_2O$	rhom.?	(100) z. v. ((010)	z. spröd	
Pyrargyrit	$3\,Ag_2S \cdot Sb_2S_3$ Ag 59·9	trig. IV.	$(10\bar{1}1)$ d. $(01\bar{1}2)$ uv.	„	50
Pyrit	FeS_2 Fe 46·7	tess. II.	(100), (111) ud.	spröd	
Pyroaurit	$Fe[OH]_3 \cdot 3\,Mg[OH]_2 \cdot 3\,H_2O$	trig.	.	.	
Pyrobelonit	$[Pb \cdot OH](Pb, Mn)VO_4$	rhom.	.	z. spröd	55
Pyrochlor	Niobat u. Titanat v. Ce, Ca usw.	tess.	(111) z. T. d.	spröd	
Pyrochroit	$Mn[OH]_2$	trig.	(0001) a	.	

Tabelle

	Härte	Spezifisches Gewicht	Glanz	Farbe	Durchsichtigkeit	Strich
1	1·5	1·93—1·98	glas.	oliv-, spargel-, pistaz.-grün	dsi.	grünl.-weiß, gelblich
	2—3	2·2—2·5	glas,. fett	gelbl., rötlichbraun, blutrot, weiß	dsch.—ud.	gelb—weiß
5	2·5	5·4—5·54	metall.	d.-bleigrau	opak	d.-grau
	3	.	.	gelbl.-grün—braun	.	chromgelb
	4—4·5	14—19, 22	metall.	l.-stahlgrau	opak	grau
	5—5·5	8·5	hmet.	eisenschwarz	dsch.—ud.	braun
10	2—3	7·98	metall.	eisenschwarz bis stahlgrau	opak	schwarz
	6·5	3·13	glas.—diam.	farblos—l.-gelb	dsi.	weiß
	4—5	4·0—4·9	fett	gelbgrau, rötl.-braun, grünl.	dsch.	„
15	5—5·5	4·80—4·81	„	d.-braunschwarz	hdsch.	braun
	6—6·5	4·84—5·08	metall.	l.-stahlgrau	opak	schwarz
20	6·5	2·9, 2·98	glas.	farblos	dsi.	weiß
	2·5	6·974	metall.	eisenschwarz, schwärzlichgrau	opak	schwarz
	2—3	6·0—6·2	„	eisenschw. (rot dsch.)	ud.—dsch.	„
25	4·5	4·54—4·81	„	l.-grau, anlaufend	opak	
	2·5—3·5	2·77—2·78	glas., fett, seiden.	fleisch—ziegelr., gelbl. farbl., weiß, grau	dsi.—ud.	weiß—rötl.
	6·5	4·77—4·85	hmet.	schwarz	ud.	d.-braun
30	5	2·4	glas.	weiß	ud.	weiß
	3·5	4·22, 4·53	fett	grünl.-gelb, blaugrün	hdsch.	.
	6—6·5	2·8—2·95	glas., perl.	grün, grünl.-weiß, grau	hdsi.—dsch.	weiß
35	4·5˙	2·88—2·89	glas.	farbl., weiß, grau	dsi.—dsch.	.
	2—2·5	5·51—5·64	diam.	cochen.—kermesinrot	hdsi.—hdsch.	morgen- bis cochenillerot
	3	4·85?	glas., perl.	preußisch-indigoblau		blau
40	6	4·39, 4·98	diam., fett	d.-braun—schwarz	hdsch.—ud.	gelb, rotbraun
	4·5—5	3·4—4·4	glas.—fett	span—schwärzl.-grün	„	l.-grün
	5—7	3·3—4·7	hmet., matt	eisenschwarz	ud.	braunschwarz
45	5	2·1, 2·3	.	weiß, gelbl., ziegelrot	dsi.—ud.	weiß
	4	6·249	glas.—diam.	rötl.-braun	dsch.—ud.	gelb
	4—4·5	3·40	seid., matt	rotviolett	ud.	tiefrosa
	2·5—3	5·77—5·86	met.—diam.	schwarz, grauschwarz, d.-rot	dsch.—ud.	d.-rot
50	6—6·5	4·95—5·17	metall.	l.-speisgelb	opak	bräunl.-schwarz
	2—3	2·07	perl., fett	gelb, gelbbraun	dsch.—hdsch.	
55	3·5	5·377	glas.	d.-rot	dsch.	orangegelb
	5—5·5	4·2—4·36	glas.—fett	braun, braunschwarz	hdsch.—ud.	l.-braun
	2·5	3·25—>3·3	perl., glas.	farblos, blau, schwarz	dsch.—ud.	weiß-braun

Name	Chemische Zusammensetzung	Krystall-system	Spaltbarkeit	Tenazität	
Pyrolusit	$MnO_2 . 1-2$ aq Mn 63·2	rhom.?	(110) d. (100), (010) ud.	morsch	1
Pyromorphit	$3 Pb_3P_2O_8 . PbCl_2$ Pb 76·2	hex. II.	$(10\bar{1}0), (10\bar{1}1)$ ud.	spröd	
Pyrophanit	$MnTiO_3$	trig. II.	$(02\bar{2}1)$ v. $(10\bar{1}2)$ g.	.	5
Pyrophyllit	$AlO_2H . 2 SiO_2$	rhom.?	(001) a.	biegsam	
Pyrosmalith	$H_7(Fe, Mn)_5 Si_4O_{16} Cl$	trig.	(0001) v. $(10\bar{1}0)$ uv.	z. spröd	
Pyrostilpnit	$3 Ag_2S . Sb_2S_3$	mon.	(010) v.	mild, etwas biegsam	10
Enstatit	$MgSiO_3$	rhom.	(110)z.v.(010)uv.	spröd	
Bronzit	$(Mg, Fe)SiO_3$	„	„ „ „	„	
Hypersthen	$(Fe, Mg)SiO_3$	„	„ „ „	„	15
Diopsid	$MgCa[SiO_3]_2$	mon.	(110) z. g.	„	
Salit	$(Mg, Fe)Ca[SiO_3]_2$	„	(110)	„	20
Hedenbergitt	$FeCa(SiO_3)_2$	„	(110) d.	„	
Schefferit	$(Mg, Fe)(Ca, Mn)[SiO_3]_2$	„	(110) g.	„	
Jeffersonit	$(Mg, Fe, Zn)(Ca, Mn)[SiO_3]_2$	„	(110)	„	
Fassait / Augit	$\{(Mg, Fe)Ca[SiO_3]_2 \atop (Mg, Fe)(Al, Fe)SiO_6\}$	„	(110) d.	„	25
Jadeit	$AlNa[SiO_3]_2$	„	$(1\bar{1}0)$	„	
Spodumen	$Al(Li, Na)[SiO_3]_2$	„	(110) v.	„	
Akmit	$FeNa[SiO_3]_2$	„	(110) d. (010) uv.	„	
Urbanit	$\{FeNa[SiO_3]_2 \atop (Ca,Mg,Mn,Fe)[SiO_3]_2\}$	„	(110) d. (001) uv.	„	30
Wollastonit	$CaSiO_3$	mon.	(100), (001) d. $(\bar{1}01)$ ud.	spröd	
Pektolith	$Ca_2NaH[SiO_3]_3$	„	(100), (001) v.	„	
Alamosit	$PbSiO_3$	„	(010) v.	„	35
Rosenbuschit	$Ca_3Na_2[(Si, Zr, Ti)O_3]_4$	„	(001) v. (100), $(\bar{2}01)$ z. v.	„	
Låvenit	$Na(Mn, Ca)[ZrO . F][SiO_3]_2$	„	(100) z. v.	„	
Wöhlerit	$Na_5Ca_{10}Nb_2Zr_3F_3Si_{10}O_{42}$	„	(010) d.	„	40
Hiortdahlit	$4 Ca(Si, Zr)O_3 . Na_2ZrO_2F_2$	trik.	ud.	spröd	
Rhodonit	$(Mn, Fe)SiO_3$	„	(110), $(1\bar{1}0)$ v. (001) d.	„	
Bustamit	$(Mn, Ca)SiO_3$	„	„	„	45
Fowlerit	$(Mn, Fe, Ca, Zn)SiO_3$	„	„	„	
Babingtonit	$(Mn, Fe, Ca)SiO_3 . Fe_2[SiO_3]_2$	„	$(1\bar{1}0)$ v. (110) g.	„	
Schizolith	$HNa(Ca, Mn)_2[SiO_3]_2$	trik.	(100), (001) v.	„	
Margarosanit	$PbCa_2[SiO_3]_3$	trik.?	(010) s. g. (001), $(\bar{5}04)$	.	50
Pyrrhotin	$Fe_{11}S_{12}$ (meist) Fe 60 bis 61·5 (oft Ni 2—5)	hex.	(0001) Absonderung $(11\bar{2}0)$ ud.	spröd	

(Pyroxengruppe — rows Enstatit through Urbanit)

Tabelle

	Härte	Spezifisches Gewicht	Glanz	Farbe	Durchsichtigkeit	Strich
1	2—2·5?	4·73—5	metall.	eisenschw., stahlgrau	opak	schwarz
	3·5—4	6·5—7·1	glas.—fett	grün, gelb, braun, weiß	hdsi.—hdsch.	weiß, gelbl.
5	5	4·537	glas.—hmet.	tief blutrot	dsch.	ockergelb
	1—2	2·66—2·9	perl., matt	weiß, grau, apfelgrün, gelbl.	hdsi.—ud.	weiß
	4—4·5	3·06—3·19	perl., fett	d.-grün, bräunl., grau	dsch.—ud.	grünl., brnl.
10	2	4·2—4·25	diam., perl.	hyazinthrot	dsch.	
	5·5	3·10—3·29	glas., perl.	farbl., grau, gelbl. grünl., braun	hdsi.—hdsch.	weiß—grau
	4—5	3—3·5 ⎱	„ „ z. T. hmet. schillernd	braun, graugrün, oliv	dsch.—hdsch.	„
15	5—6	3·4—3·5 ⎰		schwärzl.-braun, schwärzl.-grün	dsch.—ud.	grau, bräunl.
	5—6	3·04—3·54	glas.—fett	farbl., gelbl., grün bis schwarz	dsi.—ud.	weiß
20	„	3·25—3·4	„	grau, grün, braun	dsch.—hdsch.	„
	„	3·5—3·58	glas.	schwärzl.-grün—schw.	ud.	grünl.-grau
	„	.	.	gelbbraun—rotbraun	.	gelblichweiß
	4·5	3·3—3·5	fett	grünl.-schwarz, braun	hdsch.—ud.	grünl., gelbl.
25	5—6	2·96—3·3	glas.	meist grün	dsch.—ud.	weißlich
	„	3·2—3·4	„	meist schwärzlich	meist ud.	graugrün
	6·5—7	3·33—3·35	uv. glas.,perl	grünl.-weiß, grün	dsch.—hdsch.	weiß
	6·5—7	3·13—3·2	glas., perl.	farbl.,gelb,grün,viol.	dsi.—dsch.	
	6—6·5	3·5—3·55	glas.—fett	braun,grünl.-schwarz	hdsch.—ud.	grünl., gelbl.
30	5—6	3·52—3·53	glas.	braun, braunschwarz	hdsch.	l.-braun
	4·5—5	2·8—2·9	glas., perl.	farbl., weiß, rötl., gelbl., grau	dsch.—dsi.	weiß
35	5 4·5	2·73—2·86 6·488	seiden.—glas perl. z. T.	weiß, grau farblos—weiß	hdsch.—ud. dsi.—dsch.	„ „
	5—6	3·31	glas.	l.-gelbgrau		
	6	3·51—3·55	„	gelb—farblos, braun	dsch.	.
40	5·5—6	3·41—3·48	glas.—fett	l.-gelb—braun, grau	dsi.—hdsch.	gelbl.-weiß
	5—5·5	3·267	glas.—fett	l.-gelb, gelbbraun	.	.
	5·5—6·5	3·4—3·68	glas., perl.	rosa, fleischrot, bräunlichrot	dsi.—dsch.	weißlich
45	„	3·1—3·4	.	grünl.—rötl.-grau	.	„
	„	2·3—3·63		rötl.-braun, rötl.-gelb		
	5·5—6	3·33—3·7	glas.	grünl.—bräunl.-schw.	hdsch.—ud.	grünl.-grau
	5—5·5	2·97—3·13	glas.	l.-rot—braun	hdsch.—ud.	.
50	2·5—3	3·99, 4·39	perlm.	farblos—weiß	dsi.	weiß
	3·5—4·5	4·56—4·64	metall.	tombakbraun, anlauf.	opak	d.-grauschw.

Tabelle

Name	Chemische Zusammensetzung	Krystallsystem	Spaltbarkeit	Tenazität	
Quarz	SiO_2	trig. III.	—	spröd	1
Quecksilber	Hg	tess.	—	flüssig	
Quenselit	$2 PbO . Mn_2O_3 . H_2O$	mon.	(001) a.	.	
Quenstedtit	$Fe_2[SO_4]_3 . 10 H_2O$	,,	(010) v.	.	5
Quetenit	$MgO . Fe_2O_3 . 3 SO_3 . 13 H_2O$	mon.?	(110) z. v.	.	
Ralstonit	$(Na_2, Mg)F_2 . 3 Al[F, OH]_3 . 2 H_2O$	tess.	—	spröd	
					10
Rammelsbergit	$NiAs_2$	rhom.	(110)	,,	
Raspit	$PbWO_4$	mon.	(100) v.	.	
Rathit	$3 PbS . 2 As_2S_3$	rhom.	(010)	spröd	
Realgar	AsS As 70·1	mon.	(010) z. v. (001), (100), (110) uv.	etw. spröd	
					15
Reddingit	$Mn_3P_2O_8 . 3 H_2O$	rhom.	eine d.	spröd	
Retzian	Bas. Arsenat v. Mn, Ca, selt. Erden	,,	—	.	
Reyerit	wassh. Ca-Al-Silicat	trig.?	basal a.	.	20
Rezbanyit	$4 PbS . 5 Bi_2S_3$	.	.	.	
Rhabdophan	$(Y, La)PO_4 . H_2O$	tet. od. hex.	.	.	
Rhagit	$2 BiAsO_4 . 3 Bi[OH]_3$	.	.	spröd	
					25
Rhodizit	$(K, Cs, Rb)_2O . 2 Al_2O_3 . 3 B_2O_3$	ps. tess. IV.	.	spröd	
Rhodochrosit	$MnCO_3$ Mn 47·8	trig.	(10$\bar{1}$1) v.	,,	
Rickardit	Cu_4Te_3	.	.	,,	
Rinkit	$[F_3(Ti, Zr)_4]Na_9Ca_{11}Ce_2(SiO_4)_{12}$	mon.	(100) d.	.	30
Rinneit	$FeCl_2 . 3 KCl . NaCl$	trig.	(11$\bar{2}$0)		
Roemerit	$FeSO_4 . Fe_2[SO_4]_3 . 14 H_2O$	trik.	(010) v.	spröd	
Roepperit	$(Fe, Mn, Zn)_2 SiO_4$	rhom.	(010), (001) d. (100) ud.	,,	35
Romein	$5 CaO . 3 Sb_2O_5$	tess.	(111)	,,	
Roscherit	$(Mn, Fe, Ca)_2 Al[OH] P_2O_8 . 2 H_2O$	mon.	(001) v. (010) d.	,,	
Roselith	$(Ca, Co, Mg)_3 As_2O_8 . 2 H_2O$	trik.	(100)	.	40
Rutil	TiO_2 Ti 61·1	tet.	(100), (110) d. (111) ud.	spröd	
Safflorit	$CoAs_2$	rhom.	(010) d.	,,	45
Salmiak	NH_4Cl	tess. III.	(111) uv.	mild	
Samarskit	$Y_4[Nb_2O_7]_3$ m. U, Fe, Ca	rhom.	(010) v.	spröd	
Samsonit	$2 Ag_2S . MnS . Sb_2S_3$	mon.	(001)?	,,	
Sapphirin	$Mg_5 Al_{12} Si_2 O_{27}$	,,	—	,,	50
Sarkinit	$Mn_3 As_2O_8 . Mn[OH]_2$	,,	(110)? d.	.	
Sarkolith	$(Ca, Na_2)_3 Al_2 Si_2 O_{12}$	tet. (II.?)	.	s. spröd	
Sartorit	$PbS . As_2S_3$	mon.?	(001) d.	,,	55
Sassolin	$B[OH]_3$	trik.	(001) a.	mild, biegs.	
Schafarzikit	$nFeO, P_2O_3?$	tet.	(110) a. (100) g.	.	
Schallerit	$9 MnSiO_3 . Mn_3 As_2O_5 . 7 H_2O$	tet. od. hex.	basal v.	.	

Tabelle

Härte	Spezifisches Gewicht	Glanz	Farbe	Durchsichtigkeit	Strich
1 7	2·5—2·8	glas.	farbl., weiß, versch. gefärbt	dsi.—hdsch.	weiß
—	13·596	metall.	zinnweiß	—	—
2·5	6·842	met.—diam.	pechschwarz	opak	d.-braungrau
5 2·5	2·116	glas.	rotviolett	dsi.	.
3	2·08—2·14	fett	rotbraun	dsch.—ud.	.
4·5	2·56—2·62	glas.	farbl., weiß, gelbl.	dsi.—dsch.	weiß
10 4·5—6?	6·73—7·02	metall.	rötl.-zinnweiß	opak	grauschwarz
2·5	.	diam.	braungelb	dsi.	.
3	5·41—5·45	metall.	schwärzl.-bleigrau	opak	.
1·5—2	3·5—3·6	fett	morgenrot, orange	dsi.—dsch.	orange
15 3—3·5	2·96—3·10	glas.—fett	l.-rosa, violett, gelbl., rotbraun, l.-grün	dsi.—dsch.	weißlich
4	4·15	„	dunkelbraun	hdsch.	l.-braun
20 3·5	2·5—2·58	perl.—glas.	weiß	dsi.—dsch.	weiß
2·5—3	6·09—6·38	metall	l.-bleigrau	opak	schwarz
3·5	3·94—4·01	fett	braun, rötl.—gelbl.-weiß	dsch.	.
5	6·82	fett—diam.	gelbl.-grün, wachsgelb	hdsch.	weiß
25 8	3·34—3·41	glas.	farbl., weiß, grau, gelbl.	dsi.—dsch.	weiß
3·5—4·5	3·31—3·74	glas.—perl.	rosenrot—braun	dsi.—hdsch.	„
3·5	7·54	metall.	tiefviolett	opak	violett
30 5	3·46	glas.—fett	gelbbraun, strohgelb	.	gelb
3	2·35	diam.—seid.	farbl., rosa, gelbl., viol.	.	.
3—3·5	2·10, 2·17	glas.	braun—gelb	dsi.—dsch.	.
35 5·5—6	3·95—4·08	glas.—fett	gelbl., grün—schw.	dsch.—ud.	gelb, grau
5·5—6	5·044	„	hyazinth—honiggelb	dsi.	.
4·5	2·916	.	d.-braun gegen olivgrün	.	.
40 3·5	3·5—3·6	glas.	l.—d.-rosenrot	dsi.—dsch.	.
6—6·5	4·2—4·3	met.—diam.	gelb, rot, braun, schw.	dsch.—ud.	l.-braun
45 4·5—5	6·9—7·3	metall.	zinnweiß, d.-grau anl.	opak	grauschwarz
1·5—2	1·528	glas.	weiß, gelbl., grau, farblos	dsi.—dsch.	weiß
5—6	4·2—6·04	glas.—fett	samtschwarz	ud.	d.-rotbraun
2·5	.	metall.	schwarz	hdsch.	d.-rot
50 7·5	3·42—3·48	glas.	blaßblau, grün	dsch.	.
4—5	4·17—4·19	fett	rosa, fleischrot, rötl.-gelb	.	l.-rosa
6	2·54, 2·93	glas.	rötl.-weiß, fleischrot, rosa	dsi.—hdsi.	weiß
55 3	5·393	metall.	d.-bleigrau	opak	rötl.-braun
1	1·48	perlm.	weiß, gelbl., grau	dsch.	weiß
3·5	4·3	metall.	rot—braun	.	braun
4·5—5	3·368	glas.—fett	lichtbraun	ud.	fast weiß

Mineralogisches Taschenbuch 2. Aufl.

Name	Chemische Zusammensetzung	Krystallsystem	Spaltbarkeit	Tenazität	
Scheelit	$CaWO_4$ W 63·8	tet. II.	(111) d. (101) uv.	spröd	1
Schirmerit	$3(Ag_2Pb)S \cdot 2Bi_2S_3$	.	—	,,	
Schneebergit	$CaSbO_3$	tess.	(111) d.	,,	
Schultenit	$2PbO \cdot As_2O_5 \cdot H_2O$	mon.	.	,,	5
Schwartzembergit	$3[PbCl_2 \cdot 2PbO] \cdot PbJ_2O_6$	ps. tet.	.	,,	
Schwefel	S	rhom. III.	(001), (110), (111) uv.	s. spröd	
Seligmannit	$Cu_2S \cdot 2PbS \cdot As_2S_3$	rhom.	—	.	10
Sellait	MgF_2	tet.	(100),(110)v.(101)	spröd	
Semseyit	$9PbS \cdot 4Sb_2S_3$	mon.	(111)	.	
Senait	$(Fe, Mn, Pb)O \cdot TiO_2$	trig.	—	.	
Senarmontit	Sb_2O_3 Sb 83·3	tess.	(111) ud.	wenig spröd	
Sepiolith	$H_4Mg_2Si_3O_{10}$	—	—	mild	15
Serendibit	$10(Ca, Mg)O \cdot 5(Al, Fe)_2O_3 \cdot B_2O_3 \cdot 6SiO_2$	trik.?	.	.	
Serpentin	$H_4Mg_3Si_2O_9$	?	(010) d.	wenig spröd	
Siderit	$FeCO_3$ Fe 48·2	trig.	(10$\bar{1}$1) v.	spröd	20
Sideronatrit	$2Na_2O \cdot Fe_2O_3 \cdot 4SO_3 \cdot 7H_2O$	rhom.	.	.	
Silber	Ag	tess.	—	dehnbar	
Sillimanit	$[AlO]AlSiO_4$	rhom.	(010) a.	spröd	
Sincosit	$V_2O_4 \cdot CaO \cdot P_2O_5 \cdot 5H_2O$	tet.	(001) g.	,,	25
Sipylit	wesentl. ErNbO_4	tet.	(111) d.	,,	

Skapolithgruppe:

Name	Chemische Zusammensetzung	Krystallsystem	Spaltbarkeit	Tenazität	
Mejonit	$3CaAl_2Si_2O_8 \cdot CaO = Me$ Me bis Me_2Ma	tet. II.	(100) z.v. (110) d.	spröd	30
Mizzonit	Me_2Ma bis $MeMa_2$	,,	,,	,,	,,
Marialith	$MeMa_2$ bis Ma $3NaAlSi_3O_8 \cdot NaCl$ Cl z. T. ersetzt = Ma d. SO_3, CO_2	,,	.	.	35

Skolezit	$CaAl_2Si_3O_{10} \cdot 3H_2O$	mon. IV.	(110) v.	spröd	
Skorodit	$FeAsO_4 \cdot 2H_2O$	rhom.	(100) d. (120) uv.	,,	
Skutterudit	$CoAs_3$	tess. II.	(100) d. (110) ud.	,,	
Smaltin	$(Co, Fe, Ni)As_2$, Co bis 24, Fe bis 8, Ni bis 8	,,	(111), (100) ud.	,,	40
Smithit	$Ag_2S \cdot As_2S_3$	mon.	(100) a.	,,	
Smithsonit	$ZnCO_3$ Zn 52	trig.	(10$\bar{1}$1) v.	,,	
Soda	$NaCO_3 \cdot 10H_2O$	mon.	(100) g. (001) uv.	,,	45
Sodalith	$3NaAlSiO_4 \cdot NaCl$	tess. IV.	(110) d.	,,	
Soddit	$5UO_3 \cdot 2SiO_2 \cdot 6H_2O$	rhom.	.	.	
Spadait	$H_2Mg_5Si_6O_{16} \cdot 3H_2O$	amorph?	.	mild	
Spangolith	$(Al, Cl)SO_4 \cdot 6Cu[OH]_2 \cdot 3H_2O$	trig. IV.	(0001) v.	.	50
Spencerit	$Zn_3[PO_4]_2 \cdot Zn[OH]_2 \cdot 3H_2O$	mon.	(100) v. (010) g. (001)	.	
Sperrylith	$PtAs_2$	tess. II.	.	spröd	
Sphaerit	$4AlPO_4 \cdot 6Al[OH]_3 \cdot 7H_2O$	.	eine d.	.	55

Tabelle

	Härte	Spezifisches Gewicht	Glanz	Farbe	Durchsichtigkeit	Strich
1	4·5—5	5·9—6·1	glas.—diam.	weiß, gelb, braun, grün usw.	dsi.—dsch.	weiß
	weich	6·737	metall.	bleigrau—eisenschw.	opak	schwärzl.
	6·5	5·41	glas.—diam.	meist honiggelb	dsi.	gelb
5	2·5	5·943	„	farblos	„	weiß
	2—2·5	7·39	diam.	honiggelb—rötl.-braun	.	strohgelb
	1·5—2·5	2·05—2·09	glas.—fett	gelb, braun, grünl., rötl.	dsi.—dsch.	weiß
10	3	5·44—5·48	metall.	bleigrau	opak	braun
	5	2·97—3·15	glas.	farblos	dsi.	weiß
	.	5·84—6·05	metall.	grau	opak	.
	6	4·78—5·30	hmet.	schwarz	ud.	braunschw.
	2—2·5	5·22—5·30	fett—hdiam.	farbl., weiß, grau	dsi.—dsch.	weiß
15	2—2·5	2	matt	weiß, graul., gelbl.	ud.	„
	6·5	3·42	glas.	himmel—indigoblau	.	.
	2·5—4	2·2—2·6	fett, perl., sd.	gelb, grün, braun usw.	dsch.—ud.	weiß
	3·5—4	3·83—3·88	glas., perl.	grau, gelbl., braun usw.	dsch.—hdsch.	weiß—gelbl.
20	2—2·5	2·15, 2·36	.	orange—strohgelb	.	blaßbgelb
	2·5—3	10·1—11·1	metall.	silberweiß, anlaufend	opak	silberweiß
	6—7	3·23—3·24	glas.	braun, grau, grün	dsi.—dsch.	weiß
25	gering	2·84	.	lauch—olivgrün	.	blaßgrün
	6	4·89	fett	braunschwarz bis braunorange	dsch.	l.-braun
	5·5—6	2·72—2·81	{ glas. { glas.—fett	farblos—weiß weiß, verschieden gefärbt	dsi.—dsch. hdsch.—ud.	weiß
30	„	2·62—2·72	{ glas. { glas.—fett	farblos weiß, verschieden gefärbt	dsi. hdsch.—ud.	„
35	„	2·50—2·62	glas.	farblos	dsi.	„
	5—5·5	2·16—2·4	glas., seid.	farblos—weiß	dsi.—dsch.	weiß
	3·5—4	2·7—3·3	glas.—fett	l.-lauchgrün, braun	hdsi.—dsch.	„
	6	6·52—6·86	metall.	zinnweiß—bleigrau	opak	schwarz
40	5·5—6	6·27—7·3	„	zinnweiß—stahlgrau, anlaufend	„	grauschwarz
	1·5—2	4·88	diam.	lichtrot	dsi.	zinnoberrot
	5	4·2—4·45	glas., perl.	weiß, grau, verschied. gefärbt	hdsi.—dsch.	weiß
45	1—1·5	1·42—1·46	glas., matt	weiß, grau, gelbl.	.	„
	5·5—6	2·14—2·40	glas.—fett	weiß, grau, grünl., blau usw.	dsi.—dsch.	„
	3—4	4·627	.	gelb	dsch.—ud.	blaßgelb
	2·5	.	perl., fett	rötl.—fleischrot	dsch.	weiß
50	2—3	3·141	glas.	d.-grün, blaugrün	.	.
	ca. 3	3·123—3·145	perlm.	schwachgrünl.	dsi.	„
	6—7	10·602	metall.	zinnweiß	opak	schwarz
55	4	2·536	fett—glas.	l.-grau, bläulich	dsch.	„

8*

Name	Chemische Zusammensetzung	Krystall-system	Spaltbarkeit	Tenazität	
Sphaerocobaltit	$CoCO_3$	trig.	.	.	1
Sphalerit	ZnS Zn 67 (Cd unter 5)	tess. IV.	(110) a.	spröd	
Spinell	$MgO \cdot Al_2O_3$	tess.	(111) uv.	„	
Spodiophyllit	$(Na_2K_2)_2(Mg, Fe)_2(Fe, Al)_2[SiO_3]_3$	trig.?	(0001) v.	„	
Spodiosit	$m (Ca, Mg)_3P_2O_8 \cdot n (Ca, Mg)F_2$	rhom.	(010) d. (001) ud.	„	5
Margarit (Sprödglimmergr.)	$H_2CaAl_4Si_2O_{12}$	mon.	(001) v.	z. spröd	
Seybertit	$H_6(Mg, Ca)_{10}Al_{10}Si_4O_{36}$	„	„	spröd	
Brandisit	$H_2(Mg, Ca)_{12}(Al, Fe)_{12} Si_5O_{44}$	„	(001)	„	10
Xanthophyllit	$H_5(Ca, Mg)_{14}(Al, Fe)_{16} Si_5O_{52}$	„	(001) v.	„	
Chloritoid	$H_2(Fe, Mg)Al_2SiO_7$	„	(001) d.	„	15
Spurrit	$2 Ca_2SiO_4 \cdot CaCO_3$	mon.?	zwei Richtungen	spröd	
Stannin	$Cu_2S \cdot FeS \cdot SnS_2$ Sn 24 bis 31·6, Cu 23·6 bis 29·8	tet.IV.a.	(001) ud.	„	
Staurolith	$HFeAl_5Si_2O_{13}$	rhom.	(010) d. (110) ud.	„	20
Steenstrupin	(P, Nb, Ta, Th, F)—h. Silicat v. Ce, Y, Ca, Na usw.	trig.	—	.	
Steinsalz	$NaCl$	tess.	(100) a.	z. spröd	25
Stellerit	$CaAl_2Si_7O_{18} \cdot 7 H_2O$	rhom.	(010) v. (100) d. (001) ud.	.	
Stephanit	$5 Ag_2S \cdot Sb_2S_3$ Ag 68·5	rhom. IV.	(010), (021) uv.	spröd	30
Stercorit	$HNa[NH_4]PO_4 \cdot 4 H_2O$	mon.	.	„	
Sternbergit	$Ag_2S \cdot 2 FeS \cdot Fe_2S_3$	rhom.	(001) a.	biegsam	
Stibiotantalit	$[SbO]_3(Ta, Nb)_3O_6$	„	(100) v. (010) ud.	spröd	35
Stilpnochloran	$H_{24}(Al, Fe)_{10}(Ca, Mg)Si_9O_{46}$	.	eine	.	
Stokesit	$H_4CaSnSi_3O_{11}$	rhom.	(110) v. (010)	spröd	
Stolzit	$PbWO_4$	tet. II.	(001), (111) uv.	„	40
Strengit	$FePO_4 \cdot 2 H_2O$	rhom.	(100) uv.	„	
Stromeyerit	$(Ag, Cu)_2 S$ Ag 53, Cu 31	„	.	s. mild	45
Strontianit	$SrCO_3$	„	(110) g. (010) ud.	spröd	
Strüverit	$FeO \cdot (Ta, Nb)_2O_5 \cdot 4 TiO_2$	tet.	.	.	
Struvit	$[NH_4]Mg PO_4 \cdot 6 H_2O$	rhom. IV.	(001) v. (010) g.	spröd	
Stübelit	waash. Silicat v. Mn, Cu, Fe, Al	.	.	„	50
Stützit	Ag_4Te?	hex.?	.	.	
Stylotypit	$3(Cu_2, Ag_2)S \cdot Sb_2S_3$	mon.	.	spröd	
Sulfoborit	$Mg_6B_4O_{10}[SO_4]_2 \cdot 9H_2O$	rhom.	(110) g. (001)	„	
Sulfohalit	$2 Na_2SO_4 \cdot NaCl \cdot NaF$	tess. (IV.?)	.	.	55

Tabelle

	Härte	Spezifisches Gewicht	Glanz	Farbe	Durch-sichtigkeit	Strich
1	4	4·02—4·13	glas.	rosenrot—schwarz	dsi.—ud.	rötlich
	3·5—4	3·9—4·1	fett—diam.	gelb, br., grün, schw.	dsi.—hdsch.	weiß—braun
	8	3·5—3·7	glas.	rot, rosa, orange, viol.	dsch.—dsi.	weiß
	3	2·633	perl., matt	grau		.
5	5	2·94	glas.—matt	grau—braun	.	weiß
	3·5—4·5	2·99—3·08	perl., glas.	grau, rötl.-weiß, gelbl.	dsch.—hdsch.	weiß
	4—5	3—3·1	perl., hmet.	rötl.-braun, gelbl.	dsch.	gelbl., grauw.
10	4·5—6·5	3—3·1	perlm.	lauchgrün—schwärzl.-grün	hdsch.	.
	4·5—6	3·0—3·1	glas., perl.	lauch—flaschengrün, gelb	dsi.—dsch.	.
15	6·5	3·52—3·57	perlm.	d.-grau, d.-grün, schwärzl.	hdsch.	grau, grünl.-weiß
	5	3·014	glas.—fett	bräunl., gelbl., grau, farblos	dsi.—dsch.	weiß
	4	4·3—4·52	metall.	stahlgrau m. gelbem Stich	opak	schwärzlich
20						
	7—7·5	3·65—3·78	glas.—fett	gelb—rotbraun, braunschwarz	dsch.—ud.	grauweiß
	4	3·4—3·47	fett	d.-braun—schwarz	„	braun
25						
	2	2·1—2·6	glas.	farbl., weiß, gelb, blau, rot, grün	dsi.—dsch.	weiß
	3·5—4	2·124	perl., matt	l.-fleischrot	.	.
30	2—2·5	6·2—6·3	metall.	eisenschwarz	opak	schwarz
	2	1·615	glas.	weiß, gelbl., braun	dsi.—dsch.	.
	1—1·5	4·215	metall.	tombakbraun, blau anlaufend	opak	schwarz
35	5—5·5	5·98—7·37	fett—diam.	d.-braun, rötl., grünl.-gelb	hdsi.—dsch.	.
	2—3	1·81—1·83	fett	bronzegelb	.	gelb
	6	3·185	glas., perl.	farblos	dsi.	weiß
40	3	7·87—8·13	fett—diam.	gelbl.-grau, braun, rot, grün	dsch.	„
	3—4	2·84—2·87	glas.	pfirsichblührot, carmin, farblos	dsch.—dsi.	gelbl.—weiß
45	2·5—3	6·13—6·3	metall.	d.-stahlgrau	opak	d.-grau
	3·5—4	3·68—3·71	glas.—fett	weiß, grau, gelb, grün	dsi.—dsch.	weiß
	6	4·91—5·59	.	eisenschwarz	.	grauschwarz
	2	1·65—1·7	glas.	weiß, gelb—braun	dsch.—ud.	weiß
50	4·5	2·22—2·26	„	schwarz	.	d.-braun
	.	.	metall.	rötl.-bleigrau	opak	schwzl.-grau
	3	4·79	„	eisenschwarz	„	schwarz
	4	2·38—2·45	matt	farbl., rötlich	dsi.	weiß
55	3·5	2·489	glas.	blaßgrünl.-gelb	„	.

Tabelle

Name	Chemische Zusammensetzung	Krystallsystem	Spaltbarkeit	Tenazität	
Sulvanit	$3\,Cu_2S\cdot V_2S_5$	rhom.?	3 Richtungen	spröd	1
Svabit	$3\,Ca_3As_2O_8\cdot$	hex. II.	.	.	
	$Ca(F, OH, Cl)_2$				
Svanbergit	$Sr[Al.2\,OH]_2[SO_4]$	trig.	(0001) v.	spröd	
	$[PO_4]$				5
Swedenborgit	$Na_2O\cdot 2\,Al_2O_3\cdot Sb_2O_5$	hex.	(0001) d.	„	
Sylvanit	$(Au, Ag)Te_2$	mon.	(010) v.	„	
	$Au\,26\cdot5 - 40\cdot6,\ Ag\,11\cdot3$				
	$bis\ 2\cdot2$				
Sylvin	KCl	tess. III.	(100) v.	„	10
Symplesit	$Fe_3As_2O_8\cdot 8\,H_2O$	mon.	(010) v.	„	
Synadelphit	$2\,(Al, Mn)AsO_4\cdot$	rhom.	—	„	
	$5\,Mn[OH]_2$				
Synchysit	$CeF\cdot CaC_2O_6$	trig. IV.	.	„	15
Syngenit	$CaSO_4\cdot K_2SO_4\cdot H_2O$	mon.	(110), (100) v.	„	
Szajbélyit	$2\,Mg_2B_4O_{11}\cdot 3\,H_2O$	.	.	.	
Szmikit	$MnSO_4\cdot H_2O$	amorph	—	mild	
Tachyhydrit	$CaMg_2Cl_6\cdot 12\,H_2O$	trig.	$(10\bar{1}1)$ v.	spröd	20
Tagilit	$Cu_3P_2O_8\cdot Cu[OH]_2\cdot$	mon.	(010) d.	„	
	$2\,H_2O$				
Tainiolith	$(K, Li)_2O\cdot MgO\cdot 3\,SiO_2\cdot$	„	(001) v.	elastisch	
	$2\,H_2O$				
Talk	$H_2Mg_3Si_4O_{12}$	mon.?	„	biegsam	25
Tantalit	$(Fe, Mn)(Ta, Nb)_2O_6$	rhom.	(100) z.d.(010)ud.	spröd	
Tapalpit	$3\,Ag_2(S, Te)\cdot Bi_2(S, Te)_3$	.	.	schneidbar	
Tapiolith	$Fe(Ta, Nb)_2O_6$	tet.	.	.	
	II III				
Taramellit	$Ba_4FeFe_4Si_{10}O_{31}$	rhom.	eine v.	.	30
Tarbuttit	$Zn_3P_2O_8\cdot Zn[OH]_2$	trik.	(001) v.	.	
Teallit	$PbSnS_2$	rhom.?	„	biegsam	
Tellur	Te	trig.	$(10\bar{1}0)$v.(0001)uv.	spröd	
Tellurit	TeO_2	rhom.	(010) v.	biegsam	
Tellurwismut	Bi_2Te_3 Bi 52	trig.?	.	mild	35
Tenorit	CuO	trik.	(001), (111) g.	.	
Tephroit	Mn_2SiO_4	rhom.	zwei Richtg. d.	spröd	
Terlinguait	Hg_2ClO	mon.	$(\bar{1}01)$	„	
					40
Teschemacherit	$H[NH_4]CO_3$	rhom.	(110)	.	
Tetradymit	Bi_2Te_2S Bi 59·6	trig.	(0001) v.	biegsam	
Thalénit	$Y_2Si_2O_7$	mon.	—	spröd	
Thaumasit	$[Ca.OH]_3[CO_2][SO_3]$	hex.	.	„	45
	$[HSiO_4]\cdot 13\,H_2O$				
Thenardit	Na_2SO_4	rhom.	(001) d.	„	
Thermonatrit	$Na_2CO_3\cdot H_2O$	„	(010) ud.	schneidbar	
Thomsenolith	$NaCaAlF_6\cdot H_2O$	mon.	(001) v. (110) g.	spröd	
Thomsonit	$2\,(Na_2Ca)Al_2Si_2O_8\cdot$	rhom.	(010) v. (100) g.	„	50
	$5\,H_2O$		(001) ud.		
Thorianit	$(Th, U)O_2; ThO_2\,bis\,79\%$	tess.	(100) ud.	„	
Thorit	$ThSiO_4\,(+\,aq)$	tet.	—	„	
Thortveitit	$(Sc, Y)_2Si_2O_7$	rhom.	(110) z. g.	s. spröd	
Tiemannit	$HgSe$	tess. IV.	—	„	55
Tilasit	$[MgF]CaAsO_4$	mon.IV.	$(\bar{1}01)$ g., Absonderung n. $(\bar{3}3\bar{1})$, (110)		

Tabelle

Härte	Spezifisches Gewicht	Glanz	Farbe	Durch-sichtigkeit	Strich
1	3·5	metall.	bronzegelb	opak	schwärzl.
	4—5	3·52—3·69	glas.—fett	farblos	.	weiß
	5	3·3, 2·57	glas.—diam.	gelb—braun, rosenrot	hdsi.	rötl.-weiß
5						
	8	4·285	.	farblos—weingelb	dsi.	weiß
	1·5—2	7·9—8·3	metall.	stahlgrau—silberweiß, gelbl.	opak	grau—silberweiß
10	2·2	1·97—1·99	glas.	farbl., weiß, gelbl., bläul.	dsi.—dsch.	weiß
	2·5	2·957	perl., glas.	blaßindigo, grün	hdsi.—dsch.	bläul.-weiß
	4·5	3·45—3·50	glas.—fett	braunschw.—schwarz	ud.	braun
15	4·5	3·902	fett, glas.	wachsgelb, haarbraun, grau	dsch.	.
	2·5	2·603	glas.	farblos—weiß	dsi.—dsch.	weiß
	3—4	2·76	.	gelb (außen weiß)	dsch.	„
	1·5	3·15	.	weiß—rosa	ud.	„
20	.	1·666	glas.	wachs—honiggelb	dsi.—dsch.	.
	3—4	4·076	„	span—smaragdgrün	hdsch.	spangrün
	2·5—3	2·86	.	farblos, bläulich	dsi.	.
25	1—1·5	2·7—2·8	perlm.	weiß, grau, apfelgrün	hdsi.—dsch.	weiß, grünl.
	6—6·5	6·3—8·0	hmet.—fett	eisenschwarz	ud.	braun
	2—3	7·4—7·8	metall.	l.-stahlgrau—bleigrau	opak	.
	6	7·2—7·9	hmet.	schwarz	ud.	.
30	5·5	3·92	glas., seid.	rotbraun		
	3·5—4	4·12—4·15	glas., perl.	farbl., gelbl., br. usw.	dsi.	.
	1—2	6·36	metall.	schwärzl.-grau	opak	schwarz
	2—2·5	6·1—6·3	„	zinnweiß	„	zinnweiß
	2	5·90	glas.—diam.	weiß, gelbl.—honigg.	dsi.—dsch.	.
35	.	7·64, 7·87	metall.	blei—stahlgrau	opak	grau
	3—4	5·83, 6·25	met., matt	stahl—eisengrau, grauschwarz	hdsch.—ud.	
	5·5—6	4—4·12	glas.—fett	rot, braun, grau usw.	dsch.—ud.	grau
	2—3	8·72—8·73	diam.	schwefelgelb—olivgrün, braun	dsi.—dsch.	gelb, grünl.
40	1·5	1·45	.	gelblich, weiß		grau
	1·5—2	7·24—7·54	met., meist matt	l.-stahlgrau	opak	weiß
	6·5	4·23—4·45	fett	fleischrot	hdsi.	.
45	3·5	1·85—1·89	fett, matt	weiß	dsch.	weiß
	2—3	2·67—2·69	glas.	weiß—braun	dsi.—dsch.	„
	1—1·5	1·5—1·6	„	weiß, graul., gelbl.	.	.
	2	2·93—3·0	glas., perl.	farblos, weiß	dsi.—dsch.	weiß
50	5—5·5	2·3—2·4	„	weiß, rötl., grün, braun	„	„
	fast 7	8—9·7	stark	schwarz	ud.	.
	4·5—5	4—4·8	glas.	schwarz, rotbraun	„	d.-braun
	6—7	3·55—3·57	glas.	graugrün—weißl.-grau	dsch.	l.-graugrün
55	2—2·5	7·1—8·5	metall.	stahlgrau—d.-bleigrau	opak	schwärzl. weiß
	5	3·77, 3·28	fett, glas.	farblos, grau, grünl.	dsch.—ud.	

Tabelle

Name	Chemische Zusammensetzung	Krystallsystem	Spaltbarkeit	Tenazität	
Tirolit	$CO_2(Cu, Ca)_2$ [$As(O, S)_4$[$CuOH]_2]_2$	hex.	(001) a.	biegsam	1
Titanit	$CaTiSiO_5$	mon.	(110) z. d. (100), ($\bar{1}12$) uv.	spröd	
Tjujamunit	$CaO, 2 UO_3 . V_2O_5 . 8-10 H_2O$	rhom.	(001) v. (010) (100)	mild	5
Topas	$2 AlO(F, OH) . SiO_2$	rhom.	(001) a.	spröd	
Tobernit	$Cu[UO_2]_2P_2O_8 . xH_2O$	tet.	(001) v.	,,	
Trechmannit	$Ag_2S . As_2S_3$	trig. II.	($10\bar{1}1$) g.(0001) d.	,,	10
Trevorit	$NiFe_2O_4$	.	.	,,	
Tridymit	SiO_2	ps. hex.	($10\bar{1}0$) ud.	,,	
Trigonit	$Pb_3MnH[AsO_3]_3$	mon. IV.	(010) v. (101)	.	
Trimerit	$Be(Ca, Mn)SiO_4$	ps. hex.	(0001) d.	spröd	
Triphylin	$Li(Fe, Mn)PO_4$	rhom.	(001) v. (010) g. (110) uv.	,,	15
Triplit	$(Fe, Mn)[(Fe, Mn)F]PO_4$	mon.	n. zwei Richtung. unter 90°	,,	
Triploidit	$(Mn, Fe)[(Mn, Fe)OH]PO_4$	,,	(100) v.	,,	20
Trippkeit	$nCuO, As_2O_3$	tet.	(100) v. (110) g.	.	
Tritomit	F-B-Silicat v. Th, Ce, Y Ca usw.	trig.	.	.	
Trögerit	$[UO_2]_3As_2O_8 . 12 H_2O$	tet.?	(001) v. (100) g.	.	25
Trona	$Na_2CO_3 . HNaCO_3 . 2 H_2O$	mon.	(100) v.	.	
Trudellit	$Al_2[SO_4]_3 . 4 AlCl_3 . 4 Al[OH]_3 . 30 H_2O$	trig.	($10\bar{1}1$)? ud.	.	
Tscheffkinit	wesentl. $CaCe_2(Si, Ti)_2O_{10}$	amorph	—	.	30
Tschermigit	$[NH_4]_2SO_4 . Al_2[SO_4]_3 . 24 H_2O$	tess. II.	—	.	
Tsumebit	$5 (Pb, Cu)O . P_2O_5 . 8 H_2O$	mon.		s. spröd	
Tungstit	WO_3 oder $WO_3 . H_2O$	rhom. (künstl.)	eine v.	zerreiblich	35
Türkis	$2 Al_2O_3 . P_2O_5 . 5 H_2O$	trik.	—	spröd	

Turmalingruppe	Wesentlich Mischungen der Verbindungen: (a) $Al_4B_6O_{15} . 4 NaH_2Al_3Si_3O_{12}$; Na z. T.				
	Achroit	a; meist Li-haltig	trig. IV.	—	spröd	
	Edelturmalin	a + b; wobei a > b	,,	—	,,	40
	Dravit	a + b; Mg > Fe	,,	—	,,	
	Schörl	a + b; Fe > Mg	,,	—	,,	

Uhligit	$5 Ca(Zr, Ti)_2O_5 . Al_2TiO_5$	tess.	(100) z. g.	.	45
Ullmannit	$NiSbS$ Ni 27·6	tess. I.	(100) v.	spröd	
Ulrichit	UO_2 m. UO_3, PbO, ThO_2 usw.	tess.	.	,,	
Ultrabasit	$11 Ag_2S . 28 PbS . 3 GeS_2 . 2 Sb_2S_3$	rhom.	—	.	50

*) Nach Tschermaks Auffassung.

Tabelle

	Härte	Spezifisches Gewicht	Glanz	Farbe	Durchsichtigkeit	Strich
1	1—1·5	3·02—3·1	glas., perl.	apfel—spangrün, bläulich	dsch.—hdsch.	l.-grün
	5—5·5	3·4—3·6	diam.—fett	braun, gelb, grün, rosa, schwarz	dsi.—ud.	weiß
5	2	3·41, 3·67—4·35	glas.	zitrongelb, schmutziggelb	.	blaßgelb
	8	3·4—3·6	„	farbl., gelb, blau, grün, rötl. usw.	dsi.—hdsch.	weiß
	2—2·5	3·22—3·95	perl., hdiam.	smaragd—grasgrün	„	grün
10	1·5—2	.	diam.	scharlachrot	dsi.—dsch.	scharl.-rot
	5	4·67—5·165	metall.	schwarz	opak	schwarz
	7	2·27—2·33	glas., perl.	farbl.—weiß, grau usw.	dsi.—dsch.	weiß
	2—3	8·28	glas.—diam.	schwefelgelb—bräunl.	dsch.	.
	6—7	3·404—3·474	glas.	lachsf., gelbl.-rot, farblos	dsi.—dsch.	.
15	4·5—5	3·52—3·56	glas.—fett	grünl.-grau, bläul.	„	weiß-grau
	4—5·5	3·44—3·87	fett	braun—schwarz	hdsch.—ud.	gelbgrau, br.
20	4·5—5	3·697	glas.—hdiam.	gelbl.—rötl.-braun	dsi.—dsch.	weißlich
	5·5	4·15—4·25	glas.—diam. fett	blaugrün d.-braun	hdsch.	gelbgrau
25	.	3·23	perl.	zitrongelb	.	.
	2·5—3	2·11—2·14	glas.—fett	grau, gelbl.-weiß	dsch.	weiß
	2·5	1·93	glas.	bernsteingelb	„	.
30	5—5·5	4·2—4·55	glas.	samtschwarz	hdsch.—ud.	d.-braun
	1—2	1·5, 1·75	„	farbl.—weißlich	dsi.—dsch.	weiß
35	3 2·5	6·13 5·517	„ perl., matt	smaragdgrün goldgelb, gelbgrün	dsch. .	l.-grün .
	6	2·6—2·83	fett	himmelblau, blaugrün usw.	hdsch.—ud.	weiß, grünl.

ersetzt d. Li, K; (b) $Al_4B_6O_{15} \cdot 2H_3Al_3Si_3O_{12} \cdot 2Mg_6Si_3O_{12}$; Mg z. T. ersetzt d. Fe, Mn. *)

40	7—7·5	3·0	glas.	farbl. od. meist licht gefärbt in allen Farb.	dsi.—dsch.	weiß
	„	3·1	„	grün, braun, blau	dsi.—hdsch.	„
	„	3·1	„	braun-grünl., braunschwarz	dsi.—ud.	„
	„	3·1—3·24	„	schwarz	hdsch.—ud.	weißlich
45	5·5		glas.?	schwarz	hdsch.	braungrau
	5—5·5	6·2—6·73	metall.	stahlgrau—silberweiß	opak	grauschwarz
	6	7·5—11	h.-metall.	pechschwarz bis grünl.-schwarz	ud.	bräunl.-schwarz, schwarz
50	5	6·026	metall.	schwarz, grauschwarz	opak	schwarz

Name	Chemische Zusammensetzung	Krystallsystem	Spaltbarkeit	Tenazität	
Uranpecherz	meist U_2O_5 od. U_3O_8 U-Oxyde 80—85, Pb 6 bis 10	?	.	spröd	1
Uranocircit	$Ba[UO_2]_2 P_2O_8 . 8 H_2O$	rhom.	(001) v. (100), (010) d.	.	
Uranophan	$CaO . 2 UO_3 . 2 SiO_2 . 5 H_2O$	"	.	.	5
Uranosphaerit	$[BiO]_2 U_2O_7 . 3 H_2O$	.	.	.	
Uranospinit	$Ca[UO_2]_2 As_2O_8 . 8 H_2O$	rhom.	(001) v.	.	
Uranothallit	$2 CaCO_3 . U[CO_3]_2 . 10 H_2O$	"	(100) uv.	.	10
Ussingit	$HNa_2Al[SiO_3]_3$	trik., ps. mon.	(001) v. (110) (1$\bar{1}$0)	spröd	
Valentinit	Sb_2O_3 Sb 83·5	rhom.	(010) v. (110)	mild	
Vanadinit	$3 Pb_3V_2O_8 . PbCl_2$ Pb 73	hex. II.	.	spröd	15
Variscit	$AlPO_4 . 2 H_2O$	rhom.	.	etw. spröd	
Vauxit	$4 FeO . 2 Al_2O_3 . 3 P_2O_5 . 24 H_2O + 3 H_2O$	trik.	—	spröd	
Vermiculitgr. { Jefferisit / Vermiculit / Protovermiculit / Philadelphit / Maconit	wassh. Silicate v. Al, Fe, Mg von schwankender Zusammensetzung, z. T. nahe den Chloriten; meist Zerspr. v. Glimmern, bes. Biotit u. Phlogopit	. . . . .	basal v. " " . .	biegs.–spröd	20 25
Vesuvian	$[OH] Ca_6Al_2[SiO_4]_5$	tet.	(110), (100) ud.	spröd	
Veszelyit	$7 (Zn, Cu)O . (P, As)_2O_5 . 9 H_2O$	trik.	.	.	30
Vivianit	$Fe_3P_2O_8 . 8 H_2O$	mon.	(010) a.	biegsam	
Volborthit	$(Cu, Ca, Ba)_3[OH]_3 VO_4 . 6 H_2O$	.	eine v.	.	
Voltait	$\overset{II}{Fe_3}\overset{III}{Fe_2}[SO_4]_6 . 9 H_2O$	tess.	.	spröd	
Voltzin	$Zn_5 S_4O$	hex.	.	.	35
Vrbait	$TlAs_2SbS_5$	rhom.	(010) g	.	
Wagnerit	$[MgF] MgPO_4$	mon.	(100), (110) uv.	spröd	
Walpurgin	$Bi_{10}[UO_2]_3[OH]_{24} [AsO_4]_4$	trik.	(010) d.	"	40
Wapplerit	$HCaAsO_4 . 3½ H_2O$	"	(010)	mild	
Wardit	$Al_2[OH]_3PO_4 . ½ H_2O$	.	.	.	
Warthait	$4 (Pb, Cu, Ag) S . Bi_2S_3$	mon.?	.	spröd	
Warwickit	$(Mg, Fe)_3 TiB_2O_8$	rhom.?	(100) v.	"	45
Wavellit	$4 AlPO_4 . 2 Al[OH]_3 . 9 H_2O$	rhom.	(101), (010) z. d.	"	
Wehrlit (Pilsenit)	$Bi_3Te_2 (z. T. Bi_7Te_7Ag)$	.	eine v. 2 Richtungen	etwas elast.	50
Weibullit	$2 PbS . Bi_2S_3 . Bi_2Se_3$	.	.	.	
Wellsit	$(Ba, Ca, K_2) Al_2Si_3O_{10} . 3 H_2O$	mon.	—	spröd	

Tabelle

Härte	Spezifisches Gewicht	Glanz	Farbe	Durchsichtigkeit	Strich
1 5	4·5—9	hmet.—fett	pech-, grünl.-, graul.-schwarz	ud.	schwarz, grau
5	3·53	perlm.	gelbgrün	dsi.—dsch.	.
2—3	3·8—3·96	glas., perl.	gelb	.	.
2·5	6·36	fett	orangegelb, ziegelrot	.	gelb
2—3	3·45	.	zeisiggrün	.	.
10 2·5—3	.	glas.—perl.	,,	hdsi.—dsch.	grün
6·5	2 495	perlm., glas.	l.—d.-violettrot	dsch.	weiß
2·5—3	5·6	diam., perl.	w., grau, rosa, bräunl.	dsch.—hdsi.	weiß
15 3	6·46—7·23	glas.—fett	rot, rotbraun, gelbl.	dsch.—ud.	gelbl.-weiß
5	2·47—2·52	,,	smaragdgrün—farbl.	dsi.—dsch.	.
3·5	2·375—2·57	glas.	himmelblau	dsi.	weiß
20 1·5	2·3	perlm.	d.-gelbbraun, grünl.-gelb	dsch.	grünl.-gelb
1—2	2·756	fett—perlm.	grau—bräunlich	hdsch.—ud.	.
2	2·269	.	gelbl.-silberig—lichtbronzefarbig	.	gelbbraun
25 1·5	2·8	perlm.	braunrot	.	,,
weich	2·83	perlm.-hmet.	d.-braun	.	.
6·5	3·35—3·45	glas.—fett	braun, grün, gelb, blau	dsi.—ud.	weiß
3·5—4	3·531	.	grünlichblau	.	grünl.-blau
30 1·5—2	2·58—2·68	perl., glas.	farbl., blau, grün usw.	dsi.—dsch.	weiß, bläul.
3—3·5	3·55	,,	olivgrün, zitrongelb	dsch.—ud.	gelbgrün
3—4	2·79	fett	grün, braun, schwarz	hdsch.	graugrün
35 4—4·5	3·66—3·8	glas.—fett, perl.	rötl., gelbl., bräunl.	hdsch.—ud.	weißlich
3·5	5·3	hmet.—fett.	bläul.-grauschwarz	ud.—dsch.	b.-rot-orange
5—5·5	2·99—3·07	glas.	gelb, fleischrot, grau, grünl.	dsch.—ud.	weiß
40 3·5	5·76	diam.—fett	orange—wachsgelb	.	gelb
2—2·5	2·48	glas.	farblos—weiß	dsi.—dsch.	weiß
5	2·77	,,	lichtgrün, blaugrün	dsch.—ud.	,,
3	7·136, 7·29	metall.	stahlgrau	opak	.
45 3—4	3·36	perl., glas., matt	haarbraun, schwarz	ud.	blauschwarz
3·5—4	2·31—2·34	glas—fett	weiß, gelb, grün, braun usw.	dsch.	weiß
1—2	8·37—8·44	metall.	zinnweiß—l.-stahlgrau	opak	.
50 3	6·97	,,	stahlgrau	.	.
4—4·5	2·28—2·37	glas.	farblos—weiß	dsi.—dsch.	weiß

Name	Chemische Zusammensetzung	Krystall-system	Spaltbarkeit	Tenazität	
Weslienit	$5\,(Ca, Fe, Na_2)O\,.\,2\,Sb_2O_5$	tess.	.	spröd	1
Whewellit	$CaC_2O_4\,.\,H_2O$	mon.	(001),(010),(110), ($\bar{1}$01)	s. spröd	
Wilkeit	$\begin{cases}3\,Ca_3[PO_4]_2\,.\,CaCO_3\\3Ca_3([SiO_4],[SO_4])\,.\,CaO\end{cases}$	hex.	(0001) uv.	s. spröd	5
Willemit	Zn_2SiO_4 Zn 58·1	trig. II.	(0001), (11$\bar{2}$0)	spröd	
Willyamit	(Ni, Co) Sb S	tess. II.	(100) v.	„	
Wismut	Bi	trig.	(0001) v.(02$\bar{2}$1) g.	mild	10
Witherit	$BaCO_3$	rhom.	(010) d. (110), (012) uv.	spröd	
Wittichenit	$5\,Cu_3S\,.\,2\,Bi_2S_3$?	„	.	mild	
Wolfachit	Ni(As, Sb) S	„	.	spröd	
Wolframit	(Fe, Mn) WO_4 20—80% $FeWO_4$	mon.	(010) a.	„	15
Wulfenit	$PbMoO_4$ Pb 56·4, Mo 26·1	tet. I.	(111) g. (001) (113) ud.	„	
Wurtzit	ZnS Zn 67	hex. IV.	(11$\bar{2}$0), (0001)	„	
Xanthokon	$3\,Ag_2S\,.\,As_2S_3$	mon.	(001) d.	„	20
Xenotim	YPO_4	tet.	(110) v.	„	
Yttrialith	$(Y, Th)_2Si_2O_7$ (Gemenge?)	amorph	—	„	25
Yttrocerit	$(Ca_2, Ce_2, Y_2)F_6 + aq$	.	zwei Richtungen unter 71° 30′	.	
Yttrocrasit	$CaO\,.\,3\,Y_2O_3\,.\,ThO_2\,.\,16\,TiO_2\,.\,xH_2O$	rhom.	.	.	
Yttrofluorit	$(Ca_2, Y_2)F_6$	tess.	(111) uv.	s. spröd	30
Yttrotantalit	$Y_4[Ta_2O_7]_3$ m. Er, Ca, Fe	rhom.	(010) ud.	.	
Zaratit	$NiCO_3\,.\,2\,Ni[OH]_2\,.\,4\,H_2O$	.	.	spröd	35
Zeophyllit	$H_4F_2Ca_4Si_3O_{11}$	trig.	(0001) v.	etw. biegsam	
Zepharovichit	$AlPO_4\,.\,3\,H_2O$	.	.	.	
Zeunerit	$Cu[UO_2]_2As_2O_8\,.\,8\,H_2O$	tet.	(001) v. (100) d.	spröd	40
Zinckenit	$PbS\,.\,Sb_2S_3$	rhom.	—	z. mild	
Zink	Zn	trig.	(0001) v.	z. spröd	
Zinkit	ZnO Zn 80·2	hex. IV.	(0001) v.(10$\bar{1}$0) d.	spröd	
Zinn	Sn künstlich $\begin{cases}a\\b\end{cases}$	tet. rhom.	(010), (101) uv.	et. hämmerb. spröd—mild	45
Zinnober	HgS Hg 86·2	trig. III.	(10$\bar{1}$0) v.	mild	
Zirkelit	(Ca, Fe) (Zr, Ti, Th)$_2$ O$_5$	tess.	—	spröd	
Zirkon	$ZrSiO_4$	tet.	(110) uv. (111)ud.	„	50
Zunyit	$4\,Al_2(OH,F,Cl)_3\,.\,3\,SiO_2$	tess. IV.	(111)	„	

Tabelle

Härte	Spezifisches Gewicht	Glanz	Farbe	Durchsichtigkeit	Strich
1 6	4·967	glas.—diam.	gelb—braun	dsch.—ud.	.
2·5	.	glas.—fett	farblos—weiß	dsi.—dsch.	weiß
5 5	3·234	fett	blaßrosa	hdsi.—hdsch.	.
5·5	3·89—4·18	glas.—fett	weiß, grün, rot, braun usw.	dsi.—ud.	weiß
5·5	6·87	metall.	zinnweiß—stahlgrau	opak	grauschwarz
10 2—2·5	9·7—9·83	„	rötl.-silberweiß	„	l.-grau
3—3·5	4·28—4·35	glas.—fett	weiß, gelbl., grau	hdsi.—dsch.	weiß
3·5	4·3, 5·0	metall.	stahlgrau, zinnweiß	opak	schwarz
4·5	6·372	„	silberweiß—zinnweiß	„	„
15 5—5·5	6·4—7·5	hmet.	d.-braunschwarz	ud.	bräunlich-schwarz
3	0·7—7·0	diam.—fett	gelb, orange, grünl., grau usw.	hdsi.—ud.	weiß
3·5—4	3·98—4·09	glas.—fett	braunschwarz, braun	dsch.—ud.	braun
20 2—3	4·11—5·63	diam., perl.	orangerot, braun, schwarz	dsi.—dsch.	orangegelb
4—5	4·45—4·56	glas.—fett	gelbbraun, rotbraun, grau usw.	dsch.—ud.	gelblich
5—5·5	4·575	„	olivgrün, orangegelb	„	.
25 4—5	3·32—3·63	glas., perl.	grauviolett—weiß, rötl.-braun	.	weißlich
5·5—6	4·804	glas.—fett	schwarz	ud.	.
30 4·5	3·54—3·56	glas.—fett.	gelbl., bräunl., l.-gelbgrün	dsi.—dsch.	weiß
5—5·5	5·5—5·9	hmet., glas., fett	schwarz, braun, gelb	hdsch.—ud.	grauweiß
3	2·57—2·69	glas.	smaragdgrün	dsi.—dsch.	grün
35 3	2·764	perl., glas.	farblos, weiß	„	weiß
5·5	2·37	fett	grünl., gelbl., grauweiß	dsch.	weißlich
2—2·5	3·28	perl., glas.	gras-, apfel-, smaragdgrün	.	graugrün
40 3—3·5	5·3—5·35	metall.	stahlgrau	opak	grau
2	6·9—7·2	„	grauweiß	„	„
4—4·5	5·43—5·7	hdiam.	blut—hyazinthrot	dsch.—hdsch.	orangegelb
2	7·178	metall.	zinnweiß	opak	.
45 über 2	6·54	„	d.-grau—bläul.-grau	„	grau
2—2·5	8·0—8·2	diam.	cochenillerot, bräunl., grau	dsi.—ud.	scharlachrot
5·5	4·3—5·22	fett	schwarz	hdsch.—ud.	.
6·5—7·5	4·02—4·86	diam.—fett	farbl., weiß, gelb, grün, rot, braun usw.	dsi.—ud.	weiß
50 7	2·875	glas.	farblos, grau	dsi.—dsch.	„

Organische

Name	Zusammensetzung, Krystallsystem	Schmelz-punkt in Graden	Löslichkeit	Tenazität	
a) Salze mit organischen Säuren (Whewellit, Humboldtin, Mellit). Sind in					
b) Kohlenwasserstoffe.					
Fichtelit	$C_{15}H_{24} - C_{15}H_{26}$; mon.	46	ll. Ae.; wl. Al.	spröd	1
Hartit	$C_{12}H_{20}$; trik. od. mon.	74—75	ll. Ae.; wl. Al.	mild	
Hatchettin	C_nH_{2n+2}: $(C_{38}H_{78})$ rhom.?	46; 79	s. ll. Ae., Al.	biegsam bis spröd	5
Könleinit	C_5H_4; amorph	107—114	l. Ae., wl. Al.	spröd	
Ozokerit	C_nH_{2n}; rhom.?	56—63; 70—83	ll. T., B. sch.-l. Al., Ae.	biegsam	
Scheererit	CH_4; mon.	44	ll. Al., Ae.	.	10
Petroleum	C_nH_{2n+2}; $(C_5H_{12} - C_{16}H_{34})$	—	—	dünn—zähflüssig	
Asphalt	C_nH_{2n+2};	90—100	l. z. T. in T., Al., Ae., Steinöl	zähflüssig bis fest, mild	
Elaterit	C_nH_{2n}	.	l. z. T. in Ae.	elastisch bis spröd	15
c) Harze					
Bernstein	$C_{40}H_{64}O_4$	250—300	l. z. T. in Al., Ae., CS_2 usw.	wenig spröd	
Bituminit (Torbanit)	nahe $C_{40}H_{64}O_4$ mit 25% Asche	.	l. z. T. in T.	zäh, schneidbar	20
Dopplerit	$C_{24}H_{22}CaO_{12}$; amorph	.	ul. Ae., Al.	elastisch	
Idrialin	$C_{80}H_{56}O_2$; mon.	205	l. T., wl. Ae., Al.	mild	
Krantzit	$C_{10}H_{16}O$	224		elastisch schneidbar	25
Piauzit		315	l. Ae., z. T. Al.		
Tasmanit	$C_{40}H_{62}O_2S$	.	ul. Al., Ae., T., CS_2 usw.	.	
Walchowit (Retinit)	$C_{12}H_{10}O$	250	wl. Al.	spröd	30
d) Kohlen					
Anthracit	C über 90, O 3—0, H 3—0·5%	schmilzt nicht	färbt Kalilauge nicht	spröd	
Schwarzkohle	C 74—94, O 20—3, H 5—0·5%	schmilzt nicht z. T.	färbt Kalilauge nicht	„	35
Braunkohle	C 55—75, O 26—19, H 6—3%	schmilzt nicht	färbt Kalilauge braun	zerreiblich bis zäh	
Torf	C 53—58, O 35—28, H 6—5%	„	.	zerreiblich	

Verbindungen

die alphabetische Tabelle aufgenommen.

Härte	Spezifisches Gewicht	Glanz	Farbe	Durchsichtigkeit	Geruch
1	1	$<1, >0\cdot8$	perl.—fett	weiß	dsch.	geruchlos
	1·5	1·04—1·05	fett	weiß, grau, gelb, braun	„	„
	1	0·92, 0·98	perl., schimmernd	gelbl.-weiß, schwarz werdend	hdsi.—dsch.	„
5	weich	0·88	diam.—fett	weiß, gelb—rotbraun	dsi.—dsch.	„
	s. weich	0·85—0·95	fett	weiß, gelb, braun, grünbraun	dsch.	aromatisch
	weich	1—1·2	perl.—fett	weißl., grau, gelb, grünl.	dsch.—dsi.	geruchlos
10						
	—	0·6—0·9	—	farbl., gelb, braun, schwärzl. fluoreszier.	dsi.—hdsch.	aromatisch
	bis 2	1—1·2	fett, matt	braunschw.—schwarz	ud.	bituminös
15		0·9—1·2	fett	gelbl.-rötl.— bis schwärzl.-braun	hdsch.—ud.	„
	2—2·5	1·05—1·09	fett	weißl., gelbl., rötl., braun, z. T. blau fluoreszierend	dsi.—dsch.	beim Erwärmen angenehm
20	2	1·17—1·28	schimmernd, matt	schwärzl.-braun, leberbraun	ud.	.
	0·5; 2·5	1·09; 1·47	fett—glas.	braunschwarz	hdsch.—ud.	geruchlos
	1—1·5	1·4; 1·85	matt—fett	pistaziengrün (wenn rein)	.	„
25	weich	0·968	glas.—matt	gelb, braun, rötl.	dsi.—ud.	„
	1·5—2	1·18—1·22	fett	schwärzl.-braun	ud.	„
	2	1·18	„	rötl.-braun	dsch.	„
30	1·5—2	1·1	fett—matt	gelb—braun	dsch.—ud.	„
	2—2·5	1·4—1·7	hmet.—glas.	eisenschwarz—grauschwarz	ud.	.
	2—2·5	1·2—1·5	glas.—fett	schwärzl.-braun, schwarz	„	.
35	weich	1·2—1·4	matt—fett	holzbraun—pechschwarz	„	.
	„	.	matt	gelb, braun, schwarz	„	.

Praktische Atomgewichte 1928

Ag	Silber	107·88		Mn	Mangan	54·93
Al	Aluminium	26·97		Mo	Molybdän	96·0
Ar	Argon	39·94		N	Stickstoff	14·008
As	Arsen	74·96		Na	Natrium	22·997
Au	Gold	197·2		Nb	Niobium	93·5
B	Bor	10·82		Nd	Neodym	144·27
Ba	Barium	137·37		Ne	Neon	20·2
Be	Beryllium	9·02		Ni	Nickel	58·68
Bi	Wismut	209·0		O	Sauerstoff	16·000
Br	Brom	79·916		Os	Osmium	190·9
C	Kohlenstoff	12·00		P	Phosphor	31·04
Ca	Calcium	40·07		Pb	Blei	207·20
Cd	Cadmium	112·40		Pd	Palladium	106·7
Ce	Cerium	140·2		Pr	Praseodym	140·92
Cl	Chlor	35·457		Pt	Platin	195·2
Co	Kobalt	58·97		Ra	Radium	225·97
Cp	Cassiopeium	175·0		Rb	Rubidium	85·45
Cr	Chrom	52·01		Rh	Rhodium	102·9
Cs	Cäsium	132·81		Ru	Ruthenium	101·7
Cu	Kupfer	63·57		S	Schwefel	32·07
Dy	Dysprosium	162·5		Sb	Antimon	121·76
Em	Emanation	222		Sc	Scandium	45·10
Er	Erbium	167·7		Se	Selen	79·2
Eu	Europium	152·0		Si	Silicium	28·06
F	Fluor	19·00		Sm	Samarium	150·4
Fe	Eisen	55·84		Sn	Zinn	118·70
Ga	Gallium	69·72		Sr	Strontium	87·63
Gd	Gadolinium	157·3		Ta	Tantal	181·5
Ge	Germanium	72·60		Tb	Terbium	159·2
H	Wasserstoff	1·008		Te	Tellur	127·5
He	Helium	4·00		Th	Thorium	232·12
Hf	Hafnium	178·6		Ti	Titan	47·90
Hg	Quecksilber	200·61		Tl	Thallium	204·39
Ho	Holmium	163·5		Tu	Thulium	169·4
In	Indium	114·8		U	Uran	238·13
Ir	Iridium	193·1		V	Vanadium	51·0
J	Jod	126·92		W	Wolfram	184·0
K	Kalium	39·104		X	Xenon	130·2
Kr	Krypton	82·9		Y	Yttrium	88·93
La	Lanthan	138·90		Yb	Ytterbium	173·5
Li	Lithium	6·94		Zn	Zink	65·38
Mg	Magnesium	24·32		Zr	Zirkonium	91·25

Molekulargewichte
der petrographisch wichtigen Oxyde und ihre Logarithmen

SiO_2	60·06	1·77859	BaO	153·37	2·18574
TiO_2	79·90	1·90255	Na_2O	61·994	1·79235
Al_2O_3	101·94	2·00834	K_2O	94·208	1·97409
Cr_2O_3	152·02	2·18190	H_2O	18·016	1·25566
Fe_2O_3	159·68	2·20325	P_2O_5	142·08	2·15253
FeO	71·84	1·85637	CO_2	44·00	1·64345
MnO	70·93	1·85083	SO_3	80·07	1·90347
MgO	40·32	1·60552	S	32·07	1·50610
CaO	56·07	1·74873			

Bestimmungstabellen für Edelsteine

Von H. Michel

A. Allgemeine Bemerkungen zum Gebrauche der Bestimmungstabellen

Die Bestimmung von Edelsteinen ist eine an den praktischen Mineralogen und Sammler häufig herantretende Aufgabe. Es sind deshalb in den einzelnen Kolonnen der folgenden Tabellen physikalische Konstanten der Edelsteine zusammengefaßt, welche mit verhältnismäßig einfachen Apparaten und rasch festgestellt werden können. Das spezifische Gewicht ist mittels einfacher Wagen, die Lichtbrechung mittels eines kleinen Taschenrefraktometers, der Pleochroismus mittels eines Dichroskopes zu erfassen und die Feststellung der Doppelbrechung kann außer auf dem Umwege über die Feststellung des Pleochroismus bei Farbsteinen mittels der auf jedem Mikroskope anzubringenden Polarisationsprismen erfolgen. Hiebei ist zu beachten, daß es auch bei doppelbrechenden sowie pleochroitischen Steinen Richtungen gibt, in welchen weder Doppelbrechung noch Pleochroismus festzustellen ist, so daß man einen Stein stets in zwei nicht um 180° verwendeten Stellungen untersuchen muß, bevor man die Feststellung machen darf, daß ein nicht doppelbrechender oder nicht pleochroitischer Stein vorliegt.

Die Konstanten schwanken für ein und denselben Stein innerhalb gewisser Grenzen, weil die chemische Zusammensetzung variabel sein kann und hiedurch z. B. Lichtbrechung und spezifisches Gewicht verändert werden. Das spezifische Gewicht kann außerdem noch stark durch Einschlüsse usw. beeinflußt werden. Es sind deshalb Grenzwerte angegeben, innerhalb derer die Werte in der Regel liegen. Die Kolonne ,,Stärkster Unterschied der Brechungsquotienten" gibt an, innerhalb welches Bereiches die anderen Werte für die Brechungsquotienten zu finden sind, wenn ein Wert ermittelt wurde (mehrfache Grenzen im Refraktometer). Die Werte für die Lichtbrechung schwanken auch für die verschiedenen Farben des Lichtes, mit welchem die Messung ausgeführt wird. Das Farbenzerstreuungsvermögen, das sich in der Dispersion des Lichtes im Edelstein äußert, ist für die einzelnen Edelsteine verschieden und kann wesentliche Unterschiede in den Werten für die Lichtbrechung hervorrufen. Z. B. ist der Brechungsquotient für grünes Licht im Diamanten n = 2·43, während er für rotes Licht n = 2·41, für blaues Licht n = 2·45 beträgt. Man verwendet daher zweckmäßig einen Natriumbrenner bei der Messung der Lichtbrechung und erhält dann Werte für gelbes Licht. Bei undurchsichtigen Steinen kratzt man etwas Substanz ab und prüft deren Lichtbrechung durch Einbetten in Flüssigkeiten mit bekannter Lichtbrechung.

Es konnten nicht alle Steine aufgenommen werden, die möglicherweise einmal im Handel zu treffen sind. Es gibt zudem so viele Farbenübergänge, daß z. B. ein Edelstein mit wenig entschiedener Farbe (etwa graubraun, braungrün u. dgl.) mit demselben Rechte in mehreren Abteilungen der Tabellen eingestellt werden könnte. Man wolle daher auch die in der Farbe zunächst kommende Nachbartabelle zu Rate ziehen, wenn die Farbe eines Edelsteines nicht genau mit der allgemeinen Farbe übereinstimmt, auf welcher die betreffende Abteilung der Tabellen basiert ist.

Das Krystallsystem ist durch Buchstaben ausgedrückt, wobei das hexagonale und trigonale System zusammengezogen wurden. Es bedeutet r das reguläre System, h das hexagonale und trigonale System, t das tetragonale System, rh das rhombische System, m das monokline System und tr das trikline System; der Buchstabe a besagt, daß es sich um einen nicht krystallisierten, amorphen Körper handelt.

Die Buchstaben e und d geben an, ob der Edelstein einfachbrechend oder doppelbrechend ist, wobei e stets mit den Buchstaben r oder a gekoppelt erscheint.

Die pleochroitischen Erscheinungen sind nach dem Grade ihrer Intensität sowie nach den Farbtönen wiedergegeben. Optisch isotrope Substanzen (regulär krystallisierende Steine und amorphe Minerale) zeigen keinen Pleochroismus, wie ihnen auch die Doppelbrechung fehlt, wenn man von Spannungsdoppelbrechung (z. B. beim künstlichen Spinell) und optischen Anomalien (z. B. beim Granat oder Diamant) absieht. In den optisch einachsigen Krystallen (hexagonal, trigonal und tetragonal) sind die stärksten Unterschiede bei der Beobachtung senkrecht zur optischen Achse (krystallographischen Hauptachse) für die Schwingungsrichtungen parallel und senkrecht zur optischen Achse festzustellen. Man bezeichnet sie daher auch als dichroitische Krystalle. Bei Beobachtung in der Richtung der optischen Achse ist keine Doppelbrechung und kein Pleochroismus wahrzunehmen. Bei optisch zweiachsigen Krystallen (rhombisch, monoklin, triklin) sind drei Richtungen festzustellen, in denen die stärksten Abweichungen in den Farbtönen bei der Beobachtung im Dichroskop oder im Polarisationsmikroskop (bei ausgeschaltetem Analysator!) zu beobachten sind, weshalb auch die Bezeichnung trichroitisch für diese Gruppe verwendet wird. In Zwischenrichtungen zeigen einachsige und zweiachsige Krystalle Mischfarben zwischen den extremsten Farbtönen, so daß man richtiger von einer Vielfarbigkeit (Pleochroismus) statt von Dichroismus oder Trichroismus spricht. Die zwei bzw. drei maximal verschiedenen Farben sind in den Tabellen durch das Bindewort „und" verbunden. Bei der großen Mannigfaltigkeit der Farbenvarietäten der Edelsteine kann keine Vollständigkeit erreicht werden.

Die Härte wird am leichtesten durch Ritzversuche mit Härtestiften oder durch Versuche an Platten der Minerale festgestellt, welche die Härtestufen repräsentieren. Doch muß hier zur größten Vorsicht geraten werden, weil Beschädigungen der Steine häufig vorkommen können und die Härtebestimmung überhaupt eine der unsichersten

Prüfungen ist. Wenn der Verdacht auf Gläser vorliegt, ist allerdings die Prüfung mit einem guten Stahlstift ein einfaches Mittel, um den Verdacht zu klären. Es gibt nur wenige Spezialgläser, die dem Stahlstift größeren Widerstand entgegensetzen.

Die Reihenfolge der Steine in den Tabellen ist durch das spezifische Gewicht geordnet.

Synthetische Steine, Gläser, Doubletten sind in die Tabellen nicht eingereiht worden, dagegen sind die Hauptmerkmale der Gläser und Doubletten in separaten Tabellen vereinigt worden; die pleochroitischen Erscheinungen bei künstlichen Edelsteinen sind gleichfalls in einer besonderen Tabelle vereinigt, die in allen Fällen in Anspruch zu nehmen ist, in denen der Verdacht gegeben ist, daß synthetische Steine vorliegen.

Von synthetischen Spinellen sind in der letzten Zeit besonders himmelblaue bis meergrüne Spinelle mit lebhaftem Glanz sowie blaugrüne bis blaue Spinelle mit Farbenwechsel bei künstlichem Lichte zu rotbraun bis violettroten Tönen (ähnlich dem Alexandrit) im Handel öfters zu treffen.

B. Besondere Bemerkungen zu den Tabellen

Außer den in den Tabellen festgelegten physikalischen Konstanten kommen noch andere Beobachtungen in Frage, von denen das sehr wichtige Studium der Einschlüsse und der Farbverteilung hier nicht eingehend behandelt werden kann.

Im allgemeinen sind für natürliche Steine krystallisierte, mehr oder weniger orientierte Einschlüsse, negative Krystalle oder Flüssigkeitseinschlüsse kennzeichnend, für synthetische Steine Gasblasen. Regelmäßige Zonenstruktur findet sich bei natürlichen Steinen, gekrümmte Anwachsstreifen bei synthetischen Steinen (Korunden wie Spinellen). Synthetische Steine sind außerdem noch häufig durch Serien von Sprüngen gekennzeichnet, die infolge innerer Spannungen im Steine auftreten. Gläser enthalten Gasblasen und zeigen meist schlierigen Aufbau. Doubletten aus doppelbrechendem Material zeigen im Ober- und Unterteile meist verschiedene Orientierung, solche aus echtem Material und Glas neben den Einschlüssen auf der Trennungsfläche die für echte Steine und Glas bezeichnenden Einschlüsse übereinander.

Von den mannigfachen anderen Merkmalen, die nicht in den Tabellen zu finden sind, seien noch folgende erwähnt:

Elektrizität wird durch Reiben erzeugt bei: Turmalin, Topas, Cordierit, Cyanit, Bernstein (der hiebei aromatischen Geruch zeigt).

Elektrizität wird durch Erwärmen erzeugt bei: Turmalin, Cordierit.

Spaltbarkeit ist in hohem Grade ausgebildet bei: Euklas, Spodumen (Hiddenit, Kunzit), Topas, Sphalerit.

Auffallend starken Glanz unter den Steinen ihrer Farbe zeigen neben Diamant und Sphalerit besonders der Demantoid, Phenakit, Hiddenit, Kunzit und manche Zirkone.

Unterschiede in der Härte je nach der Richtung zeigt der Cyanit (Disthen).

Irisieren sowie irisierende Flächen und Einlagerungen zeigen besonders häufig Opal, auch viele Quarze, darunter auch solche, welche einen Glühprozeß und darauffolgende Färbung mitgemacht haben. Solche nach dem Erwärmen rasch abgeschreckte Steine erleiden Sprünge, auf denen das Färbemittel neben Luft eindringt und dadurch eine Färbung des Materials neben Auftreten irisierender Flächen bedingt (Craquelées).

Starke Abweichungen in Lichtbrechung und spezifischem Gewichte zeigen die Glieder der Zirkongruppe, in der sich im allgemeinen eine Unterteilung in zwei Gruppen vornehmen läßt. Die leichten und schwächer lichtbrechenden Zirkone (s = 4·0—4·2, Lichtbrechung zwischen 1·80—1·89) sind häufig grünlich gefärbt, die schweren Zirkone (s bis 4·8, Lichtbrechung bei 1·93—1·98) umfassen hauptsächlich die farblosen, roten und blauen Zirkone. Die Doppelbrechung der leichten Zirkone ist geringer (0·017) als die der schweren (0·06).

Die große Gruppe der Luminescenzerscheinungen konnte wegen Platzmangel nicht berücksichtigt werden. Es sei nur bemerkt, daß die Luminescenzerscheinungen in ultravioletten Strahlen, Kathodenstrahlen und Röntgenstrahlen Hinweise sowohl auf Art, wie Fundort sowie natürliche oder künstliche Entstehung geben.

Ein bequemes Hilfsmittel zur Untersuchung und Differenzierung von Edelsteinen nach ihrem Verhalten in gefiltertem Lichte stellt die Filterlampe dar, die der Verf. mit G. Riedl für den praktischen Gebrauch des Juweliers eingeführt hat.

Der Gang der Untersuchung eines Steines richtet sich in erster Linie darnach, ob der Stein lose oder in der Fassung zur Untersuchung kommt und weiter darnach, welche Instrumente dem Juwelier zur Verfügung stehen. Tabellen, welche den allgemeinen Gang der Untersuchung zeigen, sind im folgenden angeschlossen. Je nach dem Grade der Erfahrung wird sich jeder Juwelier damit begnügen, mehr oder weniger Merkmale einwandfrei festzustellen, bevor er zu einem Schlusse gelangt. Im Anfange wird es sich empfehlen, lieber eine Beobachtung zuviel, als eine zu wenig zu machen. Im allgemeinen muß gefordert werden, daß eine Bestimmung allein nicht genügen soll, sondern daß es notwendig ist, eine Kontrollbestimmung zu machen.

C. Allgemeiner Gang bei der Untersuchung von Edelsteinen

Im allgemeinen wird sich nach den nachstehenden Tabellen folgende Untersuchung empfehlen:
1. Feststellung der Doppelbrechung und des Pleochroismus, darnach Einteilung in Tabelle I oder II.
2. Prüfung der Hauptmerkmale (in den Tabellen gesperrt gedruckt!): Einschlüsse, Farbverteilung, Prüfung mit dem Stahlstift, Unter-

suchung der Rondiste (Doubletten), darnach Einteilung in die Gruppen *a*, *b*, *c*, *d*.

3. Weitere Bestimmung durch Ermittelung: des spezifischen Gewichtes, der Lichtbrechung (Brechungsquotienten), der Absorptionsverhältnisse (Filterlampe), der Luminescenzerscheinungen, woran sich die nähere Untersuchung der Einschlüsse und die Härtekontrolle schließt.

Von diesem Gange muß man etwas abweichen, wenn man Steine in der Fassung vor sich hat, die nicht entfernt werden dürfen. Man kann nicht das spezifische Gewicht bestimmen, kann oft nicht die Rondiste untersuchen und ist auch meist bei der optischen Untersuchung durch die Fassung behindert. Durch geschicktes Fassen können eine ganze Reihe von Fehlern verdeckt werden und die Möglichkeit der Irreführung ist bei gefaßten Steinen viel größer als bei ungefaßten. In der Regel ergibt sich bei gefaßten Steinen die folgende Reihenfolge der vorzunehmenden Prüfungen:

1. Doppelbrechung und Pleochroismus, 2. Untersuchung der Einschlüsse, 3. Prüfung mit dem Stahlstift, 4. Lichtbrechung (Brechungsquotienten), 5. Untersuchung in Flüssigkeiten auf Fehler usw., 6. Prüfung auf der Filterlampe, 7. Feststellung der Luminescenzerscheinungen.

I. Einfachbrechende nicht pleochroitische Produkte

Zu prüfende Merkmale
(Hauptmerkmale gesperrt gedruckt):

a) Glas	**Geringere Härte**, wärmeres Anfühlen, längeres Behalten des Beschlages beim Anhauchen, **schlierige Verteilung des Farbstoffes, Gasblasen als Einschlüsse (keine Flüssigkeitseinschlüsse)**, Verhalten gegen gefiltertes Licht, Angreifbarkeit durch Ätztinte, spezifisches Gewicht und Lichtbrechung können mit echten Edelsteinen übereinstimmen.
b) Doubletten	Trennungslinie an der Rondiste, **Verschiedenheit der Färbung in den einzelnen Teilen (in Flüssigkeit einlegen), Einschlüsse in den verschiedenen Teilen und an der Trennungsfläche (Gasblasen)**, Luminescenzerscheinungen, Härte des Oberteils und Unterteils häufig verschieden (Granatdoublette), spezifisches Gewicht und Lichtbrechung können mit echten Edelsteinen übereinstimmen.

c) Natürliche Edelsteine	Farbe, spezifisches Gewicht, Lichtbrechung, Einschlüsse, gleichzeitig Fehler und Fahnen, Sprünge u. dgl. (in Flüssigkeit einlegen), Farbverteilung (Zonarstruktur), Verhalten gegen gefiltertes Licht, Luminescenzerscheinungen.
d) Künstliche (synthetische) Edelsteine (Spinell)	Einschlüsse (Gasblasen), Anwachsstreifen, Luminescenzerscheinungen, Serien von Sprüngen an den Facetten, Spannungserscheinungen (fleckige, doppelbrechende Partien).

e) In allen Fällen Prüfung auf Unterlegen, künstliche Farbvertiefung durch Lackieren u. dgl.

II. Doppelbrechende pleochroitische Produkte

Zu prüfende Merkmale
(Hauptmerkmale gesperrt gedruckt):

a) Doubletten	Trennungslinie an der Rondiste, Verschiedenheit der Färbung in den einzelnen Teilen (in Flüssigkeit einlegen), Einschlüsse in den verschiedenen Teilen und auf der Trennungsfläche (Gasblasen), Härte des Oberteils und Unterteils häufig verschieden, Lichtbrechung und spezifisches Gewicht können mit echten Edelsteinen übereinstimmen, Doppelbrechung kann entscheidend sein, wenn keine Auslöschungsstellung zu erreichen ist, Pleochroismus bisweilen trotz vorhandener Doppelbrechung lebhaft gefärbter Steine nicht festzustellen (Doubletten aus farblosem Oberteil und Unterteil mit färbender, optisch isotroper Zwischenschicht).
b) Natürliche Edelsteine	Farbe, spezifisches Gewicht, Lichtbrechung, Pleochroismus, Verhalten gegen gefiltertes Licht,

Einschlüsse und Farbverteilung (Zonarstruktur), gleichzeitig Fehler, Fahnen, Sprünge (Einlegen in Flüssigkeit),
Luminescenz,
Härte als Kontrollbestimmung,
Feststellung des Fundortes durch Einschlüsse und Luminescenzerscheinungen.

---

c) Künstliche Edelsteine (Korunde) Einschlüsse (Gasblasen),
Anwachsstreifen,
Risse und Serien von Sprüngen,
Luminescenzerscheinungen.

---

d) In allen Fällen Prüfung auf Unterlegen, künstliche Farbvertiefung durch Lackieren u. dgl.

D. Bestimmungstabellen

Name	Spezifisches Gewicht	Krystallsystem u. Lichtbrechung	Brechungsquotienten	Stärkster Unterschied der Brechungsquotient.	Pleochroismus	Härte
1. Farblose Steine							
Zirkon	4·7 —4·2	t d	1·98 —1·92	0·06		7¹/₂
Saphir	4·0 —3·9	h d	1·77 —1·76	0·008		9
Spinell	3·65—3·5	r e	1·72	—		8
Grossular	3·66—3·55	r e	1·74	—		6—7¹/₂
Topas	3·6 —3·4	rh d	1·63 —1·62	0·01		8
Diamant	3·52	r e	2·43	—		10
Fluorit	3·2 —3·1	r e	1·453			4
Apatit	3·2	h d	1·64 —1·63	0·005		5
Spodumen	3·20—3·13	m d	1·676—1·660	0·016		6¹/₂
Euklas	3·1	m d	1·671—1·652	0·019		7¹/₂
Turmalin	3·1	h d	1·64 —1·62	0·015		7—7¹/₄
Phenakit	3·0 —2·97	h d	1·670—1·654	0·016		7¹/₂
Beryll	2·8 —2·6	h d	1·577—1·572	0·005		8—7¹/₂
Quarz (Bergkrystall)	2·7	h d	1·55 —1·54	0·009		7
Mondstein (Adular)	2·6	m d	1·53 —1·52	0·006		6¹/₂—6
Hyalit	2·2	a e	1·45 —1·44	—		6—5

2. Rote und rosarote Steine

Name	Spezifisches Gewicht	Krystallsystem u. Lichtbrechung		Brechungsquotienten	Stärkster Unterschied der Brechungsquotient.	Pleochroismus	Härte
Zirkon	4·7 —4·2 (auch bis 4·0)	t	d	1·98 —1·92	0·060	sehr schwach, heller und dunkler	7½
Almandin	4·3 —3·9 (auch bis 3·6)	r	e	1·76	—	fehlt	7½—7
Rubin	4·0 —3·9	h	d	1·77 —1·76	0·008	stark, gelbrot und tiefrot bis bläulichrot	9
Pyrop Kapgranat Kaprubin Böhm. Gran.	3·86—3·7	r	e	1·80 —1·77	—	fehlt	7½—7
Hessonit	3·75—3·50	r	e	1·77 —1·74	—	fehlt	7½—7
Spinell	3·75—3·50	r	e	1·720—1·715	—	fehlt	8
Rhodonit	3·70—3·40	tr	d	1·740—1·730	0·01	deutlich, rosarot und bläulichgrün bis braun	6—5
Topas	3·60—3·40	rh	d	1·63 —1·62	0·01	deutlich, bläulichrot und gelblichrot	8
Diamant	3·52	r	e	2·43	—	fehlt	10
Fluorit	3·20—3·10	r	e	1·435	—	fehlt	4
Kunzit	3·18	m	d	1·676—1·660	0·016	kräftig, lila und lichtrosa bis fast farblos	6½
Turmalin	3·10	h	d	1·64 —1·62	0·020 bis 0·010	kräftig, reinrot und gelbrot	7¼—7
Morganit (Beryll)	2·8 —2·6	h	d	1·58 —1·57	0·006	deutlich, licht bläulichrot und licht gelblichrot	8—7½
Rosenquarz	2·7	h	d	1·55 —1·54	0·009	sehr schwach	7
Feueropal	2·2	a	e	1·45 —1·35	—	fehlt	6—5
Bernstein	1·1 —1·0	a	e	1·54	—	fehlt	2½—2

3. Rotbraune und graubraune Steine

Name	Spezifisches Gewicht	Krystallsystem u. Lichtbrechung		Brechungsquotienten	Stärkster Unterschied der Brechungsquotient.	Pleochroismus	Härte
Hyazinth (Zirkon)	4·7 —4·2 (auch bis 4·0)	t	d	1·98 —1·92	0·060	sehr schwach, rötlichbraun und gelblichbraun	7½
Spessartin	4·3 —4·0	r	e	1·82 —1·79	—	fehlt	7½—7
Almandin	4·3 —3·9 (auch bis 3·6)	r	e	1·80 —1·76	—	fehlt	7½—7
Rubin (Siam, schlecht)	4·0 —3·9	h	d	1·77 —1·76	0·008	deutlich, braunrot und gelbrot	9
Pyrop	3·86—3·7	r	e	1·80 —1·77	—	fehlt	7½—7
Staurolith	3·72—3·4	rh	d	1·76 —1·75	0·010	stark, gelblich und rot	7½
Hessonit	3·70—3·55	r	e	1·77 —1·74	—	fehlt	7½—7

Name	Spezifisches Gewicht	Krystallsystem u. Lichtbrechung	Brechungsquotienten	Stärkster Unterschied der Brechungsquotient.	Pleochroismus	Härte
Topas	3·6 —3·4	rh d	1·63 —1·62	0·010	stark, rot und gelb	8
Epidot	3·50—3·25	m d	1·77 —1·71	0·05 bis 0·01	stark, braun und grau und gelb	7—6
Vesuvian	3·45—3·35	t d	1·73 —1·72	0·005	deutlich, rosenrot und nahezu farblos	6½
Axinit	3·30—3·25	tr d	1·68 —1·67	0·010	stark, violett und braun und grünlich	7—6½
Andalusit	3·20—3·16	rh d	1·645—1·630	0·010	stark, gelb bis gelbgrün und rötlich	7½—7
Turmalin	3·10	h d	1·64 —1·62	0·02	stark, heller und dunkler braun	7¼—7
Quarz	2·7	h d	1·55 —1·54	0·009	schwach, heller und dunkler	7
Feueropal	2·2	a e	1·45 —1·35	—	fehlt	6—5
Bernstein	1·1 —1·0	a e	1·54	—	fehlt	2½—2

4. Braungelbe und gelbbraune Steine

Name	Spezifisches Gewicht	Krystallsystem u. Lichtbrechung	Brechungsquotienten	Stärkster Unterschied der Brechungsquotient.	Pleochroismus	Härte
Hyazinth	4·7 —4·2 (auch bis 4·0)	t d	1·98 —1·92	0·06	sehr schwach, rötlichbraun und gelbbraun	7½
Sphalerit	4·2 —4·0	r e	2·4	—	fehlt	3½—4
Saphir	4·0 —3·9	h d	1·77 —1·76	0·008	schwach, heller u. dunkler bräunlich und gelb	9
Hessonit	3·70—3·55	r e	1·77 —1·74	—	fehlt	7½—7
Chrysoberyll	3·65	rh d	1·76 —1·745	0·01	schwach, heller und dunkler	8½
Topas	3·60—3·40	rh d	1·63 —1·62	0·01	deutlich, gelb und braunrot	8
Titanit	3·56—3·40	m d	2·03 —1·89	0·14	merkbar	5½—5
Diamant	3·52	r e	2·43	—	fehlt	10
Epidot	3·50—3·25	m d	1·77 —1·71	0·05 bis 0·01	stark, grün und braun und gelb	7—6
Vesuvian	3·45—3·35	t d	1·73 —1·72	0·005	deutlich, grüngelb und hellgelb	6½
Chrysolith	3·40—3·30	rh d	1·70 —1·66	0·03	schwach, grünlichbraun und gelblichbraun	7
Fluorit	3·20—3·10	r e	1·435	—	fehlt	4
Turmalin	3·10	h d	1·64 —1·62	0·02 bis 0·01	deutlich, rotbraun und gelbgrünbraun	7¼—7
Beryll (Heliodor)	2·8 —2·6	h d	1·58 —1·57	0·006	schwach, grünlichgelb und braungelb	8—7½

Name	Spezifisches Gewicht	Krystallsystem u. Lichtbrechung	Brechungs- quotienten	Stärkster Unter- schied der Bre- chungsquotient.	Pleochroismus	Härte
Citrin (gebrannter Amethyst)	2·7	h d	1·55 —1·54	0·009	schwach, rötlichgelb und reiner gelb	7
Bernstein	1·1 —1·0	a e	1·54	—	fehlt	2½–2

5. Gelbe Steine

Name	Spezifisches Gewicht	Krystallsystem u. Lichtbrechung	Brechungs- quotienten	Stärkster Unter- schied der Bre- chungsquotient.	Pleochroismus	Härte
Zirkon	4·7 —4·2 (auch bis 4·0)	t d	1·98 —1·92	0·060	sehr schwache Unterschiede	7½
Saphir	4·0 —3·9	h d	1·77 —1·76	0·008	schwache Unter- schiede in der Tiefe der Farbe	9
Spinell	3·7 —3·5	r e	1·72	—	fehlt	8
Chrysoberyll	3·65	rh d	1·76 —1·745	0·01	schwache Unter- schiede in der Tiefe der Farbe	8½
Topas	3·60—3·40	rh d	1·63 —1·62	0·01	deutlich leicht hellgelb und dunkler bräunlichgelb	8
Diamant	3·52	r e	2·43	—	fehlt	10
Chrysolith	3·40—3·30	rh d	1·70 —1·66	0·03 bis 0·02	schwach, grünlich und gelbgrünlich	7
Spodumen	3·20—3·13	m d	1·676—1·660	0·016	ganz schwach	6½
Fluorit	3·20—3·10	r e	1·435	—	fehlt	4
Turmalin	3·1	h d	1·64 —1·62	0·015	deutlich, dunkelgelb und hellgelb	7¼–7
Phenakit	3·0 —2·97	h d	1·67 —1·654	0·016	unmerklich	7½
Beryll	2·8 —2·6	h d	1·58 —1·57	0·006	schwach, grüngelb und goldgelb	8–7½
Citrin	2·7	h d	1·55 —1·54	0·009	schwach, heller und dunkler gelb	7
Feueropal, blaß	2·2	a e	1·45 —1·35	—	fehlt	6–5
Bernstein	1·1 —1·0	a e	1·54	—	fehlt	2½–2

6. Gelbgrüne Steine und grüne Steine

Name	Spezifisches Gewicht	Krystallsystem u. Lichtbrechung	Brechungs- quotienten	Stärkster Unter- schied der Bre- chungsquotient.	Pleochroismus	Härte
Zirkon	4·4 —4·0 auch darüber	t d	1·89 —1·80	0·020	sehr schwache Unterschiede	7½
Saphir	4·0 —3·9	h d	1·77 —1·76	0·009	deutlich, grün und bläulichgrün	9
Spinell	4·0 —3·65	r e	1·72	—	fehlt	8
Demantoid	3·9 —3·8	r e	1·90 —1·88	—	fehlt	7½–6½
Chrysoberyll	3·65	rh d	1·76 —1·745	0·01	stark, gelbe und grüne Töne	8½

Name	Spezifisches Gewicht	Krystallsystem u. Lichtbrechung		Brechungsquotienten	Stärkster Unterschied der Brechungsquotient.	Pleochroismus	Härte
Alexandrit	3·65	rh	d	1·76 —1·745	0·01	natürliches Licht: stark, grün und gelb und rot künstliches Licht: stark, himbeerrot und orangerot und grün	8½
Topas	3·60—3·40	rh	d	1·63 —1·62	0·01	deutlich, gelblich und grünlich	8
Titanit	3·56—3·40	m	d	2·03 —1·89	0·14	deutlich, gelb und grün und rotbraun	5½—5
Diamant	3·52	r	e	2·43	—	fehlt	10
Uwarowit	3·52—3·40	r	e	1·838	—	fehlt	7
Epidot	3·50—3·25	m	d	1·77 —1·71	0·05 bis 0·01	stark, grün und gelb und braun	7—6
Vesuvian	3·45—3·35	t	d	1·73 —1·72	0·005	deutlich, grün und gelb	6½
Diopsid	3·45—3·20	m	d	1·69 —1·66	0·03	schwach	6—5
Chrysolith	3·40—3·30	rh	d	1·70 —1·66	0·03	schwach, grün und gelblichgrün	7
Dioptas	3·30	h	d	1·72 —1·644	0·05	merkbar, heller und dunkler grün	5
Hiddenit	3·20	m	d	1·676—1·660	0·016	stark, blaugrün und gelblichgrün	6½
Apatit	3·20	h	d	1·64 —1·63	0·005	merkbar, rötlichgelb und bläulichgrün	5
Andalusit	3·20—3·16	rh	d	1·645—1·630	0·010	stark, gelb und grün und rot	7½—7
Fluorit	3·20—3·10	r	e	1·44	—	fehlt	4
Turmalin	3·10	h	d	1·65 —1·62	0·02 bis 0·01	stark, blaugrün und gelbgrün bis braungrün	7¼—7
Euklas	3·10	m	d	1·671—1·652	0·019	unmerklich	7½
Prehnit	2·9	rh	d	1·650—1·616	0·034	schwach	6
Smaragd	2·80—2·60	h	d	1·58 —1·57	0·006	stark, blaugrün und gelbgrün	8—7½
Moldavit	2·36—2·30	a	e	1·50—1·48	—	fehlt	5½

7. Blaugrüne Steine

Name	Spezifisches Gewicht	Krystallsystem u. Lichtbrechung		Brechungsquotienten	Stärkster Unterschied der Brechungsquotient.	Pleochroismus	Härte
Saphir	4·0 —3·9	h	d	1·77 —1·76	0·008	deutlich, blaugrün und gelbgrün	9
Spinell	3·9 —3·50	r	e	1·72	—	fehlt	8
Topas	3·6 —3·40	rh	d	1·63 —1·62	0·010	deutlich, farblos und grünlichblau	8
Diamant	3·52	r	e	2·43	—	fehlt	10
Fluorit	3·20—3·10	r	e	1·44	—	fehlt	4

Bestimmungstabellen für Edelsteine

Name	Spezifisches Gewicht	Krystallsystem u. Lichtbrechung		Brechungsquotienten	Stärkster Unterschied der Brechungsquotient.	Pleochroismus	Härte
Euklas	3·10	m	d	1·671—1·652	0·019	unmerklich	7¹/₂
Turmalin	3·10	h	d	1·65 —1·62	0·02 bis 0·01	stark, heller und dunkler blaugrün	7¹/₄—7
Beryll	2·8 —2·6	h	d	1·58 —1·57	0·006	deutlich, bläulichgrün und gelblichgrün	8—7¹/₂

8. Blaue Steine

Name	Spezifisches Gewicht	Krystallsystem u. Lichtbrechung		Brechungsquotienten	Stärkster Unterschied	Pleochroismus	Härte
Zirkon	4·7 —4·6	t	d	1·98 —1·92	0·060	stark, stahlblau und schmutzig fleischfarben	7¹/₂
Saphir	4·0 —3·9	h	d	1·77 —1·76	0·008	deutlich, dunkelblau bis violblau und hellblau bis grünlich	9
Spinell	3·8 —3·5	r	e	1·72	—	fehlt	8
Cyanit	3·7 —3·6	tr	d	1·728—1·712	0·016	stark, farblos und violettblau und kobaltblau	4—7
Benitoit	3·65	h	d	1·804—1·757	0·047	stark, nahezu farblos und purpurblau	6
Topas	3·6 —3·4	rh	d	1·63 —1·62	0·010	deutlich, farblos und hellgelb	8
Diamant	3·52	r	e	2·43	—	fehlt	10
Vesuvian (Cyprin)	3·50—3·30	t	d	1·73 —1·72	0·005	deutlich, dunkelblau und farblos	6¹/₂
Apatit	3·20	h	d	1·64 —1·63	0·005	deutlich, himmelblau und blaßweinrot	5
Fluorit	3·20—3·10	r	e	1·435	—	fehlt	4
Turmalin	3·10	h	d	1·65 —1·62	0·02 bis 0·01	stark, heller und dunkler blau	7¹/₄—7
Euklas	3·10	m	d	1·671—1·652	0·019	unmerklich	7¹/₂
Beryll	2·8 —2·6	h	d	1·58 —1·57	0·006	deutlich, heller und dunkler blau	8—7¹/₂
Cordierit	2·66—2·6	rh	d	1·55 —1·535 (auch bis 1·59)	0·007	stark, dunkelviolblau u. gelbgrau u. graublau	7¹/₂—7
Hauyn	2·5 —2·4	r	e	1·496	—	fehlt	6
Sodalith	2·30—2·15	r	e	1·483	—	fehlt	6

9. Purpurfarbene, violette und lilafarbene Steine

Name	Spezifisches Gewicht	Krystallsystem u. Lichtbrechung		Brechungsquotienten	Stärkster Unterschied	Pleochroismus	Härte
Zirkon	4·7 —4·2 auch darunter	t	d	1·98 —1·92	0·060	schwache Unterschiede	7¹/₂
Almandin	4·3 —3·6	r	e	1·80 —1·76	—	fehlt	7¹/₂—7

Name	Spezifisches Gewicht	Krystallsystem u. Lichtbrechung		Brechungsquotienten	Stärkster Unterschied der Brechungsquotient.	Pleochroismus	Härte
Saphir	4·0 —3·9	h	d	1·77 —1·76	0·008	deutlich, violett und rötlich	9
Spinell	3·7 —3·5	r	e	1·72	—	fehlt	8
Rhodonit	3·70—3·40	tr	d	1·744—1·726	0·010	deutlich, rot und grünlich bis braun	6
Benitoit	3·65	h	d	1·804—1·757	0·047	stark, rötlichgrau bis nahezu farblos und purpur	6
Mangan-Epidot	3·50—3·25	m	d	1·77 —1·71	0·05 bis 0·01	stark, orange und violett und rot	7—6
Violan (Diopsid)	3·45—3·20	m	d	1·69 —1·66	0·03	schwach, hellviolblau und hellrötlichviolett	6—5
Axinit	3·30—3·25	tr	d	1·68 —1·67	0·010	stark, violett und braun und grün	7—6½
Fluorit	3·20—3·10	r	e	1·44	—	fehlt	4
Apatit	3·20	h	d	1·64 —1·63	0·005	deutlich	5
Kunzit	3·18	m	d	1·676—1·660	0·016	kräftig, lila und farblos	6½
Turmalin	3·10	h	d	1·64 —1·62	0·020 bis 0·010	deutlich, heller und dunkler lila	7¼—7
Phenakit	3·0 —2·97	h	d	1·670—1·654	0·016	unmerklich	7½
Amethyst	2·7	h	d	1·55 —1·54	0·009	deutlich, lila und rosa	7
Cordierit	2·66—2·6	rh	d.	1·55 —1·535	0·007	stark, dunkelviolblau und gelbgrau und graublau	7½—7

10. Künstliche (synthetische) Korunde und Spinelle

Synthetische Edelsteine sind in die Tabellen nicht aufgenommen werden. Die synthetischen Spinelle und Korunde zeigen durchaus die physikalischen Eigenschaften der natürlichen, nur gibt es unter den synthetischen Steinen Farbenvarietäten, welche überhaupt nicht in der Natur in ähnlicher Reinheit und Intensität der Färbung auftreten. Es ist deshalb im folgenden eine Tabelle beigefügt, in der der Pleochroismus solcher Farbenvarietäten wiedergegeben ist.

Nichts mit Pleochroismus hat der Farbenwechsel zu tun, der etwa die in jüngster Zeit häufiger im Handel erscheinenden dunkelgrünen Spinelle bei künstlichem Lichte zeigen. Dadurch wird diesen Steine eine gewisse Ähnlichkeit mit dem Verhalten der Alexandrite verliehen. Solche dunkel russischgrüne Spinelle erscheinen bei künstlichem Lichte braunrot bis rotbraun und lilarot, zeigen aber keine Spur eines Pleochroismus.

Sehr bemerkenswert sind die alexandritartigen Korunde neuester Erzeugung, welche in ihrem Pleochroismus den Alexandriten weit näher kommen als die Steine alter Erzeugung, wenngleich auch bei diesen Steinen noch erhebliche Differenzen gegenüber Alexandriten bestehen.

Pleochroismus künstlicher Korunde

Farbton:	Farbtöne im Dichroskop:
Rosa	gelblich—rosa.
Violettrosa	gelblich—lila.
Dunkelrosa	gelbrot—violett.
Feueropalrot	gelbrot—violettrot.
Dunkelrot	(stark) gelbrot—bläulichrot.
Orangegelb (Padparadschah)	dunkel orangegelb—licht graugelb.
Gelb (ockergelb)	(sehr schwach) heller und dunkler gelb.
Zitronengelb	sehr schwach.
Dunkelgrün	(stark) blaugrün—gelbgrün.
Hell gelbgrün (Amaryl)	(schwach) bläulichgrün—gelblichgrün.
Alexandritartig	in natürlichem Tageslicht: (sehr stark) schmutzig blaugrün bis gelbgrün: in künstlichem Lichte: (sehr stark) blaurot—gelbrot.
Alexandritartig, neue Varietät	in natürlichem Lichte: (sehr stark) blaugraugrün und gelbgrün mit roten Nebentönen. in künstlichem Lichte: (sehr stark) lebhaft himbeerrot und graublau bis lebhaft blau.
Hellblau	sehr schwach.
Dunkelblau	(stark) lichtgelbblau—grünlichblau bis dunkelblau.
Purpur	violett—graugelb.
Lichtviolettblau	farblos—bläulich.

11. Gläser

Zu prüfen:	Merkmale:
Härte	unter der des Quarzes, durch Feile oder Stahlstift angegriffen.
Wärmeleitfähigkeit	fühlt sich wärmer an als echte Steine, behält den Beschlag beim Anhauchen länger als echte Steine, bei denen der Beschlag rasch verschwindet.
Spezifisches Gewicht	kann mit dem echter Steine übereinstimmen.
Lichtbrechung	kann mit der echter Steine übereinstimmen.
Doppelbrechung	tritt nur in Form von „Spannungsdoppelbrechung" auf.
Pleochroismus	fehlt.
Einschlüsse	Gasblasen, oft verzerrte Blasen, zu Fahnen gehäuft (keine Flüssigkeitseinschlüsse), Schlieren.
Farbverteilung	häufig schlierig verteilte Färbung.

12. Doubletten

Zu prüfen:	Merkmale:
Rondiste	Zusammenstoß der Teile.
Färbung der Teile in Flüssigkeit	oft verschiedene Färbung der Teile festzustellen.
Härte der Teile	oft verschieden, kann aber auch mit der echter Steine übereinstimmen.
Spezifisches Gewicht	kann mit dem echter Steine übereinstimmen.
Lichtbrechung	kann mit der echter Steine übereinstimmen.
Doppelbrechung	kann entscheidend sein, wenn keine Auslöschungsstellung zu erreichen ist = Doublette aus zwei verschieden orientierten doppelbrechenden Platten.
Pleochroismus	kann bei vorhandener Doppelbrechung lebhaft gefärbter Steine fehlen = Doublette mit färbender, optisch isotroper Zwischenschichte oder färbendem Glasunterteile bei doppelbrechendem farblosem Oberteile.
Einschlüsse	Blasen auf den Trennungsebenen, Einschlüsse im Oberteil und Unterteil manchmal gleich, manchmal verschieden (z. B. echter Oberteil, Glasunterteil).
Luminescenz	kann im Oberteil und Unterteil verschieden sein.

Name	Farbe	Härte	Spezifisches Gewicht	Brechungsquotient
13. Undurchsichtige Steine				
Jadeit	weiß bis grau	$6^1/_2$—7	3·33	bei 1·655
Nephrit	weiß bis grau	$5^1/_2$—6	3·0	bei 1·62
Chalcedon	weiß bis grau	$6^1/_2$	2·6	1·537
Opal	weiß, milchig	5—6	2·2	bei 1·45
Zinkspat (Aztekenstein)	blau	5	4·1—4·5	bei 1·62—1·82
Azurit	blau	$3^1/_2$—4	3·8	1·73—1·83
Lazulith	blau	$5^1/_2$	3·1	1·60—1·64
Zahntürkis (Odontolith, Beintürkis)	blau	5	3·0—3·5 auch darunter	schwankend
Türkis	blau	6	2·6—2·8	1·61—1·65
gefärbter Achat	blau	$6^1/_2$	2·6	bei 1·54
Lasurstein	blau	$5^1/_2$	2·4	—

Bestimmungstabellen für Edelsteine

Name	Farbe	Härte	Spezifisches Gewicht	Brechungsquotient
Glaspasta	blau	5	schwankend	schwankend
Chrysokoll	blau	2—4	2·0—2·3	bei 1·58—1·60
Malachit	grün	3½	3·7—3·8	1·70—1·90
Jadeit	grün	6½—7	3·33	bei 1·655
Nephrit	grün	5¾	3·0	bei 1·62
Prehnit	grün	6—6½	2·8—3·0	1·61—1·65
Türkis	grün	6	2·6—2·8	1·61—1·65
Prasem	grün	6½—7	2·65	bei 1·54
Chrysopras	grün	6½—7	2·65	bei 1·54
Serpentin	grün, geadert	4—5	bei 2·6	bei 1·56
Amazonenstein	grün	6	2·55	bei 1·520
Chrysokoll	grün	2—4	2·0—2·3	bei 1·58—1·60
Opal	grün	6	1·9—2·2	bei 1·45
Iserin	schwarz	5½—6	4·5—5·2	—
Hämatit	schwarz	5½	4·7—4·9	—
Pleonast (Ceylonit)	schwarz	7½	3·6—3·8	—
Obsidian	schwarz	5½	2·5—2·6	schwankend
Gagat	schwarz	3—4	1·35	—
Karneol	gelb und braun	6½	2·6	bei 1·54
Feueropal	gelb und braun	6	1·9—2·2	bei 1·45
Bernstein	gelb und braun	2—3	1·08	bei 1·54
Rosenquarz	rot	7	2·65	bei 1·545
Karneol	rot	6½	2·6	bei 1·54
Achat	mehrfarbig	6½	2·6	bei 1·54
Heliotrop	grün mit roten Punkten	6½	2·6	bei 1·54

	Spezifisches Gewicht	Härte	

14. Asterien, Steine mit einem regelmäßigen Lichtsterne

Sternsaphir	4·1—3·9	9	regelmäßiger sechsstrahliger Stern auf der Basisfläche, infolge nadelförmiger Einlagerungen parallel den Kanten des sechsseitigen Prismas.
Sternrubin	4·1—3·9	9	
Almandin	4·3—3·6	7½	regelmäßig verlaufende Lichtkreise, in geeigneter Stellung vierstrahliger Stern, infolge Einlagerungen nach den vier Kantenzonen des Rhombendodekaeders.

15. Steine mit wogendem Lichtscheine (Chatoyierende Steine)

Zirkon	4·7—4·0	7½	unregelmäßiger Lichtschein, infolge krystallisierter Einschlüsse
Saphirkatzenauge	4·0—3·9	9	stark wogender Lichtschein.
Chrysoberyllkatzenauge (Cymophan)	3·75—3·65	8½	sehr stark wogender streifenförmiger Lichtschein.

Mineralogisches Taschenbuch 2. Aufl.

146 Bestimmungstabellen für Edelsteine

	Spezifisches Gewicht	Härte	
Turmalinkatzenauge	3·1 —3·0	7¹/₄	unregelmäßig wogender Lichtschein, infolge von Einlagerungen.
Apatit	3·1	—	wogender Lichtschein.
Falkenauge	2·8 —2·7	7	schwarzbläuliche, feinfaserige Masse, bestehend aus Krokydolithfasern, welche mit Kieselsäuremineralen durchtränkt sind.
Tigerauge	2·8 —2·7	7	Zersetzung des Falkenauges ruft eine rotgelbe Färbung der feinfaserigen Masse hervor, die jetzt als Tigerauge bezeichnet wird.
Quarzkatzenauge	2·7 —2·65	7	wogender Lichtschein, infolge der Einlagerungen von Amianthnädelchen.
Atlasspat	2·7 —2·6	3	feinfaserig ausgebildeter kohlensaurer Kalk.
Mondstein	2·55	6	starker, wogender, streifenförmiger Lichtschein.

16. Steine mit glänzenden Einlagerungen

Lapis lazuli	2·45—2·40 (auch darüber)	5¹/₂	enthält oft größere goldgelbglänzende Pyritkörner.
Avanturinquarz	2·7 —2·6	7	enthält feine Glimmerschüppchen.
Avanturinfeldspat oder Sonnenstein	2·65	6	enthält Eisenglanztäfelchen.

17. Mehrfarbige Steine (gebändert, punktiert)

Malachit	3·8 —3·7	3¹/₂	gebändert, in verschieden tiefer Farbe.
Azurmalachit	3·8	4—3¹/₂	Malachit und Azurit in verschiedenen Lagen.
Onyxmarmor	2·8 —2·6	3	gebänderter bunter Kalksinter.
Türkismatrix (Türkismutter)	2·9 —2·6	6	Türkis mit verschieden gefärbten (braun, gelbbraun) Resten des Muttergesteines.
Serpentin	2·7 —2·5	4—5	gebändert und gefleckt in verschieden tiefen grünen Tönen.
Onyx und Achate	2·7 —2·55	7—6³/₄	gebändert in verschiedenen Farben.
Moosstein	2·7 —2·55	7—6³/₄	Quarz mit gehäuften Einschlüssen von Aktinolithnädelchen.
Heliotrop (Blutjaspis)	2·65—2·60	7—6³/₄	dunkellauchgrüner Chalcedon mit roten Karneolpunkten.
Opalmutter	2·3 —1·9	6—5	Opal mit Resten von Muttergestein.
Amatrix	stark schwankend	6—7	Muttergestein mit eingesprengtem grünem Variscit (Utahlit und Wardit) und mit grauem bis rotbraunem Chalcedon.

Die Bergbaue Österreichs[1])

Von O. Rotky

Gold- und Silbererzbergbaue

Salzburg: Gold-, Silber- und Arsenerzbergbaue Naßfeld, Siglitz, Pochhart-Erzwies, Rathausberg bei Böckstein und (a. B.) am Hohen Goldberg bei Kolm-Saigurn in der Rauris der Gewerkschaft Rathausberg in Böckstein. Bergdirektor Ing. Alex. Bretschneider. 5642 t goldhältige Arsen- und Schwefelkiese, 38 kg Gold, 203 kg Silber.

Tirol: Golderzbergbau Zell am Ziller des Ing. Friedrich Reitlinger, Gewerke in Jenbach (a. B.).

Silber- und Bleierzbergbau Tösens der Gewerkschaft Silber- und Bleierzbergbau Tösens, Bevollmächtigter: Hans Wurzinger, beh. aut. Berbauingenieur in Innsbruck (a. B.).

Kärnten: Golderzbergbau Goldzeche bei Döllach des Fritz und der Dora May de Madiis. Bevollmächtigter: Hofrat Ing. Dr. Richard Canaval in Klagenfurt (a. B.).

Golderzberbau Katschtal bei Rennweg der Kohle und Erz A.-G. in Berlin. Bevollmächtigter: Bergrat Ing. Robert Posanner in Innsbruck.

Golderzbergbau Fundkofel bei Zwickenberg der Carinthia-Gewerkschaft in Villach. Bevollmächtigter: Hofrat Ing. Dr. Richard Canaval in Klagenfurt.

Steiermark: Golderzbergbau Pusterwald bei Möderbrugg des Adolf und Karl Heinzl in Pusterwald.

Quecksilberbergbaue

Kärnten: Buchholzgraben bei Stockenboi der Societa anonyma Italiana Gio Ansaldo in Rom (a. B.).

Ebene Reichenau des Karl Roßmann in Ebene Reichenau (a. B.).

Glatschach bei Dellach im Drautal des Ing. Max Maurer-Löffler in Graz.

Kupfer- und Schwefelkiesbergbaue

Niederösterreich: Kupferkiesbergbau Trattenbach bei Gloggnitz der Gebrüder Herzog und Gen. in Wien. Bevollmächtigter: Ludwig Hackmüller, Notar in Wien.

---

[1]) Nach dem im Bundesministerium für Handel und Verkehr verfaßten Österreichischen Montan-Handbuch 1927, Mitteilungen über den österreichischen Bergbau für das Jahr 1926, Wien 1927. Verlag für Fachliteratur G. m. b. H., Wien XIX., Vegagasse 4. Die Erzeugung ist für das Jahr 1926 in Tonnen (t) angegeben, die außer Betrieb stehenden Bergbaue sind mit (a. B.) bezeichnet.

Salzburg: Kupferkiesbergbaue Mühlbach, 80.555 t, und Einöden, 17.476 t, bei Bischofshofen, dann (a. B.) Burgschweig und Buchberg bei Bischofshofen der Mitterberger Kupfer-Aktiengesellschaft in Mühlbach. Bergdirektor: Ing. Rud. Recknagel in Mühlbach.

Kupferkiesbergbau Bairau bei Hüttau im Pongau des Karl Eg. Alma, Bevollmächtigter: Eduard Pilnay. Bergdirektor in Salzburg, St. Julienstraße 13 (a. B.).

Kupfererzbergbau Seekaar in Untertauern bei Obertauern der Silber- und Kupfergewerkschaft Seekaar (a. B.).

Kupfererzbergbau Viehofen bei Zell a. See der Erben nach F. G. Petzold (a. B.).

Kupfer- und Nickelerzbergbau Haibach in Mittersill des Benno Sommer in Oranienburg und Gen., Bevollmächtigter: Ing. Adolf Reitsch in Zell a. See (a. B.).

Schwefelkiesbergbau Rettenbach-Spielbichl bei Mittersill, 693 t, und (a. B.) Kupfererzbergbau Untersulzbach der Gewerkschaft Undine in Hannover. Bevollmächtigter: Ing. Rudolf Malyjurek in Rettenbach bei Mittersill.

Schwefel- und Kupferkiesbergbau Schwarzenbach bei Dienten der Salzburgischen Bergbaugesellschaft m. b. H. in Lend (a. B.).

Schwefelkiesbergbau Karteis bei Hüttschlag im Pongau der Wilhelmine Maehl in Kopenhagen. Bevollmächtigter: Dr. Karl Wiesenberger in Wels (a. B.).

Tirol: Kupfererzbergbau Falkenstein bei Schwaz der Gewerkschaft Schwazer Bergwerksverein. Bevollmächtigter: Bergverwalter Albert Nöh in Schwaz, 16.300 t Fahlerz und 5900 kg Quecksilber.

Fahlerz- und Schwerspatbergbau Kogl bei Brixlegg, 8 t Fahlerz und 965 t Schwerspat, dann (a. B.) Fahlerzbergbaue Zapfenschuh-Arzberg und Altzech bei Schwaz, Madersbacher Köpfl und Mühlbichl bei Brixlegg, Kupferkiesbergbaue Kupferplatte und Kelchalpe bei Jochberg, Sinvell und Schattberg bei Kitzbühel des Österreichischen Bundesstaates. Bevollmächtigter: Oberbergrat Ing. Hugo Cmyral in Brixlegg.

Fahlerzbergbau Tierberg bei Brixlegg und Kupferkiesbergbau Prägraten bei Matrei am Venediger der Tiroler Montanwerke G. m. b. H. Bevollmächtigter: Ing. Eduard Lob in Innsbruck (a. B.).

Kupfererzbergbau Mauknerötz bei Brixlegg der Gewerkschaft Mauknerötz. Bevollmächtigter: Emil Hirschberger in Wien (a. B.).

Kupfererzbergbau Serfaus bei Tösens der Gewerkschaft Rotenstein in Imst. Bevollmächtigter: Direktor Dr. Ing. Gottfried Lessing (a. B.).

Schwefelkiesbergbaue Panzendorf und Tessenberg bei Sillian der Bergbau Panzendorf-Tessenberg G. m. b. H. Bevollmächtigter: Direktor Ing. Hugo Leopold in Lienz (a. B.).

Magnetkiesbergbau am Schloßberg bei Lienz der Alpenländischen Bergbaugesellschaft m. b H. in Innsbruck. Bevollmächtigter: Herm. Rohrer in Lienz.

Vorarlberg: Kupferkiesbergbau Vandans des Eduard Hundertpfund in Tschagguns (a. B.).

Steiermark: Schwefel- und Kupferkiesbergbau Kallwang des Rudolf Gutmann in Wien. Bevollmächtigter: Ing. Gustav Heinisch in Kallwang, 21.600 t kupferhaltiger Schwefelkies.

Schwefelkiesbergbau Naintsch bei Anger des Franz Ludwig Arnold in Wetzelsdorf. Bevollmächtigter: Hofrat Ing. Hugo Rottleuthner in Graz (a. B.).

Schwefelkiesbergbau Groß-Stübing bei Stübing der Leykam-Josefstal A. G. für Papier- und Druckindustrie in Wien. Bevollmächtigter: Direktor Heinrich Koch in Gratkorn (a. B.).

Schwefelkiesbergbau Nieder-Öblarn der Schwefelkiesbergbau Naintsch G. m. b. H. Graz. Bevollmächtigter: Oberbergrat Ing. Ludwig Sterba in Leoben (a. B.).

Schwefelkiesbergbau Öblarn der Brigl und Bergmeister Aktiengesellschaft in Niklasdorf. Bevollmächtigter: Johann Tschachler in der Walchen bei Öblarn (a. B.).

Magnetkiesbergbau Rohrmoos bei Schladming der Silesia-Bergbaugesellschaft in Wien. Bevollmächtigter: Dr. Viktor Glaser in Leoben (a. B.).

Fahlerzbergbaue Bromriese, Roßblei, Eschachalpe, Krombach bei Schladming des Franz H. Ascher in Graz und Gen. (a. B.)

Fahlerzbergbau Bärndorf bei Rottenmann des Bergverwalters Hans Wenger in St. Lorenzen bei Trieben (a. B.).

Kärnten: Schwefelkiesbergbau Großfragant bei Obervellach des Österreichischen Bundesstaates. Bevollmächtigter: Bergrat Ing. Karl Karger in Flattach.

Kupfererzbergbau Knappenstube bei Oberdrauburg der Witkowitzer Bergbau- und Eisenhüttengewerkschaft in Witkowitz. Bevollmächtigter: Bergverwalter Martin Kraßnitzer in Zwickenberg (a. B.).

Kupfererzbergbau Latschach des Ignaz Lindebner, Bergverwalter in Villach (a. B.).

Kupfererzbergbau Neufinkenstein bei Mallestig. Bevollmächtigter: Günther Hugo Mach, Major in Graz, Albertstraße 15 (a. B.).

Kupfererzbergbau Lamprechtsberg bei Ettendorf des Silvius Romanelli und Anton Somme. Bevollmächtigter: Dr. Franz Dworschak, Rechtsanwalt in Klagenfurt (a. B.)

Kupfererzbergbau Schwabegg des Orsini Rosenberg und Gen., Bevollmächtigter: Hofrat Ing. Dr. Richard Canaval in Klagenfurt (a. B.).

Burgenland: Schwefelkiesbergbau Glashütten bei Schlaining der Schlaininger Bergbau-Aktiengesellschaft. Bevollmächtigter: Bergdirektor Viktor Sommeregger in Schlaining bei Tatzmannsdorf.

Kupferkiesbergbau Redlschlag bei Bernstein der Burgenländischen Kupferbergbau- und Industrie-Aktiengesellschaft.

Eisenerz-, Manganerz- und Bauxitbergbaue

Niederösterreich: Braun- und Spateisensteinbergbau Pitten bei Pitten der Pittener Eisengewerkschaft. Bevollmächtigter: Bergdirektor Dr. Ing. Willy Schöppe in Wien.

Eisensteinbergbaue Neusiedl und Mosingtal bei Spitz a. d. Donau des Franz Julius Schramek und Dr. Georg Hanel in Wien. Bevollmächtigter: Ing. Karl Barth in St. Pölten (a. B.).

Spateisensteinbergbau Grillenberg bei Payerbach der Payerbacher Eisengewerkschaft. Bevollmächtigter: Bergdirektor Franz Haid in Payerbach.

Eisensteinbergbaue Knappenberg und Hirschwang bei Payerbach der Schöller und Ko. in Wien I., Wildpretmarkt 10. Bevollmächtigter: Bergdirektor Franz Haid in Payerbach (a. B.).

Eisensteinbergbau Großau-Kleinau bei Payerbach der Gewerkschaft Schendlegg in Edlach. Bevollmächtigter: Bergdirektor Franz Haid in Payerbach (a. B.).

Eisensteinbergbau Kleinzell bei Hainfeld des Richard Freiberger in Wien II., Taborstraße 24 (a. B.).

Eisensteinbergbau Breitenstein bei Klamm des Bergdirektors Franz Haid in Payerbach (a. B.).

Oberösterreich: Braunsteinbergbau Glöcklalpe bei Windischgarsten des Heinrich Lamberg in Angern. Bevollmächtigter: Güterdirektor Emmerich König in Steyr (a. B.).

Bauxitbergbau unterm Blahberger Hochkogel in Unterlaussa bei Weißenbach-St. Gallen der Gummi- und Kabelwerke Josef Reithoffers Söhne Aktiengesellschaft in Steyr. Bevollmächtigter: Ing. Josef Köstler, beh. aut. Bergbauingenieur in Steyr (a. B.).

Bauxitbergbaue am Präfingkogel und am Blahberger Hochkogel bei Unterlaussa der Stern und Hafferl Aktiengesellschaft in Gmunden (a. B.).

Salzburg: Eisensteinbergbaue Schöfferötz, Höhln bei Werfen und (a. B.) Flachenberg bei Bischofshofen des Eisenwerkes Sulzau-Werfen. Bevollmächtigter: Hüttendirektor Ing. Richard Zauschner in Konkordiahütte bei Werfen, 7286 t Brauneisenstein.

Eisensteinbergbaue Bundschuh bei Ramingstein des Dr. Adolf Schwarzenberg in Frauenberg a. d. Mur. Bevollmächtigter: Adolf Zdarsky, b. a. Bergbauingenieur in Leoben (a. B.).

Magneteisensteinbergbaue Sinnhub und Eben bei Eben im Pongau, Spateisensteinbergbaue Feuersang bei Altenmarkt und Filzmoos bei Radstadt des Karl Egon Alma, Kommerzialrat in Wien I., Weihburggasse 4. Bevollmächtigter: Bergdirektor Eduard Pilnay in Salzburg, St. Julienstraße 13 (a. B.).

Bauxitbergbau Untersberg in Großgmain des Friedrich Mayr-Melnhof, Großgrundbesitzer in Salzburg (a. B.).

Tirol: Eisensteinbergbau Arztal bei Steinach am Brenner der Tiroler Montanwerke G. m. b. H. Bevollmächtigter: Eduard L o b in Innsbruck (a. B.).

Eisenerzbergbau Stubai bei Fulpmes der Gewerkschaft Stubaier Erzbergbau. Bevollmächtigter: Bergverwalter Albert N ö h in Schwaz.

Eisenerzbergbaue Gebra und Lannern bei Fieberbrunn der Eisen- und Stahlwerke Pillersee Aktiengesellschaft. Bevollmächtigter: Anton Köllensperger in Innsbruck (a. B.).

Eisensteinbergbau Schwader bei Jenbach der Jenbacher Berg- und Hüttenwerke J. und Th. Reitlinger. Bevollmächtigter: Ing. Friedrich Reitlinger, Gewerke in Jenbach (a. B.).

Eisensteinbergbau Weitofen bei Schwaz des Hugo Raber in Innsbruck und Gen. (a. B.).

Eisensteinbergbau Imsterberg bei Imst des Direktors Paul Bewersdorff in Imst (a. B.).

Kärnten: Spateisensteinbergbau Hüttenberg-Heft bei Hüttenberg, 14.408 t Weiß- und Braunerz und (a. B.) Eisensteinbergbaue Sonntagberg bei St. Veit a. d. Glan, Christofberg bei Brückl, Olsa und St. Salvator bei Friesach, Urtl bei Guttaring der Österreichisch-Alpinen Montangesellschaft in Wien. Bevollmächtigter: Direktor Ing. Ludwig Würtz in Hüttenberg.

Eisensteinbergbau Bärenbach und (a. B.) Heftkogel bei Hüttenberg des Emil Krieger in Wien und Gen. Bevollmächtigter: Bergdirektor Theodor B l u m in Klagenfurt.

Eisenglimmerbergbau Waldenstein bei Twimberg und (a. B.) Eisensteinbergbaue St. Gertraud und St. Leonhard bei Wolfsberg der Grafen Henckel von Donnersmarck-Beuthen. Bevollmächtigter: Berginspektor Ing. Hans S c h n ü r in St. Stefan i. L., 547 t Eisenglimmer.

Eisensteinbergbaue Gmünd, Altenberg, Innere Krems bei Gmünd des Paris Lodron. Bevollmächtigter: Forstmeister Adolf T a u b e r in Gmünd (a. B.).

Eisensteinbergbaue Neuberg und Krems bei Gmünd des Dr. Adolf Schwarzenberg, Großgrundbesitzer in Frauenberg a. M. Bevollmächtigter: Ing. Adolf Z d a r s k y in Leoben (a. B.).

Eisensteinbergbau Reichenau bei Ebene Reichenau des Karl Roßmann in Ebene Reichenau (a. B.).

Raseneisenstein-Tagmaß Rosa bei Schwabegg des Franz Pototschnig in Oberdorf bei Schwabegg (a. B.).

Raseneisenstein-Tagmaß Ton bei Grafenstein der Maria Schreyer in Klagenfurt. Bevollmächtigter: Ing. Franz E g g e r in Klagenfurt, 350 t Farberde.

Raseneisenstein-Tagmaß Emilie in Ton bei Grafenstein des Dr. Franz Dworschak in Klagenfurt.

Eisenstein-Tagmaße Eugenie und Margarethe bei Reisach des Ing. Rudolf Körner in Reisach und des Erich Wahliß in Wien. Bevollmächtigter: Bergdirektor Theodor B l u m in Klagenfurt (a. B.).

Manganerzbergbau Poludnig bei St. Stefan im Gailtal der Societa anonima Italiana Gio Ansaldo in Rom. Bevollmächtigter: Emilio Rimediotti in Förolach (a. B.).
Steiermark: Spateisensteinbergbaue Innerberger Erzberg, Vordernberger Erzberg, Radmer bei Eisenerz, 943.000 t, und (a. B.) Aigen, Krumau, Johnsbach bei Admont, Handelalpe, Polster, Kohlberg, Kogeranger bei Vordernberg, Bohnkogel und Altenberg bei Kapellen der Österreichisch-Alpinen Montangesellschaft in Wien. Bevollmächtigter: Bergdirektor Ing. Rudolf Schauer in Eisenerz.

Eisen- und Manganerzbergbaue Mixnitz bei Mixnitz und (a. B.) Greith-Eibelkogel bei Aflenz des Ing. Hans Pengg in Thörl. Bevollmächtigter: Emil Seidler in Leoben.

Brauneisensteinbergbaue Thal bei Gösting des Max Herberstein. Bevollmächtigter: Anton Jedlička, Güterdirektor in Eggenberg bei Graz und (a. B.) des Karl Sikora. Bevollmächtigter: Bergdirektor Friedrich Krebs in Graz.

Eisensteinbergbau Kohlbach a. d. Stubalpe bei Köflach der Graz-Köflacher Eisenbahn- und Bergbaugesellschaft. Bevollmächtigter: Berginspektor Ing. Rudolf Haberl in Graz (a. B.).

Magneteisensteinbergbau Platte bei Graz des Alfred Pick in Graz, Radetzkystraße 5. (a. B.).

Eisensteinbergbau Turrach des Joh. Nep. Schwarzenberg in Wien. Bevollmächtigter: Ing. Adolf Zdarsky in Leoben (a. B.).

Spateisensteinbergbau Veitsch und Manganerzbergbau Großveitsch bei Veitsch des Lothar Wachtler in Hohenwang (a. B.).

Eisensteinbergbau Nußdorf bei St. Georgen ob Judenburg des Josef Bader und Gen. Bevollmächtigter: Ing. Adolf Zdarsky in Leoben (a. B.).

Eisensteinbergbaue Seebacher Alpe und Obdachegg bei Obdach der Karoline Forcher in St. Peter ob Judenburg (a. B.).

Eisenerzbergbau Oberzeiring bei Judenburg des Ing. Hermann Setz, Oberbaurat in Wien IV., Prinz-Eugen-Straße 16 und Gen. (a. B.).

Eisensteinbergbau Pöllau bei Neumarkt des Benediktinerstiftes St. Lambrecht (a. B.).

Eisensteinbergbau St. Nikolai bei Stein a. d. Enns des Dr. Alfred Mittler in Wien und Gen. (a. B.).

Eisensteinbergbau Dirnsdorf bei Kammern des Bergdirektors Friedrich Krebs in Graz und des Emil Seidler in Leoben (a. B.).

Eisensteinbergbau Allerheiligen bei Marein der Marie Fränkel in Krakau. Bevollmächtigter: Johann Kaffer in Wien (a. B.).

Toneisensteinbergbau Lichtensteinerberg in St. Stefan bei Kaisersberg der Steirischen Montanwerke von Franz Mayr-Melnhof. Bevollmächtigter: Bergdirektor Bergrat Josef Lidl in Leoben (a. B.).

Nickel-, Kobalt- und Chromerzbergbaue

Salzburg: Nickel- und Kupfererzbergbau Haibach bei Mittersill des Benno Sommer in Oranienburg und Gen. Bevollmächtigter: Ing. Adolf Reitsch in Zell a. See (a. B.).

Nickel- und Kupfererzbergbau Nöckelberg bei Leogang der Kupfergewerkschaft Viehhofen (a. B.).

Steiermark: Chromerzbergbau Kraubath bei Kraubath der Krupp-Aktiengesellschaft in Essen a. d. Ruhr. Bevollmächtigter: Bergdirektor Theodor Blum in Klagenfurt (a. B.).

Nickel- und Kobaltbergbau Schladming bei Schladming des Wilh. Frh. von Guttenberg-Cronenberg in München. Bevollmächtigter: Ing. Robert Kochan in Waltendorf bei Graz (a. B.).

Blei-, Zink- und Molybdänerzbergbaue

Salzburg: Zink-, Bleierz- und Flußspatbergbau Hollersbach bei Mittersill der Pinzgauer Bergwerksgesellschaft m. b. H. Bevollmächtigter: Bergdirektor Adolf Wagner in Hollersbach.

Tirol: Blei-, Zink- und Molybdänerzbergbaue Dirstentritt bei Nassereith, 4820 t Bleierze, dann (a. B.) Haverstock bei Nassereith der Gewerkschaft Dirstentritt. Bevollmächtigter: Bergdirektor Ing. Karl Hegewald in Klagenfurt.

Blei- und Zinkerzbergbaue Nassereith (St. Veit) in Tarrenz bei Nassereith, 5327 t Blei- und Zinkerze, und (a. B.) Karrösten und Imst bei Imst der Gewerkschaft Rotenstein in Imst. Bevollmächtigte: Ing. Hellmuth Thurner in Imst, Bergverwalter Josef Wörz in Nassereith.

Blei- und Zinkerzbergbaue Feigenstein bei Nassereith und Silberleithen bei Biberwier der Gewerkschaft Silberleithen in Biberwier. Bevollmächtigter: Hans Wurzinger, beh. aut. Bergbauingenieur in Innsbruck (a. B.).

Blei- und Zinkerzbergbaue Nägelseekahr bei Ehrwald, Geyerkopf und Söllberg bei Nassereith der J. H. Dudek Söhne in Dresden-Blasewitz. Bevollmächtigter: Hans Wurzinger, beh. aut. Bergbauingenieur in Innsbruck (a. B.).

Blei- und Zinkerzbergbaue St. Christof bei St. Anton am Arlberg des Dr. Karl Dobnigg, Stephan Müller und Werner Übeleisen in Bregenz.

Blei- und Zinkerzbergbau Lafatsch in Absam bei Scharnitz der Tiroler Montanwerke G. m. b. H. Bevollmächtigter: Ing. Eduard Lob in Innsbruck (a. B.).

Zink- und Bleierzbergbau Obernberg bei Gries am Brenner des Viktor Ferber in Innsbruck. Bevollmächtigter: Max Isser, beh. aut. Bergbauingenieur in Hall in Tirol (a. B.).

Bleierzbergbau Fieberbrunn bei Fieberbrunn des Paul Bewersdorff in Imst (a. B.).

Blei- und Silbererzbergbau Tösens der Gewerkschaft Silber- und Bleierzbergbau Tösens. Bevollmächtigter: Hans Wurzinger, beh. aut. Bergbauingenieur in Innsbruck (a. B.).

Vorarlberg: Blei- und Zinkerzbergbau Lech bei Langen i. V. des Stephan Müller in Schruns, Dr. K. Dobnigg und Werner Übeleisen in Bregenz (a. B.).

Kärnten: Blei-, Zink- und Molybdänerzbergbaue Bleiberg-Kreuth bei Bleiberg. Werksdirektor: Ing. Magnus Hempel, 102.319 t Blei, Zink- und Gelbbleierz, Eisenkappel bei Eisenkappel, 1401 t Blei- und Gelbbleierz und Feistritz bei Bleiburg sowie (a. B) In der Au, Burg Pöllanberg Töplitsch und Klamm bei Kellerberg, Spitznöckl bei Stockenboi, Rudnigalpe bei Rosegg, Windisch-Bleiberg bei Unterbergen, Koprein bei Eisenkappel der Bleiberger Bergwerks-Union. Bevollmächtigter: Bergdirektor Ing. Karl Hegewald in Klagenfurt.

Bleierzbergbau Rischberg bei Bleiburg der Central European Mines Limited. Bevollmächtigter: Oberbergdirektor Bergrat Otto Neuburger in Kagenfurt.

Blei- und Zinkerzbergbau Rubland bei Feistritz a. d. Drau des Arthur Gersheim in Paternion. Bevollmächtigter: Hofrat Dr. Ing. Richard Canaval in Klagenfurt, 70 t Blei- und Zinkerz.

Bleierzbergbaue Mitterberg und Kienleiten bei Kreuzen des Dr. Emmerich Back in Wien. Bevollmächtigter: Johann Fischer in Kreuzen, 1000 t Bleierz.

Zink- und Bleierzbergbau Kolm bei Dellach im Drautal der Drautaler Blei- und Zinkgewerkschaft in Klagenfurt. Bevollmächtigter: Ing. Max Maurer-Löffler in Graz.

Bleierzbergbaue Bleiberg-Kreuth bei Bleiberg, Tschöckl bei Kreuzen, Gradlitzen bei Görtschach-Förolach der Treibacher chemischen Werke, G. m. b. H. Bevollmächtigter: Generaldirektor Dr. Franz Fattinger in Treibach (a. B.).

Bleierzbergbau Kellerberg bei Kellerberg des Dr. Othmar Egger in Villach und Paul Mühlbachers Erben in Klagenfurt (a. B.).

Zink- und Bleierzbergbau Jauken bei Dellach in Drautal der Trifailer Kohlenwerksgesellschaft in Wien. Bevollmächtigter: Friedrich Ebert in Klagenfurt (a. B.).

Bleierzbergbau Windische Höhe und Matschiedl bei St. Stefan im Gailtal und Radnig bei Hermagor von Theodor Aichelburgs Erben in St. Stefan im Gailthal (a. B.).

Bleierzbergbau Remschenik bei Rosegg des Vinzenz Thurn-Valsassina. Bevollmächtigter: Bergdirektor Theodor Blum in Klagenfurt (a. B.).

Bleierzbergbau Vellach in Metnitz bei Friesach. Bevollmächtigter: Regierungsrat Dr. Josef Hussa in Hermagor (a. B.).

Bleierzbergbau Meiselding bei Treibach-Althofen des Dr. Karl Auer-Welsbach in Treibach. Bevollmächtigter: Dr. Jakob Reinlein in Klagenfurt (a. B.).

Steiermark: Bleierzbergbaue Rabenstein bei Frohnleiten, 4764 t Bleierz, und Übelbach bei Guggenbach, dann (a. B.) Deutsch-Feistritz bei Peggau, Thalgraben bei Frohnleiten, Kaltenegg bei Rettenegg der Ludwigshütte Bergwerksgesellschaft m. b. H. Bevollmächtigter: Ing. Wilhelm Zschucke in Frohnleiten.

Zink- und Bleierzbergbaue Haufenreith bei Passail, 3646 t Blei- und Zinkerz, Arzberg bei Weiz, dann (a. B.) Burgstall und Kaltenegg bei Arzberg in Passail der Haufenreither Blei- und Zinkerzbergbau-Aktiengesellschaft in Haufenreith.

Zink-, Blei- und Schwefelkiesbergbau Groß-Stübing bei Stübing der Adriana Mayer in Wien. Bevollmächtigter: Ing. Edmund Krobath in Groß-Stübing, 941 t Bleierz.

Antimon- und Arsenbergbaue

Salzburg: Arsenkiesbergbau Rothgülden in Hintermuhr bei St. Michael im Pongau der Arsenbergwerke Rothgülden G. m. b. H., Wien XIX., Billrothstraße 70. Bevollmächtigter: Walter Meinx in Ollschützen bei Muhr (a. B.).

Tirol: Arsenkiesbergbau St. Johann i. W. bei Lienz des Ludwig Callenberg in Wien. Bevollmächtigter: Paul Bewersdorff in Imst (a. B.).

Arsenkiesbergbau Schlaiten in St. Johann i. W. bei Lienz der Gewerkschaft Arsenkiesbergbau Schlaiten. Bevollmächtigter: Ludwig Callenberg in Wien (a. B.).

Antimonbergbau Nikolsdorf bei Nikolsdorf des Karl Veith in Bregenz. Bevollmächtigter: Max Isser, beh. aut. Bergbauingenieur in Hall i. T. (a. B.).

Kärnten: Antimonbergbau Lessnig bei Sachsenburg der Carinthia Gewerkschaft in Villach. Bevollmächtigter: Hofrat Dr. Ing. Richard Canaval in Klagenfurt (a. B.).

Steiermark: Arsenerzbergbau Puchegg bei Vorau der Arsenikberg- und Hüttenwerke Reicher Trost zu Reichenstein in Schlesien. Bevollmächtigter: Dr. Friedrich Czermak in Graz (a. B.).

Burgenland: Antimonbergbau Schlaining bei Tatzmannsdorf der Schlaininger Bergbau-Aktiengesellschaft. Bevollmächtigter: Bergdirektor Ing. Viktor Sommeregger in Schlaining, 1088 t Antimonerz.

Graphitbergbaue

Niederösterreich: Mühldorf bei Spitz a. D., 3165 t Rohgraphit, dann (a. B.) Ötz bei Spitz a. D., Nasting bei Weitenegg der Mühldorfer Graphitbergbaugesellschaft m. b. H. in Mühldorf. Bevollmächtigter: Bergdirektor Leo John in Mühldorf.

Fürholz bei Persenbeug, 200 t Rohgraphit, dann (a. B.) Seitersdorf und Hart bei Artstetten, Hengstberg und Wolfstein bei Prinzersdorf der Niederösterr. Graphitwerke Ges. m. b. H. in Wien. Bevollmächtigter: Bergdirektor Dr. Ing. Willy Schöppe in Wien VI., Gumpendorferstraße 8.

Wollmersdorf bei Wappoltenreith 758 t Rohgraphit, dann (a. B.) Trabenreith bei Japons, Unter-Thumeritz, Ober-Thumeritz, Zettlitz bei Wappoltenreith des Dr. Adolf Schwarzenberg in Prag. Bevollmächtigter: Bergdirektor Ing. Dr. Willy Schöppe in Wien VI., Gumpendorferstraße 8.

Röhrenbach bei Horn, 2764 t Rohgraphit, dann (a. B.) Dappach und St. Marein bei Horn der Graphitwerke Horn Aktiengesellschaft in Horn. Bevollmächtigter: Josef Lehr in Horn.

Feistritz bei Weitenegg des Ing. Karl Barth in St. Pölten (a. B.).

Loja bei Persenbeug der Erben nach Sigmund Mautner in Pöchlarn (a. B.).

Rastbach bei Gföhl des Ludwig Otto Erber in Wien V., Kettenbrückengasse 21 (a. B.).

Voitsau bei Kottes des Julius Schramek in Wien. Bevollmächtigter: Ing. Karl Barth in St. Pölten (a. B.).

Oberösterreich: Herzogsdorf bei Gerling der Adolf und Julie Reichl in Koth bei Herzogsdorf (a. B.).

Kärnten: Klamberg bei Radenthein der Grafen Henckel v. Donnersmarck-Beuthen. Bevollmächtigter: Berginspektor Ing. Hans Schnür in St. Stefan i. L. (a. B.).

Steiermark: Kaisersberg-Leims bei Kaisersberg, 2134 t Rohgraphit, dann (a. B.) Kallwang bei Kallwang, Kapellen bei Mürzzuschlag der Steirischen Montanwerke von Franz Mayr-Melnhof. Bevollmächtigter: Bergdirektor Bergrat Ing. Josef Lidl in Leoben.

Hohentauern bei Trieben, 3901 t Rohgraphit, darin (a. B.) Wald bei Mautern der A. Millers Erben. Bevollmächtigter: Ing. Anton Rosmini in Trieben.

St. Lorenzen bei Trieben, 707 t Rohgraphit, der Hermine Tafler in Wien. Bevollmächtigter: Karl Habenbacher in Lassing.

Trieben bei Trieben, 1098 t Rohgraphit, der Brockhues-Triebener Graphitbergbau G. m. b. H. Bevollmächtigter: Wilhelm Herber in Trieben.

Wald bei Mautern des Eduard Elbogen in Wien. Bevollmächtigter: Adolf Zdarsky, beh. aut. Bergbauingenieur in Leoben (a. B.).

St. Kathrein bei Bruck a. d. Mur von Arno Roses Erben (a. B.).

Palbersdorf bei Thörl der Aflenzer Graphit- und Talkgewerkschaft. Bevollmächtigter: Bergdirektor Karl Reiter in Mautern (a. B.).

Bruck a. d. Mur der Elektro-Osmose-Aktiengesellschaft in Wien. Bevollmächtigter: Dr. Ing. Willy Schöppe in Wien VI., Gumpendorferstraße 8 (a. B.).

Klein-Veitsch bei Mitterdorf der Veitscher Graphitwerke in Veitsch (a. B.).

Erdöl- und Ölschieferbergbaue

Oberösterreich: Erdölbergbau Taufkirchen a. d. Pram bei Schärding der Pram-Erdöl-Explorationsgesellschaft m. b. H. in Taufkirchen a. d. Pram. Bevollmächtigter: Bergdirektor Gottfried Schneider in Taufkirchen.

Erdgasbergbau Wels der Welser Erdgasgesellschaft m. b. H. in Wels. Bevollmächtigter: Ludwig Albrecht in Wels.

Erdgasbergbau Bad Hall des Bundeslandes Oberösterreich. Bevollmächtigter: Bergrat Ing. Dr. Karl Haider in Linz, Promenade 31.

Die Bergbaue Österreichs 157

Tirol: Ölschieferbergbaue Hochanger-Ankerschlag bei Seefeld, 365 t Ölschiefer, dann (a. B.) Mösern und Ebzirlalpe bei Seefeld, Raggenklamm und Wengertal bei Scharnitz, Christenalpe bei Zirl, Lehenwald bei Telfs der Ichtyolgesellschaft Cordes, Hermanni und Ko. in Hamburg. Bevollmächtigter: Rudolf Schatz in Seefeld.

Ölschieferbergbau Reith bei Seefeld des G. Hell u. Ko. in Troppau. Bevollmächtigter: Anton Rantner in Seefeld (a. B.).

Ölschieferbergbaue Reutte bei Reutte und Hinterriss bei Eben der Tiroler Ölwerke G. m. b. H. in Reutte i. T. Bevollmächtigter: Dr. Hermann Stern in Reutte (a. B.).

Ölschieferbergbau am Seeberg i. d. Pertisau und Bächental bei Jenbach der Tiroler Steinölwerke M. Albrecht u. Ko. G. m. b. H. in Innsbruck. Bevollmächtigter: Martin Albrecht in Pertisau (a. B.).

Ölschieferbergbau Breitenwang bei Reutte des Josef Moosbrugger in Breitenwang (a. B.)

Ölschieferbergbau Kufstein der Bergbaugesellschaft m. b. H. Kufstein. Bevollmächtigter: Ing. Andreas Gerber in Kufstein (a. B.).

Ölschieferbergbau Schwoich bei Kufstein der Alpinen Chemischen Aktiengesellschaft Kufstein-Schaftenau. Bevollmächtigter: Ing. Viktor Elleder in Schaftenau (a. B.).

Braunkohlen- und Ölschieferbergbau Häring bei Kirchbichl des Bundesstaates Österreich. Bevollmächtigter: Bergrat Ing. Franz Mathes in Kirchbichl.

Kärnten: Ölschieferbergbau Windische Höhe bei St. Stefan a. d. Gail des Hermann Rohrer in Lienz (a. B.).

Steinkohlenbergbaue

Niederösterreich: Steinkohlenbergbaue in den Lunzer (Trias) Schichten: Schrambach bei Lilienfeld, 1306 t, und (a. B.) Tragidist bei Kirchberg a. d. Pielach der Schrambacher Steinkohlengewerkschaft. Direktor: Ing. Alexander Diamantidi in Freiland. Bevollmächtigter: Bergverwalter Jakob Tschebull in Schrambach.

Pöllenreith, 1007 t, und Pramelreith, 1015 t, bei Lunz am See, Kogelsbach und Mosau bei St. Georgen am Reith, Grossau bei St. Peter i. d. Au, Groß-Hollenstein bei Groß-Hollenstein der Elise Gerson und des Mosco de Majo in Wien I., Fichtegasse 2 a.

Gaming bei Gaming, 3426 t, der Aktiengesellschaft zum Betriebe der Ybbstaler Steinkohlenwerke de Majo, Wien I., Löwelstraße 18. Bevollmächtigter: Direktor Anton Kunz in Wien I., Fichtegasse 2 a.

Mitteregg i. d. Sois, 500 t, bei Kirchberg a. d. Pielach des Leo Königer u. Ko. in Wien. Bevollmächtigter: Josef Esslbauer in Perchtoldsdorf, Lohnsteinstraße 143.

Grandstein bei Kirchberg a. d. P. des M. Schmied und Söhne. Bevollmächtigter: August Schmied in Wilhelmsburg (a. B.).

Pielachtaler Steinkohlenwerke in Prinzbach bei Kirchberg a. d. P. und Nattersbachgraben bei Laubenbachmühle des Josef Esslbauer u. Ko. in Perchtoldsdorf, Lohnsteinstraße 143 (a. B.).

Prinzbach bei Kirchberg a. d. P. des Karl und der Emilie Kuhlemann in Wien. Bevollmächtigter: Dr. Emil Kammerer in Wien, Krugergasse 17 (a. B.).

Annaberg bei Wienerbruck der Gewerkschaft Annaberg in Annaberg. Bevollmächtigter: Dr. Ing. Gottfried Lessing in Imst i. T. (a. B.).

Steinkohlenbergbau in den Grestener Schichten (Jura) Hinterholz und Ederlehen bei Ybbsitz, 286 t, der Elise Gerson und des Mosco de Majo in Wien I., Fichtegasse 2 a.

Steinkohlenbergbaue in den Gosau- (Kreide-) Schichten Grünbach, 128.939 t, und (a. B.) Puchberg und Lanzing bei Grünbach am Schneeberg der Grünbacher Steinkohlenwerke Aktiengesellschaft in Grünbach am Schneeberg. Bergdirektor: Ing. Robert Ott.

Steinkohlenbergbaue in den Gosau (Kreide-) Schichten Gute Hoffnung bei Unter-Höflein, dann (a. B.) Muthmannsdorf, Dreistätten und Maiersdorf bei Winzendorf, Ober-Höflein und Lattergraben bei Willendorf der Berg- und Hüttenwerke Gute Hoffnung. Direktor: Anton Widmann in Puchberg am Schneeberg.

Oberösterreich: Steinkohlenbergbaue in den Lunzer (Trias-) Schichten: Weyer bei Weyer der Kohlenbergbau Weyer Aktiengesellschaft. Bevollmächtigter: Hofrat Ing. Franz Heißler in Linz, Walterstraße 22.

Reichraming der Reichraming Kohlenberbaugesellschaft m. b. H. in Wien. Bevollmächtigter: Alexander Schäffer in Atzgersdorf, Grenzgasse 1 (a. B.).

Steinkohlenbergbaue in den Gosau- (Kreide-) Schichten:
Unterlaussa bei Weißenbach-St. Gallen der Gummi- und Kabelwerke Josef Reithoffers Söhne Aktiengesellschaft in Steyr. Bevollmächtigter: Josef Köstler, beh. aut. Bergbauingenieur in Steyr.

Rossleithen bei Windischgarsten des Ing. Otto Budinsky, Hofrat, Wien IX., Pramergasse 5 (a. B.).

Salzburg: Steinkohlenbergbaue in den Gosau- (Kreide-) Schichten Russbach und Schorn bei Abtenau des Bergdirektors Ing. Ernst Gmeyner in Wien II., Schüttelstraße 3 (a. B.).

Steiermark: Steinkohlenbergbau in den Lunzer Schichten Tiefengraben bei Groß-Reifling des Ludwig und der Christine Hintz in Bruck a. d. Mur (a. B.).

Steinkohlenbergbau (Karbon) Werchzirmalpe bei Turrach des Johann Nep. Schwarzenberg in Wien. Bevollmächtigter: Ing. Adolf Zdarsky in Leoben (a. B.).

Braunkohlenbergbaue

Niederösterreich: Braunkohlenbergbau Zillingsdorf bei Ebenfurt der Braunkohlenbergbau-Gewerkschaft Zillingsdorf. Direktor: Ing. Eugen Karel in Wien IX., Mariannengasse 4. Bergdirektor: Ing. Fritz Waldhauser in Ebenfurt, 38.067 t.

Braunkohlenbergbau Hart bei Gloggnitz der Aktiengesellschaft Harter Kohlenwerke in Wien I., Landskrongasse 5. Bergdirektor: Ing. Hans Böhm in Hart bei Gloggnitz, 44.263 t.

Braunkohlenbergbaue Neusiedl, dann (a. B.) Pöllau und Grillenberg-Veitsau bei Berndorf-Stadt der Berndorfer Metallwarenfabrik Artur Krupp. Bevollmächtigter: Berginspektor Karl Kößler in Berndorf. 41.465 t.

Braunkohlenbergbaue Zieglerschächte, Obritzberg, Klein-Rust, Groß-Rust bei Statzendorf, 51.620 t, dann (a. B.) Thallern bei Furth-Göttweig der Statzendorfer Kohlenwerke Zieglerschächte A. G. in Wien I, Dominikanerbastei 10. Bergdirektor: Ing. Rudolf Eichler in Statzendorf.

Braunkohlenbergbau Thallern-Tiefenfucha bei Furth-Göttweig des Franz Mayr-Melnhof. Bevollmächtigter: Bergverwalter Alfred Klettenhammer in Furth bei Krems (a. B.).

Braunkohlenbergbau Leobersdorf-Schönau der Schönau-Leobersdorfer Braunkohlengewerkschaft in Wien. Bevollmächtigter: Direktor Ing. Karl Waller in Enzesfeld (a. B.).

Oberösterreich: Braunkohlenbergbaue im Hausruck:

Wolfsegg, Thomasroith, Ampflwang und Illing der Wolfsegg-Traunthaler Kohlenwerks-Aktiengesellschaft in Linz, Walterstraße 22. Zentraldirektor: Hofrat Ing. Franz Heißler, Bergdirektor Ing. Franz Mischitz in Linz. 487.260 t.

Wassenbrunn bei Ottnang des Johann Grabenberger in Wassenbrunn. Betriebsleiter: Ing. Rudolf Heller in Thomasroith. 402 t.

Reiserstollen bei Eberschwang des Tonwerkes Eberschwang Jakob Knoglinger u. Ko. in Eberschwang. Betriebsleiter: Ing. Dr. Adolf Krenn in Thomasroith. 661 t.

Feitzingstollen in Aschegg bei Frankenburg der Elektrizitätswerke Stern und Hafferl Aktiengesellschaft in Gmunden. Betriebsleiter: Ing. Otmar Kelb in Salzburg. 3561 t.

Noxberg in Pramet bei Eberschwang der Franziska Enzinger in Pramet. 1669 t.

Antoniusstollen in Hötzing bei Eberschwang des Grafen Ferd. zu Arco-Valley in St. Martin im Innkreis. Bevollmächtigter: Dr. Karl Graf, Rechtsanwalt in Ried i. J. (a. B.).

Braunkohlenbergbau St. Radegund bei Wildshut der Aktiengesellschaft für Glas- und optische Industrie in Wien. Bevollmächtigter: Oberbergrat Ing. Emil Sporn in Salzburg (a. B.).

Braunkohlenbergbau Wildshut bei Wildshut der Kohlenbergbau Wildshut G. m. b. H. in Linz, Walterstraße 22. Bevollmächtigter: Zentraldirektor Hofrat Ing. Franz Heißler in Linz (a. B.).

Tirol: Braunkohlenbergbau Häring bei Kirchbichl des Bundesstaates Österreich. Bevollmächtigter: Bergrat Ing. Franz Mathes in Kirchbichl. 26.908 t.

Braunkohlenbergbau St. Johann i. Tirol bei St. Johann i. T. des Sebastian Obermoser in Reitham-St.-Johann i. T. Bevollmächtigter: Peter Lechner, Oberbergkontrollor in Kitzbühel (a. B.).

Vorarlberg: Pechkohlenbergbaue Wirtatobl, Langen und Fluh bei Bregenz der Gewerkschaft Vorarlberger Kohlenbergbaugesellschaft Wirtatobl-Bregenz. Direktor: Franz Hofstetter in Bregenz (a. B.).

Kärnten: Braunkohlenbergbaue St. Stefan bei St. Stefan im Lavanttal, 91.086 t, dann (a. B.) Andersdorf bei St. Georgen im Lavanttale, Wiesenau bei St. Leonhard im Lavanttal sowie Keutschach-Turia in Schiefling bei Velden, 65 t, der Grafen Henckel von Donnersmarck-Beuthen. Bevollmächtigter: Berginspektor Ing. Hans Schnür in St. Stefan im Lavanttale.

Braunkohlenbergbau Weitenbach bei Reichenfels im Lavanttale der Papierfabrik Karl Schweitzer Aktiengesellschaft in Frohnleiten. Bevollmächtigter: Berginspektor Vinzenz Havelka in Eggenberg bei Graz (a. B.).

Braunkohlenbergbau Lobnig bei Eisenkappel des Rudolf Kraut in Lobnig. Bevollmächtigter: Max Komposch in Eisenkappel. 1820 t.

Braunkohlenbergbau Stein a. d. Drau bei Rückersdorf der Drautaler Kohlengewerkschaft (a. B.).

Braunkohlenbergbau Sonnberg in Guttaring, 17.110 t, und (a. B.) Sittenberg bei Klein-St. Paul der Österr.-amerikanischen Magnesit-Aktiengesellschaft in Radenthein. Bergdirektor: Ing. Karl Rieger in Sonnberg.

Steiermark: Braunkohlenbergbaue im Voitsberg-Köflacher Kohlenbecken:

Zangtal bei Voitsberg, 34.583 t, Bergverwalter: Ing. Willibald Kothbauer,

Oberdorf bei Voitsberg, 68.472 t. Bergverwalter: Ing. Kurt Böttger,

Rosental bei Köflach, 134.893 t. Bergverwalter: Ing. Franz Bergmann,

Köflach bei Köflach, 669 t. Bergverwalter: Ing. Rudolf Rollett, dann (a. B.) Pichling bei Köflach der Graz-Köflacher Eisenbahn- und Bergbaugesellschaft in Graz, Grazbachgasse 39. Berginspektor: Ing. Rudolf Haberl in Graz.

Karlschacht und Pichling bei Köflach, 163.378 t, dann (a. B.) Lankowitz bei Köflach und Bärnbach bei Voitsberg der Österreich. Alpinen Montangesellschaft in Wien I., Friedrichstraße 4. Bergdirektor: Ing. Wilhelm Sabinsky. Bergverwalter: Ing. Ernst Löffler in Köflach.

Piberstein-Franzschacht, 136.874 t, und Piberstein-Friedrichschacht, 32.534 t, in Lankowitz der Steirischen Montanwerke von Franz Mayr-Melnhof in Leoben. Bergdirektor: Ing. Hans Martiny in Lankowitz. Bevollmächtigter: Bergrat Ing. Josef Lidl in Leoben.

Marienschacht, früher Hödlgrube in Bärnbach bei Voitsberg, 74.015 t, der Steirischen Kohlenbergwerks-Aktiengesellschaft. Bevollmächtigter: Bergverwalter Ing. Rudolf Wacha in Voitsberg.

Friedhofpfeiler zu Tregist bei Voitsberg der Stadtgemeinde Voitsberg. Bergverwalter: Ing. Willibald Kothbauer in Voitsberg, 10.562 t.

Piber III in Piber bei Voitsberg des Felix Holzner in Graz. Bergverwalter: Josef Gößl in Voitsberg. 21.900 t.

Piber II in Piber bei Voitsberg der Gottessegen-Bergbau-Piber-II-Kommanditgesellschaft. Bevollmächtigter: Ing. Rudolf Haberl in Graz (a. B.).

Rassberg in Bartholomä bei Söding der Gewerkschaft Raky Danubia in Graz. (a. B.).

Mitterdorf bei Voitsberg der Franziska Niederdorfer in Voitsberg (a. B.).

Julianagrube in Greißenegg und Kowald am Grillhübl bei Voitsberg des Rudolf Zabel in München und der Maria Klampfl (a. B.).

Oberdorf bei Voitsberg der Brüder Reininghaus Aktiengesellschaft für Brauerei und Spiritusindustrie in Steinfeld bei Graz (a. B.).

Braunkohlenbergbaue im Wies-Eibiswalder Kohlenbecken:

Steyeregg und Bergla bei Wies, 74.838 t, dann (a. B.) Jagernigg bei Pölfing-Brunn der Graz-Köflacher Eisenbahn- und Bergbaugesellschaft in Graz, Grazbachgasse 39. Berginspektor: Ing. Rudolf Haberl in Graz.

Kalkgrub-Limberg bei Schwanberg der Kohlenwerk-G. m. b. H. in Graz. Bergverwalter: Ing. Rudolf Haberl in Graz. 34.367 t.

Tombach-St. Ulrich, 470 t, dann (a. B.) Pitschgauegg bei Pölfing-Brunn der Erben nach Maria Lampel in Tombach. Bevollmächtigter: Ludwig Köberl in Kalkgrub.

Agatha- und Dismasstollen in Gaisseregg, 3543 t, und Franziskus- und Josefistollen in Jagernigg, 7156 t, der Brüder Schelch. Bevollmächtigter: Karl Schelch in Pölfing-Brunn.

Ludwigstollen in Schönegg bei Pölfing-Brunn des Vinzenz Havelka, Berginspektor in Graz. 2865 t.

Aug-Schönegg bei Pölfing-Brunn des Ferdinand Strohmaier und Gen. Bevollmächtigter: Josef Habisch in Schönegg. 2102 t.

St. Ulrich in Kopreinigg bei Wies des Johann Haring und Gen. in Pölfing-Brunn. Betriebsleiter: Alois Skoff in Pölfing-Brunn. 705 t.

Tombach bei Pölfing-Brunn des Franz Strohmaier in Aug und Gen. (a. B.).

Eibiswald-Wies bei Eibiswald der Glanzkohlenbergbau Eibiswald-Wies G. m. b. H. Bevollmächtigter: Franz Hainzl in Graz (a. B.).

Eibiswald bei Eibiswald der Eibiswalder Glanzkohlenwerke G. m. b. H. in Graz. Direktor: Anton Fischer in Graz (a. B.).

Eibiswalder Braunkohlenbergbau (Aibl) bei Eibiswald des Johann und der Elisabeth Gallob in Pitschgau bei Wies (a. B.).

Eibiswald-Bachholz in Eibiswald des Alfred Pollak in Graz und Friedrich Leser in Wien (a. B.).

Glanzkohlenbergbau Eibiswald bei Eibiswald des Franz Pichler in Eibiswald (a. B.).

Maxstollen in Steyeregg bei Wies der Hainzl u. Ko. Bergbau- und Betriebsgesellschaft m. b. H. in Graz. Bevollmächtigter: Franz Hainzl in Graz (a. B.).

Unterfresengraben, Unterfresen-Wies und Kogl-Eibiswald bei Wies des Martin Werbowetz in Graz (a. B.).

St. Ulrich bei Wies der Friedrich Mathanschen Erben und des Johann Schmidt in St. Ulrich (a. B.).

Gaisseregg bei Wies des Eduard Voglhuber (a. B.).

Braunkohlenbergbaue in den oststeirischen Kohlenbecken:

Maria Trost in Maria Trost bei Graz der Maria Troster Kohlengewerkschaft. Bevollmächtigter: Josef Eßlbauer in Wien VI., Gumpendorferstraße 109 (a. B.).

Mantscha in Eggenberg bei Graz des Felix Holzner in Graz (a. B.).

Weinitzen bei Maria Trost, 43 t, Kleegraben, 4159 t, und Mutzenfeld bei Ilz, 312 t, dann Ilz, Reigersberg und Walkersdorf bei Söchau der Ilzer Kohlenwerke Egon Lenz u. Ko. Bergverwalter: Josef Trčka in Ilz.

Ödenberg, Höllgraben und Ilz bei Ilz des Egon Lenz und Ernst Neuber. Bergverwalter: Josef Trčka in Ilz (a. B.).

Paldau in Paldau bei Feldbach des Hugo Schreithofer und Gen. Bevollmächtigter: Vinzenz Havelka in Graz (a. B.).

Breitenbach in Ottendorf bei Söchau der Amalie Frühwirth in Breitenbach (a. B.).

Schweinz in Ottendorf bei Söchau des Emil und der Paula Podgorschegg in Ilz (a. B.).

Rehgraben in Loipersdorf bei Söchau der Steiermärkischen Braunkohlen- und Erzbergbaugewerkschaft. Direktor: Leo Winter in Wien IX., Nußdorferstraße 4 (a. B.).

Loipersdorf in Loipersdorf der Gisela Löwenthal. Bevollmächtigter: Direktor Leo Winter in Wien (a. B.).

Loipersdorf und Hartbergen bei Loipersdorf des Josef Eßlbauer u. Ko. in Wien (a. B.).

Reitting bei Feldbach des Bundesstaates Österreich. Bevollmächtigter: Ministerialrat Ing. Alfred Rochelt in Wien I., Stubenring 1. (a. B.).

Reigersberg bei Ilz des Robert Dürrigl und Eugen Kaplan in Wien (a. B.).

Ziegenberg in Ottendorf bei Söchau der Österreichischen Kohlengewerkschaft in Gleisdorf. Gewerkschaftsdirektor: Josef Komposch in Graz (a. B.).

Kleinsemmering bei Weiz der Steirischen Kohlenbergwerks-Aktiengesellschaft in Wien. Bevollmächtigter: Ing. Rudolf Wacha in Voitsberg (a. B.).

Weiz und Göttelsberg bei Weiz der Radmannsdorfer Kohlenbergbau-Ges. m. b. H. (a. B.).

Tulwitz in Fladnitz bei Weiz der Haufenreither Blei- und Zinkerzbergbau-Aktiengesellschaft in Haufenreith (a. B.).

Oberdorf bei Weiz der Oststeirischen Industrie- und Handels-Ges. m. b. H. in Graz. Bevollmächtigter: Ing. Rudolf Haberl in Graz (a. B.).

Schiefer und Edelsgraben bei Fehring der Steirisch-Burgenländischen Kohlengewerkschaft in Graz. Bevollmächtigter: Dr. Heinrich Fuchs in Graz (a. B.).

Braunkohlenbergbaue in den nordsteirischen Kohlenmulden:

St. Kathrein am Hauenstein in St. Kathrein bei Birkfeld und (a. B.) Ratten in Ratten der Feistritztaler Industrie- und Bergbau-Aktiengesellschaft in Ratten. Bergdirektor: Ing. Karl Felmayer in Ratten. 49.812 t.

Kogl bei Ratten in Ratten des Karl Reinisch in Graz. Bevollmächtigter: Ing. August Aigner in Graz, Prankergasse 50 (a. B.).

Göriach bei Au-Seewiesen der Göriacher Kohlenwerke Gebrüder Böhler u. Ko. Aktiengesellschaft in Wien. Bergverwalter: Ing. Max Holter in Göriach. 42.462 t.

Parschlug bei Kapfenberg der Mürztaler Kohlenbergbau-G. m. b. H. in Kapfenberg im Betrieb der Steirischen Kohlenbergwerks-Aktiengesellschaft in Wien. Bevollmächtigter: Ing. Hans Klinger. 36.740 t.

Wartberg bei Wartberg der Österreichisch-Alpinen Montangesellschaft in Wien. Bevollmächtigter: Bergdirektor Ing. Richard Pichler in Seegraben bei Leoben (a. B.).

Winkl bei Kapfenberg und Illachgraben bei Langenwang des Lothar Wachtler in Hohenwang (a. B.).

Bruck a. d. Mur in Bruck a. d. Mur der Brucker Glanzkohlenbergbau-G. m. b. H. Bevollmächtigter: Generalsekretär Dr. Felix Busson in Wien I. Friedrichstr. 4 (a. B.).

Seegraben-Münzenberg-Wartinbergschacht in Seegraben bei Leoben, 296.143 t, dann (a. B.) Trofaiach bei Trofaiach der Österreichisch-Alpinen Montangesellschaft in Wien I., Friedrichstraße 4. Bergdirektor: Ing. Richard Pichler.

Fohnsdorf (Wodzickischacht 252.023 t, Karl Augustschacht 178.704 t und Antonistollen 12.817 t) bei Fohnsdorf, dann (a. B.) Knittelfeld bei Knittelfeld der Österreichisch-Alpinen Montangesellschaft in Wien. Bergdirektor: Ing. Emil Kahr in Fohnsdorf.

Feeberg bei Judenburg des Johann Prikouschnig und des Blasius Wachter in Judenburg.

Obdach bei Obdach der Steirischen Montanwerke von Franz Mayr-Melnhof in Leoben (a. B.).

Torfkohlenbergbau Klaus bei Schladming der Ennstaler Kohlengewerkschaft in Graz. Bevollmächtigter: Ing. Albert Künk, Generaldirektor in Pöls (a. B.).

Burgenland: Braunkohlenbergbaue Neufeld a. d. Leitha und Eugenbau in Zillingtal bei Neufeld a. d. Leitha der Braunkohlenbergbau-Gewerkschaft Zillingdorf. Direktor: Ing. Eugen Karel in Wien IX., Mariannengasse 4. Bergdirektor: Ing. Fritz Waldhauser in Ebenfurt. 440.055 t.

Tauchen bei Tatzmannsdorf der Schlaininger Bergbau-Aktiengesellschaft. Bergdirektor: Ing. Viktor Sommeregger in Schlaining. 16,840 t.

Henndorf bei Fürstenfeld der Antonie Homann. Bergdirektor: Josef Komposch in Graz.

Salzbergbaue

Oberösterreich: Salzbergbau und Sudhütte Hallstatt. Vorstand: Bergrat Ing. Karl Krieger, 2,094.538 hl Salzsole, 3850 t Sudsalz, 146 t Abfallsalz.

Salzbergbau und Sudhütte Bad Ischl. Vorstand: Oberbergrat Ing. Ludwig Janiß, 593.900 hl Salzsole, 5534 t Sudsalz, 104 t Abfallsalz.

Sudhütte Ebensee. Vorstand: Oberbergrat Ing. Otto Schmidt. 36.082 t Sudsalz, 622 t Abfallsalz.

Salzburg: Salzbergbau und Sudhütte Hallein. Vorstand: Hofrat Ing. Gustav Langer. 432.462 hl Salzsole, 4 t Steinsalz, 8628 t Sudsalz, 199 t Abfallsalz.

Tirol: Salzbergbau und Sudhütte Hall. Vorstand: Hofrat Ing. Josef Grießenböck. 204.926 hl Salzsole, 6 t Steinsalz, 5972 t Sudsalz, 98 t. Abfallsalz.

Steiermark: Salzbergbau und Sudhütte Aussee. Vorstand: Oberbergrat Ing. Andreas Stern. 1,165.160 hl Salzsole, 3160 t Steinsalz, 12.040 t Sudsalz, 264 t Abfallsalz.

Magnesitbergbaue

Niederösterreich: Magnesitbergbau Eichberg am Semmering der Veitscher Magnesitwerke-Aktiengesellschaft, Wien I., Schwarzenbergplatz 18. Betriebsleiter: Adolf Schaller.

Magnesitwerk Eichberg am Semmering der Magnesitwerke Eichberg-Aue, G. m. b. H., Wien III., Rennweg 11. Betriebsdirektor: Dr. Karl Fiedler.

Tirol: Magnesitbergbau der Alpenländischen Bergbaugesellschaft m. b. H. Mayrhofen in Mayrhofen. Betriebsdirektor Ing. Adolf Kunsek.

Kärnten: Magnesitwerk auf der Millstätter Alpe bei Radenthein der Österreichisch-amerikanischen Magnesit-Aktiengesellschaft in Radenthein. Betriebsdirektor: Ing. Hermann Stehle in Radenthein.

Steiermark: Magnesitbergbaue der Veitscher Magnesitwerke-Aktiengesellschaft, Wien I., Schwarzenbergplatz 18. Sunk bei Trieben, Betriebsdirektor: Josef Hemmer in Trieben; Veitsch bei Mitterdorf. Betriebsdirektor: Ing. Paul Wolczik in Veitsch; Breitenau bei Mixnitz. Betriebsleiter: Wilhelm Wagner in St. Erhard.

Magnesitbergbaue der Steirischen Magnesit-Industrie-Aktiengesellschaft, Wien I., Schwarzenbergplatz 18. Technischer Direktor: Bergrat Dr. Edmund Berndt in Leoben: Arzbach bei Neuberg a. d. Mürz. Ing. Wilhelm Zschucke in Neuberg; Oberdorf a. d. Lamming. Ing. Hans Huppe in Oberdorf; Leitendorf bei Leoben. Ing. Wilhelm Pokorny in Leitendorf; Kraubath. Konrad Luck in Kraubath.

Magnesitbergbau Wald bei Mautern der Österreichisch-Alpinen Montangesellschaft, Wien I., Friedrichstraße 4.

Talkbergbaue

Steiermark: Talkbergbaue des Eduard Elbogen, Bergwerksbesitzer in Wien III., Dampfschiffstraße 10: St. Jakob bei Hartberg. Betriebsleiter: Johann Grobbauer; Stubenberg bei Hartberg. Betriebsleiter: Leo Schretthauser. Baierdorf bei Weiz. Betriebsleiter: Alois Krenn, Floing bei Weiz. Betriebsleiter Leo Schretthauser.

Talkbergbau Rabenwald bei Anger der Bittner-Werke in Wien II., Praterstraße 70. Betriebsleiter: Johann Schwab.

Talkbergbau Oberdorf a. d. Lamming der St. Kathreiner Talkumwerke in Oberdorf a. d. Lamming bei Bruck a. d. Mur. Betriebsleiter: Johann Cihlař.

Talkbergbau Mautern der Österreichisch-Alpinen Talksteinwerke Adolf Brunner u. Ko. Bergverwalter: Franz Kollenz in Mautern.

Talkbergbau Rannach bei Mautern der Firma Bernfeld u. Rosenberg in Wien IX., Währingerstraße 33. Betriebsleiter: Bergdirektor Karl Reiter in Mautern.

Talkbergbau Kammern der Steiermärkischen Talkumgewerkschaft Kammern G. m. b. H. Betriebsleiter: Johann Smolik in Kammern.

Gypsbergbaue

Niederösterreich: Gypsbergbaue der Gypswerke Schottwien-Semmering-Aktiengesellschaft in Wien III., Traungasse 11:
Puchberg am Schneeberg. Betriebsleiter: Hans Reiß in Puchberg.
Unter-Höflein bei Willendorf. Betriebsleiter: Theodor Schirmbacher.
Schottwien am Semmering. Betriebsleiter: Dr. Ing. Ludwig Loch in Schottwein.
Gypsbergbau Annaberg bei Wienerbruck der Gypswerke Erlaufboden in Wien I., Jasomirgottstraße 5. Betriebsleiter: Richard Völker in Annaberg.

Salzburg: Gypsbergbau Grabenmühle bei Kuchl der Ersten Salzburger Gypswerks-Gesellschaft Christian Moldan in Kuchl. Betriebsleiter: Franz Moldan in Kuchl.

Vorarlberg: Gypsbergbau St. Anton im Montafon der Gebrüder Battlogg Gypsfabrik in St. Anton im Montafon. Bevollmächtigter: Ignaz Battlogg in St. Anton.

Gypsbergbau Dalaas der Gyps- und Kalkwerke G. m. b. H. in Feldkirch.

Steiermark: Gypsbergbaue der Gypswerke-Schottwien-Semmering-Aktiengesellschaft in Wien III., Traungasse 11:
Kindberg. Betriebsleiter: Josef Bakosch in Kindberg.
Au-Seewiesen bei Bruck a. d. Mur. Betriebsleiter: Alexander Luef.
Gypsbergbau Admont der Gypswerke Admont Aktiengesellschaft in Wien I., Spiegelgasse 4.

Die Wiener Mineralogische Gesellschaft

Wien, Universität

Von **F. Becke** und **J. E. Hibsch**

Die Wiener Mineralogische Gesellschaft wurde begründet am 27. März 1901; sie verdankt ihre Entstehung der Anregung, die von den Herren F. Berwerth und A. von Loehr gegeben wurde. Die Anregung fiel auf fruchtbaren Boden bei den Vertretern der Mineralogie an der Universität sowie bei den Privatsammlern. Seit den glänzenden Tagen von Mohs, der es verstanden hatte, die Beschäftigung mit den Steinen zur Liebhaberei der vornehmsten Gesellschaft, ja zur Modesache zu machen, war dieser Zweig wissenschaftlicher Lebenskultur in Wien niemals gänzlich ausgestorben und es brauchte bloß ein Sammelpunkt geschaffen zu werden, um die zerstreuten Kräfte zu sammeln. Die Wissenschaft kann von einer solchen Vereinigung großen Gewinn ziehen, wenn sie diesen Bestrebungen entgegenkommt. Auch die Montanistik fühlte sich durch die neuentstandene Vereinigung angezogen.

Dieser Interessentenkreis spricht sich in der Zusammensetzung des Ausschusses der Gesellschaft aus. Als ferneres wichtiges Element trat alsbald noch die Mittelschule hinzu.

Der in der konstituierenden Sitzung gewählte Ausschuß bestand aus den Herren: Hofrat G. Tschermak, Präsident; A. von Loehr, Vizepräsident; F. Becke, Schriftführer; F. Karrer, Kassier; F. Berwerth, A. Friedrich, E. v. Klepsch, F. Perlep, J. Weinberger.

Der junge Verein begann alsbald seine Tätigkeit. Am 6. Mai 1901 trat die Gesellschaft zu ihrer ersten Monatsversammlung zusammen, die sich seither im Winterhalbjahr allmonatlich wiederholen. Die Versammlungen finden im Mineralogisch-Petrographischen Institut statt und bieten ein reiches wechselndes Programm von Vorträgen über wissenschaftliche Themen aus dem Bereich der Mineralogie und verwandter Disziplinen. Die Gesellschaft steht dabei keineswegs auf engherzigem Fachstandpunkt, sondern verfolgt auch wichtige Ergebnisse der Nachbardisziplinen mit Interesse (Vortrag J. Klaudy über Thermitverfahren, F. Exner über Radioaktivität, Jüptner über Siderologie, O. Lehmann über flüssige Krystalle, Svante Arrhenius über Salzlagerstätten, Robert W. Lawson über Zeitmessung in der Geologie auf Grund der radioaktiven Erscheinungen, Jesser über Einfluß des Dampfdruckes auf das Volumen der Gesteine usw.).

Mit den Vorträgen wechseln Vorlagen neuer Mineralfunde, Demonstrationen, Diskussionen. Den Sammlern sehr willkommen sind die monatlich wechselnden Ausstellungen, zu denen bald einzelne Mineralgattungen, bald größere Gruppen, bald auch territorial abgegrenzte Zusammenstellungen ausgewählt werden. Nicht selten geben die Ausstellungen Anlaß zu wissenschaftlichen Arbeiten.

Über die Monatsversammlungen erscheinen regelmäßige Berichte in der Zeitschrift „Tschermaks Mineralogische und Petrographische Mitteilungen", die auch den außerhalb Wiens lebenden Mitgliedern von der Tätigkeit der Gesellschaft Kunde geben. Bisher sind 89 Nummern dieser Mitteilungen erschienen. Die große wirtschaftliche Not in Österreich während der Nachkriegszeit stellte in den Jahren 1920—1924 das Weitererscheinen der Mitteilungen unserer Gesellschaft wie auch von „Tschermaks Mineralogische und Petrographische Mitteilungen" in Frage. Durch Spenden von einer Reihe von Mitgliedern wurden diese Schwierigkeiten überwunden und die Mitteilungen der Gesellschaft konnten weiter erscheinen.

In diesen Zeiten der Not mußte die Vereinstätigkeit während der Wintermonate 1920 fast gänzlich eingestellt werden. Die Räume der Universität konnten nicht geheizt werden. Für eine Vorstandssitzung am 27. Jänner 1920 stellte Herr Hofrat F. Becke die Räume der Kanzlei der Akademie der Wissenschaften zur Verfügung und die Generalversammlung der Gesellschaft konnte erst am 19. April 1920 im Hörsaale des Mineralogisch-Petrographischen Instituts an der Universität abgehalten werden.

Diese Ursachen zeitigten 1920 auch die Idee, die Wiener Mineralogische mit der Wiener Geologischen Gesellschaft zu vereinigen. Beim näheren Studium der Frage einer Verschmelzung ergab sich jedoch, daß es vorteilhafter ist, wenn die beiden Gesellschaften getrennt nebeneinander ihren satzungsgemäßen Zielen zustreben.

Im Sommerhalbjahr veranstaltet die Wiener Mineralogische Gesellschaft Exkursionen ihrer Mitglieder nach mineralogisch interessanten Punkten des Landes, zu Zeiten auch in benachbarte Städte zur Besichtigung der dort befindlichen Sammlungen (1902 Budapest, 1903 Graz) und in wissenschaftliche Institute sowie in Industrieunternehmungen, die der Mineralogie und Petrographie nahe stehen (Geologische Bundesanstalt, Mineralogische Abteilung des naturhistorischen Museums, Steinbearbeitungswerkstätten der Firma E. Hauser u. a.). Diese Sommerexkursionen vereinigten öfter die Geologische Gesellschaft mit der Mineralogischen.

Durch die Wiener Mineralogische Gesellschaft wurden auch besondere Berichte veranlaßt, die der Wissenschaft zugute kommen. Namentlich berichtet Kustos Dr. Koechlin in regelmäßigen Zeitabständen über neuentdeckte Minerale, gibt eine kurze Charakteristik derselben und bespricht ihre Stellung im System. Häufig ist er vermöge des Entgegenkommens der Direktion des Hofmuseums auch in der Lage, Exemplare der neuen Minerale vorzulegen. Diese Vorträge sind von den Sammlern sehr geschätzt und der kurze Bericht hierüber in den Mitteilungen der Wiener Mineralogischen Gesellschaft auch dem Fachmann willkommen.

Anläßlich der Wiener Tagung der Deutschen Mineralogischen Gesellschaft und zur 85. Versammlung der Gesellschaft Deutscher Naturforscher und Ärzte im September 1913 in Wien wurde von der Wiener Mineralogischen Gesellschaft ein Petrographisch-Geologischer Führer durchs niederösterreichische Waldviertel herausgegeben und den Teilnehmern an der Tagung gewidmet. An der Abfassung des Führers beteiligten sich F. Becke, R. Görgey, A. Himmelbauer und F. Reinhold.

Am 22. März 1926 feierte die Gesellschaft festlich ihren 25jährigen Bestand.

Die Wiener Mineralogische Gesellschaft zählt gegenwärtig ein Ehrenmitglied: Hofrat F. Becke, dessen Bild diesen Band schmückt, und 134 Mitglieder. Ehrenpräsident G. v. Tschermak verschied am 4. Mai 1927 im 91. Lebensjahre, das Ehrenmitglied J. Weinberger am 15. Juli 1915.

Präsidenten der Wiener Mineralogischen Gesellschaft:

1901/3	G. v. Tschermak †.	1914/16	F. Berwerth.
1904/5	A. v. Loehr †.	1917/18	F. Becke.
1906/7	F. Becke.	1919/20	J. E. Hibsch.
1908/9	F. Berwerth †.	1921/23	R. Koechlin.
1909/10	G. v. Tschermak.	1924/26	F. Becke.
1910/11	C. Doelter.	1927	E. Dittler.
1912/13	F. Becke.		

Vorstandsmitglieder der Wiener Mineralogischen Gesellschaft in alphabetischer Ordnung mit Angabe der Jahre ihrer Wirksamkeit. Die mit * bezeichneten bilden den gegenwärtigen Vorstand.

F. Becke* (1901—1927).
F. Berwerth (1901—1918) †.
O. Freiherr v. Buschmann (1903—1909) †.
F. Distler* (1927).
E. Dittler* (1922—1927), derzeit Präsident.
C. Doelter (1908—1926).
G. Firtsch (1905—1910) †.
F. Focke (1903—1906) †.
A. Friedrich (1901—1910).
J. Gattnar (1909—1926).
J. E. Hibsch* (1914—1927).
A. Himmelbauer* (1910—1914, 1923—1927).
R. Jesser (1919—1921).
H. Karabacek* (1921—1927).
F. Karrer (1901—1903) †.
E. v. Klepsch (1901—1906) †.
R. Koechlin* (1910—1927).
A. Koehler* (1927).
K. Kürschner (1905—1924) †.
A. v. Loehr (1901—1917) †.
A. Marchet* (1923—1927), derzeit Schriftführer.
H. Michel* (1914—1927).
F. Perlep (1901—1924) †.
C. v. Pronay (1910—1914) †.
O. Rotky* (1910—1927).
A. Sigmund (1903).
M. Stark (1907—1910).
H. Tertsch* (1914—1927).
G. v. Tschermak (1901—1913) †.
J. Weinberger (1901—1908) †.

Satzungen
der Wiener Mineralogischen Gesellschaft

§ 1. Zweck der Gesellschaft. Die Wiener Mineralogische Gesellschaft ist eine geschlossene wissenschaftliche Vereinigung zur Pflege und Förderung der Mineralogie in Österreich.

§ 2. Mittel zum Zweck. Die Wiener Mineralogische Gesellschaft sucht diesen Zweck zu erreichen: *a*) durch Veranstaltung von Versammlungen, Vorträgen, Demonstrationen, Exkursionen, Ausstellungen; *b*) durch Herausgabe von Druckschriften; *c*) durch Anlage von Sammlungen, Bibliotheken etc.; *d*) durch Förderung der Sammlerinteressen der Mitglieder.

§ 3. Sitz der Gesellschaft. Der Sitz der Wiener Mineralogischen Gesellschaft ist Wien. Das Vereinsjahr ist das Kalenderjahr.

§ 4. Aufnahme von Mitgliedern. In die Gesellschaft können Herren und Damen aufgenommen werden, welche *a*) ordentliche Mitglieder oder *b*) außerordentliche Mitglieder sein können. Die Gesellschaft ernennt auch Ehrenmitglieder und korrespondierende Mitglieder, welche Titel weder Pflichten noch Rechte begründen. Der Vorstand lädt nach jedesmal vorhergegangenem einstimmigem Beschlusse jene Personen einzeln brieflich ein, sich der Gesellschaft anzuschließen, von denen er annimmt, daß die persönlichen Verhältnisse passend erscheinen und daß sie das Interesse und den Willen haben, die Zwecke der Gesellschaft zu fördern. Durch Einsendung der Beitrittserklärung ist die Aufnahme vollzogen.

§ 5. Rechte der Mitglieder. Jedes ordentliche Mitglied hat das Recht der Teilnahme an den Versammlungen und Veranstaltungen und das Benützungsrecht der Einrichtungen der Gesellschaft. Es besitzt das Stimmrecht in der Generalversammlung und ist aktiv und passiv wahlfähig. Die außerordentlichen Mitglieder nehmen an den Versammlungen und Veranstaltungen der Gesellschaft nur in dem von dem Vorstande festzusetzenden Umfange teil. Die Teilnahme an der Generalversammlung und ein Wahl- oder Stimmrecht kommt ihnen nicht zu.

§ 6. Pflichten der Mitglieder. Die ordentlichen Mitglieder und außerordentlichen Mitglieder haben den von der Generalversammlung bestimmten Jahresbeitrag zu leisten.

§ 7. Erlöschen der Mitgliedsrechte. Der Austritt aus dem Vereine erfolgt: *a*) durch eine ausdrückliche Erklärung; *b*) durch Ablehnung weiterer Beitragszahlungen; *c*) durch Ausschließung. Diese kann durch einen Beschluß, dem wenigstens zwei Drittel der gesamten Vorstandsmitglieder zustimmen, vom Vorstande ausgesprochen werden.

§ 8. Vereinsvermögen. Das Vermögen der Gesellschaft darf nie unter die Mitglieder verteilt werden.

§ 9. **Verwaltung der Gesellschaft.** Die Gesellschaft übt ihre Tätigkeit aus: a) durch die Generalversammlung; b) durch den Vorstand.

§ 10. **Generalversammlung.** Die ordentliche Generalversammlung wird in der Regel im Monate Jänner abgehalten. Sie wird durch den Präsidenten oder in dessen Verhinderung durch den Vizepräsidenten einberufen. Über Beschluß des Vorstandes oder über Antrag von wenigstens einem Drittel der ordentlichen Mitglieder unter gleichzeitiger Angabe der Tagesordnung muß auch eine außerordentliche Generalversammlung einberufen werden. Die Einladung zur Generalversammlung wird jedem Mitgliede schriftlich unter Bekanntgabe der Tagesordnung zugesendet.

§ 11. Zur Beschlußfähigkeit der Generalversammlung ist die Anwesenheit von wenigstens einem Drittel der in Wien wohnenden Mitglieder erforderlich. Kommt diese Anzahl nicht zusammen, so muß binnen 14 Tagen eine neuerliche Generalversammlung einberufen werden, die bei unveränderter Tagesordnung ohne Rücksicht auf die Anzahl der erschienenen Mitglieder beschlußfähig ist. Die Beschlüsse sowie alle Wahlen erfolgen mit absoluter Majorität der Anwesenden. Bei Stimmengleichheit entscheidet a) bei Wahlen das Los, b) in den anderen Fällen die Stimme des Vorsitzenden.

§ 12. Den Vorsitz in der Generalversammlung führt der Präsident und in dessen Verhinderung der Vizepräsident. Die Tagesordnung bestimmt der Vorstand.

§ 13. Der Generalversammlung sind vorbehalten: a) Bestimmung der Anzahl der Vorstandsmitglieder; b) die Wahl der Vorstandsmitglieder; c) die Genehmigung des Rechenschaftsberichtes; d) die Festsetzung der Jahresbeiträge der Mitglieder; e) Statutenänderungen; f) die Ernennung von Ehrenmitgliedern und korrespondierenden Mitgliedern; g) die Entscheidung über Anträge von Mitgliedern, welche wenigstens 8 Tage vorher dem Vorstande vorgelegt werden müssen; h) die Auflösung des Vereines.

§ 14. **Vorstand.** Der Vorstand der Gesellschaft besteht aus (wenigstens 9) von der Generalversammlung gewählten Mitgliedern, die aus ihrer Mitte einen Präsidenten, einen oder zwei Vizepräsidenten, einen Schriftführer und einen Kassier wählen. Die Kooptierung von Vorstandsmitgliedern bis zu der von der letzten Generalversammlung bestimmten Anzahl ist unzulässig. Die Vertretung des Vereines steht dem Präsidenten und in dessen Verhinderung dem Vizepräsidenten zu.

§ 15. Die Stelle eines Vorstandsmitgliedes ist ein unentgeltliches Ehrenamt für ein Jahr, nach dessen Ablauf jedes Mitglied wiedergewählt werden kann. Sollten die Arbeiten der Gesellschaft die Stellen von bezahlten Organen bedingen, so dürfen diese nicht ordentliche oder außerordentliche Mitglieder sein.

§ 16. Zur gültigen Beschlußfassung des Vorstandes ist die Anwesenheit von mehr als einem Drittel der Mitglieder erforderlich und werden die Beschlüsse mit absoluter Majorität gefaßt. Bei Stimmengleichheit entscheidet die Stimme des Vorsitzenden.

§ 17. Die Befugnisse des Vorstandes sind: *a*) Feststellung einer Geschäftsordnung; *b*) Verwaltung des Vereinsvermögens; *c*) Anordnung und Ausführung aller die Zwecke der Gesellschaft fördernden Maßnahmen: *d*) Aufnahme und Ausschließung von ordentlichen und außerordentlichen Mitgliedern; *e*) eventuell die Ernennung von Beamten.

§ 18. Gesellschaftsurkunden. Jede Gesellschaftsurkunde bedarf zur Gültigkeit der Unterschrift des Präsidenten oder dessen Stellvertreters und eines der geschäftführenden Mitglieder des Vorstandes.

§ 19. Streitigkeiten. Streitigkeiten aus dem Vereinsverhältnisse werden durch ein dreigliedriges Schiedsgericht von ordentlichen Mitgliedern ausgetragen. Das Schiedsgericht wird in der Weise zusammengesetzt, daß jeder Streitteil ein ordentliches Vereinsmitglied zum Schiedsrichter wählt, welche zwei Schiedsrichter ein drittes ordentliches Vereinsmitglied zum Obmanne des Schiedsgerichtes wählen; kommt über die Wahl des Obmannes eine Einigung nicht zu stande, so entscheidet unter den Vorgeschlagenen das Los. Das Schiedsgericht entscheidet mit absoluter Stimmenmehrheit.

§ 20. Auflösung der Gesellschaft. Die Auflösung der Gesellschaft kann nur über schriftliche Zustimmung von wenigstens zwei Dritteilen der ordentlichen Mitglieder durch eine außerordentliche Generalversammlung erfolgen. Im Falle der Auflösung ist das Vermögen der Gesellschaft einem wissenschaftlichen Zwecke zu widmen.

Mineraliensammlungen in Wien

Von A. Himmelbauer

Die Mineralogie macht als ein Glied der Naturwissenschaften die natürlichen Minerale unmittelbar zum Gegenstande ihrer Forschung oder prüft und vergleicht die Erkenntnisse, welche an künstlichen Laboratoriumserzeugnissen gewonnen wurden, mit den an natürlichen Körpern gewonnenen Ergebnissen. Daraus ergibt sich das Verhältnis der wissenschaftlich arbeitenden Mineralogen zum Mineraliensammler. Bieten doch die Mineraliensammlungen einen Ersatz für die Natur selbst, einen im allgemeinen um so vollkommeneren Ersatz, je größer und besser planmäßig angelegt die Sammlung ist. Es erscheint selbstverständlich, daß die großen Sammlungen, die unter dem Einfluße verschiedener Machtmittel von einzelnen Herrschern und von staatlichen Verwaltungsstellen angelegt wurden, in fast allen Ländern an erster Stelle zu nennen sind. Daneben sind aber frühzeitig einzelne private Sammler tätig, die oft gerade dadurch, daß sie ein Sondergebiet pflegen, auch wissenschaftlich wertvolle Arbeit leisten. Hier ist es ein Liebhaber von Edelsteinen, dort eine Persönlichkeit, welche durch ihre Beziehungen zu einem einzelnen Fundorte oder Bergbaue zur Schaffung einer Lokalsammlung angeregt wird, wieder in anderen Fällen ein Forscher, der nach bestimmtem Gesichtspunkte Arbeitsmaterial zusammenträgt. Und gerade dem wissenschaftlich tätigen Mineralogen bringt das Sammeln unmittelbar eine Fülle von Erfahrungen und Kenntnissen.

Verfolgen wir die Geschichte der Wiener Sammlungen möglichst weit zurück, so sehen wir, wie seit mehr als hundert Jahren Wien auch auf mineralogischem Gebiete eine bedeutende Stellung einnimmt. Andreas Stütz hat in seinem „Versuche einer Mineralgeschichte Österreichs u. d. Enns" 1777 und dann in dem „Mineralogischen Taschenbuch", Wien 1807, ein anschauliches Bild von dem Stande der Wiener Sammlungen am Beginne des 19. Jahrhunderts entworfen. Neben der berühmten kaiserlichen Sammlung, deren Entstehung ausführlich beschrieben wird, der Universitäts- und einigen Schulsammlungen werden nicht weniger als 18 private Sammlungen aufgezählt, darunter die berühmte des Herrn van der Nüll mit einer gedruckten Beschreibung von Mohs. Als kennzeichnend mag auch angeführt werden, daß 7 Mineralienhändler in Wien angegeben werden, weiter 6 Edelsteinschleifer und -händler, 7 „Galanterie- und Großsteinschneider".

Wenig mehr als hundert Jahre später, nach dem Ende des unglücklichen Weltkrieges und dem Zusammenbruche der österreichischen Monarchie, mit dem zugleich das Ende der Weltgeltung Wiens besiegelt schien, waren wir auch Zeugen eines fast vollständigen Herabsinkens der mineralogischen Sammlungen in dieser Stadt. Gleichwie aber die Bedeutung Wiens trotz aller künstlichen Grenzen Österreichs sich wieder durchzusetzen beginnt, so regte sich hier die wissenschaftliche und Sammlungstätigkeit auf mineralogischem Gebiete bald wieder lebhafter. Und wenn nunmehr die Wiener Mineralogische Gesellschaft zum zweiten Male einen Bericht über die Mineraliensammlungen Wiens vorlegt, so muß sie im Vergleiche zu dem ersten vor 16 Jahren erschienenen Berichte wohl das Verschwinden mehrerer wertvoller Kollektionen feststellen; sie kann aber neben einer bescheidenen Fortentwicklung der öffentlichen Sammlungen auch ein erfreuliches Neuerstarken der privaten Sammlungstätigkeit, namentlich in jüngster Zeit, anführen.

A. Öffentliche Sammlungen
I. Naturhistorisches Museum. Mineralogische Abteilung

Begründet von Kaiser Franz I. im Jahre 1748 durch Ankauf der Sammlung von Johann R. v. Baillou in Florenz und Einverleibung einzelner Gegenstände aus der kaiserlichen Schatzkammer (Edelopal von Czerwenitza). Älteste öffentliche Mineraliensammlung, zuerst auf- aufgestellt in der kaiserlichen Bibliothek, dann im neuen Saale am Augustinergange, wo sie von 1760—1881 blieb; in diesem Jahre erfolgte die Übersiedlung der Sammlung — nach Abtrennung des geologisch-paläontologischen Teiles — in den neuen Palast vor dem äußeren Burgtor, wo sie als mineralogisch-petrographische Abteilung des k. k. natur- historischen Hofmuseums am 10. August 1889 durch Kaiser Franz Joseph I. neu eröffnet wurde. Direktoren der Sammlung waren: Johann R. v. Baillou, 1749—1758; Ludwig Balthasar R. v. Baillou, 1758 bis 1802; Andreas Xaver Stütz, 1797—1802, zweiter Direktor, dann allein bis 1806; Karl Schreibers, 1806—1851; Paul Partsch, 1851 bis 1856; Moritz Hoernes, 1856—1868; Gustav Tschermak, 1869 bis 1878; Ferd. v. Hochstetter, prov. 1878—1884; Aristides Brezina, 1885—1896; Friedrich Berwerth, 1896 bis 1918; Rudolf Koechlin, 1900 bis 1922, seitdem Hermann Michel.

Die Sammlungsbestände der Abteilung zerfallen in folgende Spe- zialsammlungen: 1. Systematische Mineralsammlung. Zerfällt in eine systematische Mineralschau- und eine systematische Mineral- Ladensammlung. Beide Sammlungen sind in Untergruppen geschieden, geordnet nach dem Formate der Stücke. Die Schausammlung ist auf- gestellt nach Groth: Tabellarische Übersicht der Mineralien. Die Be- deutung der Sammlung ist vor allem in dem Bestande an alten Mineral- stufen, besonders aus den Erzlagerstätten der damaligen österreichisch- ungarischen Monarchie begründet. Es mögen besonders erwähnt werden:

Alpine Vorkommen: Bornit vom Groß-Venediger, Brookit von Froßnitz, Scheelite, Apatite von Sulzbach und Sillupgrund, Lazulith von Werfen, Datolithe von der Seiseralpe, Euklas, Sulzbacher Epidote, alpine Zeolithe, besonders von der Seiseralpe, Titanite, ferner alpine Salzminerale (bemerkenswert Coelestin von Ischl).

Vorkommen aus dem sächsisch-böhmischen Erzgebirge und von Příbram: Argentit, Proustit, Stephanit von Joachimsthal, ebendaher

Johannit, Haidingerit, von Příbram Feuerblende, Cerussit, Pyromorphit; von Schlaggenwald und Zinnwald Wolframit, Scheelit, Roselit von Schneeberg.

Aus den Karpathen: Gold und Tellur von Faczebaja, Vöröspatak, Hessit von Botes, Sylvanit und Krennerit von Nagyág, Kengottit von Felsöbanya, das einzige Stück Hörnesit von Rézbanya, ferner die Edelopale von Czerwenitza.

Von bedeutenden und seltenen Vorkommen aus anderen Ländern können nur einzelne, besonders bemerkenswerte angeführt werden: Große Kapdiamanten im Muttergestein, Gold von Brasilien, Goldklumpen von Ural, Peru und Australien, Pepiten (Nuggets) von Bolivia, zweitgrößter Platinklumpen von Nischne-Tagilsk, Antimonite von Japan und Allchar, großer Haueritkrystall, Pyrite von Traversella, Elba und Piemont, Kobaltit von Schweden, schöne Bleiglanze von Neudorf und Devonshire, Freieslebenit von Hiendelencina, Bournonit von Liskeard, Proustite von Chañarcillo, Jordanit von Binnenthal, Pyrargyrit von Andreasberg, tiefgefärbte Amethyste von Porkura, große Anataskrystalle von Binnenthal, Thorit von Schweden, Zirkonkrystall von Renfrew, Eisenglanze von Elba und Eisenrosen aus der Schweiz und Brasilien, Edelopale von Australien, schöne Fluorite, Schwarzenbergit von Chile, Atakamite von Walaroo, Calcitzwilling von Webb-City, Aragonit von Girgenti, Malachite von Jekaterinenburg, Parisit von Santa-Fé, Baryte aller Vorkommen, Wulfenit von Red Cloud Mine, Krokoite von Beresowsk, Magnetite von Traversella, Monazit von Alexander Co, Hambergitkrystall von Madagaskar, Jeremejevit von Sibirien, Rhodizit von Sanarka, große Apatitkrystalle von Bamle, Mimetesite von Johanngeorgenstadt, Mazapilit, Herderit von Mursinka, Lirokonit von Redruth, Torbernit von Cornwall, russische und brasilische Topase, Euklase von Brasilien, Turmalin von Madagaskar, Pala und Minas Geraes, Lievrite von Elba, Uwarowit von Makedonien, Phenakite von Framont und Takowaja, Sarkolith vom Vesuv, großer, wasserhell durchsichtiger Kunzitkrystall und großer Hiddenit von Nord-Carolina, Diopside von Ala, Pyroxenkrystall von Hull, bemerkenswerte Auswahl von Smaragden von Santa-Fé, rosenroter Beryllkrystall von San Diego Co., große Orthoklasgruppe von St. Gotthardt, große Mikrokline von Pikes Peak, Castor von Elba, gut vertreten die Zeolithgruppe, darunter hervorragend große Apophyllite von Poonah, Heulandit aus Island, schöne Krystalle von Neptunit, Perowskit, Benitoit, Whewellit und Mellit, einige hervorragende Stücke von Bernstein. Gut vertreten sind auch die neuen Vorkommen von Grönland.

Die besten Erwerbungen von 1910 angefangen sind besonders aufgestellt; unter ihnen sind besonders bemerkenswert: Witherit Cumberland, Krokoit Dundas, Topas Mursinka und große Turmaline.

Von frei oder unter Glas aufgestellten großen Schaustufen sind zu erwähnen: Großer Morionkrystall, 1 m langer Gypszwilling, 1 m großer, beiderseitig ausgebildeter Bergkrystall, Eisenblüte, Malachite von Arizona, verschiedene schöne Steinsalzstufen, besonders hervorragend eine riesige Krystallgruppe von Wieliczka, eine Schwefeldruse von Girgenti, gigantische Druse von Amethyst von Serra do Mar, gespendet von Kommerzialrat J. Weinberger.

Die eigentliche mineralogische Sammlung umfaßt ungefähr 180.000 Nummern.

2. **Lokalsammlung niederösterreichischer Minerale.** Zur Schau gestellt. Sehr vollständig und durch gute Stücke vertreten. Darunter Gold aus der Donau.

3. **Paragenetische Sammlung typischer Minerale der österreichischen Bundesländer** (Schausammlung).

4. **Terminologische Mineralsammlung.** In ausgezeichneter Auswahl dargestellt die Formenlehre, Mineralphysik, die physiologischen Eigenschaften, Mineralchemie, Lagerungs- und Entwicklungslehre der Minerale.

5. **Sammlung künstlicher Krystalle.** Gezüchtet von K. v. Hauer und Baron v. Foullon im Laboratorium der geologischen Reichsanstalt.

6. **Dynamische Mineralsammlung.** Darunter eine reichhaltige Auswahl von Tropfsteinbildungen der Krainer Höhlen, große Erzgangstücke von Příbram und Raibl, eine Blitzröhre, eine riesige Mandelbildung von Salesl, großer Enhydros und eine vorzügliche Sammlung von Pseudomorphosen.

7. **Technische Mineralsammlung.** Eine Zusammenstellung der zur Gewinnung der Metalle dienenden erzigen Minerale, dann Rohmaterialien der chemischen Industrie und der Technik.

8. **Berg- und Hüttenmännische Sammlung.** Eine vollständige Sammlung der Vorkommen von Bergprodukten meist österreichisch-ärarischer Bergbaue, ihre Aufbereitung, hüttenmännische Verarbeitung und Gewinnung der Endprodukte.

9. **Edelsteinsammlung.** Besteht aus einer Sammlung von Rohedelsteinen, einer Sammlung gefaßter Ringsteine und einer Sammlung ungefaßter Edel- und Halbedelsteine. Unter den ersteren befinden sich der 594 g schwere, durch sein mildes, prächtiges Farbenspiel bewundernswerte Edelopal von Czerwenitza, ein 82 Karat schweres Oktaeder eines Kapdiamanten und Smaragde von Santa-Fé, durch Größe und Farbenreinheit hervorstechend. Unter den gefaßten Edelsteinen bildet das kostbare Hauptstück ein Edelsteinstrauß, von Maria Theresia ihrem Gemahl Franz I., dem Gründer der Sammlung, als Geschenk dargebracht (1764); daran reiht sich eine Serie Diamanten in den verschiedensten Schnitten, eine große Reihe kostbarer, farbiger Diamanten, ein unvergleichlich schöner Saphir und mehrere erstklassige Rubine von unübertroffenem Feuer.

10. **Sammlung geschliffener Platten von Halbedelsteinen der Quarzfamilie und von anderen Mineralien**, wie sie um die Wende des 18. und 19. Jahrhunderts zu dekorativen Zwecken, Herstellung von Tischplatten u. dgl. beliebt waren.

11. **Baumaterialsammlung.** Begründet von F. Karrer. Nach den Orten der Verwendung geordnet. Wertvoll ist das Baumaterial von Neu-Wien aus den siebziger und achtziger Jahren, und eine sehr

vollständige Sammlung von Steinplatten aus dem alten Rom der Kaiserzeit.

12. **Sammlungen von Gegenständen der Steinschneidekunst.** Zu beachten sind ein großer Pokal aus Bergkrystall, mehrere kunstvoll gefertigte Schnupftabakdosen alter Zeit, eine Schale aus Nephrit u. a.

13. **Sammlung großer geschliffener Platten von Dekorationssteinen.** Hierin finden sich Marmor- und krystallinische Gesteinsplatten aus alter sowie neuer Zeit und schöne Serien griechischer und italienischer Marmore.

14. **Gesteinsammlung.** Zerfällt in eine systematische Schau- und Ladensammlung. Die petrographische Schaustellung enthält die gesteinbildenden Minerale, eine terminologische und eine systematische Sammlung. Die Ladensammlung ist systematisch geordnet und neuerer Zeit durch große Lokalsuiten aus wissenschaftlich bearbeiteten Gebieten stark bereichert worden. Eine reiche Sammlung von Dünnschliffen bildet einen wichtigen Anhang der Gesteinsammlung. Vulkanische Bomben in großer Anzahl. Riesenplatte von Kugelgranit.

15. **Meteoritensammlung.** Wohl der berühmteste Schatz des Museums. Durch Einstellung des Meteoreisens von Agram begründet, wurde die Sammlung seit 1813 mit acht Lokalitäten als selbständige Sammlung zusammengefaßt und vermehrt, so daß sie nach Zahl der vertretenen Fallorte und dem Reichtum ansehnlicher Stücke heute die größte und wissenschaftlich best durchgearbeitete Meteoritensammlung darstellt. Sie zerfällt in eine systematische Sammlung, eine einführende Sammlung in die Meteoritenkunde, eine unvergleichlich schöne und einzige Sammlung großer Eisenplatten und die Zusammenstellung von großen Stein- und Eisenmonolithen. Von den zehn im Falle bekannten Eisen enthält sie als Unica: Agram, Mazapil, Cabin, Creek, Quesa und Avče. Von zufällig aufgefundenen großen Eisenblöcken sind zu nennen: Youndegin (909 kg), Mukerop (352 kg), Coahuila (198 kg), Canon Diablo (174 kg), Mount Joy (141 kg), Zwillingsblock Mukerop (61 kg), Elbogen (79 kg), Ilimaë (51 kg), Kokstad (40 kg), Hex River Mounts (31 kg) u. a. Unter den Steinen befinden sich als Unica der größte bekannte Meteorstein von Knyahinya (300 kg), Tieschitz (27 kg), Ohaba (15 kg), Peramiho (165 g), die neuen österreichischen Steine von Lanzenkirchen-Frohsdorf, dann Steine von Mezö-Madarász, von Mócs, von welchem Falle über ein Drittel der gesammelten Steine sich hier befinden (115 kg), Pultusk und Stannern (beide reich vertreten), Sokobánja, Mesosiderite von Mincy und Estherville, Pallasite von Marjahlati, Alten, Brenham, Eagle u. a.

Die Sammlung enthält 4240 Stücke von Meteoriten. die sich auf 670 Lokalitäten verteilen und ein Gesamtgewicht von 4059 kg besitzen. Auf die Eisenmassen entfallen 3150 kg, auf die Pallasite 136 kg, auf die Steine 773 kg.

Für die mikroskopische Untersuchung der Meteorsteine steht eine Sammlung von 1620 Dünnschliffen zur Verfügung.

Das Museum ist dem Publikum geöffnet:
Sonn- und Feiertage von 9—13, Eintrittspreis 30 g; Mittwoch bis Samstag von 9—13, Eintrittspreis 50 g. Montag und Dienstag jeder Woche, außerdem am 1. Jänner, Ostersonntag, Pfingstsonntag, Fronleichnam, Christtag, 1. Mai und 12. November bleibt das Museum geschlossen.

Fachgenossen erhalten an sämtlichen Werktagen von 9—14 Uhr freien Eintritt in die Sammlungen gegen Anmeldung bei der Direktion: I., Burgring 7.

II. Ehemalige kaiserliche Schatzkammer

(Hofburg, Schweizerhof)

a) Weltliche Schatzkammer. Hervorragende Brillanten, Rubine und Smaragde auf Kronen [österr. Kaiserkrone (1602)], deutscher Reichsapfel und Szepter (1612), Reichskleinodien (um 1000), in Schmuckstücken und auf Orden. Als Einzelstücke sind zu erwähnen: ein Opaltropfen von Czerwenitza, ein großer Hyazinth und eine große Schale aus Achat) (Durchmesser 75 cm).

(Es fehlen seit Kriegsende der „Florentiner" und eine größere Zahl von Edelsteingarnituren.)

Geöffnet: Jeden Montag, Mittwoch, Donnerstag, Samstag, Sonntag von 10—1 Uhr gegen eine Eintrittsgebühr von 1 S. An Feiertagen, Gründonnerstag, Karsamstag und Allerseelentag bleibt die Schatzkammer geschlossen.

b) Geistliche Schatzkammer. Wessen Auge sich gerne an glänzenden Juwelen erfreut, findet auch in dieser Kleinodiensammlung kirchlicher Kunst eine reiche Zahl von Brillanten, Smaragden, Saphiren, Rubinen, Türkisen, Aquamarinen, Hyazinthen und Bergkrystallen als Zierstücke auf Monstranzen, Kelchen, Altärchen und anderen kirchlichen Gegenständen. Ein größeres Tabernakel ist [aus „Porfido rosso antico" gefertigt. Unter anderen finden sich Lapis-Lazulikugeln und Blutjaspis als Rosenkränze.

Geöffnet wie weltliche Schatzkammer, Besichtigung mit der gleichen Eintrittskarte.

III. Sammlungen an der Universität

a) Mineralogisch-petrographisches Institut

Begründet 1873 von G. v. Tschermak, 1877 wesentlich vergrößert und in einem Miethause am Maximilianplatze 13 untergebracht, 1884 in der neuerbauten Universität aufgestellt.

Vorstände der Sammlung die Professoren: G. v. Tschermak, F. Becke, A. Himmelbauer.

Bei der Ausgestaltung dieser Studiensammlung wurde weniger auf Vollständigkeit der vertretenen Species und Fundorte gesehen, als auf typische und lehrreiche Beschaffenheit der einzelnen Stufen.

Die Sammlung besteht aus einer größeren systematischen Kollektion, die nach dem Systeme von Tschermak geordnet ist und zum kleineren Teile in Schaukästen, zum größeren in Laden untergebracht ist, aus einer besonderen Schülersammlung, einer kleinen Krystallsammlung, ferner einer interessanten Zusammenstellung von Pseudomorphosen und einer kleinen Meteoritensammlung, in der durch die sorgfältige Auswahl der Stücke alle wichtigen Erscheinungen und Eigentümlichkeiten dieser Naturkörper zur Geltung kommen. Endlich ist noch eine Anzahl zum Teile prächtiger Schaustücke in Wandkästen untergebracht.

Besonders hervorzuheben sind:

Systematische Sammlung: Schwefel, prachtvolle Krystalle von Bisilio, Mittelitalien. Gold, eine sehr schöne, sechsseitige Tafel von 1·5 cm Durchmesser mit dreiseitiger Riefung, rings mit Krystallfacetten besetzt, einem Oktaederzwilling entsprechend (Vöröspatak). Kupferkies, ein ungewöhnlich großer Krystall aus Rauris, ferner der seltene Zwilling nach (101) in modellartigen, bis 1 cm großen Krystallen von Cornwall. Magnetkies, prachtvolle Drusen von Morro Velho, Brasilien; die Krystalle erreichen einen Durchmesser von 5 cm und eine Dicke von 3 cm. Bournonit, Olsa, Kärnten, ein sehr gut ausgebildeter, einfacher Krystall mit (100), (010), 001), (101), (011), die Kombination Würfel-Oktaeder imitierend. Zinnober, sehr gute Stufe von Almaden. Proustit, eine herrliche Stufe von leuchtend karminroten, durchsichtigen, skalenoedrischen Krystallen von Chañarcillo. Quarz, sehr schöne Beispiele der von G. v. Tschermak studierten gedrehten Bergkrystalle vom St. Gotthard, ferner Quarzzwillinge mit rechtwinkelig gekreuzten Achsen aus Kimposan, Japan und aus Savoyen. Tridymit, große, tafelige Krystalle von Zovon, Euganeen. Brookit, ein sehr gut ausgebildeter, tafeliger Krystall (ungefähr 4 cm hoch) von Nillgraben bei Prägratten. Zinnstein, großer, einfacher Krystall von Morbihan, Bretagne. Eisenglanz, Prachtexemplare der sechsseitigen Doppelpyramiden von Dognácska. Kalkspat, interessierte Zwillinge nach verschiedenen Gesetzen. Hauyn aus der Eifel mit einem 2 cm erreichenden, schön blauen, durchgespaltenen Rhombendodekaeder. Prachtvolle Stufen von Albit von Morro Velho. Große Turmalinkrystalle, darunter ein beiderseits ausgebildeter Dravit von Dobrawa. Blauer Beryll von Abühl, Salzburg. Als Unikum eine Druse von 5 cm langen und ½ cm dicken Skolezitkrystallen, die beim Baue des Tauerntunnels gefunden wurde. Sehr reich ist die Sammlung an ausgezeichneten Stufen von Chloriten, Glimmern und Sprödglimmern, größtenteils die Originale zu den bekannten Arbeiten v. Tschermaks. Schöne Sphenkrystalle von mehreren Tiroler Fundorten. Eine schöne Stufe von Torbernit, Cornwall. Baryte von Příbram mit interessanten Fortwachsungsanhängen. Eine kleine Druse von dunkelrotgelben, 2 cm großen Scheelitkrystallen mit Apatit und Quarz von Morro Velho. Klare und große Gypskrystalle von Bisilio, Mittelitalien. Schöne Exemplare des fluoreszierenden Bernsteins vom Simetofluß, Sizilien.

Aus der sehr lehrreichen und reichhaltigen Kollektion der Pseudomorphosen verdient die seltene Pseudomorphose von Bournonit nach Fahlerz von Kapnik, sowie eine von Strahlstein nach Enstatit (Kragerö) in einem großen und ungewöhnlich deutlichen Exemplare Erwähnung.

Unter den großen Schaustufen mögen erwähnt werden: Antimonit, Shikoku, Japan, ein 40 cm langer Krystall. Aragonit-Tropfstein von Neusohl, Ungarn. Eine große Stufe Chalcedon, graugrün, halbkugeliges bis nierenförmiges Aggregat vom Rio Grande do Sul. Eine prachtvolle Stufe von Mesitin mit Albit und Magnetkies, alles in sehr großen Dimensionen (Albitkrystalle mit 5—6 cm Kantenlänge) von Morro Velho. Ein besonders großer und schöner Krystall von Cölestin, Erie-See. Eine große Wulfenitstufe von Mieß, Kärnten. Eine geschliffene Schale von Pseudophit.

Die Meteoritensammlung enthält eine reiche Auswahl orientierter und ganzer Steine, namentlich von Mócs, darunter solche mit deutlicher Splitterform, solche mit Gängen, teils ganz, teils angeschliffen; sehr interessant ist ein Stück von Mócs mit einer angerauchten Bruchfläche, den Beginn der Rindenbildung zeigend. Merkwürdig ist auch ein Exemplar von Knyahinya mit einer schön ausgebildeten Rückenseite. Unter den Eisen sind zwei Exemplare von Karthago bemerkenswert, die genau nach dem Oktaeder und dem Würfel geschnitten sind und die entsprechende Anordnung der Lamellen in drei, bezüglich zwei Systemen zeigen.

Neben der Mineraliensammlung ist auch eine petrographische Sammlung in Schau- und Ladenkästen in einem zweiten Ausstellungsraume untergebracht. Diese Sammlung enthält vor allem wertvolles Untersuchungsmaterial, so aus den Alpen und dem n.-ö. Waldviertel (F. Becke und Schüler), böhmischen Mittelgebirge (J. E. Hibsch) und die zugehörigen Dünnschliffe.

Die Sammlungen sind zugänglich (mit Ausnahme der Ferien) nach Anmeldung beim Institutsvorstande.

b) Mineralogisches Institut

Die ältere Universitätssammlung, begründet von Professor Franz Zippe, fortgeführt durch die Professoren R. v. Reuß, H. Schrauf, F. Becke, C. Doelter, derzeitiger Vorstand Prof. Dr. E. Dittler. Ca 10800 inv. Nummern. Die Sammlung enthält an Besonderheiten:

Originale zu Arbeiten von Schrauf, darunter ein Unikum der einzige Krystall von Stützit (Ag_4 T?). Gestricktes Gold von Vöröspatak. Realgar von Kapnik. Argentite verschiedener Fundorte. Kupferglanz von Redruth. Greenockit von Bishoptown, Schottland. Proustite und Pyrargyrite aus Böhmen. Kerargyrit von Annaberg in Niederösterreich (seltener Fundort). Manganspate von Daaden und Kapnik. Dioptas von der Kirgisensteppe. Sphenkrystall aus dem Zillertale. Pyromorphit von Nassau. Kampylit von Roughtonhill. **Wulfenit** von Turrach in Obersteiermark. Mineralien seltener Erden. Originalmaterial Adolf Pichler.

Die Sammlung ist zugänglich (mit Ausnahme der Ferien) nach Anmeldung bei dem Institutsvorstande.

c) Geologisches Institut

Die Sammlungen, deren Aufstellung durch E. Suess im wesentlichen noch unverändert erhalten geblieben sind, enthalten auch einzelne mineralogische Gegenstände und reiches petrographisches Material.

Erwähnenswert: Meteorite, Moldavite aus Böhmen und Mähren. Kontaktminerale und -Gesteine. Erzlagerstättensammlungen. Erdwachskollektionen aus Boryslav. Bernstein ähnliche Einschlüsse im Wiener Sandstein. Krystalline Schiefer aus den böhmischen Randgebirgen und den Alpen.

Die Sammlung ist für Fachleute nach Anmeldung bei dem Institutsvorstande Prof. F. E. Suess zugänglich (ausgenommen Universitätsferien).

IV. Sammlungen an der Technischen Hochschule

Die Sammlungen der Technischen Hochschule, deren Entstehung in die zwanziger Jahre des vorigen Jahrhunderts zurückreicht, und die unter den Professoren F. Hochstetter, F. Toula und A. Rosiwal wesentlich vergrößert worden waren, sind jetzt an zwei Lehrkanzeln aufgeteilt.

a) Lehrkanzel für technische Geologie, Wien IV., Karlsplatz 13.

Die Sammlung enthält u. a. einen Teil der alten Hochschulsammlung. Sie gliedert sich in besondere Teilsammlungen für technische Gesteinskunde, technische Geologie und Bodenkunde.

Zugänglich nach vorheriger Anmeldung bei Prof. Dr. J. Stiny.

b) Institut für Mineralogie und Baustoffkunde II. — Wien VI., Dreihufeisengasse 4.

In den neuen Räumen, im Gebäude der ehemaligen Kriegsschule, untergebracht, mit folgenden Teilsammlungen:

1. Krystalle, natürliche und künstlich erzeugte, nebst Metallen.
2. Edelsteinsammlung.
3. Systematische Mineraliensammlung (aufgestellt nach Tschermak).
4. Technisch-wichtige Minerale, nach Verwendungsgruppen eingestellt.
5. Vorkommen nutzbarer Gesteine nebst ihren Begleitgesteinen auf den Lagerstätten.
6. Werden und Vergehen der Minerale und Gesteine.
7. Systematische Gesteinssammlung (geordnet nach Rinne).
8. Geschliffene, im Kunstgewerbe und in der Architektur verwendete Gesteine.

Außerdem befindet sich in Verwahrung des Institutes eine Sammlung von in der Bauindustrie verwendeten Gesteinen der österreichischen Bundesländer (errichtet von der Arbeitsgemeinschaft zur Schaffung eines Werkes über die nutzbaren Gesteinsvorkommen Österreichs).
Besichtigung der Sammlungen und der Einrichtungen für Gesteinbearbeitung und Gesteinprüfung nach Anmeldung bei Prof. Dr. R. Grengg. Während der Ferialzeiten ist das Institut geschlossen.

V. Sammlung an der Hochschule für Bodenkultur

Die Lehrkanzel für Geologie (XVIII., Feistmantelstraße 4) enthält an Lehrsammlungen eine mineralogische, petrographische, allgemeingeologische und eine paläontologische Kollektion. Ferner sind einzelne petrographische und geologische Lokalsammlungen, u. a. Aufsammlungen und Arbeitsmaterial von A. Breitenlohner (alte bodenkundliche Suiten aus Österreich) und G. A. Koch besonders zusammengestellt.

Die Lehrkanzel ist derzeit unbesetzt und wird von Privatdozent Dr. L. Kölbl suppliert.

VI. Sammlung an der geologischen Bundesanstalt in Wien

III/$_2$, Rasumofskygasse 23.

Direktor: Hofrat Dr. W. Hammer.

Die Mineraliensammlungen des Institutes zerfallen in folgende Teilsammlungen:

1. Große topographische Sammlung von Mineralen aus der ehemaligen österreichisch-ungarischen Monarchie (länderweise eingeteilt), darunter bemerkenswerte Stücke aus alten Bergbauen. Den Grundstock bildet eine aus dem alten Montanistischen Museum übertragene Sammlung; weitere Ausgestaltung durch W. v. Haidinger, F. v. Hauer und Baron H. v. Foullon.

2. Sammlung von Schaustücken.

Sie besteht fast durchwegs aus großen, zum Teil sehr guten Stufen aus dem In- und Ausland. Eine große Anzahl von Stücken tragen noch die alten Bezeichnungen von F. Mohs und W. v. Haidinger. Diese Sammlung füllt für sich allein die Schaukasten im stilvollen Eingangssaale des Museums.

3. Systematische Sammlung.

Von Haidinger gegründet und später bedeutend erweitert.

4. Friesesche Mineraliensammlung.

Wurde aus dem Nachlasse des Ministerialrates im k. k. Ackerbauministerium M. R. v. Friese im Jahre 1891 durch Kauf erworben und ist ebenfalls, und zwar in Laden, im Eingangssaale des Museums untergebracht. Sie enthält eine Mustersammlung österreichischer und ausländischer Vorkommnisse. Die Anzahl der Stücke beträgt über 4000.

5. Sammlung künstlicher Krystalle.

Im chemischen Laboratorium der k. k. Geologischen Reichsanstalt in den Jahren 1860—1880 von dem verstorbenen Vorstande desselben, k. k. Bergrate Karl R. v. Hauer (zum Teil später auch von Baron H. v. Foullon) dargestellt. Die Sammlung dürfte, was die Ausbildung und Größe der gezüchteten Krystalle anbelangt, wohl einzig dastehen. Es sind sowohl anorganische wie organische Salze vertreten.

Den Hauptbestandteil des Institutes bilden die großen geologischen Sammlungen, vor allem die Belegmaterialien zu den geologischen Aufnahmen Österreichs, die auch für den Mineralogen und Petrographen teilweise von großer Bedeutung sind. Eine besondere Lagerstättensammlung Österreichs wird aufgestellt.

Das Museum der Anstalt bleibt im Winter wegen Nichtheizbarkeit der Säle geschlossen; vom 1. Mai bis 1. November ist dasselbe Montag, Donnerstag und Samstag von 9—12 Uhr dem allgemeinen Besuche zugänglich. 50 Groschen Eintrittsgeld. Fachgenossen täglich zugänglich.

VII. Sammlung des Niederösterreichischen Landesmuseums

I., Wallnerstraße 8.

Das Niederösterreichische Landesmuseum enthält eine Sammlung niederösterreichischer Minerale, zusammengestellt von dem früheren Abteilungsvorstande Prof. A. Sigmund.

Die Sammlung ist zugänglich an den Musealtagen.

VIII. Sammlungen an Mittelschulen

Die naturwissenschaftlichen und chemischen Institute der Wiener Mittelschulen haben zumeist besondere mineralogische und geologische Sammlungen, die aber fast durchgehend nur den Charakter einfacher Lehrsammlungen haben. Eine Ausnahme bietet die **„Schulrat Richardsche Sammlung" der Staatsrealschule,** VI. Bezirk, Marchettigasse 3, Chemisches Laboratorium. Dieselbe enthält 2000 ausgezeichnete Stücke, darunter viele Seltenheiten.

Die Sammlung ist zugänglich während des Schuljahres nach Anfrage bei Prof. Dr. Heinrich Bouterwek.

B. Privatsammlungen

Sammlung Dr. F. **Distler,** Wien, VIII., Laudongasse 50.
Ca. 600 Nummern. Bemerkenswert: Amalgam (110) Moschellandsberg. Covellin, Butte, Montana. Argentopyrit, Andreasberg. Pyrargyrit, Nagybánya. Thorit, Langesundfjord. Fluorit (110), Ehrenfriedersdorf. Calcit, Rauris. Azurit, Alghero, Sardinien. Altes Vorkommen von Erythrin von Joachimsthal. Veszelyit, Moravicza. Lehnerit, Hagendorf. Euklas, Hochnarr und Villa rica. Epidot Zöptau. Granat (111), (110) Elba, und andere Granatvorkommen. Flächenreicher Aquamarin, Bon Jesus dos Meiras, Brasilien. Pseudomorphose nach Azurit, Rudobanya.

Sammlung Dr. C. **Hlawatsch,** Wien, XVIII/$_5$, Linzerstraße 456. ca. 3300 Mineralien und 1000 Gesteine. Die Sammlung enthält unter anderem die Originale zu den wissenschaftlichen Untersuchungen des Besitzers (Stolzit und Raspit von Brokenhill, Benitoit und Natrolith von S. Benito Co. usw.). Die Gesteinsammlung besteht aus eigenen Lokalaufsammlungen (Frankreich, Schweden, Spanien, Portugal) und enthält besonders eine größere Suite aus Predazzo.

Sammlung Dr. techn. Ing. H. **Karabacek,** Wien V., Hauslabgasse 7. Große und sehr schöne Sammlung, die den Hauptteil mehrerer älterer Wiener Sammlungen in sich aufgenommen hat. Derzeitiger Stand ca. 4000 Nummern. Besonders bemerkenswert: Diamant mit Gold in Konglomerat, Brasilien. Gold (112) Ural. Kupfer (111) Rudobanya. Amalgam Moschellandsberg. Blende, großes (111) Echigo, Japan. Bleiglanz, Meggen. Covellin, Alghero. Frieseit, Joachimsthal. Bournonit, Příbram. Pyrargyrit, Joachimsthal. Proustit, Chanarcillo. Brookit, Virgen. Eisenglanz, Dognacka und Minas Geraes. Manganit, Ilefeld. Jodobromit, Dernbach. Kobaltspat, Schneeberg. Witherit, Příbram. Braunit und Hausmannit Brasilien. Anglesit, Wiesen a. d. Sieg. Wulfenite von Kärnten. Langit, Volpershausen. Nadorit, Atopit, Miguel Burnier, Brasilien. Apatit, Gellivaara und Schlaggenwald. Vanadinit, Obir und Marokko. Abichit, Cornvall. Roselit, Schneeberg. Erythrit, Dobschau. Phosphophyllit, Lehnerit von Hagendorf. Phosphoriderit, Pleystein. Skorodit, Brasilien. Lirokonit, Cornvall. Bertrandit, Pisek. Berylle und Smaragde von Brasilien und Columbien. Lapislazuli (110), Afghanistan. Sphen, Hollersbachtal. Ferner enthält die Sammlung eine große Anzahl von Mineralen aus Tsumeb, teilweise von besonderer Schönheit: Tennantit (bis 3 cm große Krystalle), Smithsonit, Cerussit, Malachit und Azurit, Phosgenit, Anglesit, Caledonit, Mimetesit, Olivenit, Descloizit; Dioptas von Guchab; Topase von Spitzkopje; Aquamarin aus dem Nanib-Gebiete.

Sammlung Dr. Adolf **Lechner,** Wien, IV., Schaumburggasse 6.

Die Sammlung enthält 8314 Vorkommen in Handstücken, so ziemlich alle Spezies umfassend. Sie hat in sich aufgenommen die Sammlungen Fodor, Pohl, und Seeland und enthält viele Exemplare aus den Sammlungen Beroldingen, Beranger, Frenzel, Hochberg, Koch, Lhotzky, Lill, Don Pedro, Rosthorn, Scherzer, Töpli, Uslar.

Besonders zahlreich und schön vertreten: Argentit, die Silberkiese und die Rotgültigerze.

Die Sammlung ist verkäuflich.

Sammlung Nachlaß Dr. Herbert **Mitscha-Märheim**, Wien, XIII, Linzerstraße 440. Großenteils eigene Aufsammlungen; bemerkenswert Amethyste aus Nordböhmen.

Sammlung Dr. Heinrich **Miller-Aichholz**, Wien, III/5, Beatrixgasse 32.

Alte, schöne Sammlung, über 3500 auserlesene Stücke, darunter zahlreiche alte Vorkommen. Besonders hervorragend sind: Hessit, Hauerit, Zinnober, Pyrargyrit, Proustit, Stephanit, Rubin, Fluorit, Calcit, Baryt, Topas, Turmalin, Beryll u. a. m.

Sammlung Professor Dr. Hans **Rebel**, Wien, VI., Linke Wienzeile 14, Tür 21.

Systematische Edelsteinsammlung und allgemeine Mineraliensammlung.

Sammlung Dr. Karl **Wessely**, Wien, IV., Karolinengasse 3,.

Die Sammlung enthält Minerale und Gesteine aus Niederösterreich, Steiermark, den Sudetenländern, Kärnten, Tirol.

Besonders bemerkenswert sind die Vorkommen aus dem mittelsteirischen Eruptionsgebiete und die Andalusite aus dem vom Sammler entdeckten Fundorte Glitzalpe.

Empfohlene Bezugsquellen für Mineralogen in Deutschland und Osterreich

1. Minerale, Gesteine, Fossilien

A. Berger, Mödling bei Wien, Hauptstraße 24 (Österreich). — Mineralien, besonders österreichische, ungarische und alpine.

Julius Böhm, Mineralien-Comptoir, Wien, I., Nibelungengasse 3 (Österreich). — Mineralien, Meteoriten, geschliffene Edel- und Halbedelsteine. — Einkauf, Verkauf, Tausch.

Dr. Dohm, Geognostisches Eifelmuseum, Gerolstein (Deutschland). — Gesteine und Fossilien der Eifel und der übrigen Rheinlande.

Dipl. Ing. Willy Hirsch, Mineralogisches Institut, München, Fürstenstraße 22 (Deutschland).

Dr. F. Krantz, Rheinisches Mineralien-Kontor, Bonn, Herwarthstraße 36 (Deutschland). — Mineralien, Gesteine, Fossilien.

Mineralien-Kontor A. Kusche, München-Schwabing, Leopoldstraße 126 (Deutschland).

Mineralien-Niederlage der Staatl. Sächsischen Bergakademie Freiberg i. Sa. (Deutschland). — Mineralien, Gesteine, Erze.

Voigt & Hochgesang, Inhaber A. Rümenapf, Göttingen (Deutschland). — Mineral- und Gesteinssammlungen.

2. Mineralogische und petrographische Präparate, Instrumente zur Herstellung derselben

Dr. F. Krantz, Rheinisches Mineralien-Kontor, Bonn, Herwarthstraße 36 (Deutschland). — Präparate, Dünnschliffe, Apparate und Utensilien zu deren Herstellung.

Dr. Steeg & Reuter, Bad Homburg v. d. H. (Deutschland). — Optische Präparate, Dünnschliffe, Schleif- und Schneidemaschinen.

Voigt & Hochgesang, Inhaber A. Rümenapf, Göttingen (Deutschland). — Krystallpräparate, Dünnschliffsammlungen, Schneide-, Schleif- und Poliermaschinen.

Carl Zeiss, Ges. m. b. H., Wien, IX., Ferstelgasse 1 (Österreich). — Schneide- und Schleifmaschinen.

3. Krystallographische und optische Instrumente

Dr. F. Krantz, Rheinisches Mineralien-Kontor, Bonn, Herwarthstraße 36 (Deutschland). — Krystallmodelle, krystallographische Apparate.

C. Reichert, Optische Werke, Wien, VIII/$_2$, Bennogasse 24—26 (Österreich). — Mikroskope, Lupen, Edelstein-Untersuchungsapparate.

W. und H. Seibert, Optische Werke, Wetzlar (Deutschland). — Mikroskope.
Dr. Steeg & Reuter, Bad Homburg v. d. H. (Deutschland). — Optische Apparate.
Stoe & Cie., Werkstätte für Präzisionsmechanik, Heidelberg, Rohrbacherstraße 64 (Deutschland). — Mineralogische und krystallographische Instrumente.
Carl Zeiss, Ges. m. b. H., Wien, IX., Ferstelgasse 1 (Österreich). — Mikroskope und Zubehör.

4. Chemisch-physikalische Apparate. Chemische Reagentien

Dr. F. Krantz, Rheinisches Mineralien-Kontor, Bonn, Herwarthstraße 36 (Deutschland). — Apparate und Apparaturen für physikalische Untersuchungen von Mineralien und Gesteinen.
Mineralien-Niederlage der Staatl. Sächsischen Bergakademie Freiberg i. Sa. (Deutschland). — Lötrohre und Zubehör.
Josef Pieniczka (Inhaber Leopold John), Wien, IX., Währingerstraße 3 (Österreich). — Laboratoriumsbedarf. — Vertretung der Chemischen Fabrik Schering-Kahlbaum A. G., Berlin.
Voigt & Hochgesang, Inhaber A. Rümenapf, Göttingen (Deutschland). — Siedethermostaten, Lötrohrbestecke, Indikatoren für schwere Flüssigkeiten.

5. Geologische Instrumente (Hämmer, Kompasse usw.)

Dr. F. Krantz, Rheinisches Mineralien-Kontor, Bonn, Herwarthstraße 36 (Deutschland). — Geologische Instrumente, Exkursionsausrüstungen.
Mineralien-Niederlage der Staatl. Sächsischen Bergakademie Freiberg i. Sa. (Deutschland). — Geologische Ausrüstungs- und Gebrauchsgegenstände.
A. Pessler & Sohn, Mechanische Werkstätten, Freiberg i. Sa. (Deutschland). — Westentaschenkompasse.

Nachtrag zum Namenverzeichnis

Boemit, angebl. $Al_2O_3 \cdot H_2O$, isom. mit Lepidokrokit in Bauxiten. **Fraipontit**, $Zn_3[AlO]_4[SiO_4]_5 \cdot 11 H_2O$, gelbe, fasrige Lagen auf Smithsonit; wahrsch. Altenberg. **Hyblit** (α — u. β —), Zerspr. v. Uranothorit als dünne Häute auf diesem; FN. Ontario. **Mc Governit**, 21 $(Mn, Mg, Zn)O \cdot 3 SiO_2 \cdot {}^1/_2 As_2O_3 \cdot As_2O_5 \cdot 10 H_2O$, körnig, rotbraun; Sterling H:ll, N. J. **Metavauxit**, $FeO \cdot Al_2O_3 \cdot P_2O_5 \cdot 4 H_2O$, farblos, nadlig, mon; Llallagua, Bolivien. **Rossit**, $CaO \cdot V_2O_5 \cdot 4 H_2O$ gypsähnl. trik. als farblose Kerne in d. trüben, zerreiblichen **Metarossit**, $CaO \cdot V_2O_5 \cdot 2 H_2O$; in kl. Adern in dem Carnotit-führenden Sandstein in Bull Pen Canyon, Col. **Ternovskit**, Alkali-Hornblende, verwandt m. Rhodusit, Abriachanit usw. FN. Rußland. **Viterbit**, wassh. Silicophosphat v. Al, nahe Trainit, pulvrig; Santa Rosa de Viterbo.

Verlag von Julius Springer in Berlin W 9

Entwicklungsgeschichte der mineralogischen Wissenschaften. Von P. Groth. Mit 5 Textfiguren. VI, 262 Seiten. 1926. RM 18·—; gebunden RM 19·50

Aus den Besprechungen:

.... Mit bewundernswerter Gründlichkeit sind die einzelnen Kapitel der Mineralogie durchgesprochen, wobei, der speziellen Forschungsrichtung des Verfassers entsprechend, die kristallographischen Disziplinen besonders bevorzugt sind. Prioritätsfragen wird in einzelnen Fällen genau auf den Grund gegangen, und die Verdienste der Träger bekannter Namen werden kritisch gegeneinander abgewogen..... Kein Buch zum bequemen Lesen, aber zur genauen Information und zum Nachschlagen über Einzelheiten....
„Zeitschrift für praktische Geologie."

Anleitung zur Bestimmung von Mineralien. Von N. M. Fedorowski, Professor an der Bergakademie in Moskau. Übersetzung der letzten (zweiten) russischen Auflage. Mit 15 Textabbildungen. VIII, 135 Seiten. 1926. RM 7·50

Einführung in die Mikroskopie. Von Professor Dr. P. Mayer in Jena. Zweite, verbesserte Auflage. Mit 30 Textabbildungen. IV, 210 Seiten. 1922. RM 4·—

Die Naturwissenschaften

Herausgegeben von
Arnold Berliner
unter besonderer Mitwirkung
von Hans Spemann in Freiburg i. Br.

Organ der Gesellschaft Deutscher Naturforscher und Ärzte und Organ der Kaiser Wilhelm-Gesellschaft zur Förderung der Wissenschaften

Erscheint wöchentlich / Vierteljährlich RM 9·— / Einzelheft RM 1·—

Den Mitgliedern der Gesellschaft deutscher Naturforscher und Ärzte sowie den Mitgliedern der Kaiser Wilhelm-Gesellschaft werden bei direktem Bezug vom Verlag Vorzugspreise eingeräumt

Die Zeitschrift berichtet über die Fortschritte der reinen und der angewandten Naturwissenschaften durch zuständige, auf dem jeweiligen Gebiete selber schöpferische Mitarbeiter. Die Verfasser wenden sich durch die Form ihrer Darstellung nicht in erster Linie an die eigenen Fachgenossen, sondern vor allem an die auf den Nachbargebieten Tätigen, um ihnen den Überblick über den Zusammenhang ihres eigenen Faches mit den angrenzenden Fächern zu vermitteln. Die dauernd fortschreitende Teilung der wissenschaftlichen Arbeit hat den Begriff des Grenzgebietes völlig verändert. Sie hat das Arbeitsfeld des einzelnen so eingeengt und die Grenzgebiete so vermehrt, daß für jeden die Notwendigkeit vorliegt, ihre Entwicklung zu verfolgen.

Verlag von Julius Springer in Wien I

Technische Gesteinskunde

Handbuch für Ingenieure des Tief- und Hochbaufaches, der Forsttechnik und des Meliorationswesens, für Steinbruchbesitzer und Steinbruchtechniker

Von

Ing. Dr. phil. Josef Stiny

o. ö. Professor der Geologie an der Technischen Hochschule in Wien

Zweite, vermehrte und vollständig umgearbeitete Auflage

Mit etwa 400 Abbildungen im Text und 1 mehrfarbigen Tafel sowie einem Beiheft: „Kurze Anleitung zum Bestimmen der technisch wichtigsten Mineralien und Gesteine". Etwa 500 Seiten

Erscheint im Mai 1928

Das Buch ist eine wesentlich erweiterte und vollständig umgearbeitete Neuauflage der „Technischen Gesteinskunde" des gleichen Verfassers. Es führt in die Kenntnis der gesteinsbildenden Mineralien und der von ihnen aufgebauten Gesteine ein und schildert ihre technischen Eigenschaften, ihre Prüfung, Gewinnung und Verwertung. Dabei werden die natürlichen Straßenbaustoffe entsprechend berücksichtigt und die neuzeitlichen bodenphysikalischen Untersuchungsverfahren gebührend hervorgehoben

Die Blei-Zinkerzlagerstätte von Bleiberg-Kreuth in Kärnten. Alpine Tektonik, Vererzung und Vulkanismus. Von Dr. **Alexander Tornquist,** Hofrat, o. ö. Professor der Geologie an der Technischen Hochschule zu Graz. Mit 29 Abbildungen im Text, einer Lagerstättenkarte und einer Tafel. 110 Seiten. 1927. RM 10·—

Berg- und Hüttenmännisches Jahrbuch der Montanistischen Hochschule in Leoben. Schriftleitung: Prof. Dr. **Hans Fleißner,** Prof. Dr. **Wilhelm Petrascheck,** Oberbergrat Ing. **Ludwig Sterba.** Das Jahrbuch erscheint vierteljährlich in einem Umfang von etwa 48 Seiten in Quartformat. Preis jährlich RM 21·60 zuzüglich Porto

MIX
Papier aus verantwortungsvollen Quellen
Paper from responsible sources
FSC® C105338

If you have any concerns about our products,
you can contact us on
ProductSafety@springernature.com

In case Publisher is established outside the EU,
the EU authorized representative is:
**Springer Nature Customer Service Center GmbH
Europaplatz 3, 69115 Heidelberg, Germany**

Printed by Libri Plureos GmbH
in Hamburg, Germany